U0187636

齊魯書社

圖書在版編目（CIP）數據

二十四史天文志校注：全三册 / 陳久金編著. --
濟南：齊魯書社, 2021.12（2023.7 重印）
（二十四史志書注解全編）
ISBN 978-7-5333-4542-6

Ⅰ. ①二　Ⅱ. ①陳　Ⅲ. ①天文學史－中國－古代
Ⅳ. ①P1-092

中國版本圖書館CIP數據核字(2022)第002298號

書名題簽：龔鵬程
策劃編輯：傅光中
責任編輯：劉　强
裝幀設計：郭　覲　李　生

二十四史天文志校注
ERSHISISHI TIANWENZHI JIAOZHU
陳久金 編著

主管單位　山東出版傳媒股份有限公司
出版發行　齊魯書社
社　　址　濟南市英雄山路189號
郵　　編　250002
網　　址　www.qlss.com.cn
電子郵箱　qilupress@126.com
營銷中心　（0531）82098521　82098519　82098517
印　　刷　山東臨沂新華印刷物流集團有限責任公司
開　　本　880mm × 1240mm　1/32
印　　張　62.75
插　　頁　9
字　　數　1518千
版　　次　2021年12月第1版
印　　次　2023年7月第2次印刷
標準書號　ISBN 978-7-5333-4542-6
定　　價　390.00圓（全三册）

陳久金，1939年生於江蘇金壇。1964年畢業於南京大學天文學系，中國科學院自然科學史研究所研究員，1991—1997年任該所副所長。2000—2004年任中國科技史學會副理事長。主要研究方向爲中國古代曆法、天文學家、天文起源和中國少數民族天文學史等，發表論文約200篇，出版《彝族天文學史》《中國少數民族天文學史》等著作30餘部，其中《彝族天文學史》獲中國科學院1989年自然科學獎二等獎，以及其他多種圖書獎項。1993—1995年主持了10卷50册中國科技典籍叢書的編撰工作。擔任夏商周斷代工程西周課題組組長(1996—2000年)。近年主編《席澤宗文集》6卷（科學出版社2021年出版）。

前言

無論在東方還是西方，在漫長的歷史時期，天文學都是古代自然知識體系的帶頭學科，潛移默化地影響着社會生活的各個方面。

中國是世界上天文學發展最早的國家之一，也是天文學比較發達的文明體系之一。從遠古時期，中國就有了天文學的萌芽，因而很早就形成了以曆法、天象觀測爲中心的完整而富有特色的科技文化體系，被統稱爲曆象之學，成爲中國古代最發達的四門自然科學（農、醫、天、算）之一，也成爲中華文明的重要標志，爲世界文明做出了重要貢獻。

歷史文獻典籍無疑是源遠流長的天文學的重要信息載體。

在我國浩如煙海的歷史文獻典籍中，天文學知識不僅久遠古老，而且積澱深厚。“四書”“五經”中已經有大量的天文學内容，而且“談天説地”，聯繫時政，形成了豐富的“天學”文化體系，對之後中國的歷史文化科技有深遠影響。

從《史記》開始的我國傳統"二十四史"正史系統典籍，無疑是我國古代天文學知識的最深厚的文獻承載體系。"二十四史"多開闢有專門的"天文志"或者"天官書""天象志"，在正史之"志"這類史傳體系中占有重要位置，扮演着舉足輕重的角色，比如對"地理志""律曆志"等就起到難以估量的重大影響，甚至形成"天人感應"的思想體系，對中國歷史影響深遠。歷代"天文志"以相對明確的時空結構點綴了我國數千年的天文學科體系。

從民國時期，學者和天文科技人員就在繼承古代天文學知識的基礎上，從多個角度，依托近代西方天文學知識，開展天文學研究，且有良好成就，但整理天文學古典文獻的工作比較欠缺。

中華人民共和國成立後，在百廢待興的背景下，人民政府即建立北京天文館，以陳遵媯爲館長。陳遵媯撰寫了《中國古代天文學簡史》，研究和宣傳中國天文學成就；以後在此基礎上寫了四卷本《中國天文學史》。同時，國家有關部門從英美等國請回在西方已學有所長的天文學專門人才。其中，王綬琯回國建立北京天文臺，戴文賽建立南京大學天文臺。戴文賽又與席澤宗編譯天文教科書，以備急用。但實際上，古代文化已受批判，原有文化在當時不太受重視。

1966年，江青與"四人幫"刮起了打倒"孔家店"、批判"封資修"的浪潮。不知是什麽原因，可能衹是因爲江青參觀了北京天文館，説了一番話，要整理研究祖國天文資料，人們聞風而動。這就是中華書局出版的《歷代天文律曆等志彙編》十卷本。其編排方面還存在其他問題，故其出版內容不方便引用。由此建立起來的全國性的天文“整研”小組，有十餘人之多，筆者也參與了，并製訂了研究規劃，筆者選擇了少數民族天文學史，直到 1974 年小組解散，大致形成了十卷本“天文學史大系”。

在整理少數民族天文學資料時，筆者偶然發現十月太陽曆。筆者認定它是新發現的很重要的研究課題，狠抓不放，也就有了後來大家已知的事情。

利用“十月曆”，重新解釋古代曆法，是筆者堅定的研究方向。以此爲方向，并延伸到天文學，也就有了以吴樹平爲主編的《史記全注全譯·天官書》（1995 年，天津古籍出版社，第 1173—1216 頁）和《文白對照全譯史記·曆書》（2009 年，新世界出版社，第 307—331 頁）及臺灣《帛書及古典天文史料注析與研究》。

爲以“二十四史”爲重點的古典天文學文獻作注，是一件比較困難的事情，對所有學者都是嚴峻考驗，筆者也不例外。因此，以《史記》之《天官書》爲發端，筆者在《中國天文學史大系》少數民族卷等的不同內容不同版本都有不同的修改，力求精益求精，但也不敢説能有多成功。以“十月曆”來説，首先是爲“十月曆”作注，然後補充部分內容，補上古注，纔算完整。以此爲綫索，也就有了對“二十四史”系統中諸天文志的探索和思考，形成了現在的這部書。

本書的主要思路是，對於每一部斷代史的天文學專志開篇加一篇簡單的提要，介紹該朝代正史天文學志書的史料來源、編撰情況以及該朝代的天文學成就和獨特之處；對於每部志書記載的内容，以古代文獻進行内容校證梳理，以今天的天文學研究成果对其進行辨識解讀。

需要説明的是，本書的注解重點在於古代天文星象方面。而歷代關於星象的記載和天文的論述多有相同的内容，爲使每部正史保持相對獨立并具有可讀性，对其注釋時有的内容存在重複現象。而每部書在相同星座用字方面又因時代不同存在差别，如“勾”“句”“鉤”“鈎”等都有，本書在整理時對於這種用字不强求全部統一，對异體字也不强求統一，衹是較普遍的個别字如“晉”（晋）、“異”（异）、“鉤”（鈎）等進行全書統一。同時，注的内容以文字爲主，故出注條目衹引文字而不加標點。

本書的工作基礎是十卷本《歷代天文律曆等志彙編》，很多工作據其展开。筆者對於古籍整理工作是外行，很多校勘工作是探索性的，對古籍内容的解讀恐怕難免錯誤。

本書的工作帶有嘗試性，不足之處還請大家批評指正。

主要參考文獻

朱文鑫《史記天官書恒星圖考》，商務印書館 1927 年版。

【日】藪内清《宋代的星宿》，載《東方學報》，京都：1936。

陳垣《中西回史日曆》，中華書局 1962 年版。

《説文解字》，中華書局 1963 年版。

《歷代天文律曆等志彙編》，中華書局 1976 年版。

陳遵媯《中國天文學史》，上海人民出版社 1982 年版。

《中國科學技術史論文集》，四川人民出版社 1983 年版。

《乙巳占》，商務印書館 1985 年版。

《淮南子注》，上海書店出版社 1986 年版。

【日】藪内清《中國·科學·文明》，中國社會科學出版社 1988 年版。

《文獻通考》，浙江古籍出版社 1988 年版。

《周髀算經》，上海古籍出版社 1990 年版。

《禮記訓纂》，中華書局 1996 年版。

陳美東《中國古星圖》，遼寧教育出版社 1996 年版。

《薄樹人文集》，中國科學技術大學出版社 2003 年版。

馮時《中國天文考古學》，中國社會科學出版社 2007 年版。

《新儀象法要譯注》，上海古籍出版社 2007 年版。

潘鼐《中國恒星觀測史》，學林出版社 2009 年版。

《稀見唐代天文史料三種》，國家圖書館出版社 2010 年版。

《開元占經》，九州出版社 2012 年版。

陳美東《中國科學技術史·天文學卷》，科學出版社 2016 年版。

目　録

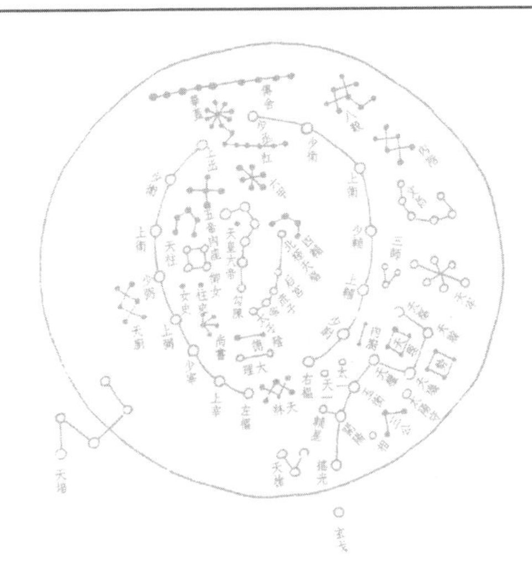

史記·天官書

《史記·天官書》爲《史記》八書之一，是我國第一篇系統記録和詮釋傳統天文學的正史文獻，承前啓後，具有里程碑意義。《天官書》整體八千一百餘字，其中正文近六千九百字，贊論一千二百餘字。其贊論也是《史記》中唯一一篇過千字的大篇幅論贊。這一千多字的贊論集中而精闢地展示了《史記》作者司馬遷關於天人關係的見解，生動而深刻地展示了司馬遷“究天人之際，通古今之變，成一家之言”的史傳思想。這些見解基於正文的天象記録而得出，資料豐富，有據而發，而又蘊含深厚的哲理精義。

我國古代，自三代時已有太史，“所職在察天文、記時政，蓋合占候紀載之事而司以一人，故每借天變，以儆人事”。《春秋》即本舊史而紀日食。《天官書》曲盡“通古今之變”内涵，繼承總結了我國古代源遠流長的天文、天象學知識，包括《春秋》《周禮》等著作的史料與學術思想，而成爲一個時代的集成式著作，又合於《史記》整體的通史性質，鑄就了我國古代天文學的第一個輝煌高峰。

從作者司馬遷的知識背景來看，司馬遷有從董仲舒受教的學術背景，有史官的家學傳統，所以“天人感應”思想貫穿《天官書》全篇，而又具備了史書的體系脉絡，以之串聯起豐富而比較完備的天象記録，開我國古代正史系統專門而完備天文文獻體系之先河，成爲後世難以逾越的高峰。唐代司馬貞在《史記索隱》中進一步解釋此篇，認爲《天官書》得名之由來，“若人之官曹列位，故曰天官”。後世傳統天文學在思想體系方面直到宋代之後，纔逐漸淡化“天人感應”的色彩。

《天官書》關於天象的記録，成爲一個時代的高峰，在其後世很長時間裏難以被超越。《天官書》融匯了古代星占家的一些經驗和曆家的推步經驗，對恒星、行星、流星、彗星的隱現加以關注，有側重地記載了宏觀意義上的五百五十多顆恒星及星座，記録了部分恒星的顔色，對災變恒星也作了記録。《天官書》將天上列宿分爲五宫，將黄道帶五方改爲四方，改爲五宫，又將中宫移至北極附近，這大約是司馬遷的創造。這一體制符合中國農曆的四季分配，一直爲後世天文學家所沿用。《天官書》還記載了二十八宿的地域分野，以説明星變對地域的影響。

《天官書》對於日月五星格外關注，介紹了太陽月亮的運動、變化，日食、月食發生的狀態及在星占上的意義和交會周期等，如總結出月食的特點和規律：“月食，常也，凡百一十三月而復始。”還總結了五大行星運動中的“逆行”與“留”的特點和規律，叙述了行星相犯和凌犯恒星的占法，這些描述有濃厚的星占色彩。

《天官書》對异星、客星、妖星、雲氣、八風占也做了描述，對异常天象作了觀測記録，對星占理論做了階段性總結，對極光、黄道光、風、雲、雷、電等地球物理現象也有關注，可以説是中國最早的天文學百科全書。

《天官書》全篇較系統地介紹了西漢時代的星座和星名，但講星座和星名的最終目的，是爲了用星占來判斷吉凶。所以筆者在作注時，把本篇内容分爲四部分。第一部分爲恒星占，是介紹天官部分。本部分將天上列宿劃分爲五宫：將北極附近的星空稱爲中宫，再將黄道帶稱爲東、南、西、北四宫，對應於蒼龍、朱雀、白虎、玄武。第二部分爲行星占，也就是日月五星占，記載了五大行星的運動狀態和周期，以及對應行星互犯和凌犯恒星的占法。爲了説明星變對地域的影響，還特地記載了二十八宿的地域分野。第三部分爲异星、客星、妖星、雲氣、八風占，它體現了中國星占占變不占常的特點。第四部分爲星占理論的總論，介紹中國星占形成的特點、歷史和歷史上的星占人物，論述了社會應順天變以及發生天變的規律，記述了歷史上天變引起社會動亂的各次對應關係，論述了帝皇應對天變的措施。

本部分校注多參考中華書局校點本。

《史記》卷二十七

天官書第五

【索隱】案：天文有五官。官者，星官也。星座有尊卑，若人之官曹列位，故曰天官。【正義】張衡云："文曜麗乎天，其動者有七，日月五星是也。日者，陽精之宗；月者，陰精之宗；五星，五行之精。衆星列布，體生於地，精成於天，列居錯峙，各有所屬，在野象物，在朝象官，在人象事。其以神著有五列焉，是有三十五名：一居中央，謂之北斗；四布於方各七，爲二十八舍；日月運行，曆示吉凶也。"

中宮〔一〕天極星，〔二〕①其一明者，太一常居也；〔三〕②旁三星三公，〔四〕或曰子屬。③後句四星，〔五〕④末大星正妃，〔六〕餘三星後宮之屬也。⑤環之匡衛十二星，⑥藩臣。皆曰紫宮。〔七〕⑦

〔一〕【索隱】姚氏案：《春秋元命包》云"官之爲言宣也，宣氣立精爲神垣"。又《文耀鉤》曰"中宮大帝，其精北極星。含元出氣，流精生一也"。

〔二〕【索隱】案：《爾雅》"北極謂之北辰"。又《春秋合誠圖》云“北辰，其星五，在紫微中”。楊泉《物理論》云“北極，天之中，陽氣之北極也。極南爲太陽，極北爲太陰。日、月、五星行太陰則無光，行太陽則能照，故爲昏明寒暑之限極也”。

〔三〕【索隱】案：《春秋合誠圖》云“紫微，大帝室，太一之精也”。【正義】泰一，天帝之别名也。劉伯莊云：“泰一，天神之最尊貴者也。”

〔四〕【正義】三公三星在北斗杓東，又三公三星在北斗魁西，并爲太尉、司徒、司空之象，主變出陰陽，主佐機務。占以徙爲不吉，居常則安，金、火守之并爲咎也。

〔五〕【索隱】句音鉤。句，曲也。

〔六〕【索隱】案：《援神契》云“辰極横，后妃四星從，端大妃光明”。又案：《星經》以後句四星名爲四輔，其句陳六星爲六宫，亦主六軍，與此不同也。

〔七〕【索隱】案：《元命包》曰“紫之言此也，宫之言中也，言天神運動，陰陽開閉，皆在此中也”。宋均又以爲十二軍，中外位各定，總謂之紫宫也。

【注】

①中宫：中國先秦曾將黄道分爲東、西、南、北、中五部分，分别稱之爲東方蒼龍、西方白虎、南方朱雀、北方玄武、中方黄龍。黄龍介於朱雀和白虎之間的黄道上，即軒轅座、五帝座一帶。後來黄道五方星纔演變成四方星，并將中方移至北極附近，即紫微垣。錢大昕《史記考异》説：“此中宫及東宫、南宫、西宫、北宫五宫字皆當作官。”此論不妥，宫和官不同，宫和座也不相當。每宫各包括若干星官。宫爲天區之名，如中宫、東宫、南宫、西宫。

②太一：肉眼所見不隨天球旋轉而轉動的那顆星稱爲天極星，由於它處於全天星座中的特殊地位，古人把它比喻爲八卦中的太極，或曰太一。

由於歲差的關係，北極的位置將在星座間移動，不同歷史時期有不同的極星，以至於哪顆星是太一也有不同的説法。《天官書》所説的太一，實是通常所説的帝星。

③或曰子屬：帝星旁的三星也非三公，應是太子、庶子、後宫三星，所以説“或曰子屬”。通常所説的三公，在宫垣外，遠離極星，不屬“帝三星”。

④後句四星：實際指句陳中的四顆亮星。“句”同“勾”。

⑤中宫……後宫之屬：潘鼐《中國恒星觀測史》説，此處司馬遷“寥寥數語，點出了北極星及其周圍共八顆星的相對位置。周初，當公元前1000年時，北極星爲帝星（βUMi），離天球北極6°30′.4，漢武帝時，帝星的極距又增加到了7°59′.3。後來的北極星天樞（鹿豹座GC17443）的極距，此時已從周初的9°59′.1減少到5°03′，實際上較近於北極。但是，司馬遷以世典周史的傳統，仍以帝星爲北極星”。

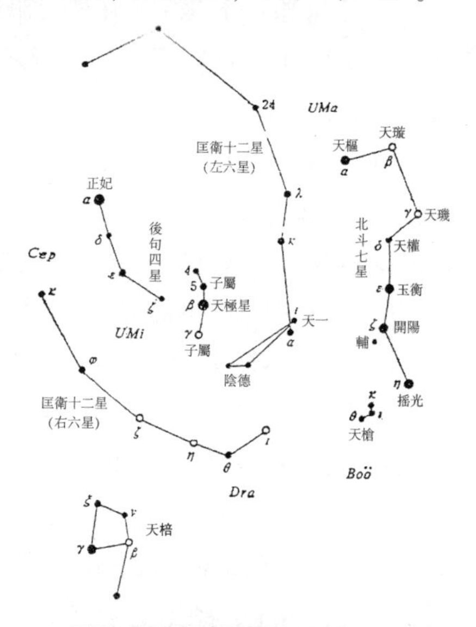

潘鼐《中國恒星觀測史》所畫

《天官書》紫宫星座圖

（請注意其與後世紫微垣星圖的差异）

⑥十二星：一説十五星，即指紫微垣十五星。

⑦紫宫：即中宫，也稱紫微垣。紫微垣與太微垣、天市垣、二十八宿合稱全天四大天區。它包括紫微星官和北極附近等許多星官在内。紫微星官在北斗北，十五星，像圍繞北極星左右兩列垣牆。

前列直斗口〔一〕三星，①隨北端兑，〔二〕②若見若不，曰陰德，〔三〕或曰天一。〔四〕③紫宫左三星曰天槍，〔五〕右五

星曰天棓，〔六〕[4]後六星絶漢抵營室，[5]曰閣道。〔七〕[6]

〔一〕【索隱】直，劉氏云如字，直，當也。又音值也。

〔二〕【索隱】隋斗端兑。隋音湯果反。劉氏云“斗，一作‘北’”。[7]案：《漢書·天文志》作“北”。[8]端作“耑”。兑作“鋭”。鋭謂星形尖鋭也。

〔三〕【索隱】案：《文耀鈎》曰“陰德爲天下綱”。宋均以爲陰行德者，道常也。【正義】《星經》云：“陰德二星在紫微宫内，尚書西，主施德惠者，故贊陰德遺惠，周急賑撫。占以不明爲宜；明，新君踐極也。”又云：“陰德星，中宫女主之象。星動摇，釁起宫掖，貴嬪内妾惡之。”

〔四〕【正義】天一一星，疆閶闔外，[9]天帝之神，主戰鬬，知人吉凶。明而有光，則陰陽和，萬物成，人主吉；不然，反是。太一一星次天一南，亦天帝之神，主使十六神，知風雨、水旱、兵革、饑饉、疾疫。占以不明及移爲災也。《星經》云：“天一、太一二星主王者即位，令諸立赤子而傳國位者。星不欲微；微則廢立不當其次，宗廟不享食矣。”

〔五〕【索隱】楚庚反。[10]

〔六〕【集解】蘇林曰：“音‘榔杖’之‘榔’。”【索隱】棓音皮，[11]韋昭音剖。又《詩緯》曰：“槍三星，棓五星，在斗杓左右，主槍人棓人。”石氏《星贊》云“槍棓八星，備非常”也。[12]【正義】棓，龐掌反。天棓五星在女牀東北，天子先驅，所以禦兵也。占：星不具，國兵起也。（參見拙著《帝星和天棓星的故事》）

〔七〕【索隱】絶，度也。抵，屬也。又案：《樂汁圖》云“閣道，北斗輔”。石氏云“閣道六星，神所乘也”。【正義】漢，天河也。直度曰絶。抵，至也。營室七星，[13]天子之宫，亦爲玄宮，亦爲清廟，主上公，亦天子離宫别館也。王者道被草木，營室歷九象而可觀。閣道六星在王良北，飛閣之道，天子欲游别宫之道。占：一星不見則輦路不通，動摇則宫掖之内起兵也。

【注】

①直：當也。斗口：北斗星之口。

②隨：下垂之義。《會注考證》本作“隋”。蔡夢弼刻本、耿秉重修本、黄善夫刻本、彭寅翁刻本、凌稚隆刻本作“隨”。二字通。兑：通“鋭”，意謂三星向北垂下，呈端點尖鋭的三角形。《索隱》作“隋斗端兑”。

③曰陰德或曰天一：《星經》所載陰德爲二星，當斗口在宫垣内，由於此三星若隱若現，第三顆暗星難以判定。天一在宫垣外，近右樞，衹一顆星，近斗杓。故此三星非指天一。

④天棓：與上“天槍”均爲守衛宫門的兩件兵器。“棓”通“棒”。

⑤後六星：指宫垣後門外的六顆星。絶：度，過。漢：指銀河。抵：至。營室：天子的離宫。

⑥閣道：天子從紫宫到營室所經過的一條路。

⑦一作北：此句以上《索隱》文字，蔡夢弼刻本、耿秉重修本、黄善夫刻本、彭寅翁刻本作“隨音他果反。斗，一作‘北’”。

⑧作北：此二字蔡夢弼刻本、黄善夫刻本、殿本作“‘北’作‘比’”，耿秉重修本、彭寅翁刻本作“‘見’作‘北’”。

⑨疆：《札記》云：“‘疆’字疑誤。”

⑩楚庚反：黄善夫刻本、彭寅翁刻本、凌稚隆刻本、殿本作“槍，音七庚反”。

⑪棓音皮：《札記》云：“‘棓’無‘皮’音，疑當作‘皮項反’，脱兩字。”按：“皮”字乃“反”字之誤。《正義》云：“棓，龐掌反。”本篇下文“三月生天棓”句《正義》云：“棓音蒲講反。”“棓音皮”當是“棓音蒲講反”之誤。（參見《帝星和天棓星的故事》）

⑫備非常：此下蔡夢弼刻本、耿秉重修本、黄善夫刻本、彭寅翁刻本、殿本有“之變”二字。

⑬營室七星：殿本《考證》云："營室止二星，此'七'字誤。"

北斗七星，〔一〕所謂"旋、璣、玉衡〔二〕以齊七政"。〔三〕①杓攜龍角，〔四〕②衡殷南斗，〔五〕③魁枕参首。〔六〕④用昏建者杓；〔七〕⑤杓，自華以西南。〔八〕⑥夜半建者衡；〔九〕⑦衡，殷中州河、濟之間。〔一〇〕⑧平旦建者魁；⑨魁，海岱以東北也。〔一一〕⑩斗爲帝車，⑪運于中央，〔一二〕臨制四鄉。分陰陽，⑫建四時，均五行，⑬移節度，⑭定諸紀，⑮皆繫於斗。

〔一〕【索隱】案：《春秋運斗樞》云"斗，第一天樞，第二旋，第三璣，第四權，第五衡，第六開陽，第七摇光。第一至第四爲魁，第五至第七爲標，合而爲斗"。《文耀鉤》云"斗者，天之喉舌。玉衡屬杓，魁爲琁璣"。徐整長曆云"北斗七星，星間相去九千里。其二陰星不見者，相去八千里也"。

〔二〕【索隱】案：《尚書》"旋"作"璿"。馬融云"璿，美玉也。機，渾天儀，可轉旋，故曰機。衡，其中横筩。以璿爲機，以玉爲衡，蓋貴天象也"。鄭玄注《大傳》云"渾儀中筩爲旋機，外規爲玉衡"也。

〔三〕【索隱】案：《尚書大傳》云"七政，謂春、秋、冬、夏、天文、地理、人道，所以爲政也。人道政而萬事順成"。又馬融注《尚書》云"七政者，北斗七星，各有所主：第一曰正日；第二曰主月法；⑯第三曰命火，謂熒惑也；⑰第四曰煞土，謂填星也；第五曰伐水，謂辰星也；第六曰危木，謂歲星也；第七曰剽金，謂太白也。日、月、五星各异，故曰七政也"。

〔四〕【集解】孟康曰："杓，北斗杓也。龍角，東方宿也。攜，連也。"【正義】案：角星爲天關，其間天門，其内天庭，黄道所經，七耀所行。左角爲理，主刑，其南爲太陽道；右角爲將，主兵，其北爲太陰道也。蓋天之三門，故其星明大則天下太平，賢人在位；不然，反是也。

〔五〕【集解】晋灼曰："衡，斗之中央。殷，中也。"【索隱】案：晋灼云"殷，中也"。宋均云"殷，當也"。

〔六〕【正義】枕，之禁反。衡，斗衡也。魁，斗第一星也。言北方斗，斗衡直當北之魁，枕於參星之首；北斗之杓連於龍角。南斗六星爲天廟，丞相、大宰之位，主薦賢良，授爵禄，又主兵，一曰天機。南二星，魁、天梁；中央一星，天相；北二星，天府庭也。占：斗星盛明，王道和平，爵禄行；不然，反是。參主斬刈，又爲天獄，主殺罰。其中三星横列者，三將軍，東北曰左肩，主左將；西北曰右肩，主右將；東南曰左足，主後將；西南曰右足，主偏將；故軒轅氏占參應七將也。中央三小星曰伐，天之都尉也，主戎狄之國。不欲明；若明與參等，大臣謀亂，兵起，夷狄内戰。七將皆明，主天下兵振；芒角張，王道缺；參失色，軍散敗；參芒角動摇，邊候有急；參左足入玉井中，及金、火守，皆爲起兵。

〔七〕【索隱】用昏建中者杓。《説文》云"杓，斗柄"。音匹遥反，即招摇。

〔八〕【集解】孟康曰："傳曰'斗第七星法太白，主[18]杓，斗之尾也'。尾爲陰，又其用昏，昏陰，位在西方，故主西南。"【正義】杓，東北第七星也。華，華山也。言北斗昏建用斗杓，星指寅也。杓，華山西南之地也。

〔九〕【集解】徐廣曰："第五星。"孟康曰："假令杓昏建寅，衡夜半亦建寅。"【索隱】孟康曰："假令杓昏建寅，衡夜半亦建寅也。"

〔一〇〕【正義】衡，北斗衡也。言北斗夜半建用斗衡指寅。殷，當也。斗衡黄河、濟水之間地也。

〔一一〕【集解】孟康曰："傳曰'斗第一星法於日，主齊也'。魁，斗之首；首，陽也，又其用在明陽與明德，在東方，故主東北齊分。"【正義】言北斗旦建用斗魁指寅也。海岱，代郡也。⑲言魁星主海岱之東北地也。隨三時所指，有前三建也。

〔一二〕【索隱】姚氏案：宋均曰："言是大帝乘車巡狩，故無所不紀也。"

【注】

①旋璣玉衡：从斗口開始，第一"天樞"，第二"旋"（璇），第三"璣"，第四"權"，第五"衡"，第六"開陽"，第七"摇光"。一至四合稱"魁"，五至七合稱"杓"，總稱爲"斗"。馬融把璇璣比喻爲渾儀中可以轉動的圓環，玉衡比喻爲望筩。齊：齊全。七政：《尚書大傳》釋爲七項政事；《尚書》馬融注以爲是指日月五星的運行。

②杓：指斗杓。攜：連。龍角：指蒼龍的角，即角宿。據朱文鑫《史記天官書恒星圖考》的解釋，角宿主星、摇光和帝星約在一直綫上，故曰"杓攜龍角"。

③殷：中也，當也。南斗：指斗宿。玉衡星與斗宿中的二星約在一直綫上，故曰"衡殷南斗"。

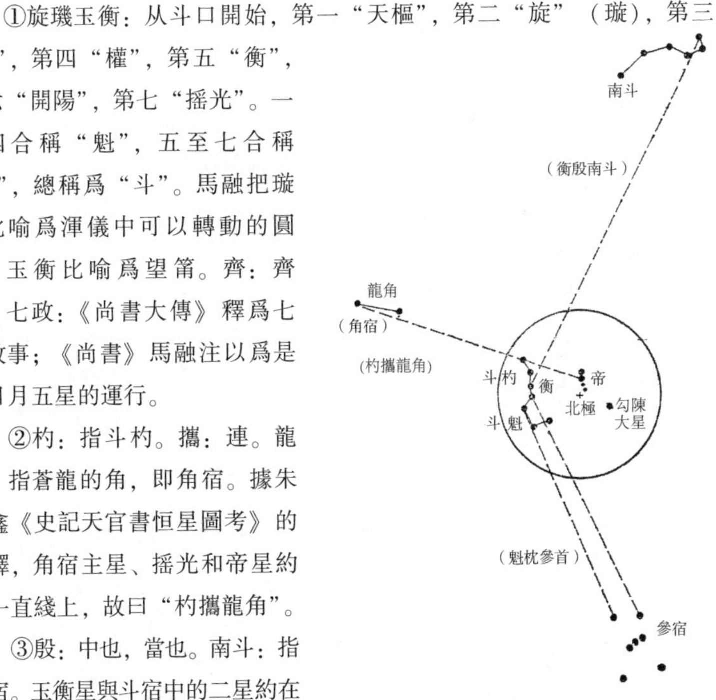

朱文鑫《史記天官書恒星圖考》對北斗與角宿、斗宿、參宿關係的圖解

④魁枕參首：魁四星位於參宿兩肩之上。參宿的左右肩兩星分别與魁四星中的左右兩星兩兩相連，成兩條并行的直綫，故曰"魁枕參首"。朱文鑫《史記天官書恒星圖考》解釋："攜，

連也。杓，連龍角，故曰攜。龍角，角宿也。蓋角在子午圈時，杓正南向以對之，即角宿第一星與杓之摇光及帝星，約在一直綫也。且此星與杓之開陽及今之極星，亦在一直綫也。衡，玉衡也，杓中之一星。殷，中也。衡當南斗，故曰殷。蓋南斗在子午圈時，衡正南向以對之，即南斗中二星與玉衡約在一直綫也。魁在參宿兩肩之上，故曰枕。蓋參在子午圈時，魁正南向以對之，即由魁之天機（璣）傍天樞以至參右肩，由天權傍天璇以至參左肩，皆在一直綫也。……由此推之，觀杓而知角，觀衡而知斗，觀魁而知參。察北斗之循行，足以窺大塊之文章，握渾天之璇璣。"

⑤用昏建者杓：用初昏時斗杓的指向來建立月序。

⑥杓自華以西南：此是天文學上的分野之説。華的西南方屬杓。

⑦夜半建者衡：以夜半時衡星與南斗二星連綫的指向來確定月建。

⑧河濟之間：指開封、商丘、定陶一帶。河，黄河。濟，濟水。

⑨平旦建者魁：言黎明前以魁星與參肩連綫所指定月建。《索隱》引孟康説："假令杓昏建寅，衡夜半亦建寅也。"但魁平旦不指寅而指子。

⑩海岱以東北：指燕地和代地。

⑪斗爲帝車：北斗星是中國最古老的定季節的三大辰之一。據馮時《中國天文考古學》考證，在新石器時代中國部分以猪爲圖騰的部落曾將北斗星稱爲猪星，在商周時纔稱爲北斗星。斗又寫作枓，爲盛酒之勺。在秦漢時形成的中國星官系統中，酒勺難以融合到以帝皇爲中心的星官系統之中，故星占家纔改以帝車來命名。

漢武梁祠畫像石斗爲帝車圖

（天帝坐在北斗組成的帝車中，由祥雲托着，正接受諸大臣的朝拜，周圍四象圍繞，右面的馬車爲"斗爲帝車"的象徵。）

⑫陰陽：指一年中上半年和下半年的陰陽兩部分。

⑬五行：指一年中的五節。并非指哲學上的陰陽五行概念。

⑭節度：節氣和太陽的行度。

⑮諸紀：主要是指紀年、紀月、紀日的周期。紀，曆法中的周期。

⑯第一曰正日第二曰主月法：張文虎《札記》云："各本并作'第一曰主日法天，第二曰主月法地'，與單本异。案：《晋志》引石氏云'第一正星，二曰法星'，又'一主天，二主地'，疑此注有脱字。"

⑰第三曰命火謂熒惑也：張文虎《札記》云："此以下五'謂'字皆不可通，疑'法'字之誤。下文《集解》引孟康曰'傳曰斗第七星法太白'，又曰'斗第一星法於日'，是其證也。"

⑱斗第七星法太白主：張文虎《札記》云："'主'下有脱字。"

⑲海岱代郡也：張文虎《札記》云："《考證》云代郡與海岱絶遠，'代'字誤。"

斗魁戴匡六星〔一〕曰文昌宫：〔二〕①一曰上將，二曰次將，三曰貴相，四曰司命，五曰司中，六曰司禄。〔三〕在斗魁中，②貴人之牢。〔四〕③魁下六星，兩兩相比者，名曰三能。〔五〕④三能色齊，君臣和；不齊，爲乖戾。輔星〔六〕明近，〔七〕⑤輔臣親彊；⑥斥小，⑦疏弱。〔八〕⑧

〔一〕【集解】晋灼曰："似匡，故曰戴匡也。"

〔二〕【索隱】《文耀鉤》曰"文昌宫爲天府"。《孝經援神契》云"文者精所聚，昌者揚天紀"。輔拂并居，以成天象，故曰文昌。

〔三〕【索隱】《春秋元命包》曰："上將建威武，次將正左右，貴相理文緒，司禄賞功進士，司命主老幼，司災主災咎也。"

〔四〕【集解】孟康曰："傳曰'天理四星在斗魁中。貴人牢名曰天理'。"【索隱】在魁中，貴人牢。《樂汁圖》云"天理理貴人牢”。宋均曰“以理牢獄”也。【正義】占：明，及其中有星，此貴人下獄也。

〔五〕【集解】蘇林曰：“能音台。”【索隱】魁下六星，兩兩相比，曰三台。案：《漢書·東方朔》“願陳泰階六符”。孟康曰：“泰階，三台也，台星凡六星。六符，六星之符驗也。”應劭引《黄帝泰階六符經》曰“泰階者，天子之三階：上階，上星爲男主，下星爲女主；中階，上星爲諸侯三公，下星爲卿大夫；下階，上星爲士，下星爲庶人。三階平，則陰陽和，風雨時；不平，則稼穡不成，冬雷夏霜，天行暴令，好興甲兵，修宫榭，廣苑囿，則上階爲之坼也”。

〔六〕【集解】孟康曰：“在北斗第六星旁。”

〔七〕【正義】大臣之象也。占：欲其小而明；若大而明，則臣奪君政；小而不明，則臣不任職；明大與斗合，國兵暴起；暗而遠斗，臣不死則奪；若近臣專賞，排賢用佞，則輔生角；近臣擅國符印，將謀社稷，則輔生翼；不然，則死也。

〔八〕【集解】蘇林曰：“斥，遠也。”

【注】

①戴匡：舊釋爲戴在魁頭上的飯器或籮筐。此解似附會。飯器或籮筐不能當帽子戴，文昌六星也不成筐形。同時，文昌六星都是天帝的文臣武將，是重要的輔臣，不可能合在一起即成飯器。據《爾雅·釋地》，“戴”解作“值”；“匡”解作輔助。全句可解釋爲與“斗魁相值的匡扶天帝的六星”。文昌宫：屬紫微垣，又名文曲星、文星，中國神話中主宰功名、禄位之神，舊時多爲讀書人所崇祀。

②斗：《讀書雜志》云：“‘魁’上本無‘斗’字，此因《集解》内‘在斗魁中’而誤衍也。……《索隱》本無‘斗’字，《漢書·天文志》亦無。”

③貴人之牢：《集解》引孟康曰：“《傳》曰天理四星在斗魁中，貴人

牢，名曰天理。”“牢”即牢獄。斗魁中的天理四星均較暗淡，一般星圖不載明。

④名：《讀書雜志》云：“‘名’字後人所加。……《索隱》本無‘名’字，《太平御覽·天部》引此亦無‘名’字。《漢書·天文志》同。”三能：即三台。“能”音“台”。

⑤輔星：在開陽旁的小星。明近：離開陽近而且明亮。

⑥親彊：親近强盛。

⑦斥小：離開陽遠而且暗。

⑧疏弱：君臣關係疏遠，國政衰弱。

杓端有兩星：①一内爲矛，招摇；〔一〕②一外爲盾，天鋒。〔二〕③有句圜十五星，〔三〕④屬杓，〔四〕曰賤人之牢。〔五〕其牢中星實則囚多，虚則開出。

〔一〕【集解】孟康曰：“近北斗者招摇，招摇爲天矛。”晋灼曰：“更河三星，天矛、鋒、招摇，一星耳。”【索隱】《注》“更河三星”。案：《詩記曆樞》云“更河中招摇爲胡兵”。宋均云“招摇星在更河内”。又《樂汁圖》云“更河天矛”，宋均以爲更河名天矛，則更河是星名也。

〔二〕【集解】晋灼曰：“外，遠北斗也。在招摇南，一名玄戈。”【正義】《星經》云：“梗河星爲戟劍之星，若星不見或進退不定，鋒鏑亂起，將爲邊境之患也。”

〔三〕【索隱】句音鈎。圜音員。其形如連環，即貫索星也。

〔四〕【正義】屬音燭。

〔五〕【索隱】案：《詩記曆樞》云“賤人牢，一曰天獄”。又《樂汁圖》云“連營，賤人牢”。宋均以爲連營，貫索也。【正義】貫索九星在七公前，一曰連索，主法律，禁暴彊，故爲賤人牢也。牢口一星爲門，欲其開也。占：星悉見，則獄事繁；

不見，則刑務簡；動摇，則斧鉞用；中虚，則改元；口開，則有赦，人主憂；若閉口，及星入牢中，有自繫死者。常夜候之，一星不見，有小喜；二星不見，則賜禄；三星不見，則人主德令且赦。遠十七日，近十六日。若有客星出，視其小大：大，有大赦；小，亦如之也。

【注】

①杓端：斗柄的延長綫上，内爲近杓，外爲遠杓。

②招摇：爲矛，又名更河。

③天鋒：爲盾，一名玄戈。

④句圜：音"溝垣"。星形如鈎似環，即貫索星。後世星表或星圖通常載貫索九星。潘鼐《中國恒星觀測史》對《天官書》句圜十五星作了考證，指出它包括了北冕座的全部和牧夫座西側的兩顆星。

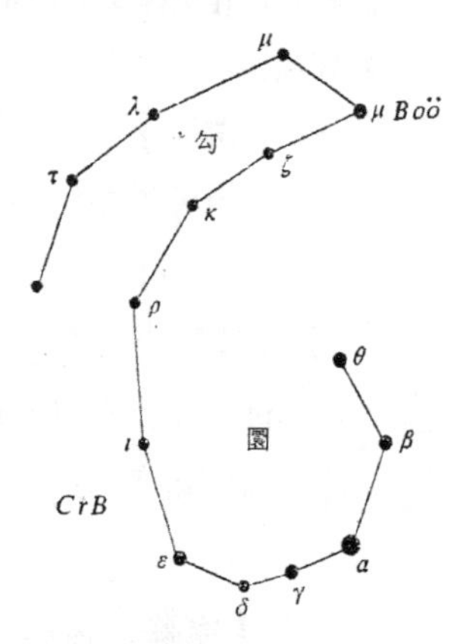

潘鼐《中國恒星觀測史》中的句圜十五星圖

天一、槍、棓、矛、盾動摇，角大，兵起。〔一〕①

〔一〕【集解】李奇曰："角，芒角。"

【注】

①兵起：當天一諸星顫動，芒角大時，則發生戰亂。

東宫蒼龍，〔一〕房、心。〔二〕①心爲明堂，〔三〕②大星天王，③前後星子屬。〔四〕④不欲直，直則天王失計。⑤房爲府，曰天駟。〔五〕⑥其陰，⑦右驂。〔六〕⑧旁有兩星曰衿；〔七〕⑨

北一星曰舝。〔八〕⑩東北曲十二星曰旗。〔九〕⑪旗中四星天市；〔一〇〕⑫中六星曰市樓。市中星衆者實；⑬其虚則實秏。〔一一〕⑭房南衆星曰騎官。

〔一〕【索隱】案：《文耀鉤》云"東宫蒼帝，其精爲龍"也。

〔二〕【索隱】案：《爾雅》云"大辰，房、心、尾也"。李巡曰"大辰，蒼龍宿，體最明也"。

〔三〕【索隱】《春秋説題辭》云："房、心爲明堂，天王布政之宫。"《尚書運期授》曰："房，四表之道。"宋均云："四星間有三道，日、月、五星所從出入也。"

〔四〕【索隱】《鴻範五行傳》曰："心之大星，天王也。前星，太子；後星，庶子。"

〔五〕【索隱】房爲天府，曰天駟。《爾雅》云："天駟，房。"《詩記曆樞》云："房爲天馬，主車駕。"宋均云："房既近心，爲明堂，又别爲天府及天駟也。"

〔六〕【正義】房星，君之位，亦主左驂，亦主良馬，故爲駟。王者恒祠之，是馬祖也。

〔七〕【索隱】房有兩星曰衿。一音其炎反。《元命包》云："鈎衿兩星，以閑防，神府闓舒，爲主鈎距，以備非常也。"【正義】占：明而近房，天下同心。鈎、鈐、房、心之間有客星出及疏坼者，皆地動之祥也。

〔八〕【集解】徐廣曰："音轄。"【正義】《説文》云："舝，車軸耑鍵也。兩相穿背也。"《星經》云："鍵閉一星，在房東北，掌管籥也。"占：不居其所，則津梁不通，宫門不禁；居，則反是也。

〔九〕【正義】兩旗者，左旗九星，在河鼓左也；右旗九星，在河鼓右也。皆天之鼓旗，所以爲旌表。占：欲其明大光潤，將軍吉；不然，爲兵憂；及不居其所，則津梁不通；動摇，則兵起也。

〔一〇〕【正義】天市二十三星，在房、心東北，主國市聚交易之所，一曰天旗。明則市吏急，商人無利；忽然不明，反是。市中星衆則歲實，稀則歲虚。熒惑犯，戮不忠之臣。彗星出，當徙市易都。客星入，兵大起；出之，有貴喪也。

〔一一〕【正義】秏，貧無也。

【注】

①房心：《爾雅·釋天》曰："大辰，房心尾也。"李巡曰："大辰，蒼龍宿，體最明也。"石氏《星經》曰："東方蒼龍七宿，房爲腹。"所以心爲龍心，尾爲龍尾，房爲龍腹。房、心爲龍體的主要部分。

②心爲明堂：心宿又稱爲明堂。明堂是天王布政的地方。

③大星：指心宿二，也即大火星。

④前後星子屬：前星爲太子，後星爲庶子，故稱"子屬"。

⑤失計：政令疏失。

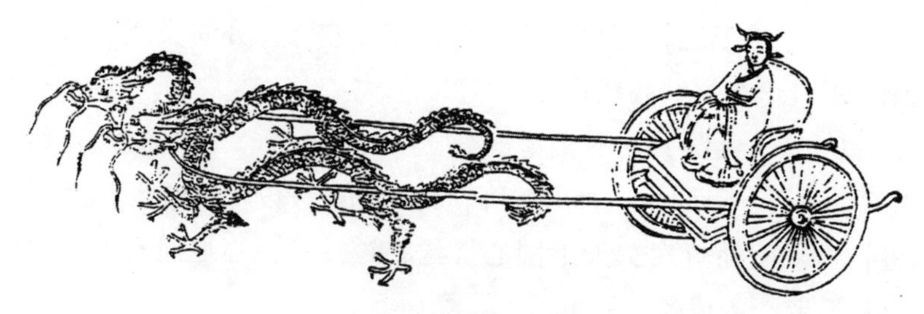

房爲天馬或天龍想象圖

⑥房爲府曰天駟：房宿也稱天府，又曰天駟。天駟即天馬。晋郭璞《爾雅注》説："龍爲天馬，故房四星謂之天駟。"天馬由龍引申而來。《史記志疑》云："'府'上有'天'字，《索隱》本及《御覽》卷五并作'天府'也。"

⑦陰：背面。

⑧右驂：王元啓《史記正譌》説："'右'上當有'左'字，房星之北，左右各有四星，今名東咸西咸。"《晋書·天文志》曰："房四星……南星曰左驂，次左服，次右服，次右驂。"即房宿四星中的最北一星爲右驂，故曰"其陰，右驂"。

⑨衿：指鈎鈐。

⑩牽：同"轄"，車兩頭的金屬鍵，牽星即鍵閉星。

⑪東北曲十二星曰旗：王元啓《史記正譌》説："曰十二者，上脱二字也。"朱文鑫認爲："謂十二星者，指其大者言也。"

⑫旗中四星天市：王元啓《史記正譌》説："統言之，天旗即天市；析言之，則天旗南北門左右各兩星爲天市，余但謂之天旗也。"《正義》以爲左右旗在河鼓附近，誤。《天官書》僅有五宫，尚無三垣的觀念。雖然中宫有匡衛十二藩臣，稱爲紫宫；太微也有匡衛十二藩臣，有端門、掖門、諸侯、五帝座等星名，已與紫微垣、太微垣大致對應；天市附近也有旗星十二顆，但《天官書》并未將其周圍諸星稱之爲天市垣。《天官書》中天市僅有四星。十二旗星雖然與紫宫十二藩臣、太微十二藩臣相對應，均用十二這個數决非偶然，不可能有星數訛誤之説，但十二旗星與十二藩臣并不對應，也不成匡衛之狀；天市雖有市樓與其相匹配，但尚無後世帝座、斛星、屠肆、宗正等與其相配。故所謂天市垣的概念，是東漢以後纔逐漸形成的。《天官書》有以五宫爲主綫，對每一宫又先述主星的特點，故先有"中宫天極星""東宫蒼龍房心""南宫朱鳥權衡""西宫咸池曰天五潢""北宫玄武虚危"，各宫主星介紹過後，再述其餘。這便是爲什麼介紹東方蒼龍七宿時不按順序，先述房心，後述角亢的道理所在，以下南方、西方、北方仿此。

⑬實：歲實，豐收。

⑭秏：歲虚，歉收。

左角，李；右角，將。〔一〕① 大角者，天王帝廷。〔二〕其兩旁各有三星，鼎足句之，曰攝提。〔三〕② 攝提者，直斗杓所指，以建時節，故曰“攝提格”。亢爲疏廟，[四]③主疾。其南北兩大星，曰南門。[五]④氐爲天根，[六]⑤主疫。[七]

〔一〕【索隱】李即理，理，法官也。故《元命包》云“左角理，物以起；右角將，帥而動”。又石氏云“左角爲天田，右角爲天門”也。

〔二〕【索隱】大角，天王帝廷。案：《援神契》云“大角爲坐候”。宋均云“坐，帝坐也”。【正義】大角一星，在兩攝提間，人君之象也。占：其明盛黄潤，則天下大同也。

〔三〕【集解】晋灼曰：“如鼎之句曲。”【索隱】案：《元命包》云“攝提之爲言提攜也。言提斗攜角以接於下也”。【正義】攝提六星，夾大角，大臣之象，恒直斗杓所指，紀八節，察萬事者也。占：色温温不明而大者，人君恐；客星入之，聖人受制也。

〔四〕【索隱】《元命包》曰“亢四星爲廟廷”。又《文耀鉤》“爲疏廟”，宋均以爲疏，外也；廟，或爲朝也。【正義】聽政之所也。其占：明大，則輔臣忠，天下寧；不然，則反是也。

〔五〕【正義】南門二星，在庫樓南，天之外門。占：明則氐、羌貢；暗則諸夷叛；客星守之，外兵且至也。

〔六〕【索隱】《爾雅》云“天根，氐也”。孫炎以爲角、亢下繫於氐，若木之有根也。【正義】《星經》云：“氐四星爲路寢，聽朝所居。其占：明大，則臣下奉度。”《合誠圖》云：“氐爲宿宫也。”

〔七〕【索隱】宋均云：“疫，病也。三月榆莢落，故主疾疫也。然此時物雖生，而日宿在奎，行毒氣，故有疫也。”【正義】氐、房、心三宿爲火，於辰在卯，宋之分野。

【注】

①左角李右角將：角宿有二星，左爲李星，右爲將星。李，理也，法官。

②攝提：提攜。言提斗攜角，以建時節。

③亢爲疏廟：《説文解字》曰："亢，人頸也。"此處原義爲龍頸。疏：外。廟，朝。疏廟：可釋爲行宫。

④其南北兩大星曰南門：依鄒伯奇的考證，此處南門星在庫樓南。"北"字爲衍文。

⑤氐爲天根：《索隱》引孫炎曰："角、亢下繫於氐，若木之有根也。"石氏《星經》曰："氐，胸也，位於蒼龍之胸。"角、亢爲龍角龍頸。下繫之物應是龍胸。

尾爲九子，〔一〕① 曰君臣；斥絶，不和。箕爲敖客，〔二〕②曰口舌。〔三〕

〔一〕【索隱】宋均云："屬後宫場，故得兼子。子必九者，取尾有九星也。"《元命包》云："尾九星，箕四星，爲後宫之場也。"【正義】尾，箕、尾爲析木之津，③於辰在寅，燕之分野。尾九星爲後宫，亦爲九子。星近心第一星爲后，次三星妃，次三星嬪，末二星妾。占：均明，大小相承，則後宫叙而多子；不然，則不；金、火守之，後宫兵起；若明暗不常，妃嫡乖亂，妾媵失序。

〔二〕【索隱】宋均云："敖，調弄也。箕以簸揚，調弄象也。箕又受物，有去去來來，客之象也。"【正義】敖音傲。箕主八風，亦后妃之府也。移徙入河，國人相食；金、火入守，天下亂；月宿其野，爲風起。

〔三〕【索隱】《詩》云"維南有箕，載翕其舌"。又《詩緯》云"箕爲天口，主出氣"。是箕有舌，象讒言。《詩》曰

“哆兮侈兮，成是南箕”，謂有敖客行謁請之也。

【注】

①尾爲九子：尾宿九星爲天帝的九個兒子，或曰群姬，由於在蒼龍宿內，故流傳有龍生九子之説。《索隱》《正義》都認爲尾、箕爲後宮地場。故《史記志疑》引王孝廉曰：“疑‘君臣’乃‘群姬’之訛。尾星斥絶，群姬不和矣。《漢志》‘敖客’下有‘后妃之府’四字。”不言而喻，此處之尾宿，與角、亢、氐、房、心相對應，也有龍尾之義。

②敖客：調弄是非之客。又箕主八風，月宿其野，爲風起。

③尾：《札記》云：“‘尾’字當衍。”

火犯守角，〔一〕①則有戰。房、心，王者惡之也。〔二〕②

〔一〕【索隱】案：韋昭曰“火，熒惑也”。

〔二〕【正義】熒惑犯守箕、尾，氐星自生芒角，則有戰陣之事。若熒惑守房、心，及房、心自生芒角，則王者惡之也。

【注】

①火：熒惑。犯守：凌、犯、守均爲星占名詞，表示二天體接近的程度。星通常以一尺以内爲犯，同宿爲守。角：角宿。

②房心王者惡之：言熒惑犯房心，王者遇惡運。

南宫朱鳥，〔一〕權、衡。〔二〕①衡，太微，②三光之廷。〔三〕③匡衛十二星，藩臣：〔四〕西，將；東，相；南四星，執法；④中，端門；門左右，掖門。⑤門内六星，諸侯。〔五〕⑥其内五星，五帝坐。〔六〕⑦後聚一十五星，蔚然，〔七〕曰郎位；〔八〕⑧傍一大星，將位也。〔九〕⑨月、五星順入,[⑩]軌道,〔一〇〕[⑪]司其出,[⑫]所守,[⑬]天子所誅也。〔一一〕[⑭]其逆入，若不軌道，以所犯命之;[⑮]中坐,[⑯]成形,〔一二〕[⑰]皆群下從謀也。[⑱]金、火尤甚。〔一三〕[⑲]廷藩西有隋星五,〔一四〕[⑳]曰少微，士大夫。〔一五〕[㉑]權，軒轅。軒轅，黄龍體。〔一六〕[㉒]前大星，女主象；旁小星，御者後宫屬。月、五星守犯者，如衡占。〔一七〕

〔一〕【正義】柳八星爲朱鳥咮，天之厨宰，主尚食，和滋味。

〔二〕【集解】孟康曰:“軒轅爲權，太微爲衡。”【索隱】案:《文耀鈎》云“南宫赤帝，其精爲朱鳥”。孟康曰:“軒轅爲權，太微爲衡”也。【正義】權四星在軒轅尾西，主烽火，備警急。占以明爲安静；不明，則警急;[㉓]動摇芒角亦如之。衡，太微之庭也。

〔三〕【索隱】宋均曰:“太微，天帝南宫也。三光，日、月、五星也。”

〔四〕【索隱】十二星，藩臣。《春秋合誠圖》曰:“太微主法式，陳星十二，以備武急也。”【正義】太微宫垣十星，在翼、軫地，天子之宫庭，五帝之坐，十二諸侯之府也。其外藩，九卿也。南藩中二星間爲端門。次東第一星爲左執法，廷尉之象；第二星爲上相；第三星爲次相；第四星爲次將；第五星爲上將。端門西第一星爲右執法，御史大夫之象也；第二星爲上將；第三星爲次將；第四星爲次相；第五星爲上相。其東垣北左執法、上相兩星間名曰左掖門；上相兩星間名曰東華門；上相、次相、上將、次將間名曰太陽門。其西垣右執法、上將間名曰右掖門；上將間名曰西華門；次將、次相間名曰中華門；次相兩星間名曰太陰門。各依其名，是其職也。占與紫宫垣同也。

〔五〕【正義】内五諸侯五星，列在帝庭。其星并欲光明潤澤；若枯燥，則各於其處受其災變，大至誅戮，小至流亡；若動搖，則擅命以干主者。審其分以占之，則無惑也。又云諸侯五星在東井北河，主刺舉，戒不虞。又曰理陰陽，察得失。一曰帝師，二曰帝友，三曰三公，四曰博士，五曰太史。此五者，爲天子定疑議也。占：明大潤澤，大小齊等，則國之福；不然，則上下相猜，忠臣不用。

〔六〕【索隱】《詩含神霧》云五精星坐，其東蒼帝坐，神名靈威仰，精爲青龍之類是也。【正義】黄帝坐一星，在太微宫中，含樞紐之神。四星夾黄帝坐：蒼帝東方靈威仰之神；赤帝南方赤熛怒之神；白帝西方白昭矩之神；黑帝北方叶光紀之神。五帝并設，神靈集謀者也。占：五座明而光，則天子得天地之心；不然，則失位；金、火來守，入太微，若順入，軌道，司其出之所守，則爲天子所誅也；其逆入若不軌道，以所犯名之，中坐成形。㉔

〔七〕【集解】徐廣曰："一云'哀烏'。"

〔八〕【索隱】徐廣云："一云'哀烏'。"案：《漢書》作"哀烏"，則"哀烏""蔚然"皆星之貌狀。其星爲郎位。㉕【正義】郎位十五星，在太微中帝坐東北。周之元士，漢之光禄、中散、諫議，此三署郎中，是今之尚書郎。占：欲其大小均耀，光潤有常，吉也。

〔九〕【索隱】案：宋均云爲群郎之將帥是也。【正義】將，子象反。郎將一星，在郎位東北，所以爲武備，今之左右中郎將。占：大而明，角，將恣不可當也。

〔一〇〕【索隱】韋昭云："謂循軌道不邪逆也。順入，從西入之也。"【正義】謂月、五星順入軌道，入太微庭也。

〔一一〕【索隱】宋均云："司察日、月、五星所守列宿，若請官屬不去十日者，於是天子命使誅討之也。"

〔一二〕【集解】晋灼曰："中坐，犯帝坐也。成形，禍福之形見也。"【索隱】其逆入，不軌道。宋均云："逆入，從東入；不軌道，不由康衢而入者也。以其所犯命之者，亦謂隨所犯之位，天子命誅其人也。"【正義】命，名也。謂月、五星逆入，不依軌道，司察其所犯太微中帝坐，帝坐必成其刑戮，皆是群下相從而謀上也。

〔一三〕【索隱】案：火主銷物而金爲兵，故尤急。然則木、水、土爲小變也。【正義】若金、火逆入，不軌道，犯帝坐，尤甚於月及水、土、木也。

〔一四〕【集解】隋音他果反。【索隱】宋均云"南北爲隋"。又他果反，隋爲垂下。

〔一五〕【索隱】《春秋合誠圖》云"少微，處士位"。又《天官占》云"少微一名處士星"也。【正義】廷，太微廷；藩，衛也。少微四星，在太微西，南北列：第一星，處士也；第二星，議士也；第三星，博士也；第四星，大夫也。占以明大黄潤，則賢士舉；不明；反是；月、五星犯守，處士憂，宰相易也。

〔一六〕【集解】孟康曰："形如騰龍。"【索隱】《援神契》曰"軒轅十二星，後宫所居"。石氏《星贊》以軒轅龍體，主后妃也。【正義】軒轅十七星，在七星北，黄龍之體，主雷雨之神，後宫之象也。陰陽交感，激爲雷電，和爲雨，怒爲風，亂爲霧，凝爲霜，散爲露，聚爲雲氣，立爲虹蜺，離爲背璚，分爲抱珥。二十四變，皆軒轅主之。其大星，女主也；次北一星，夫人也；次北一星，妃也；其次諸星皆次妃之屬。女主南一小星，女御也；左一星，少民，后宗也；右一星，大民，太后宗也。占：欲其小黄而明，吉；大明，則爲後宫争競；移徙，則國人流迸；東西角大張而振，后族敗；水、火、金守軒轅，女主惡也。

〔一七〕【索隱】宋均云："責在后黨嬉，讒賊興，招此祥。”案：亦當天子命誅也。

【注】

①權衡：此處軒轅爲權，太微爲衡，與北斗中的天權、玉衡不同。

②太微：爲天子南宫。

③三光之廷：黄道經過太微垣的南部，爲三光必經之路，故曰“三光之廷”。三光指日、月、五星。

④藩臣西將東相南四星執法：西，上相、次相、次將、上將；東，上將、次將、次相、上相，共八星；左南執法各二星，共十二星爲藩臣。

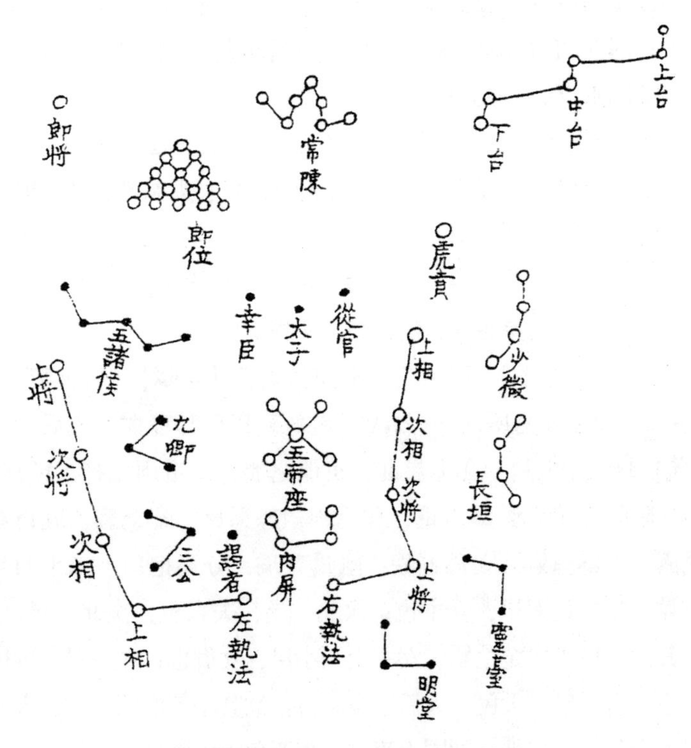

明顧錫疇《天文圖》中的太微垣星圖

⑤端門……掖門：左右執法之間爲端門，之外爲左右掖門，不在十二

藩臣之列。

⑥諸侯：《晋書·天文志》等稱五諸侯，爲五星，在左上將和九卿西，在太微垣内。

⑦五帝坐："坐"又作"座"，一大星與四小星，居太微垣正中。

⑧蔚然曰郎位：郎位十五星聚在一團，均屬五、六等小星，衆星蔚茂，故曰"蔚然"。

⑨將位：也稱郎將。

⑩月五星順入：自西向東運行曰"順"，自東向西曰"逆"。進入太微垣曰"入"，離開曰"出"。

⑪軌道：指月、五星運行的路徑。《晋書·天文志》"軌道"下有一"吉"字，應是順行，吉。當發生守、逆行天象時，謀爲不軌。

⑫司：同"伺"，觀察。

⑬守：停留。

⑭天子所誅：月、五星在所守的那個星官停留十日以上，説明要謀爲不軌，是天子誅罰的對象。

⑮其逆入若不軌道以所犯命之：謂如果逆行，如同不順軌道運行，以所接近的星官來判定。

⑯中坐：指帝坐。是説犯中坐。

⑰成形：形迹已顯。

⑱皆群下從謀：皆君臣相從謀爲不軌的迹象。

⑲尤甚：由於金、火的逆行最明顯，故説"尤甚"。

⑳隋星五：《漢書·天文志》曰"隋星四"，少微爲四星，此處"五"疑爲"四"之誤。"隋"音"駝"，垂下也。

㉑曰少微士大夫：此四少微爲處士、議士、博士、大夫。將《天官書》太微與後世太微垣星圖對比可以得知，《天官書》的太微與後世太微垣大致相當，但尚缺謁者、三公、九卿、内屏、從官、太子、幸臣、虎賁、常陳、長垣等星座。

㉒軒轅黄龍體：軒轅蜿蜒如騰龍形，原爲中宫，中宫屬土，色黄，故曰"黄龍體"。

㉓不明則警急：《會注考證》本同。"不"與"否"通。黄善夫刻本

作“明一訓警急”，誤。

㉔中坐成形：“形”，《晋書·天文志》作“刑”。此句下殿本、《會注考證》本有“群下從謀也”五字。殿本《考證》云：“監本《正義》‘群下從謀也’五字，今據本書補。”

㉕其星爲郎位：蔡夢弼刻本、耿秉重修本、黄善夫刻本、彭寅翁刻本、殿本作“其星昭然所以象郎位”。

東井爲水事。〔一〕①其西曲星曰鉞。〔二〕鉞北，北河；南，南河；〔三〕兩河、天闕，②間爲關梁。〔四〕③輿鬼，④鬼祠事；中白者爲質。〔五〕火守南北河，兵起，穀不登。故德成衡，⑤觀成潢，〔六〕⑥傷成鉞，〔七〕⑦禍成井，〔八〕⑧誅成質。〔九〕⑨

〔一〕【索隱】《元命包》云：“東井八星，主水衡也。”

〔二〕【正義】東井八星，鉞一星，輿鬼四星，一星爲質，爲鶉首，於辰在未，皆秦之分野。一大星，黄道之所經，爲天之亭候，主水衡事，法令所取平也。王者用法平，則井星明而端列。鉞一星附井之前，主伺奢淫而斬之。占：不欲其明；明與井齊，或摇動，則天子用鉞於大臣；月宿井，有風雨之變也。

〔三〕【正義】南河三星，北河三星，分夾東井南北，置而爲戒。南河南戒，一曰陽門，亦曰越門；北河北戒，⑩一曰陰門，亦爲胡門。兩戒間，三光之常道也。占以南星不見則南道不通，北亦如之；動摇及火守，中國兵起也。又云動則胡、越爲變，或連近臣以結之。

〔四〕【索隱】宋均云：“兩河六星，知逆邪。言關梁之限，知邪僞也。”【正義】闕丘二星在南河南，天子之雙闕，諸侯之兩觀，亦象魏縣書之府。金、火守之，主兵戰闕下也。

〔五〕【集解】晋灼曰：“輿鬼五星，其中白者爲質。”【正義】輿鬼四星，主祠事，天目也，主視明察姦謀。東北星主積馬，東南星主積兵，西南星主積布帛，西北星主積金玉，隨其變占之。中一星爲積尸，一名質，主喪死祠祀。占：鬼星明大，穀成；不明，百姓散。質欲其没不明；[11]明則兵起，大臣誅，下人死之。

〔六〕【集解】晋灼曰："日、月、五星不軌道也。衡，太微廷也。觀，占也。潢，五帝車舍。"

〔七〕【集解】晋灼曰："賊傷之占，先成形於鉞。"【索隱】案：德成衡，衡則能平物，故有德公平者，先成形於衡。觀成潢，爲帝車舍，言王者游觀，亦先成形於潢也。傷成鉞者，傷，敗也，言王者敗德，亦先成形於鉞，以言有敗亂則有鉞誅之。然案《文耀鉤》則云"德成潢，敗成鉞"，其意异也。又此下文"禍成井，誅成質"，皆是東井下義。總列於此也。

〔八〕【集解】晋灼曰："東井主水事，火入，一星居其旁，天子且以火敗，故曰禍也。"

〔九〕【集解】晋灼曰："熒惑入輿鬼、天質，占曰大臣有誅。"

【注】

①東井爲水事：因東井諸星分布如井字，故以其義推爲水事。

②闕：皇宫前面兩邊的樓臺，中間有道路。

③間爲關梁：言南河北河爲宫闕兩邊樓臺，其間爲關梁，即兩邊樓臺間的道路。此天闕并非闕丘星。

④輿鬼：指鬼宿，四星。中間一星曰"積尸"，一名"質"。《觀象玩占》説："如雲非雲，如星非星，見氣而已。"是肉眼所見著名星團。

⑤衡：指太微，爲帝宫。有德者爲帝，故曰"德成衡"。

⑥潢：帝車舍。帝出游需車，故曰"觀成潢"。

⑦鉞：主司奢淫之星，故傷敗成形於鉞。

⑧禍成井：天子以火星入居井一星帝爲敗，故曰"禍成井"。

⑨誅成質：火星入輿鬼和質，主大臣有誅，故曰“誅成質”。

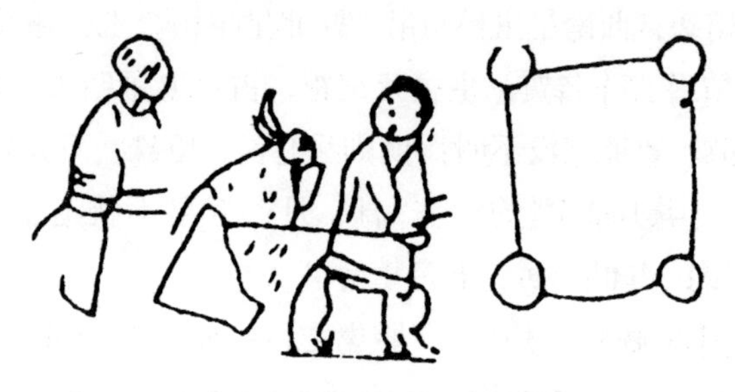

西安交大漢墓星圖中的鬼宿神像

（西安交大星圖在鬼宿四星旁畫有兩人抬着一物，似死傷之人體，象徵鬼宿中積尸氣對應於死人之含義。）

⑩北河北戒：《札記》云：“《晋志》作‘南河曰南戍，北河曰北戍’。此作‘戒’蓋後人所改。”

⑪没：殿本作“曶曶”。《晋書·天文志》作“忽忽”。《説文》：“淴，青黑色。”“曶”“忽”“淴”三字音同字通。“没”字當據殿本校改。

柳爲鳥注，① 主木草。〔一〕 七星，② 頸，③ 爲員官。④ 主急事。〔二〕 張，素，⑤爲厨，主觴客。〔三〕⑥翼爲羽翮，⑦主遠客。〔四〕⑧

〔一〕【索隱】案：《漢書·天文志》“注”作“喙”。《爾雅》云“鳥喙謂之柳”。孫炎云“喙，朱鳥之口，柳其星聚也”。以注爲柳星，故主草木。【正義】喙，丁救反，一作“注”。柳八星，星七星，張六星，爲鶉火，於辰在午，皆周之分野。柳爲朱鳥味，天之厨宰，主尚食，和滋味。占以順明爲吉；金、火守之，國兵大起。

〔二〕【索隱】七星，頸，爲員宫，主急事。案：宋均云“頸，朱鳥頸也。員宫，喉也。物在喉嚨，終不久留，故主急事也"。【正義】七星爲頸，一名天都，主衣裳文繡，主急事。以明爲吉，暗爲凶；金、火守之，國兵大起。

〔三〕【索隱】素，嗉也。《爾雅》云"鳥張，嗉"。郭璞云"嗉，鳥受食之處也"。【正義】張六星，六爲嗉，主天厨飲食賞賚觴客。占以明爲吉，暗爲凶。金、火守之，國兵大起。

〔四〕【正義】翼二十二星，軫四星，長沙一星，轄二星，合軫七星皆爲鶉尾，於辰在巳，楚之分野。翼二十二星爲天樂府，又主夷狄，亦主遠客。占：明大，禮樂興，四夷服；徙，則天子舉兵以罰亂者。

【注】

①注：《漢書・天文志》作"喙"，鳥之口。

②七星：指鳥頸。

③頸：鳥頸。

④員官：喉嚨，喻要害之地。《史記志疑》云："'宮'字訛'官'，《索隱》本作'宮'，漢以後志皆然。"此説或是正確的。

⑤素：嗉也，受食之處，即鳥胃。

⑥觴客：設酒宴待客。

⑦羽翮：鳥翅。

⑧以上是説，鬼爲鳥目，柳爲鳥口，七星爲鳥頸，張爲鳥嗉，翼爲鳥翅。南方七宿中有五宿都爲鳥體。

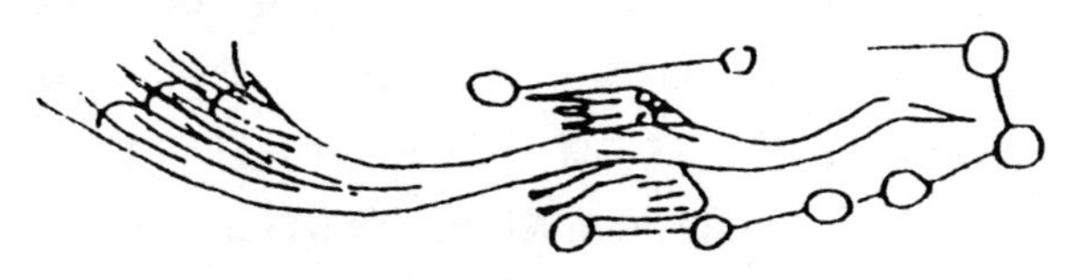

西安交大漢墓星圖中的朱雀畫像

（畫一長尾，呈飛行狀的鳥，外有八星圍繞。《天官書》"南宮朱鳥"，《正義》曰："柳八星爲朱鳥咮。"《爾雅》曰："柳，鶉火也。"鶉火爲朱鳥三個星次中的代表。）

軫爲車，主風。〔一〕①其旁有一小星，曰長沙星，〔二〕星不欲明；明與四星等，若五星入軫中，兵大起。〔三〕軫南衆星曰天庫樓；〔四〕②庫有五車。③車星角若益衆，④及不具，⑤無處車馬。⑥

〔一〕【索隱】宋均云："軫四星居中，又有二星爲左右轄，車之象也。軫與巽同位，爲風，車動行疾似之也。"【正義】軫四星，主冢宰輔臣，又主車騎，亦主風。占：明大，則車騎用；太白守之，天下學校散，文儒失業，兵戈大興；熒惑守之，南方有不用命之國，當發兵伐之；辰星守之，徐、泗有戮之者。

〔二〕【正義】長沙一星在軫中，主壽命。占：明，主長壽，子孫昌也。

〔三〕【索隱】宋均云："五星主行使。使動，兵車亦動也。"

〔四〕【正義】天庫一星，主太白，秦也，在五車中。

【注】

①軫爲車主風：軫宿四星，宋均曰："軫四星居中，又有二星爲左右轄，車之象也。軫與巽同位，爲風，車動行疾似之也。"軫爲黄道南方星座，爲朱鳥之最後一宿，位在東南，故曰"與巽同位"。軫爲車，主風，這是《天官書》對軫宿星名含義的解釋。但是，從分野觀念出發，這是不正確的。軫字有多種含義，可釋爲車、車厢之横木、悲痛、古國名。此處軫宿之名，應是來自古國名。《左傳・桓公十一年》曰："楚屈瑕將盟貳、軫。"是説楚國與貳國、軫國將要結成同盟。軫宿當源自楚地軫國。據何當岳等人考證，這個古軫國大約分布於漢水中下游，是楚國的腹心地帶。下面提到長沙星，屬於軫宿。長沙亦爲楚地，由長沙星亦可推知軫本爲地域，而不是車、車横。以軫國和長沙之名來代表軫宿的分野，是完全合理的。

②天庫樓：《晋書·天文志》曰："庫樓十星，六大星爲庫，南四星爲樓。"所以天庫樓又分稱天庫、天樓。

③庫有五車：指五柱星，非指五帝車舍之五車。

④角：芒角。言星芒角起，星益衆。

⑤不具：不成行列。

⑥無處車馬：言五車不具。

西宫〔一〕咸池，〔二〕①曰天五潢。五潢，五帝車舍。〔三〕②火入，旱；金，兵；水，水。〔四〕③中有三柱；④柱不具，兵起。

〔一〕【索隱】《文耀鉤》云："西宫白帝，其精白虎。"

〔二〕【正義】咸池三星，在五車中，天潢南，魚鳥之所托也。金犯守之，兵起；火守之，有災也。

〔三〕【索隱】案：《元命包》云"咸池主五穀，其星五者各有所職。咸池，言穀生於水，含秀含實，主秋垂，⑤故一名'五帝車舍'，以車載穀而販也"。【正義】五車五星，三柱九星，在畢東北，天子五兵車舍也。西北大星曰天庫，主太白，秦也。次東北曰天獄，主辰，燕、趙也。次東曰天倉，主歲，衛、魯也。次東南曰司空，主鎮，楚也。次西南曰卿，主熒惑，魏也。占：五車均明，柱皆

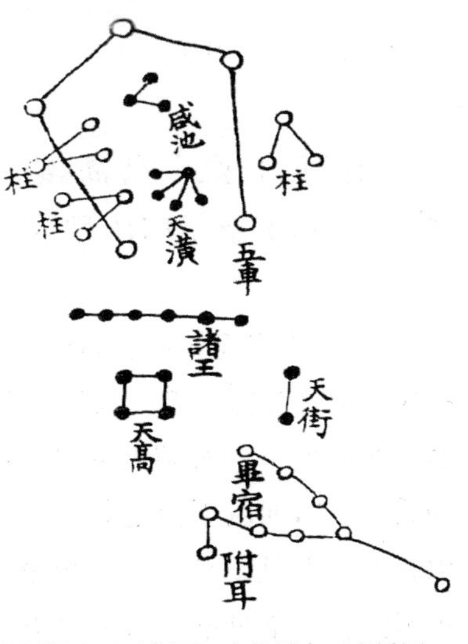

明顧錫疇《天文圖》中的畢宿五車星圖

見，則倉庫實；不見，其國絶食，兵見起。五車、三柱有變，各以其國占之。三柱入出一月，⑥米貴三倍，期二年；出三月，貴十倍，期三年；柱出不與天倉相近，軍出，米貴，轉粟千里；柱倒出，尤甚。火入，天下旱；金入，兵；水入，水也。

〔四〕【索隱】謂火、金、水入五潢，則各致此災也。案：宋均云“不言木、土者，木、土德星，於此不爲害故也”。

【注】

①西宮：下脱“白虎”二字。咸池：僅爲一星座名，與房、心、權、衛等同，不得作爲宫名與蒼龍、朱鳥、玄武并列。舊解均不足取。

②五帝車舍：《天官書》以五帝車舍爲天五潢，也即爲咸池。而《晋書·天文志》以五車“中五星曰天潢。天潢南三星曰咸池”。兩説不同。

③火入旱金兵水水：火、金、水三星入五帝車舍各成旱、兵、水災。

④中有三柱：五車星中有三組柱星，每組有三顆，合計九顆。

⑤主秋垂：有脱誤。

⑥三柱入出一月：《札記》認爲“入”字衍。殿本作“三柱出，外兵出；柱入，兵入。柱出一月”。

奎曰封豕，①爲溝瀆。〔一〕②婁爲聚衆。〔二〕③胃爲天倉。〔三〕其南衆星曰廥積。〔四〕④

〔一〕【正義】奎，苦圭反，十六星。婁三星爲降婁，於辰在戌，魯之分野。奎，天之府庫，一曰天豕，亦曰封豕，主溝瀆。西南大星，所謂天豕目。占以明爲吉。星不欲團圓，團圓則兵起。暗則臣干命之咎，亦不欲開闔無常，當有白衣稱命於山谷者。五星犯奎，人主爽德，權臣擅命，不可禁者。王者宗祀不潔，則奎動摇。若錟錟有光，則近臣謀上之應，亦庶人饑饉之厄。太白守奎，胡、貊之憂，可以伐之。熒惑星守之，則有水之憂，[5]連以三年。填星、歲星守之，中國之利，外國不利，可以興師動衆，斬斷無道。

〔二〕【正義】婁三星爲苑，牧養犧牲以共祭祀，亦曰聚衆。占：動摇，則衆兵聚；金、火守之，兵起也。

〔三〕【正義】胃三星，昴七星，畢八星，爲大梁，於辰在西，趙之分野。胃主倉廩，五穀之府也。占：明則天下和平，五穀豐稔；不然，反是也。

〔四〕【集解】如淳曰："芻藁積爲廥也。"【正義】芻藁六星，在天苑西，主積藁草者。不見，則牛馬暴死；火守，災起也。

【注】

①封豕：大豬。

②溝瀆：溝渠。

③聚衆：聚集兵衆。

④廥積：堆積牲畜乾草的地方。

⑤水：《札記》云："'水'疑當作'火'。"

昴曰髦頭，[〔一〕①]胡星也，爲白衣會。[②]畢曰罕車，[〔二〕③]爲邊兵，主弋獵。其大星旁小星爲附耳。[〔三〕④]附耳摇動，有讒亂臣在側。昴、畢間爲天街。[〔四〕⑤]其陰，陰國；陽，陽國。[〔五〕⑥]

〔一〕【正義】昴七星爲髦頭，[7]胡星，亦爲獄事。明，天下獄訟平；暗爲刑罰濫。六星明與大星等，大水且至，其兵大起；摇動若跳躍者，胡兵大起；一星不見，皆兵之憂也。

〔二〕【索隱】《爾雅》云"濁謂之畢"。孫炎以爲掩兔之畢或呼爲濁，因名星云。【正義】畢八星，曰罕車，爲邊兵，主弋獵。其大星曰天高，一曰邊將，主四夷之尉也。星明大，天下安，遠夷入貢；失色，邊亂。畢動，兵起；月宿則多雨。毛萇云“畢所以掩兔也”。

〔三〕【正義】附耳一星，屬畢大星之下，次天高東南隅，主爲人主聽得失，伺愆過。星明，則中國微，邊寇警；移動，則讒佞行；入畢，國起兵。

〔四〕【索隱】《元命包》云：“畢爲天階。”《爾雅》云：“大梁，昴。”孫炎云：“昴、畢之間，日、月、五星出入要道，若津梁也。”【正義】天街二星，⑧在畢、昴間，主國界也。街南爲華夏之國，街北爲夷狄之國。土、金守，胡兵入也。

〔五〕【集解】孟康曰：“陰，西南，象坤維，河山已北國；陽，河山已南國。”

【注】

①髦頭：毛髮。指虎頭前的長毛和虎鬚。

②白衣會：主喪獄事。

③罕車：豎着旌旗的車子。《觀象玩占》曰：“畢八星，一曰天耳，一曰天口，一曰虎口。”故畢宿爲虎口或虎耳。《正義》曰：“畢動，兵起。月宿，則多雨。毛萇云：‘畢所以掩兔也。’”故古人曰軫爲風星，畢爲雨星。

④大星：爲天高星，其東南小星曰“附耳”。

⑤天街：天街兩星在畢昴間，正是黄道所經之處，故曰“天街”。

⑥陰國……陽國：在天街兩星的兩邊，北星爲“陰國”，南星爲“陽國”。

⑦七：原作“一”，《札記》作“七”，殿本《考證》云：“‘七’，監本訛作‘一’，今改正。”《會注考證》本亦作“七”。今據改。

⑧二星：原作“三星”，《會注考證》本同。《札記》作“二星”，黄善夫刻本、彭寅翁刻本作“二星”。

参爲白虎。〔一〕①三星直者，②是爲衡石。〔二〕③下有三星，兑，④曰罰，〔三〕⑤爲斬艾事。其外四星，左右肩股也。小三星隅置，曰觜觿，爲虎首，主葆旅事。〔四〕⑥其南有四星，曰天厠。〔五〕厠下一星，曰天矢。〔六〕⑦矢黄則吉；青、白、黑，凶。其西有句曲〔七〕九星，三處羅：⑧一曰天旗，〔八〕二曰天苑，〔九〕⑨三曰九游。〔一〇〕其東有大星曰狼。〔一一〕狼角變色，多盗賊。下有四星曰弧，〔一二〕⑩直狼。⑪狼比地有大星，〔一三〕⑫曰南極老人。〔一四〕⑬老人見，治安；不見，兵起。常以秋分時候之于南郊。

〔一〕【正義】觜三星，参三星，外四星爲實沈，於辰在申，魏之分野，爲白虎形也。参，色林反，下同。

〔二〕【集解】孟康曰："参三星者，白虎宿中，東西直，似稱衡。"

〔三〕【集解】孟康曰："在参間。上小下大，故曰鋭。"晋灼曰："三星少斜列，無鋭形。"【正義】罰，亦作"伐"。《春秋運斗樞》云"参伐事主斬艾"也。

〔四〕【集解】如淳曰："關中俗謂桑榆孽生爲葆。"晋灼曰："葆，菜也。禾野生曰旅，今之飢民采旅也。"【索隱】姚氏案："宋均云葆，守也。旅猶軍旅也。言佐参伐以斬艾除凶也。"【正義】觜，子思反。觿，胡規反。葆音保。觜觿爲虎首，主收斂葆旅事也。葆旅，野生之可食者。占：金、水來守，國易正，⑭災起也。

〔五〕【正義】天厠四星，在屏東，主溷也。占：色黄，吉；青與白，皆凶；不見，則人寢疾。

〔六〕【正義】天矢一星，在厠南。占與天厠同也。

〔七〕【正義】句音鈎。

〔八〕【正義】參旗九星，在參西，天旗也，指麾遠近以從命者。王者斬伐當理，則天旗曲直順理；不然，則兵動於外，可以憂之。[15]若明而稀，則邊寇動；不然，則不。

〔九〕【正義】天苑十六星，如環狀，在畢南，天子養禽獸所。稀暗，則多死也。

〔一〇〕【集解】徐廣曰："音流。"【正義】九游九星，在玉井西南，天子之兵旗，所以導軍進退，亦領州列邦。并不欲摇動，摇動則九州分散，人民失業，信命一不通，於中國憂。以金、火守之，亂起也。

〔一一〕【正義】狼一星，參東南。狼爲野將，主侵掠。占：非其處，則人相食；色黄白而明，吉；赤角，兵起；金、木、火守，亦如之。

〔一二〕【正義】弧九星，在狼東南，天之弓也。以伐叛懷遠，又主備賊盗之知姦邪者。弧矢向狼動移，多盗；明大變色，亦如之。矢不直狼，又多盗；引滿，則天下盡兵也。

〔一三〕【集解】晋灼曰："比地，近地也。"

〔一四〕【正義】老人一星，在弧南，一曰南極，爲人主占壽命延長之應。常以秋分之曙見於景，春分之夕見於丁。見，國長命，故謂之壽昌，天下安寧；不見，人主憂也。

【注】

①參爲白虎：參星爲西宫白虎的主體。參四星爲左右肩股，可見多爲虎身。觜觿爲虎頭，罰爲虎尾。其口爲畢宿，虎鬚爲昴宿。錢大昕《三史拾遺》以爲虎在參，不當西方正位，祇有咸池爲正位，所以咸池與蒼龍、朱鳥、玄武并稱，爲西宫之名稱。此論失當。實際自昴畢至參罰，均屬虎的一部分。

②直：三星成一直綫，與赤道平行。

南陽白灘漢墓出土天文畫像石觜參虎像圖

(正中央刻有一虎像，虎張開血盆大口，拖着一條長長的尾巴，作行走狀。在虎頭前方，有成直角的三顆星，顯然是指被誇大了的觜宿。在虎背上方，刻有横向三星，呈直綫狀，代表參宿三星。)

③爲衡石：如秤衡一樣平。

④兑：鋭。上小下大。

⑤罰：一作“伐”。以字義引申爲主斬艾事。

⑥葆旅：或謂守軍，或謂野菜。由於虎爲凶猛的象徵，主戰殺，虎頭更應與此相應，不能想像虎頭去找野菜吃，當釋爲守軍，主斬艾除凶。

⑦天矢：一作“天屎”。與天厠星相應。

⑧羅：羅列。《漢書·天文志》“羅”下有“列”字。三處羅列，每虎都爲九星。

⑨天苑：天帝養禽獸之處。《晋書·天文志》載天苑十六星，“天子之苑囿，養獸之所也”。各代所定星數不同。

⑩弧：天弓。

⑪直狼：指向天狼星。

⑫比地：近地平。

⑬老人：與狼均爲全天最亮的恒星之一。因老人星近南極，在北緯三

十六度南中時觀看，僅在地平上一度多，由於地平常有雲彩蔽蓋，故不多見。古人習慣在秋分前後，當其位於正南方時，觀看老人星。

附耳入畢中，兵起。

北宮玄武，〔一〕①虚、危。〔二〕危爲蓋屋；〔三〕②虚爲哭泣之事。〔四〕③

〔一〕【索隱】《文耀鉤》云："北宮黑帝，其精玄武。"【正義】南斗六星，牽牛六星，并北宮玄武之宿。

〔二〕【索隱】《爾雅》云"玄枵，虚也"。又云"北陸，虚也"。解者以陸爲道。孫炎曰"陸，中也；北方之宿中也"。【正義】虚二星，危三星，爲玄枵，於辰在子，齊之分野。虚主死喪哭泣事，又爲邑居廟堂祭祀禱祝之事；亦天之冢宰，主平理天下，覆藏萬物。占：動，則有死喪哭泣之應；火守，則天子將兵；水守，則人饑饉；金守，臣下兵起。危爲宗廟祀事，主天市架屋。占：動，則有土功；火守，天下兵；水守，下謀上也。

〔三〕【索隱】宋均云："危上一星高，旁兩星隋下，似乎蓋屋也。"【正義】蓋屋二星，在危南，主天子所居宫室之官也。占：金、火守入，國兵起；孛、彗尤甚。危爲架屋，蓋屋自有星，恐文誤也。

〔四〕【索隱】虚爲哭泣事。姚氏案《荆州占》，以爲其宿二星，南星主哭泣。虚中六星，不欲明，明則有大喪也。

【注】

①玄武：靈龜，或云龜蛇。玄：黑色，又訓北方，又訓幽遠。武：勇猛。在五行中北方屬水，故北宫星象多與水生動物有關，如南斗又稱龜之

首，斗箕二宿南有天鱉、天龜二星，壁宿又稱天池。又據玄幽之意，派生出虎、玄宫（室宿）等星。

②危爲蓋屋：《索隱》引宋均説："危上一星高，旁兩星隋下，似乎蓋屋也。"依《天官書》，危宿即蓋屋星。後世另有蓋屋星，是依據《天官書》衍出。

③虚爲哭泣之事：指虚宿主死喪哭泣之事。又爲祭祀禱祝之事。虚危爲北宫的代表。人們又常把幽冥稱爲陰間。西安交大漢墓壁畫星圖，在黄道帶北方七宿牛宿、女宿後，刻有一五角形的星座，中間畫有一條小蛇，作盤曲狀，頭向上，尾曲向東方。虚危爲北方七宿的主星，此星圖西方二星爲虚宿，東方三星爲危宿。(如上图)

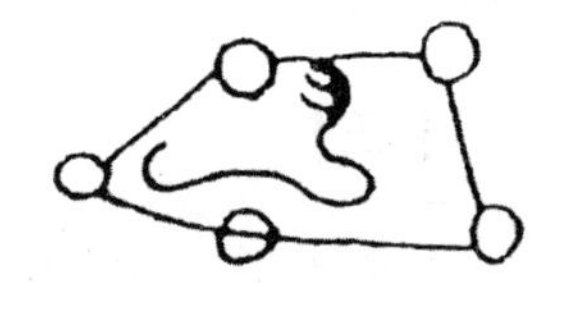

其南有衆星，曰羽林天軍。〔一〕①軍西爲壘，〔二〕②或曰鉞。旁有一大星爲北落。③北落若微亡，軍星動角益希，④及五星犯北落，〔三〕⑤入軍，軍起。火、金、水尤甚：火，軍憂；水，水患；⑥木、土，軍吉。〔四〕危東六星，⑦兩兩相比，曰司空。〔五〕

〔一〕【正義】羽林四十五星，三三而聚，散在壘壁南，天軍也。亦天宿衛之兵革出。⑧不見，則天下亂；金、火、水入，軍起也。

〔二〕【正義】壘壁陳十二星，横列在營室南，天軍之垣壘。占：五星入，皆兵起，⑨將軍死也。

〔三〕【正義】北落師門一星，在羽林西南。天軍之門也。長安城北落門，以象此也。主非常，以候兵。占：明，則軍安；微弱，則兵起；金、火守，有兵，爲虜犯塞；土、木則吉。⑩

〔四〕【集解】《漢書音義》曰："木星、土星入北落，則吉也。"

〔五〕【正義】比音鼻。比，近也。危東兩兩相比者，是司命等星也。司空唯一星耳，又不在危東，恐“命”字誤爲“空”也。司命二星，在虛北，主喪送；司禄二星，在司命北，主官司；危二星，在司禄北，主危亡；司非二星，在危北，主僭過：皆置司之職。占：大，爲君憂；常則吉也。

【注】

①羽林天軍：指羽林軍。

②壘：指壘壁陳星。壘爲防備敵人入侵而修築的堡壘。

③北落：指北落師門。

④北落若微亡軍星動角益希：羽林軍近北落師門，稍北。當北落近地平或雲氣濃厚而星光暗弱時，羽林軍也弱，所以説“動角益希”。

⑤五星犯北落：此下三句言當五星犯北落師門和羽林軍時，則有軍兵動。

⑥水水患：原作“水患”。《讀書雜志》云：“‘水患’當作‘水，水患’，言水犯北落入軍，則有水患也。上文‘火入，旱；金，兵；水，水’即其證。今本脱一‘水’字，則文不成義。《漢書·天文志》正作‘水，水患’。”

⑦危東六星：危西確有六星，兩兩相比。此六星在《晋書·天文志》中稱爲司命、司禄、司危。此處恐“東”爲“西”之誤，或“危”爲“虚”之誤。至於下文“司空”星名，可能是後人誤置。故《正義》曰：“比音鼻。比，近也。危東兩兩相比者，是司命等星也。司空唯一星耳，又不在危東，恐‘命’字誤爲‘空’也。司命二星，在虛北，主喪送；司禄二星，在司命北，主官司；危二星，在司禄北，主危亡；司非二星，在危北，主僭過：皆置司之職。”

⑧亦天宿衛之兵革出：字有訛誤。殿本作“亦天宿衛，主兵革”，文義明瞭。黄善夫刻本“之”字亦作“主”，尚不誤，有“出”字，爲衍文。

⑨占五星入皆兵起：殿本同。《札記》云：“各本作‘占之非，故兵

起’六字。案:《晋志》云五星有在天軍中者皆爲兵起。”

⑩土木:原誤作“土水”。《札記》已改作“土木”,并云:“官本‘土木’,與下史文合。各本訛‘土水’。”

營室〔一〕爲清廟,①曰離宫、閣道。〔二〕②漢中四星,曰天駟。〔三〕旁一星,曰王良。〔四〕③王良策馬,〔五〕車騎滿野。④旁有八星,絶漢,曰天潢。〔六〕⑤天潢旁,江星。〔七〕江星動,人涉水。⑥

〔一〕【索隱】《元命包》云:“營室十星,埏陶精類,始立紀綱,包物爲室。”又《爾雅》云:“營室謂之定。”郭璞云:“定,正也。天下作宫室,皆以營室中爲正也。”

〔二〕【索隱】案:《荆州占》云“閣道,王良旗也,有六星”。

〔三〕【索隱】案:《元命包》云“漢中四星曰騎,一曰天駟也”。

〔四〕【索隱】《春秋合誠圖》云:“王良主天馬也。”【正義】王良五星,在奎北河中,天子奉御官也。其動策馬,則兵騎滿野;客星守之,津橋不通;金、火守入,皆兵之憂。

〔五〕【正義】策一星,在王良前,主天子僕也。占以動摇移在王良前,或居馬後,别爲策馬,⑦策馬而兵動也。案:豫章周騰字叔達,南昌人,爲侍御史。桓帝當南郊,平明應出,騰仰觀,曰:“夫王者象星,今宫中星及策馬星悉不動,上明日必不出。”至四更,皇太子卒,遂止也。

〔六〕【索隱】《元命包》曰:“潢主河渠,所以度神,通四方。”宋均云:“天潢,天津也。津,湊也,故主計度也。”

〔七〕【正義】天江四星,在尾北,主太陰也。不欲明;明而動，水暴出；其星明大，水不禁也。

【注】

①營室：室宿二星與壁宿二星，成一大正四方形。古稱爲定星。《詩》曰："定之方中，作於楚宮。"言當黄昏時定星位於南中時，正是在楚宮室勞作的時候。

②離宮：營室爲清廟，又稱爲離宮。可見《天官書》營室、離宫合爲一個星座。由於《天官書》中二十八宿僅缺壁宿，《史記正訛》便在閣道下補入"東壁二星主文章，天下圖書之秘府也"十五字，此實畫蛇添足。壁宿又稱東壁，星從營室中分出來。《元命包》云："營室十星。"後世室宿爲二星，壁宿爲二星，離宫也獨立爲六星。三座星數相加正爲十星。可見《天官書》之營室包括室宿、壁宿、離宫在内。閣道：營室北的另一星座。

③王良：後世又將天駟、王良合稱王良五星，《晋書·天文志》載：王良五星，"其四星曰天駟，旁一星曰王良，亦曰天馬"。

④車騎滿野：《晋書·天文志》對此句有兩解，一曰王良"其星動，爲策馬，車騎滿野"。策爲馬鞭，策馬爲趕馬前進。意思是當王良星顫動時，策馬前進，這時周圍都是車騎。另一解是王良前有一星曰策馬，若策馬星移動，則車騎滿野。王良星周圍小星密布，故有車騎滿野之説。

⑤天潢：此天潢八星，非五車中之天五潢。它在王良附近，與江星合爲九星，後世改名爲天潢九星。

⑥江星動人涉水：本是占語，言觀察到江星顫動時，就要下大雨了。後世由此衍生出人星。

⑦别：殿本作"則"。

杵、臼四星，在危南。〔一〕① 匏瓜，〔二〕② 有青黑星守之，魚鹽貴。

〔一〕【正義】杵、臼三星，在丈人星旁，主軍糧。占：正下直臼，吉；與臼不相當，軍糧絶也。臼星在南，主春。其占：覆則歲大饑，仰則大熟也。

〔二〕【索隱】案：《荆州占》云“匏瓜，一名天雞，在河鼓東。匏瓜明，歲則大熟也”。【正義】匏音白包反。匏瓜五星，在離珠北，天子果園。占：明大光潤，歲熟；不，則包果之實不登；客守，魚鹽貴也。

【注】

①在危南：杵、臼星在危北，此處誤爲南。

②匏瓜：“匏”爲一年生草本植物，果實似葫蘆，但更大。

南斗〔一〕爲廟，①其北建星。〔二〕②建星者，旗也。牽牛爲犧牲。〔三〕③其北河鼓。〔四〕④河鼓大星，上將；左右，左右將。〔五〕婺女，〔六〕⑤其北織女。〔七〕⑥織女，天女孫也。〔八〕⑦

〔一〕【正義】南斗六星，在南也。

〔二〕【正義】建六星，在斗北，臨黄道，天之都關也。斗建之間，七耀之道，亦主旗輅。占：動摇，則人勞；不然，則不；月暈，蛟龍見，牛馬疫；月、五星犯守，大臣相謀爲，關梁不通及大水也。

〔三〕【正義】牽牛爲犧牲，亦爲關梁。其北二星，一曰即路，一曰聚火。又上一星，主道路；次二星，主關梁；次三星，主南越。占：明大，關梁通；不明，不通，天下牛疫死；移入漢中，天下乃亂。

〔四〕【索隱】《爾雅》云：“河鼓謂之牽牛。”孫炎曰：“河鼓之旗十二星，在牽牛北。或名河鼓爲牽牛也。”

〔五〕【正義】河鼓三星，在牽牛北，主軍鼓。蓋天子三將軍，中央大星大將軍，其南左星左將軍，其北右星右將軍，所以備關梁而拒難也。占：明大光潤，將軍吉；動摇差戾，亂兵起；直，將有功；曲，則將失計也。自昔傳牽牛織女七月七日相見，此星也。

〔六〕【索隱】務女。《廣雅》云“須女謂之務女”是也。[8]一作“婺”。【正義】須女四星，亦婺女，天少府也。南斗、牽牛、須女皆爲星紀，於辰在丑，越之分野，而斗牛爲吴之分野也。須女，賤妾之稱，婦職之卑者，主布帛裁製嫁娶。占：水守之，萬物不成；火守，布帛貴，人多死；土守，有女喪；金守，兵起也。

〔七〕【正義】織女三星，在河北天紀東，天女也，主果蓏絲帛珍寶。占：王者至孝於神明，則三星俱明；不然，則暗而微，天下女工廢；明，則理；大星怒而角，布帛涌貴；不見，則兵起。《晋書·天文志》云：“晋太史令陳卓總甘、石、巫咸三家所著星圖，大凡二百八十三官，一千四百六十四星，以爲定紀。今略其昭昭者，以備天官云。”

〔八〕【集解】徐廣曰：“孫，一作‘名’。”【索隱】織女，天孫也。案：《荆州占》云“織女，一名天女，天子女也”。

【注】

①南斗：指斗宿，也呈斗形，六星，與北斗星相對應。

②建星：南斗近北處爲建星六星。

③犧牲：祭祀用的牲畜。此指用於郊祭的犧牛。此處的牽牛即指牛宿。

④河鼓：《爾雅》曰：“河鼓謂之牽牛。”與《天官書》牛宿爲牽牛有异。此即牛郎織女七月七日相會之星。它與織女星在銀河兩岸遥遥相對。牛郎織女的故事就是指河鼓星和織女星，它產生很早，當中國進入封建社

會以後，牛郎織女的戀愛故事，發生於天帝孫女和放牛郎之間，不合封建説教。古天文學是爲帝王服務的，古天文學家爲了迎合帝王心願，將牽牛即牛郎星改名爲河鼓星，義爲銀河邊的軍鼓，其旁還設有天桴即鼓槌與其相配，另設牛宿與女宿成爲一對農民夫婦。（參見《中國十二星次、二十八宿星名含義的系統解釋》，《自然科學史研究》2012年第4期）

西安長安斗門漢昆明池
牛郎織女石像及遺址

⑤婺女：又作須女，賤妾之稱。

牽牛星又名牛郎星

（在南陽白灘天文畫像石的右方，刻有一人，其左手牽着一頭牛，右手高舉趕牛鞭。在牛的上方，有呈直綫狀的三星，以綫連接在一起。它顯然是指河鼓三星而非牛宿，因爲河鼓明亮恰爲三星，牛宿則爲六星。）

南陽漢畫像石女宿像

（畫像石的左下方，刻有一組四星圍繞的清秀坐狀女子，梳着高高的髮髻在勞作，似作織布狀。女宿四星，而織女星座爲三星，故此圖當爲女宿。）

⑥織女：此星主果瓜絲帛珍寶，舊時婦女七月七日晚向之乞巧。（參見《女宿和牛宿的星名含義與分野觀念》，《中國國家天文》2015年第4期）

⑦以上專論恒星。

⑧《廣雅》：原誤作“《爾雅》”。《札記》云：“文見《廣雅》，此誤。”

察日、月之行，〔一〕① 以揆歲星順逆。〔二〕② 曰東方，木，主春，日甲乙。③ 義失者，④ 罰出歲星。⑤ 歲星贏縮，〔三〕⑥ 以其舍命國。〔四〕⑦ 所在國不可伐，可以罰人。⑧ 其趨舍〔五〕 而前曰贏，⑨ 退舍曰縮。⑩ 贏，其國有兵不復；⑪ 縮，其國有憂，將亡，〔六〕 國傾敗。其所在，五星皆從而聚〔七〕 於一舍，⑫ 其下之國可以義致天下。⑬

〔一〕【正義】晋灼云："太歲在四仲，則歲行三宿；太歲在四孟、四季，則歲行二宿。二八十六，三四十二，而行二十八宿，十二歲而周天。"

〔二〕【索隱】姚氏案：《天官占》云"歲星，一曰應星，一曰經星，一曰紀星"。《物理論》云"歲行一次，謂之歲星，則十二歲而星一周天也"。【正義】《天官占》云：⑭ "歲星者，東方木之精，蒼帝之象也。其色明而内黄，天下安寧。夫歲星欲春不動，動則農廢。歲星盈縮，所在之國不可伐，可以罰人；失次，則民多病；見，則喜。其所居國，人主有福，不可以摇動。人主怒，無光，仁道失。歲星順行，仁德加也。歲星農官，主五穀。"《天文志》云："春，日甲乙；四時，春也。五常，仁；五事，貌也。人主仁虧，貌失，逆時令，傷木氣，則罰見歲星。"

〔三〕【索隱】案：《天文志》曰"凡五星早出爲贏，贏爲客；晚出爲縮，縮爲主人。五星贏縮，必有天應見杓也"。

〔四〕【正義】舍，所止宿也。命，名也。

〔五〕【索隱】趨音聚，⑮ 謂促。

〔六〕【正義】將音子匠反。

〔七〕【索隱】案：漢高帝元年，五星皆聚于東井是也。據《天文志》，其年歲星在東井，故四星從而聚之也。

【注】

①察日月之行：以下講五星的運動及其相關星占。

②揆：測度。太陽一月行三十度，一年行一周。月亮一月一周外加三十度。日月的行度都是固定的，衹要考察日月的行度，就可以推知歲星運行的順逆。歲星：中國古代以十二生肖或十二地支紀年，十二年爲一周。木星十二年運行一周天，每年運行一個星次，故可以十二星次與十二地支相對應，以木星每年行經星次來紀年，由此便被稱爲歲星；古人認爲歲星在天上所在的星宿，與地上國家的命運相對應，故又曰應星；歲星與金、火二星不同，可以遠離太陽，經天而行，故又曰經星；用歲星來紀年，故又可稱爲紀星。

③曰東方木主春日甲乙：此爲五行的季節分配方法，以下火、土、金、水同此。從冬至開始，以木、火、土、金、水次序，每行七十二日，一年爲三百六十日。五行以五色相配，分别爲木，青色；火，朱色；土，黄色；金，白色；水，黑色。五星也有不同的顔色，例如太白星發出白色的光，歲星的光爲青藍色，地侯星發出土黄色的光，熒惑星發出火紅色的光，等等。依據五行與五星的顔色相配，歲星屬木，主春，春天的星宿爲東方蒼龍；熒惑星屬火，主夏，夏天的星宿爲南方朱雀；地侯星屬土，主季夏，季夏的星宿屬中方黄龍；太白星屬金，主秋，秋季的星宿爲西方白虎；辰星屬水，主冬，冬季的星宿爲北方玄武。五行每季七十二日，又將其分爲兩半，各爲三十六日，分别以天干的次序記之，木行屬甲月乙月。以下火行配丙月丁月、土行配戊月己月、金行配庚月辛月、水行配壬月癸月。

④義失者：失去義的國家。

⑤出：顯示。某國家失義了，征伐就顯示於歲星。

⑥贏縮：天體運行快爲贏，慢爲縮。

⑦舍：歲星所處的星宿。命國：該星宿所對應的國家。

⑧所在國不可伐可以罰人：言不可對歲星所舍星宿對應的國家進行討伐，伐之則不利，而這個國家討伐别的國家則吉。罰：《札記》云：“‘罰’當作‘伐’。”蜀刻本作“伐”。

⑨趨：促。

⑩退：遲。

⑪兵不復：遭兵災後國家不會覆滅。“復”義同“覆”。

⑫五星皆從而聚於一舍：五星聚集於一宿，這是難得的吉兆。

⑬以義致天下：以義統一天下。漢高祖元年，五星聚於東井，是漢要統一的吉兆。以上這段議論，與以下火星、土星、金星、水星相關議論，與《禮記·月令》大同小异。

⑭《天官占》：原脱“占”字，《御覽》卷七引有“占”字。

⑮聚：《札記》云“疑當作‘趣’”。

以攝提格歲：〔一〕① 歲陰左行在寅，歲星右轉居丑。② 正月，與斗、牽牛晨出東方，③ 名曰監德。〔二〕④ 色蒼蒼有光。其失次，有應見柳。⑤ 歲早，水；晚，旱。⑥

〔一〕【索隱】太歲在寅，歲星正月晨出東方。案：《爾雅》“歲在寅爲攝提格”。李巡云“言萬物承陽起，故曰攝提格。格，起也”。

〔二〕【索隱】歲星正月晨見東方之名。已下出石氏《星經》文，乃云“星在斗牽牛，失次見杓”也。《漢書·天文志》則載甘氏及《太初星曆》，所在之宿不同也。

【注】

①攝提格歲：指寅年。以下單閼、執徐、大荒駱、敦牂、叶洽、涒灘、作鄂、閹茂、大淵獻、困敦、赤奮若歲，分别爲卯、辰、巳、午、未、申、酉、戌、亥、子、丑歲。攝提：指攝提星，它與北斗相配，用以定月建。格：李巡曰：“格，起也。”以攝提星建時節從正月起。攝提格歲爲以攝提星與歲星同在一個星次之歲。

②歲星右轉居丑：歲星自西向東順行曰右行；斗杓、攝提按月序自東向西月移一辰成月建，爲左行，故曰歲星右轉，歲陰左行。古代曆法家規

定，北方玄武正中虚宿爲正北，正北方爲子位；西方白虎正中昴宿爲正西，正西方爲酉位；南方朱雀正中七星宿爲正南，正南方爲午位；東方蒼龍正中房宿爲正東，正東方爲昴位。故當歲星在斗、牛時居丑，在女虚危時居子，在室壁時居亥，依次類推。又依斗建，初昏攝提指寅爲正月，指昴爲二月，指辰爲三月，依次類推。這就是歲陰左行在寅、歲星右轉居丑等的本義。由於歲星正月與斗牛出東方，正月攝提指寅，就將該年稱爲寅年，依次類推。此月建定義適於夏正，《天官書》用周正，此紀年是由夏正移植的，故嚴格地説，二者并不相配。

③晨出東方：據《索隱》，太歲在寅，歲星正月出東方。

④監德：歲星在十二年一周中，每年都有不同的名稱。如寅年監德、卯年降入、辰年青章等。不同星名其光亮各不相同。

⑤有應見柳：斗、牽牛與柳宿之間相距十二宿，約爲一百五十度。當歲星晨見於東方時，一般地説，柳宿已隱没於西方，但當歲星縮行或逆行時，其間相距就不足十二宿，歲星和柳宿便能同時見於東西方，故曰“有應見柳”。以下同此。

⑥歲早水晚旱：其歲，早期有大水，晚期旱。執徐年早期旱，晚期水。此是言十二年中每年的水旱狀況，非指贏縮引起的水旱。

歲星出，①東行十二度，②百日而止，③反逆行；逆行八度，百日，復東行。④歲行三十度十六分度之七，率日行十二分度之一，十二歲而周天。出常東方，以晨；入於西方，用昏。

【注】

①歲星出：歲星在晨初見於東方。自“歲星”至“用昏”止，似應接“義致天下”後，文義纔較通順。今前後均言歲星紀年，不當在此中間插入言木星行度之文。

②東行：言在恒星背景上東行。

③止：在恒星間停留。

④反逆行……復東行：這是中國古代文獻中第一次記載木星的逆行狀態，爲逆行百日八度。馬王堆帛書《五星占》曰：“（十二歲）而周，皆出三百六十五日而夕入西方，伏卅日而晨出東方，凡三百九十五日百五分（日而復出東方）……進退左右之經度，日行念（廿）分，十二日而行一度。”此爲概數，不很精密。又甘氏曰歲星“凡十二歲而周，皆三百七十日夕入於西方，三十日復晨出於東方”，也不精密。《開元占經》説：“曆法：歲星一見，三百六十三日而伏，三十五日一千三百三十分日之一千一百六十二奇四十五，復見如初。一終三百九十八日一千三百四十分日之一千一百六十二奇四十五。衆家之説皆云十二年而一周天，唯此微爲疏矣。”直至西漢晚期以後，纔觀測到木星較精密的行度，使劉歆提出歲星超辰之説。

單閼歲：〔一〕① 歲陰在卯，星居子。以二月與婺女、虚、危晨出，曰降入。〔二〕 大有光。其失次，有應見張。② 其歲大水。

〔一〕【索隱】在卯也。歲星二月晨出東方。《爾雅》云“卯爲單閼”。李巡云：“陽氣推萬物而起，故曰單閼。單，盡也。閼，止也。”

〔二〕【索隱】即歲星二月晨見東方之名。其餘并準此。

【注】

①單閼：歲星晨出所在月的物候。以下同此。《索隱》引李巡云：“陽氣推萬物而起，故曰單閼。單，盡也。閼，止也。”

②有應見張：此下原有“名曰降入”一句。《史記志疑》云：“上文已言與婺女、虚、危晨出曰降入，則此四字爲誤重。下文‘曰青章’‘曰大章’亦然，皆當衍。”

執徐歲：〔一〕① 歲陰在辰，星居亥。以三月與營室、東壁晨出，②曰青章。青青甚章。其失次，有應見軫。歲早，③旱；晚，水。

〔一〕【索隱】《爾雅》“辰爲執徐”。李巡云：“伏蟄之物皆敦舒而出，故曰執徐。執，蟄；徐，舒也。”

【注】

①執徐：《索隱》引李巡云：“伏蟄之物皆敦舒而出，故曰執徐。執，蟄；徐，舒也。”

②居：何焯《義門讀書記》云：“‘居’字疑衍。”

③歲早：此上原有“曰青章”三字，《史記志疑》認爲係衍文。

大荒駱歲：〔一〕① 歲陰在巳，星居戌。以四月與奎、婁晨出，②曰跰踵。〔二〕③ 熊熊赤色，有光。其失次，有應見亢。

〔一〕【索隱】《爾雅》云“在巳爲大荒駱”。姚氏云：“言萬物皆熾盛而大出，霍然落落，故曰荒駱也。”

〔二〕【集解】徐廣曰：“一曰‘路嶂’。”【索隱】《天文志》作“路嶂”。《字詁》云嶂，今作“踵”也。【正義】跰，白邊反。踵，之勇反。

【注】

①大荒駱：《索隱》引姚氏云：“言萬物皆熾盛而大出，霍然落落，故曰荒駱也。”意已明。

②奎婁晨出：原作“奎、婁、胃、昴晨出”。《史記志疑》云：“五月

歲星與胃、昴、畢晨出，若四月安得與胃、昴出乎？二字衍，《漢志》《淮南子》俱無之。”

③跰踵（piánzhǒng）：《漢書·天文志》云石氏名曰路踵。

敦牂歲：〔一〕① 歲陰在午，星居酉。以五月與胃、昴、畢晨出，曰開明。〔二〕炎炎有光。〔三〕偃兵；唯利公王，不利治兵。其失次，有應見房。歲早，旱；晚，水。

〔一〕【索隱】《爾雅》云“在午爲敦牂”。孫炎云“敦，盛；牂，壯也。言萬物盛壯”。韋昭云“敦音頓”也。

〔二〕【集解】徐廣曰：“一曰‘天津’。”【索隱】《天文志》作“啓明”。

〔三〕【正義】炎，鹽驗反。

【注】

①敦牂：《索隱》引孫炎云：“敦，盛；牂，壯也。言萬物盛壯。”意已明。

叶洽歲：〔一〕① 歲陰在未，星居申。以六月與觜觿、〔二〕參晨出，曰長列。昭昭有光。利行兵。其失次，有應見箕。

〔一〕【索隱】《爾雅》云“在未爲叶洽”。李巡云：“陽氣欲化萬物，故曰協洽。協，和；② 洽，合也。”

〔二〕【正義】觜，子斯反。觿，胡規反。

【注】

①叶洽：《索隱》引李巡云：“陽氣欲化萬物，故曰協洽。協，和也；

洽，合也。”意已明。

②故曰協洽協和：原脱“協洽”二字，蔡夢弼刻本、耿秉重修本、黄善夫刻本、殿本有。

涒灘歲：〔一〕①歲陰在申，星居未。以七月與東井、輿鬼晨出，曰大音。②昭昭白。③其失次，有應見牽牛。

〔一〕【索隱】涒灘歲。《爾雅》云“在申爲涒灘”。李巡曰：“涒灘，物吐秀傾垂之貌也。”涒音他昆反，灘音他丹反。

【注】

①涒灘：《索隱》引李巡曰：“涒灘，物吐秀傾垂之貌也。”可謂生動。

②大音：《漢志》作“天晋”。

③昭昭白：《史記志疑》認爲“白”下當有“色”字。

作鄂歲：〔一〕①歲陰在酉，星居午。以八月與柳、七星、張晨出，曰爲長王。②作作有芒。國其昌，熟穀。其失次，有應見危。有旱而昌，③有女喪，民疾。

〔一〕【索隱】《爾雅》“在酉爲作鄂”。李巡云“作咢，皆物芒枝起之貌”。咢音愕。今案：下文云“作鄂有芒”，則李巡解亦近得。《天文志》云“作詻”，音五格反，與《史記》及《爾雅》并异也。

【注】

①作鄂：《索隱》引李巡云“作咢，皆物芒枝起之貌”。则“咢”与“鄂”同解。

②曰爲長王：《史記志疑》認爲“爲”字衍。從文義看，不當有“爲”字。

③有旱而昌：《史記志疑》認爲此四字衍，《漢志》無。此上原有“曰大章”三字。王元啓《史記正譌》認爲此三字係下文“大淵獻歲”一節字句錯衍於此。王說是。

閹茂歲：〔一〕① 歲陰在戌，星居巳。以九月與翼、軫晨出，曰天睢。〔二〕白色大明。其失次，有應見東壁。歲水，女喪。

〔一〕【索隱】《爾雅》云“在戌曰閹茂”。孫炎云“萬物皆蔽冒，故曰閹茂。② 閹，蔽；茂，冒也”。《天文志》作“掩茂”也。

〔二〕【索隱】劉氏音吁唯反也。

【注】

①閹茂：《索隱》引孫炎云“萬物皆蔽冒，故曰閹茂。閹，蔽；茂，冒也”。《索隱》是。

②閹茂：二字原脱，蔡夢弼刻本、耿秉重修本、黃善夫刻本、彭寅翁刻本及殿本有。

大淵獻歲：〔一〕① 歲陰在亥，星居辰。以十月與角、亢晨出，曰大章。〔二〕② 蒼蒼然，星若躍而陰出旦，是謂“正平”。起師旅，其率必武；其國有德，將有四海。其失次，有應見婁。

〔一〕【索隱】《爾雅》云“在亥爲大淵獻”。孫炎云：“淵，深也。大獻萬物於深，謂蓋藏之於外耳。”

〔二〕【集解】徐廣曰：“一曰‘天皇’。”【索隱】徐廣云一作“天皇”。案：《天文志》亦作“天皇”也。

【注】

①大淵獻：《索隱》引孫炎云：“淵，深也。大獻萬物於深，謂蓋藏之於外耳。”其意精當。

②大章：《漢志》作“天皇”。疑“大章”誤。

困敦歲：〔一〕歲陰在子，星居卯。以十一月與氐、房、心晨出，曰天泉。①玄色甚明。江池其昌，不利起兵。其失次，有應見昴。②

〔一〕【索隱】《爾雅》“在子爲困敦”。孫炎云：“困敦，混沌也。言萬物初萌，混沌於黄泉之下也。”

【注】

①以十一月與氐房心晨出曰天泉：《漢書·天文志》云：“十一月出，石氏曰名天宗，在氐、房始。”

②見：原誤作“在”。《史記志疑》云：“前後并作‘見’，此獨作‘在’，誤。《占經》引甘氏作‘見’，《正譌》説同。”

赤奮若歲：〔一〕歲陰在丑，星居寅。以十二月與尾、箕晨出，曰天皓。〔二〕黫然〔三〕黑色甚明。①其失次，有應見參。②

〔一〕【索隱】《爾雅》“在丑爲赤奮若”。李巡云：“言陽氣奮迅。若，順也。”

〔二〕【索隱】音昊。《漢志》作“昊”。

〔三〕【索隱】於閑反。③

【注】

①黫（yān）：黑貌。

②木星大致十二歲運行一周天。大約在春秋時代，周天子喪失王權，各國自爲紀年。爲了克服這種紀年混亂的狀態，天文家創立了以木星運行一周爲十二歲的紀年方法，并將木星稱爲歲星。開始時大約直接以歲星在星次紀歲，例如《國語》《左傳》中的歲在大火、歲在星紀等。爲了與十二辰相對應，人們提出太歲或歲陰紀年法。《漢書·天文志》曰：“太歲在寅曰攝提格。歲星正月晨出東方，石氏曰名監德，在斗、牽牛。失次，杓，早水，晚旱。甘氏在建星、婺女。《太初曆》在營室、東壁……”從甘氏、石氏太歲紀年法正月歲星與斗、牽牛或建星婺女晨出，可知其以子月爲正月，而《太初曆》在營室、東壁晨出，當爲以寅月爲正月。《太初曆》紀年與甘氏、石氏紀年同爲寅年（攝提格之歲），相差兩年。考其原因，正是歲星超辰所致。木星并非正好十二年一周天，實際周期爲十一點八六年，故約八十三年而歲星超辰一次。若甘氏、石氏歲星紀年法創於戰國中晚期，至太初元年當有兩辰之差。

③於閑反：蔡夢弼刻本、耿秉重修本、黃善夫刻本、彭寅翁刻本、殿本作“黫音烏閑反”。

當居不居，居之又左右摇，未當去去之，與他星會，其國凶。所居久，國有德厚。其角動，乍小乍大，若色數變，人主有憂。

其失次舍以下，①進而東北，三月生天棓，〔一〕②長四丈，〔二〕③末兑，進而東南，三月生彗星，〔三〕長二丈，類彗。退而西北，三月生天欃，〔四〕長四丈，末兑。退而西南，三月生天槍，〔五〕長數丈，兩頭兑。[4]謹視其所見之國，不可舉事用兵。其出如浮如沈，其國有土功；[5]如沈如浮，其野亡。[6]色赤而有角，其所居國昌。迎〔六〕角而戰者，[7]不勝。星色赤黄而沈，所居野大穰。〔七〕[8]色青白而赤灰，所居野有憂。歲星入月，其野有逐相；與太白鬬，〔八〕[9]其野有破軍。

〔一〕【正義】棓音蒲講反。歲星之精散而爲天槍、天棓、天衝、天猾、國皇、天欃，及登天、荆真，若天猿、天垣、蒼彗，皆以廣凶災也。[10]天棓者，一名覺星，本類星而末鋭，長四丈，出東北方、西方。其出，則天下兵争也。

〔二〕【索隱】案《天文志》，此皆甘氏《星經》文，而《志》又兼載石氏，此不取。石氏名申夫，甘氏名德。

〔三〕【正義】天彗者，一名埽星，本類星，末類彗，小者數寸長，長或竟天，而體無光，假日之光，故夕見則東指，晨見則西指，若日南北，皆隨日光而指。光芒所及爲災變，見則兵起；除舊布新，彗所指之處弱也。

〔四〕【集解】韋昭曰："欃音'參差'之'參'。"【正義】欃，楚咸反。天欃者，在西南，長四丈，鋭。京房云"天欃爲兵，赤地千里，枯骨籍籍"。《天文志》云天槍主兵亂也。

〔五〕【正義】槍，楚行反。天槍者，長數丈，兩頭鋭，出西南方。其見，不過三月，必有破國亂君伏死其辜。《天文志》云"孝文時，天槍夕出西南，占曰爲兵喪亂，其六年十一月，匈奴入上郡、雲中，漢起兵以衛京師"也。

〔六〕【集解】徐廣曰："一作'御'。"

〔七〕【正義】穰，人羊反，豐熟也。

〔八〕【集解】韋昭曰："星相擊爲鬬。"

【注】

①其失次舍以下：失次在一宿以下。有人改爲“一舍以上”。舍：宿也。

②天棓：與下文“天欃”“天槍”都是彗星類，衹是生在東北曰天棓，生在西北曰天欃，生在西南曰天槍。彗星則是泛指。

③丈：原誤作“尺”，《札記》已改作“丈”，并云：“北宋本及《晋志》及上《正義》合，各本誤‘尺’。”今從“丈”。

④1973年底，在長沙馬王堆漢墓出土帛書《五星占》，其木星有類似的記載曰：“（……進而東北，乃生彗星，進而）東南，乃生天部（棓），退而西北，乃生天鋻（槍），退而西南，乃生天佱（欃）。”“天部（棓）在東南，其來（本）類星，其來（末）鋭長，可四尺。”“槥（彗）星在東北，其本有星，末類彗。”“天鋻（槍）在西北，長可數丈，左□鋭。”“天佱（欃）在西南，其本類星，末庸鋭長數丈。”其説似是而非，與木星的真實運動相去甚遠，故《漢書·天文志》不用此説。

⑤有土功：國土方面有所收獲。

⑥野亡：失地。

⑦迎角：逢歲星有芒角。

⑧穰：豐收。

⑨鬭：相遇。兩星光芒相及爲鬭。

⑩廣：黄善夫刻本、彭寅翁刻本作“應”。

歲星一曰攝提，曰重華，曰應星，曰紀星。營室爲清廟，歲星廟也。

察剛氣〔一〕以處熒惑。〔二〕①曰南方，火，主夏，日丙丁。禮失，②罰出熒惑，③熒惑失行是也。出則有兵，④入則兵散。⑤以其舍命國。⑥熒惑爲勃亂，殘賊、疾、喪、饑、兵。〔三〕反道二舍以上，居之，⑦三月有殃，五月受兵，七月半亡地，九月太半亡地。⑧因與俱出入，⑨國絶祀。⑩居之，殃還至，⑪雖大當小；〔四〕⑫久而至，⑬當小反大。〔五〕其南爲丈夫喪，北爲女子喪。〔六〕⑭若角動繞環之，及乍前乍後，左右，殃益大。與他星鬭，〔七〕⑮光相逮，⑯爲害；不相逮，不害。五星皆從而聚于一舍，〔八〕其下國可以禮致天下。

〔一〕【集解】徐廣曰："剛，一作'罰'。"【索隱】徐廣云剛一作"罰"。案：姚氏引《廣雅》"熒惑謂之執法"。《天官占》云"熒惑，方伯象，司察妖孽"。則此文"察罰氣"爲是。

〔二〕【索隱】《春秋緯》《文耀鈎》云："赤帝熛怒之神，爲熒惑焉，位在南方，禮失則罰出。"晋灼云："常以十月入太微，受制而出，行列宿，司無道，出入無常。"

〔三〕【集解】徐廣曰："以下云'熒惑爲理，外則理兵，内則理政'。"【正義】《天官占》云："熒惑爲執法之星，其行無常，以其舍命國：爲殘賊，爲疾，爲喪，爲饑，爲兵。環繞句己，⑰芒角動摇，乍前乍後，其殃逾甚。熒惑主死喪，大鴻臚之象；主甲兵，大司馬之義；伺驕奢亂孽，執法官也。其精爲風伯，惑童兒歌謡嬉戲也。"⑱

〔四〕【索隱】案：還音旋。旋，疾也。若熒惑反道居其舍，所致殃禍速至，則雖大反小。

〔五〕【索隱】案：久謂行遲也。如此，禍小反大，言久腊毒也。

〔六〕【索隱】案：宋均云"熒惑守輿鬼南，爲丈夫受其咎；北，則女子受其凶也"。

〔七〕【正義】凡五星鬭，皆爲戰鬭。兵不在外，則爲内亂。鬭謂光芒相及。

〔八〕【正義】三星若合，是謂驚立絶行，其國外内有兵與喪，人民饑乏，改立侯王。四星若合，是爲大陽，[19]其國兵喪暴起，君子憂，小人流。五星若合，是謂易行，有德者受慶，掩有四方；無德者受殃，乃以死亡也。

【注】

①剛：一作“罰”。以“罰”爲是。言赤帝之神司察懲罰之氣，以決定熒惑的遲速運動。

②禮失：地上失禮的國家，亦指君主的行爲。

③罰出熒惑：以熒惑顯現懲罰。懲罰即顯現在失行上。

④出：熒惑出現於該國所相應的星座。

⑤入：隱没。

⑥以其舍命國：其下原有“熒惑”二字。《札記》云：“二字涉下而衍，《史詮》説同。”今從删。

⑦居：停留。

⑧五月、七月、九月：《漢書·律曆志》説火星留十日，逆行十七度，六十二日，復留十日。合計不出九十日，不足二宿。此處所言“五月”“七月”“九月”，實爲誇張之辭。

⑨因與俱出入：言爲星停留，九月以後仍在該舍。

⑩國絶祀：亡國而不再有祭祀的人，即没有繼位的國君。

⑪殃還至：言禍殃來得早。《索隱》云：“還音旋。旋，疾也。”

⑫雖大當小：雖然顯現的天象災禍大，但由於現形快而實際災禍小。

⑬久而至：隔了很久纔來。

⑭南爲丈夫喪北爲女子喪：言熒惑守輿鬼南，男人受害死亡；守輿鬼北，女人受害死亡。原脱上句“喪”字。上句有“喪”字，方與下句文法相應。《漢志》有“喪”字。今從補。

⑮鬭：光芒相及。《宋史·天文志》曰：“兩體俱動而直曰觸……離復合，合復離，曰鬭。”

⑯光相逮：光相接觸。

⑰句己："句"字黄善夫刻本、彭寅翁刻本作"勾"。二字同。"己"字殿本作"曲"，"曲"字是。

⑱惑童兒歌謡嬉戲也：字有脱誤，據《晋書·天文志》，當作"營或降，爲童兒歌謡嬉戲"。

⑲大陽：《會注考證》本作"大陽"。《札記》引《正義》亦作"大陽"，并云："《漢志》作'大湯'，晋灼曰'湯猶蘯滌也'。則'陽'字誤。"而殿本作"太陽"，《考證》云："'太陽'，監本誤作'大王'，今據《晋書·天文志》改。"按：當從《漢志》作"大湯"。

法，出東行十六舍而止；[①]逆行二舍；六旬，[②]復東行，自所止數十舍，[③]十月而入西方；[④]伏〔一〕行五月，[⑤]出東方。其出西方曰"反明"，[⑥]主命者惡之。東行急，一日行一度半。[⑦]

〔一〕【集解】晋灼曰："伏不見。"

【注】

①出：日出前火星晨初出現於東方。東行十六舍而止：據《漢志》，出東行二百七十六日，歷百五十九度。以平均每舍十三度計，十六舍當二百八度，誤差較大。王元啓以爲此處每舍各十度。

②逆行二舍六旬：《漢志》爲逆行六十二日，十七度。

③數十舍：可能是"十數舍"之誤。

④十月而入西方：《漢志》云復順行二百七十六日。此處十月計二百九十五日，誤差也較大。

⑤伏行五月：《漢志》伏行百四十六日，與此五月相近。

⑥其出西方：火星伏而昏復出西方是不可能的，此是假想的占語。

⑦一日行一度半：《漢志》順行平均爲九十二分度之五十三。

其行東、西、南、北疾也。兵各聚其下；①用戰，順之勝，逆之敗。熒惑從太白，軍憂；離之，軍卻。出太白陰，②有分軍；行其陽，③有偏將戰。當其行，太白逮之，破軍殺將。〔一〕其入守犯太微、〔二〕軒轅、營室，主命惡之。心爲明堂，熒惑廟也。謹候此。

〔一〕【索隱】宋均云："太白宿，主軍來衝拒也。"

〔二〕【集解】孟康曰："犯，七寸已内光芒相及也。"韋昭曰："自下觸之曰'犯'，居其宿曰'守'。"

【注】

①兵各聚其下：《漢書·天文志》載："東行疾則兵聚於東方，西行疾則兵聚於西方。"此處文意當與《漢志》同。

②出太白陰：言熒惑在太白北面。

③行其陽：行至太白南面。

曆斗之會以定填星之位。〔一〕①曰中央，土，主季夏，日戊己，黄帝，主德，女主象也。歲填一宿，其所居國吉。未當居而居，若已去而復還，還居之，其國得土，不乃得女。若當居而不居，既已居之，又西東去，其國失土，不乃失女，不可舉事用兵。其居久，其國福厚；易，福薄。〔二〕

〔一〕【索隱】曆斗之會以定鎮星之位。晉灼曰："常以甲辰之元始建斗，歲鎮一宿，二十八歲而周天。"《廣雅》曰：鎮星，一名地侯。《文耀鉤》云："鎮，黄帝含樞紐之精，其體旋璣，中宿之分也。"

〔二〕【集解】徐廣曰："易猶輕速也。"

【注】

①曆斗之會以定填星之位：言以曆元時與斗宿相會，來推定填星的方位。《索隱》引晋灼曰："常以甲辰之元始建斗，歲鎮一宿，二十八歲而周天。"即以曆元從斗宿開始，每年行一宿推定。"甲辰"當是"甲寅"之誤。"填星"又名鎮星，屬中央土。

其一名曰地侯，主歲。[①]歲行十三度百十二分度之五，[②]日行二十八分度之一，二十八歲周天。其所居，五星皆從而聚于一舍，其下之國，[③]可以重致天下。[〔一〕][④]禮、德、義、殺、刑盡失，而填星乃爲之動摇。

〔一〕【正義】重音逐隴反。言五星皆從填星，其下之國倚重而致天下，以填主土故也。

【注】

①主歲：其義爲填星主導一歲的收成。

②歲行：是説填星一歲運行十三度餘。十三度：原誤作"十二度"，《史記正訛》《史記考异》均認爲當作"十三度"。"十三度"是正確的。今從改。

③其下之國：言五星各沿二十八宿分布的路徑運行，其中每一宿都對應於一個方國，例如，《天官書》曰："角、亢、氐，兖州。房、心，豫州。尾、箕，幽州。"這是恒星分野的主要觀念。故二十八宿星名，也都直接或間接與對應的國家名或民族地區名有關係。這就是畢宿對應於魏國，井、鬼對應於秦國，軫宿對應於楚國的道理所在。

④可以重致天下：木星以義致天下，火星以禮致天下，土星以重致天下，各以其德取得天下的信任。以：原脱，《讀書雜志》云："今本脱'以'字，上文歲星云'可以義致天下'，熒惑云'可以禮致天下'，下文

太白云‘可以兵從天下’，辰星云‘可以法致天下’，今據補。”重：倚重，看重。

贏，爲王不寧；其縮，有軍不復。填星，其色黄，九芒，[①]音曰黄鍾宫。其失次上二三宿曰贏，有主命不成，[②]不乃大水。失次下二三宿曰縮，有后戚，[③]其歲不復，[④]不乃天裂若地動。

【注】

①九：蜀刻本、黄善夫刻本、彭寅翁刻本、毛晋刻本、殿本作“光”。
②主命不成：國君命令難以推行。
③后戚：王后有悲戚事。
④其歲不復：該年度陰陽不和。

斗爲文太室，填星廟，天子之星也。

木星與土合，[①]爲内亂，饑，〔一〕主勿用戰，敗；水則變謀而更事；[②]火爲旱；金爲白衣會若水。[③]金在南曰牝牡，〔二〕[④]年穀熟。金在北，歲偏無。[⑤]火與水合爲焠，〔三〕[⑥]與金合爲鑠，[⑦]爲喪，皆不可舉事，用兵大敗。土爲憂，主孼卿；〔四〕[⑧]大饑，[⑨]戰敗，爲北軍，〔五〕[⑩]軍困，舉事大敗。土與水合，穰而擁閼，〔六〕[⑪]有覆軍，〔七〕其國不可舉事。出，亡地；入，得地。金爲疾，爲内兵，[⑫]亡地。三星若合，[⑬]其宿地國外内有兵與喪，改立公王。四星合，兵喪并起，君子憂，小人流。[⑭]五星合，是爲易行，[⑮]有德，受慶，改立大人，掩有四方，子孫蕃昌；無德，受殃若亡。五星皆大，其事亦大；皆小，事亦小。

〔一〕【正義】《星經》云："凡五星，木與土合爲内亂，饑；與水合爲變謀，更事；與火合爲旱；與金合爲白衣會也。"

〔二〕【索隱】晋灼曰："歲，陽也，太白，陰也，故曰牝牡也。"【正義】《星經》云："金在南，木在北，名曰牝牡，年穀大熟；金在北，木在南，其年或有或無。"

〔三〕【集解】晋灼曰："火入水，故曰焠。"【索隱】火與水合曰焠。案：謂火與水俱從填星合也。【正義】焠，怱内反。《星經》云："凡五星，火與水合爲焠，用兵舉事大敗；與金合爲鑠，爲喪，不可舉事，用兵從軍爲憂；離之，軍卻；與土合爲憂，主孼卿；與木合，饑，戰敗也。"

〔四〕【索隱】案：《文耀鈎》云"水土合則成鑪冶，鑪冶成則火興，火興則土之子焠，金成消爍，消爍則土無子輔父，無子輔父則益妖孼，故子憂"。

〔五〕【正義】爲北，軍北也。凡軍敗曰北。

〔六〕【正義】擁，於拱反。閼，烏葛反。

〔七〕【集解】徐廣曰："或云木、火、土三星若合，是謂驚立絶行。"

【注】

①講完木、火、土三個外行星之後，以下對它們與其他行星會合所引起的社會治亂再作綜合性介紹。先説木星與其他行星會合的影響，次説火星、土星，再説三星、四星、五星相遇，條理分明。

②水：與水合。變謀：改變政策。更事：變更所做的大事。

③火爲旱金爲白衣會若水：言木與火合爲旱；木與金合有喪亡疾病，并且有水災。

④金在南曰牝（pìn）牡：《札記》云："《漢志》'太白在南，歲在北，名曰牝牡'。《晋志》同。據《索隱》引晋灼及《正義》引《星經》，則《史》文'金在南'句或上或下當有'木在北'三字，今本失之。"木

陽，金陰，故稱雌雄。牝：雌性。牡：雄性。

⑤金在北歲偏無：《札記》云："《漢志》'太白在北，歲在南，年或有或無'。《晋志》亦同。則《史》文'金在北'句或上或下當有'木在南'三字，今本亦失。"歲偏無：歲無收成。

⑥焠（cuì）：火入水中爲"焠"。火星、水星相遇，也將發生焠的現象。

⑦鑠（shuò）：熔化。金星與火星合，象徵着金屬遇到了火，要發生熔化。

⑧主孽卿：産生作孽的公卿。

⑨大饑：陳仁錫認爲"大"爲"木"字之誤，王元啓指爲瞽説。今從陳説。言火與木相遇爲饑。《札記》認爲"依上下文例當作'木爲饑'"。

⑩北軍：敗軍。《札記》引《雜志》云："'爲北軍'上當有'水'字。《漢志》'熒惑與辰合爲北軍'，《晋志》'火與水合爲北軍'，皆其證。"

⑪穰（ráng）：稻穀豐收。閼（è）：堵塞。水遇到土，水流爲土壩所阻。

⑫内兵：叛軍。

⑬三星：指前已述及的木、火、土三星。

⑭小人流：指因兵荒而引起的人群流亡。

⑮易行：改换行徑。

蚤出者爲贏，贏者爲客。晚出者爲縮，縮者爲主人。必有天應見於杓。星同舍爲合。①相陵爲鬬，〔一〕②七寸以内必之矣。〔二〕③

〔一〕【集解】孟康曰："陵，相冒占過也。"韋昭曰："突掩爲陵。"

〔二〕【索隱】案：韋昭云必有禍也。

【注】

①星同舍爲合：兩行星處於同一宿爲合。

②陵：《集解》引孟康曰："陵，相冒占過也。"又引韋昭曰："突掩爲陵。"均非。"陵"與"凌"相通，作兩星凌犯解。

③必之矣：《索隱》引韋昭云必有禍也。非。"必之"意爲必定發生。言兩星在七寸以内相遇，必定發生凌鬬現象。七寸大約相當於一度，一説一尺爲一度，已光芒相及。《正義》曰："鬬爲光芒相及。"孟康曰："犯，七寸已内光芒相及也。"可見七寸内謂之凌犯，也稱爲鬬。

五星色白圜，[①]爲喪旱；赤圜，則中不平，爲兵；青圜，爲憂水；黑圜，爲疾，多死；黄圜，則吉。赤角犯我城，[②]黄角地之争，白角哭泣之聲，青角有兵憂，黑角則水。意，〔一〕[③]行窮兵之所終。[④]五星同色，天下偃兵，百姓寧昌。春風秋雨，冬寒夏暑，[⑤]動揺常以此。[⑥]

〔一〕【集解】徐廣曰："一作'志'。"

【注】

①白圜：由於地球大氣的變化而在五星周圍形成的白色光環。

②赤角：星四周産生的赤色芒角。

③意：《集解》引徐廣曰"一作'志'"。"意"爲上。

④行窮兵之所終：言五種芒角所産生的現象，皆是窮兵所産生的結果。王元啓認爲此句爲衍文，其言不確。

⑤春風秋雨冬寒夏暑：爲風調雨順之象。此與五星同色相合。

⑥動揺常以此：是指由於五星生圜和芒角而起的社會動揺。王元啓將此句移置於言土星中之"填星乃爲之動揺"後，不當。

填星出百二十日，而逆西行，西行百二十日，①反東行。②見三百三十日而入，入三十日復出東方。③太歲在甲寅，鎮星在東壁，故在營室。④

【注】

①百二十日：據《漢書·律曆志》晨始見，順行八十七日，留三十四日，計一百二十一日，與《天官書》出百二十日相當。《漢志》曰逆行百一日，留三十三日，計一百三十四日，與《天官書》百二十日差十四日，故王元啓以爲此處爲百三十日之誤。

②反東行：下缺載日數。據下文“見三百三十日”來看，當缺“九十日”三字。

③見三百三十日而入入三十日復出東方：土星一個會合周期爲三百七十日，行十二度。此處“見三百三十日”，伏三十日，爲一個會合周期的大概日數。

④故在營室：《天官書》以甲寅年爲曆元，曆元正月時日月五星俱在營室。此處甲寅年鎮星在營室，下文太白“以攝提格之歲，與營室晨出東方”均爲明證，此采自顓頊曆。唯《天官書》歲星紀年采自他説，其歲星甲寅年與斗、牽牛晨出，與此不合。

察日行以處位〔一〕太白。〔二〕①曰西方，秋，②司兵月行及天矢〔三〕③日庚辛，主殺。殺失者，罰出太白。太白失行，以其舍命國。其出行十八舍二百四十日而入。入東方，伏行十一舍百三十日；④其入西方，⑤伏行三舍十六日而出。⑥當出不出，當入不入，是謂失舍，不有破軍，必有國君之篡。

〔一〕【索隱】案：太白晨出東方曰啓明，故察日行以處太白之位也。

〔二〕【索隱】《韓詩》云“太白晨出東方爲啓明，昏見西方爲長庚”。又孫炎注《爾雅》，以爲晨出東方高三丈，命曰啓明；昏見西方高三舍，命曰太白。【正義】晋灼云：“常以正月甲寅與熒惑晨出東方，二百四十日而入，入四十日又出西方，二百四十日而入，入三十五日而復出東方。出以寅、戌，入以丑、未。”《天官占》云：“太白者，西方金之精，白帝之子，上公、大將軍之象也。一名殷星，一名大正，一名熒星，一名官星，一名梁星，一名滅星，一名大囂，一名大衰，一名大爽。徑一百里。”《天文志》云：“其日庚辛；四時，秋也；五常，義也；五事，言也。人主義虧言失，逆時令，傷金氣，罰見太白：春見東方，以晨；秋見西方，以夕。”

〔三〕【正義】太白五芒出，早爲月蝕，晚爲天矢及彗。其精散爲天杵、天柎、伏靈、大敗、司姦、天狗、賊星、天殘、卒起星，是古曆星；⑦若竹彗、牆星、猿星、白藿，皆以示變也。⑧

【注】

①察日行以處位太白：太白與日相距最大角距在四十五度到四十八度，故可以通過考察太陽的行度來判斷太白的方位。

②曰西方秋：此處欠通順，據其他四星相應説法，“秋”字前當缺“金主”兩字，爲“曰西方金，主秋”。

③司兵月行及天矢：《札記》云：“《考异》云：‘七字衍，以木火土水例之可見。’《正譌》云：此即後文所謂‘出蚤爲月蝕，晚爲天矢也’，誤衍於此，又加譌舛。案：據後文《雜志》説，則此‘天矢’亦當作‘天夭’。”

④伏行十一舍百三十日：據《漢志》，金星晨始見，凡二百四十四日，行星二百四十四度；伏八十三日，行星百十三度。十八宿二百三十五度，

與《漢志》差九度，日數則差四天。十一舍合一百四十三度，與《漢志》差三十度，日數則差四十七天。

⑤其入西方：此句前當缺夕出西方的天數和行度。

⑥伏行三舍十六日而出：據《漢志》，夕始見，凡見二百四十一日，行星二百四十一度；伏十六日，逆行十四度。十六日太陽順行十六度，加星逆行十四度，計三十度，與三舍三十九度差九度，逆行日數則相同。

⑦卒起星是古曆星：下文《正義》"其紀上元，是星古曆初起上元之法也"。據此，"星是"當互乙，連上讀作"賊星、天殘、卒起，是星古曆星"。《札記》據《晉志》認爲最後一"星"字當在下句"若"字下。

⑧示變：下原有"之"字。《札記》云："'之'字非誤即衍，官本無。"《會注考證》本亦無"之"字。今從刪。

其紀上元，〔一〕① 以攝提格之歲，與營室晨出東方，至角而入；② 與營室夕出西方，至角而入；與角晨出，入畢；與角夕出，入畢；與畢晨出，入箕；與畢夕出，入箕；與箕晨出，入柳；與箕夕出，入柳；與柳晨出，入營室；與柳夕出，入營室。凡出入東西各五，爲八歲，二百二十日，〔二〕③ 復與營室晨出東方。其大率，歲一周天。其始出東方，行遲，率日半度，一百二十日，必逆行一二舍；上極而反，東行，行日一度半，一百二十日入。④ 其庳，⑤ 近日，曰明星，柔；高，遠日，曰大囂，〔三〕剛。其始出西方，⑥ 行疾，率日一度半，百二十日；上極而行遲，日半度，百二十日，旦入，⑦ 必逆行一二舍而入。其庳，近日，曰大白，柔；高，遠日，曰大相，剛。出以辰、戌，入以丑、未。⑧

〔一〕【索隱】案：《上元》是古曆之名。言用上元紀曆法，則攝提歲而太白與營室晨出東方，至角而入；與營室夕出西方，至角而入。凡出入東西各五，爲八歲，二百三十日，復與營室晨出東方。大率，歲一周天也。【正義】其紀上元，是星古曆初起上元之法也。

〔二〕【集解】徐廣曰："一云'三十二日'。"

〔三〕【正義】徐廣曰："一作'變'。"

【注】

①其紀上元：其曆紀的上元。指日月五星同聚於營室的那一年（甲寅年正月），作爲曆法的起算點。

②至角而入：言在金星與太陽的會合運動中，第一次與營室晨出東方，第二次與角，第三次與畢，第四次與箕，第五次與柳晨出，第六次又回到與營室晨出。五個會合周期正好八年。每個會合周期合五百八十四日，行五百八十四度，自營室順行一周再行至角，爲二十八宿加十六宿，合四十四宿，自角宿順行一周再行至畢宿爲四十六宿，平均爲四十五宿，每宿以十三度計，爲五百八十五度。這就是第一次營室晨出、第二次角宿晨出、第三次畢宿晨出等的意義。

③二百二十日：應爲"二千九百二十日"之誤，此爲三百六十五日之八倍。《札記》云："凌云：'一本作三十日。'案：上文《索隱》正作'三十日'。"

④一百二十日入：《天官書》之金星行度不計逆行，晨出順行（行遲）一百二十日，每日行半度，合六十度。上極而返以後，每日行一度半，一百二十日行一百八十度，合計爲二百四十度，與《漢志》正合。此處云"必逆行一二舍"而入是不可能的，必爲衍文。或應云"必遲行五舍而入"。下文"逆行"句也同此例。

⑤庳：同"卑"，低也。

⑥始出西方：原脱"方"字，《史記正譌》認爲"西"下脱"方"字。今從補。

⑦旦入："且入"之誤。

⑧出以辰戌入以丑未：言晨出辰位，夕出戌位；晨入丑位，夕入未位。

當出不出，未當入而入，天下偃兵，兵在外，入。未當出而出，當入而不入，天下起兵，[①]有破國。其當期出也，其國昌。其出東爲東，入東爲北方；出西爲西，入西爲南方。[②]所居久，其鄉利；疾，〔一〕[③]其鄉凶。

〔一〕【集解】蘇林曰："疾過也。"

【注】

①天下起兵：原脱"天"字。《史記會注考證》云："陳仁錫曰：'下'上缺'天'字。愚按：《漢志》有。"今從補。

②入西爲南方：以上數句言金星出没的方位，以及其占卜與所主方位的國家的關係。

③疾：《札記》云："《雜志》云'疾'本作'易'，故蘇林訓爲疾過。案：《漢志》作'易'，注引蘇林曰'疾過也，一説易向而出入也'，是本作'易'可知。"

出西逆行至東，[①]正西國吉。出東至西，正東國吉。其出不經天；[②]經天，天下革政。〔一〕

〔一〕【索隱】孟康曰："謂出東入西，出西入東也。太白陰星，出東當伏東，出西當伏西，過午爲經天。"又晉灼曰："日，陽也，日出則星没。太白晝見午上爲經天。"

【注】

①出西逆行至東：《史記正譌》云："出東至西爲逆行，出西至東乃順

行也。‘逆行’二字衍。”

②其出不經天：金星爲内行星，衹能在日旁運動，故晚上不能見到其運行經過中天，因有此占。一説晝見爲中天。

小以角動，兵起。始出大，後小，兵弱；出小，後大，兵强。出高，用兵深吉，淺凶；庳，淺吉，深凶。日方南金居其南，①日方北金居其北，曰贏，〔一〕侯王不寧，用兵進吉退凶。日方南金居其北，日方北金居其南，曰縮，侯王有憂，用兵退吉進凶。用兵象太白：太白行疾，疾行；遲，遲行。角，敢戰。動摇躁，躁。圜以静，静。順角所指，吉；反之，皆凶。出則出兵，入則入兵。赤角，有戰；白角，有喪；黑圜角，憂，有水事；青圜小角，憂，有木事；黄圜和角，②有土事，有年。〔二〕③其已出三日而復，有微入，入三日乃復盛出，是謂耎，〔三〕④其下國有軍敗將北。其已入三日又復微出，出三日而復盛入，其下國有憂；師有糧食兵革，遺人用之；〔四〕卒雖衆，將爲人虜。其出西失行，外國敗；其出東失行，中國敗。其色大圜黄滜，〔五〕⑤可爲好事；其圜大赤，兵盛不戰。

〔一〕【正義】鄭玄云：“方猶向也。謂晝漏半而置土圭表陰陽，審其南北也。影短於土圭謂之日南，是地於日爲近南也；長於土圭謂之日北，是地於日爲近北也。凡日影於地，千里而差一寸。”《周禮》云：“日南則影短，多暑；日北則影長，多寒。”孟康云：“金謂太白也。影，日中之影也。”

〔二〕【正義】太白星圓，天下和平；若芒角，有土事。有年謂豐熟也。

〔三〕【集解】晉灼曰："耎，退之不進。"【索隱】是謂需。又作"耎"，音奴亂反。

〔四〕【正義】遺，唯季反。

〔五〕【集解】音澤。

【注】

①日方南：太陽位於赤道南。日方南金居其南：這時金星位於赤道最南的位置。同樣道理，"日方北金居其北"，爲金星位於赤道最北的位置。

②圜和角：王元啓曰"圜""角"不并存，以上"圜""圜小""圜和"皆爲衍字。

③有年：豐收的年成。

④耎（ruǎn）：軟弱。

⑤滜（zé）：同"澤"。

太白白，比狼；〔一〕赤，比心；黄，比參左肩；蒼，比參右肩；黑，比奎大星。〔二〕①五星皆從太白而聚乎一舍，其下之國可以兵從天下。居實，②有得也；居虚，③無得也。〔三〕行勝色，〔四〕色勝位，④有位勝無位，有色勝無色，行得盡勝之。〔五〕出而留桑榆間，〔六〕⑤疾其下國。〔七〕上而疾，未盡其日，⑥過參天，〔八〕⑦疾其對國。〔九〕上復下，下復上，有反將。其入月，⑧將僇。⑨金、木星合，光，⑩其下戰不合，兵雖起而不鬭；合相毁，野有破軍。出西方，昏而出陰，陰兵彊；暮食出，小弱；夜半出，中弱；雞鳴出，大弱：是謂陰陷於陽。其在東方，乘明而出陽，陽兵之彊，⑪雞鳴出，小弱；夜半出，中弱；昏出，大弱：是謂陽陷於陰。太白伏也，以出兵，兵有殃。其出卯南，南勝北方；出卯北，北勝南方；正在卯，東國利。出酉北，北勝南方；出酉南，南勝北方；正在酉，西國勝。

〔一〕【正義】比，卑耳反，下同。比，類也。

〔二〕【正義】《晋書·天文志》云："凡五星有色，大小不同，各依其行而應時節。色變有類：凡青，比參左肩；赤，比心大星；黄，比參右肩；白，比狼星；黑，比奎大星。不失本色而應其四時者，吉；色害其行，凶也。"

〔三〕【索隱】按：實謂星所合居之宿；虚謂贏縮也。

〔四〕【集解】晋灼曰："太白行得度者，勝色也。"【正義】勝音升剩反，下同。

〔五〕【集解】晋灼曰："行應天度，唯有色得位；行盡勝之，行重而色位輕。"《星經》"得"字作"德"。【正義】《晋書·天文志》云："凡五星所出所直之辰，其國爲得位者，歲星以德，熒惑爲禮，鎮星有福，太白兵强，辰陰陽和。所直之辰，順其色而角者勝，其色害者敗；居實，有得，居虚，無得也。色勝位，行勝色，行得盡勝之。"

〔六〕【集解】晋灼曰："行遲而下也。正出，舉目平正，出桑榆上者餘二千里。"

〔七〕【正義】疾，《漢書》作"病"也。

〔八〕【集解】晋灼曰："三分天過其一，此在戌酉之間。"

〔九〕【集解】孟康曰："謂出東入西，出西入東。"

【注】

①太白白……黑比奎大星：中國古代有將各種恒星分爲白、赤、黄、蒼、黑五種顔色的分法，并以天狼星、心宿、參左肩、參右肩、奎大星作

爲白、赤、黄、蒼、黑的參照標準。近現代以天體物理方法研究證實，恒星確有不同顔色的區别，顔色的不同，是由於恒星表面温度高低不同決定的，常被分爲藍星、白星、黄星、橙星、紅星等。當代已有人據此顔色記録與當代觀測記録作比較，研究恒星的演化過程。但《漢書·天文志》説："太白白比狼，赤比心，黄比參右肩，青比參左肩，黑比奎大星。"可見《漢書·天文志》將參左右肩的位置作了改變。經考證，這種改變僅是東漢南北朝時有些人在區分星空左右方向時發生混亂造成的。《天官書》的記載没有錯誤。

②居實：星居於合居之宿。

③居虚：居於贏縮後所達之宿。

④行勝色色勝位：金星行度贏縮變化所引起的影響，又要大於金星所處方位的影響。

⑤留桑榆間：從桑、榆樹陰的縫隙看金星，不見位置的變化。

⑥未盡其日：没有達到那些天數。其：《漢書·天文志》《晋書·天文志》作"期"。

⑦過參天：三分天過其一。天從東到西爲六辰，三分之一爲二辰。舊解似是而非。

⑧入月：月掩星。

⑨僇：通"戮"。將僇：將有刑戮。

⑩光：兩星相合而光不及也。王元啓以爲此處"金木"爲"金水"之誤。

⑪之：《札記》云："'之'字疑衍。"

其與列星相犯，小戰；五星，大戰。其相犯，太白出其南，南國敗；出其北，北國敗。行疾，武；①不行，文。②色白五芒，出蚤爲月蝕，晚爲天夭及彗星，③將發其國。④出東爲德，舉事左之迎之，⑤吉。出西爲刑，舉事右之背之，⑥吉。反之皆凶。太白光見景，⑦戰勝。晝見而經天，⑧是謂争明，彊國弱，小國彊，女主昌。

【注】

①行疾武：太白行疾，有武事。

②文：文事。

③天夭：即天妖，有妖星出現。

④將發其國：災异將發生在與其相應的國家。

⑤左之迎之：從左面迎着它。

⑥右之背之：從右面背着它。

⑦景：通“影”。

⑧晝見而經天：金星是太陽、月亮以外最亮的天體之一，故在日出以後、日落之前一段時間經常還可以在天空見到它。金星與太陽最大角距達四十八度。所謂“經天”，即金星出現在中天午位的方向。古人常將這種反常狀態與政治上的動亂相聯繫，認爲是金星與太陽争奪光明，象徵着有人與天子争位或争權。太白晝見，是古代星占家經常關注的异常天象。

亢爲疏廟，太白廟也。太白，大臣也，其號上公。其他名殷星、太正、營星、觀星、宫星、明星、大衰、大澤、終星、大相、天浩、序星、月緯。大司馬位謹候此。①

【注】

①大司馬：《晋志》曰：“太白主大臣，其號上公也。大司馬位謹候此。”則大司馬爲太白下之官名。大司馬主軍事，漢武帝時始設，故星占家發現太白凌犯，其占語都與軍事有關。

察日辰之會，〔一〕以治辰星之位。〔二〕①曰北方，水，太陰之精，主冬，日壬癸。刑失者，罰出辰星，〔三〕以其宿命國。

〔一〕【索隱】案：即正四時以治辰星之位是也。【正義】晋灼云："常以二月春分見奎、婁，五月夏至見東井，八月秋分見角、亢，十一月冬至見牽牛。出以辰、戌，入以丑、未，二旬而入。晨候之東方，夕候之西方也。"

〔二〕【索隱】案：皇甫謐曰"辰星，一名毚星，或曰鉤星"。《元命包》曰"北方辰星水，生物布其紀，故辰星理四時"。宋均曰"辰星正四時之位，得與北辰同名也"。

〔三〕【正義】《天官占》云："辰星，北水之精，黑帝之子，宰相之祥也。一名細極，一名鉤星，一名爨星，一名伺祠。徑一百里。亦偏將、廷尉象也。"《天文志》云："其日壬癸。四時，冬也；五常，智也；五事，聽也。人主智虧聽失，逆時令，傷水氣，則罰見辰星也。"

【注】

①辰星：水星與太陽相距最大的角距不超過一辰。此上二句言觀察太陽、水星的交會，可以推知水星的方位。

是正四時：仲春春分，夕出郊奎、婁、胃東五舍，[①]爲齊；仲夏夏至，夕出郊東井、輿鬼、柳東七舍，爲楚；仲秋秋分，夕出郊角、亢、氐、房東四舍，爲漢；仲冬冬至，晨出郊東方，與尾、箕、斗、牽牛俱西，爲中國。其出入常以辰、戌、丑、未。[②]

【注】

①郊：通"効"，見也。《淮南子·天文訓》作"効"。東五舍：太陽

東面的五宿。

②其出入常以辰戌丑未：辰星的出入，在日出前經常出現在辰位或丑位，日落後經常出現在未位或戌位。由於水星距日最近，最大角距不足三十度，被觀看到的機會也較少，故西漢早期人們對水星的認識衹能是“是正四時”云云這段話。

其蚤，爲月蝕；〔一〕晚，爲彗星〔二〕及天夭。其時宜效，不效爲失，〔三〕追兵在外不戰。一時不出，其時不和；四時不出，天下大饑。其當效而出也，色白爲旱，黄爲五穀熟，赤爲兵，黑爲水。出東方，大而白，有兵於外，解。常在東方，其赤，中國勝；其西而赤，外國利。無兵於外而赤，兵起。其與太白俱出東方，皆赤而角，外國大敗，中國勝；其與太白俱出西方，皆赤而角，外國利。五星分天之中，積于東方，中國利；積于西方，外國用兵者利。①五星皆從辰星而聚于一舍，其所舍之國可以法致天下。②辰星不出，太白爲客；其出，太白爲主。出而與太白不相從，野雖有軍，不戰。出東方，太白出西方；若出西方，太白出東方，爲格，〔四〕野雖有兵，不戰。③失其時而出，爲當寒反温，當温反寒。當出不出，是謂擊卒，兵大起。其入太白中而上出，破軍殺將，客軍勝；下出，客亡地。辰星來抵太白，太白不去，④將死。正旗上出，〔五〕⑤破軍殺將，客勝；下出，客亡地。視旗所指，以命破軍。其繞環太白，若與鬬，大戰，客勝。免過太白，〔六〕⑥間可械劍，〔七〕⑦小戰，客勝。免居太白前，軍罷；出太白左，小戰；摩太白，有數萬人戰，主人吏死；出太白右，去三尺，軍急約戰。青角，兵憂；黑角，水。赤行窮兵之所終。

〔一〕【集解】孟康曰："辰星、月相淩不見者，則所蝕也。"【索隱】案：宋均云"辰星與月同精，月爲大臣，先期而出，是躁也。失則當誅，故月蝕見祥"。[⑧]

〔二〕【集解】張晏曰："彗，所以除舊布新。"【索隱】案：宋均云"辰星，陰也，彗亦陰，陰謀未成，故晚出也"。

〔三〕【正義】效，見也。言宜見不見，爲失罰之也。

〔四〕【索隱】謂辰星出西方。辰，水也。太白出東方。太白，金也。水生金，[⑨]母子不相從，故上有軍不戰。[⑩]今母子各出一方，故爲格。格謂不和同，故野雖有兵不戰然也。[⑪]

〔五〕【索隱】正旗出。案：旗蓋太白芒角，似旌旗。【正義】旗，星名，有九星。言辰星上則破軍殺將，客勝也。

〔六〕【索隱】兔過太白。案：《廣雅》云"辰星謂之兔星"，則辰星之别名兔，或作"毚"也。【正義】《漢書》云"辰星過太白，間可椷劍"，明《廣雅》是也。

〔七〕【集解】蘇林曰："椷音函。函，容也。其間可容一劍。"【索隱】椷音函。函，容也。言中間可容一劍。則函字本有咸音，故字從咸。劍，古作"劒"也。

【注】

①兵：原脱，《漢書·天文志》云"夷狄用兵者利"，據補"兵"字。

②所舍之國可以法致天下：木星主義、火星主禮、土星主德、金星主殺、水星主刑，故言水星"所舍之國可以法致天下"。星占家常將水星淩犯的异常天象與刑罰相聯繫。

③出東方……野雖有兵不戰：言水出東方，則金出西方；水出西方，則金出東方。格：爲不和同。水出於金，母子關係，故雖不和同，而有兵不戰。

④辰星來抵太白太白不去：《史記志疑》云："此言'太白不去'，《漢志》作'辰星來抵太白，不去'，無復出'太白'字，則謂辰星不去也，依《志》爲是。"

⑤旗：此字與下文另一"旗"字，《正義》釋爲旗星。不過，《天官書》五星占幾乎没有言及行星具體恒星相犯的占事，獨此處上下兩次言及，似不可能。《漢志》兩"旗"字均作"其"，此處上下兩"旗"字應爲"其"字之誤。

⑥兔：《廣雅》云"辰星謂之兔星"。則兔爲辰星之别名，也即天欃星。下文三處"兔"字原均誤作"免"，據《索隱》改正。

⑦間可械（hán）劍：中間可容一劍。械：通"函"，容納。

⑧故月蝕見祥：蔡夢弼刻本、耿秉重修本、黄善夫刻本、中統刻本、彭寅翁刻本、凌稚隆刻本、殿本作"故月蝕者，所以爲災祥也"。

⑨水生金：《札記》云："'水''金'當互易，或'生'下有'於'字。"

⑩上：殿本作"野"。《札記》云："'上'當爲'主'。"

⑪然：蔡夢弼刻本、耿秉重修本、黄善夫刻本、中統刻本、彭寅翁刻本、凌稚隆刻本、殿本無此字。

兔七命，①曰小正、辰星、天欃、安周星、細爽、能星、鈎星。〔一〕其色黄而小，出而易處，②天下之文變而不善矣。兔五色，青圜憂，白圜喪，赤圜中不平，黑圜吉。赤角犯我城，黄角地之争，白角號泣之聲。

〔一〕【索隱】謂星凡有七名。③命者，名也。小正，一也；辰星，二也；天兔，三也；安周星，四也；細爽，五也；能星，六也；鈎星，七也。

【注】

①命：即名。言兔星有七個名字。

②其色黄而小出而易處：這是辰星的特徵。王元啓以爲此句當移至下文“黑圜吉”句之末，爲五色中的一色。其實不妥。兔五色是帶圜的，此處并無圜。此段先言七命，次言總的特徵，再言五色圜，後言五色芒角，若説五色圜色不全，則五色芒角也不全。其實不必全載。

③星：此字上蔡夢弼刻本、耿秉重修本、黄善夫刻本、中統刻本、彭寅翁刻本、凌稚隆刻本、殿本有“免”字，當作“兔”。

其出東方，行四舍四十八日，[1]其數二十日，而反入于東方；其出西方，行四舍四十八日，其數二十日，而反入于西方。其一候之營室、角、畢、箕、柳。[2]出房、心間，地動。

【注】

①四十八日：應是“四十八度”之誤。出東方至入東方，兩個基本數據一是度數，一是日數，此處開頭載舍數，後面載日數，有了日數以後，中間就不可能再載日數，必是將舍數折合成度數。如取一舍爲十二度，四十八正是四舍之度數。下文“四十八日”同樣是“四十八度”之誤。據《漢志》水星出東方凡見二十八日，行星二十八度。出西方，凡見二十六日，行星二十六度。《天官書》所載誤差較大。

②營室角畢箕柳：營室角畢箕柳的會合周期，衹適合於太白，置於此有誤。

辰星之色：春，青黄；夏，赤白；秋，青白，而歲熟；冬，黄而不明。即變其色，其時不昌。春不見，大風，秋則不實。夏不見，有六十日之旱，月蝕。秋不見，有兵，春則不生。冬不見，陰雨六十日，有流邑，[1]夏則不長。

【注】

①流邑：指因災禍造成的流民。邑：村鎮或家室。

角、亢、氐，兖州。房、心，豫州。尾、箕，幽州。斗，江、湖。[①]牽牛、婺女，楊州。虚、危，青州。營室至東壁，并州。奎、婁、胃，徐州。昴、畢，冀州。觜觿、參，益州。〔一〕東井、輿鬼，雍州。柳、七星、張，三河。[②]翼、軫，荆州。[③]

〔一〕【正義】《括地志》云："漢武帝置十三州，改梁州爲益州廣漢。廣漢，今益州咎縣是也。分今河内、上黨、雲中。"然案《星經》，益州，魏地，畢、觜、參之分，今河内、上黨、雲中是。未詳也。

【注】

①江湖：指江、浙、贛沿江一帶。

②三河：指河南、河東、河内三郡。

③由於《天官書》的目的是爲星占服務，所以講完星座和五星之後，還需交代恒星的地理分野。不明白《天官書》撰寫的最終目的，以爲《天官書》衹是爲了記載全天星座和五星運動，就不會明白此處爲什麼要記載天文地理分野。恒星分野的實質是天上的星座，主要是黄道帶的二十八宿，與古代中國境内皇帝統治下的四方臣民之間存在着的對應關係。四方臣民以東方蒼龍對應於東部的東夷，南方朱雀對應於南方的少昊諸部，西方白虎對應於西方的西羌，北方玄武對應於北方的夏。黄道帶的四象星名，源自東夷、南蠻、西羌、夏越的圖騰崇拜。周初分封諸侯，很多諸侯國名都直接成爲二十八宿星名，如房宿、箕宿（東夷建立的國家）、井宿、鬼宿（少昊部建立的國家）、奎宿、婁宿、昴宿、畢宿、觜宿（西羌建立

的國家)、虚宿、危宿（夏系統建立的國家)。春秋强國稱霸，列國分争，恒星分野與這些國家相對應，《淮南子·天文訓》的恒星分野即依此爲基礎，西漢將全國土地分爲十二州，《天官書》的恒星分野即據十二州爲依托，而《晋書·天文志》的恒星分野，則是二者的結合體。中國古代的星占家，就是依據恒星分野中的天地對應觀念進行占卜的。

七星爲員官，辰星廟，蠻夷星也。①

【注】

①這段話當與辰星占不可分割，故原本當置於恒星分野之前。在《天官書》中，每一個四方星都有一個星宿作爲它的廟，如營室爲歲星清廟，心爲明堂熒惑廟，斗爲文太室填星廟，亢爲太白疏廟，七星爲員官辰星廟。《史記志疑》云："十二字當在前辰星條末'夏則不長'之下，錯簡於此。'官'乃'宫'之訛。"

兩軍相當，日暈；〔一〕暈等，力鈞；厚長大，有勝；薄短小，無勝。①重抱大破無。②抱爲和，背爲不和，③爲分離相去。直爲自立，立侯王；指暈若曰殺將。④負且戴，有喜。圍在中，中勝；在外，外勝。青外赤中，以和相去；赤外青中，以惡相去。氣暈先至而後去，居軍勝。先至先去，前利後病；後至後去，前病後利；後至先去，前後皆病，居軍不勝。見而去，其發疾，雖勝無功。見半日以上，功大。白虹屈短，〔二〕上下兑，有者下大流血。日暈制勝，近期三十日，遠期六十日。⑤

〔一〕【集解】如淳曰："暈讀曰運。"

〔二〕【集解】李奇曰：“屈，或爲‘尾’也。”韋昭曰：“短而直。”

【注】

①兩軍相當……無勝：講太陽周圍出現日暈時對雙方戰争的影響。日暈是日光引起的太陽周圍的地球大氣折射現象。

②無：據《漢書·天文志》當作“亡”。

③爲：原脱。《漢書·天文志》有。有“爲”字，方與上句“抱爲和”文例一致。

④直爲自立立侯王指暈若曰殺將：《漢書·天文志》作“直爲自立，立兵破軍，若曰殺將”。“指暈若曰殺將”句有誤。《札記》云：“舊刻‘指’作‘背’，疑‘指’字非。”中華書局校點本據《史記正譌》改作“破軍殺將”。

⑤重抱大破無……遠期六十日：記載時人所觀察到的日珥的各種形態及由此日面邊緣産生的异常現象造成的對戰争雙方的影響。陳仁錫曰：“日旁如半環向日曰‘抱’；青赤氣如月初生背日曰‘背’；青赤氣長而立旁曰‘直’，青赤氣如小半暈狀在日上曰‘負’；形如直狀其上微氣在日上曰‘戴’。”

其食，食所不利；①復生，生所利；②而食益盡，爲主位。③以其直及日所宿，加以日時，用命其國也。④

【注】

①食所不利：此占卜指日食而言，謂發生日食時太陽所處星宿對應的國家不利。

②生所利：復生後所在星宿對應的國家有利。

③食益盡爲主位：謂食盡，咎在主位。

④以其直：以其所對的方位。日所宿：太陽所處的星宿。日時：發生

日食的日期及時刻。此以方位、星宿、日期、時刻綜合起來考慮，用以判斷所當國家的命運。日食日期及時刻的占文見下文。

月行中道，〔一〕①安寧和平。陰間，多水，陰事。外北三尺，陰星。〔二〕②北三尺，太陰，③大水，兵。陽間，驕恣。陽星，多暴獄。太陽，④大旱喪也。〔三〕角、天門，⑤十月爲四月，十一月爲五月，〔四〕十二月爲六月，水發，近三尺，遠五尺。⑥犯四輔，⑦輔臣誅。〔五〕行南北河，⑧以陰陽言，旱水兵喪。〔六〕⑨

〔一〕【索隱】案：中道，房星之中間也。房有四星，若人之房三間有四表然，故曰房。南爲陽間，北爲陰間，則中道房星之中間也。故房是日、月、五星之行道，然黃道亦經房、心。若月行得中道，故陰陽和平；若行陰間，多陰事；陽間，則人主驕恣；若歷陰星、陽星之南北太陰、太陽之道，即有大水若兵，及大旱若喪也。

〔二〕【索隱】案：謂陰間外北三尺曰陰星，又北三尺曰太陰道，則下陽星及太陽亦在陽間之南各三尺也。

〔三〕【索隱】太陰，太陽，皆道也。月行近之，故有水旱兵喪也。

〔四〕【索隱】角間天門。謂月行入角與天門，若十月犯之，當爲來年四月成災；十一月，則主五月也。

〔五〕【索隱】案：謂月犯房星也。四輔，房四星也。房以輔心，故曰四輔。

〔六〕【正義】南河三星，北河三星，若月行北河以陰，則水、兵；南河以陽，則旱、喪也。

【注】

①中道：月行有三道，中道、陽道、陰道。中道即房宿四星的中間。

②陰星：陳仁錫據《漢志》在此句下補“多亂”二字。言之有理。如此，纔與下文“陽星”對應。

③太陰：即月行太陰道。《索隱》曰：“太陰，太陽，皆道也。”中道與太陰道之間爲陰間，中道與太陽道之間爲陽間。中道北三尺處有陰星，中道以北三尺爲陰道。七寸爲一度，三尺爲四度餘，爲黄道與白道間的夾角。云“三尺”爲約數。

④太陽：太陽道。此太陽道是指月亮南行的陽道，非太陽運行的黄道。

⑤角天門：角爲天門，并非兩個星座。

⑥水發近三尺遠五尺：言凡月經過天門，六個月以後水發；水深近則三尺，遠則五尺。

⑦四輔：《索隱》曰：“四輔，房四星也。房以輔心，故曰‘四輔’。”其説是。

⑧南北河：指南河戌、北河戌各三星。

⑨以陰陽言旱水兵喪：月行北河爲陰，有水和兵；月行南河爲陽，有旱和喪。

月蝕歲星，〔一〕其宿地，饑若亡。熒惑也亂，填星也下犯上，太白也彊國以戰敗，辰星也女亂。蝕大角，〔二〕①主命者惡之；心，則爲内賊亂也；列星，其宿地憂。〔三〕

〔一〕【正義】孟康云：“凡星入月，見月中，爲星蝕月；月掩星，星滅，爲月蝕星也。”

〔二〕【集解】徐廣曰：“一云‘食于大角’。”【正義】大角一星，在兩攝提間，人君之象也。

〔三〕【索隱】謂月蝕列星二十八宿，當其分地有憂。憂謂兵及喪也。

【注】

①《史記正譌》云當作“蝕”，中華書局校點本已改“蝕”。今從。

月食始日，五月者六，六月者五，五月復六，六月者一，而五月者五，凡百一十三月而復始。〔一〕① 故月蝕，常也；日蝕，爲不臧也。甲、乙，四海之外，日月不占。〔二〕 丙、丁，江、淮、海岱也。戊、己，中州、河、濟也。庚、辛，華山以西。壬、癸，恒山以北。② 日蝕，國君；月蝕，將相當之。③

〔一〕【索隱】始日謂食始起之日也。依此文計，唯有一百二十一月，與元數甚爲懸校，既無《太初曆術》，不可得而推定。今以《漢志·三統曆》法計，則六月者七，五月者一，又六月者一，五月者一，凡一百三十五月而復始耳。或術家各异，或傳寫錯謬，故此不同，無以明知也。

〔二〕【集解】晋灼曰：“海外遠，甲乙日時不以占候。”

【注】

①月食始日……凡百一十三月而復始：此《天官書》所載交食周期，爲中國最早之紀録，但有缺誤。按所載月數統計，實爲一百二十一月，非一百十三月，而此兩個月數均不等於交食年的倍數，故必有誤。《索隱》據《三統曆》得：六月者七，五月者一，又六月者一，五月者一，凡一百三十五月而復始。有人以爲此處即一百三十五月之交食周期，衹是文字有

缺誤而已。

②故月蝕……恒山以北：此爲日月食以十干表示的日期和時刻的占文。甲乙主海外，所以説“不占”。《漢志》日期占下還載有十二時辰的占文，現附載於此：“子周，丑翟，寅趙，卯鄭，辰邯鄲，巳衛，午秦，未中山，申齊，酉魯，戌吴越，亥燕代。”

③以上專論五星日月。

國皇星，〔一〕①大而赤，〔二〕狀類南極。〔三〕②所出，其下起兵，兵彊；其衝不利。

〔一〕【正義】國皇星者，大而赤，類南極老人，去地三丈，如炬火。見則内外有兵喪之難。

〔二〕【集解】孟康曰：“歲星之精散所爲也。五星之精散爲六十四變，記不盡。”

〔三〕【集解】徐廣曰：“老人星也。”

【注】

①國皇星：《正義》説其特徵爲“去地三丈，如炬火”。《集解》引孟康曰：“歲星之精散所爲也。”當爲客星或妖星之屬。有芒角。

②類南極：類南極老人星。

昭明星，〔一〕①大而白，無角，乍上乍下。〔二〕所出國，起兵，多變。

〔一〕【索隱】案：《春秋合誠圖》云“赤帝之精，象如太白，七芒”。《釋名》爲筆星，氣有一枝，末鋭似筆，亦曰筆星也。

〔二〕【集解】孟康曰："形如三足机，机上有九彗上向，熒惑之精。"

【注】

①昭明星：《釋名》曰："氣有一枝，末鋭似筆，亦曰筆星也。"《集解》引孟康曰："熒惑之精。"亦爲妖星之屬。

五殘星，〔一〕① 出正東東方之野。其星狀類辰星，去地可六丈。②

〔一〕【索隱】孟康云："星表有青氣如暈，有毛，填星之精也。"【正義】五殘，一名五鋒，出正東東方之分野。狀類辰星，去地可六七丈。見則五分毁敗之徵，③大臣誅亡之象。

【注】

①五殘星：《索隱》引孟康曰："星表有青氣如暈，有毛，填星之精也。"亦屬妖星。"五殘出，四蕃虚，天子有急兵。"

②去地可六丈：《札記》云："《御覽》八百七十五引作'可五六七丈'。《晋志》作'可六七丈'。《漢志》'可六丈'，下有'大而黄'三字。疑此有脱文。"

③見則：彭寅翁刻本、凌稚隆刻本二字互倒。分：黄善夫刻本、殿本作"榖"。

大〔一〕 賊星，〔二〕① 出正南南方之野。星去地可六丈，大而赤，數動，有光。

〔一〕【集解】徐廣曰："大，一作'六'。"

〔二〕【集解】孟康曰："形如彗，九尺，太白之精。"【正義】大賊星者，一名六賊，出正南南方之野。星去地可六丈，大而赤，數動有光，出則禍合天下。

【注】

①大賊星：《集解》引孟康曰："形如彗，九尺，太白之精。"主凶。

司危星，〔一〕① 出正西西方之野。星去地可六丈，大而白，類太白。

〔一〕【集解】孟康曰："星大而有尾，兩角，熒惑之精也。"【正義】司危者，出正西西方分野也。大如太白，去地可六丈，見則天子以不義失國而豪傑起。

【注】

①司危星：又寫作"司詭星"。

獄漢星，〔一〕出正北北方之野。星去地可六丈，大而赤，數動，察之中青。此四野星所出，① 出非其方，其下有兵，衝不利。

〔一〕【集解】孟康曰："青中赤表，下有二彗縱橫，② 亦填星之精。"《漢書·天文志》獄漢一名咸漢。

【注】

①四野星：五殘、大賊、司危、獄漢合爲"四野星"。《漢書·天文志》無"野"字。

②二：《漢書 · 天文志》注作“三”。

四填星，所出四隅，去地可四丈。

地維咸光，[①]亦出四隅，去地可三丈，若月始出。所見，下有亂；亂者亡，有德者昌。

【注】

①咸：《札記》云：“‘咸’，《漢志》作‘臧’，《晋志》作‘藏’，疑此誤。”

燭星，狀如太白，〔一〕其出也不行。見則滅。所燭者，城邑亂。

〔一〕【集解】孟康曰：“星上有三彗上出，亦填星之精。”

如星非星，如雲非雲，命曰歸邪。〔一〕歸邪出，必有歸國者。

〔一〕【集解】李奇曰：“邪音虵。”孟康曰：“星有兩赤彗上向，上有蓋，狀如氣，[①]下連星。”

【注】

①上有蓋狀如氣：《札記》云：“《漢志》注無‘如’字。案：‘蓋’與‘氣’疑當互易。”

星者，金之散氣，其本曰火。〔一〕[①]星衆，國吉；少則凶。

〔一〕【集解】孟康曰："星，石也。"

【注】

①其本曰火：原脱"其"字。《漢志》作"其本曰人"，據補"其"字。《史記正譌》認爲"火"爲"人"之誤，恐非。此句與下文"其本曰水"相對應。

漢者，亦金之散氣，〔一〕其本曰水。漢，星多，多水，少則旱，〔二〕其大經也。①

〔一〕【索隱】案：水生金，②散氣即水氣。《河圖括地象》曰"河精爲天漢"也。

〔二〕【集解】孟康曰："漢，河漢也。水生於金。多，少，謂漢中星。"

【注】

①大經：大概的規律。

②水生金：《札記》云："'水''金'當互易，或'生'下脱'於'字。"

天鼓，有音如雷非雷，音在地而下及地。①其所往者，②兵發其下。

【注】

①音在地而下及地：《札記》云："疑當作'音在天而下及地'。"

②往：當作“住”。殿本作“住”，《漢書·天文志》同。《札記》云：“‘往’字吴校元板作‘住’，與《漢志》合。《御覽》十三引《師曠占》文略同，亦作‘住’。”

天狗，狀如大奔星，〔一〕①有聲，其下止地，類狗。所墮及，②望之如火光炎炎〔二〕衝天。其下圜如數頃田處，③上兑者則有黄色，千里破軍殺將。④

〔一〕【集解】孟康曰：“星有尾，旁有短彗，下有如狗形者，亦太白之精。”

〔二〕【索隱】豔音也。

【注】

①大奔星：大的火流星的形象名稱。

②所墮及：能够墮至地面的。此是指隕石，在大氣中來不及燃燒完而落至地面。

③圜如數頃田：非指隕石有數頃田大，而是指隕坑。

④破軍殺將：由於這種大的隕石很少見，故用於“破軍殺將”之占。

格澤星〔一〕者，如炎火之狀。黄白，起地而上。下大，上兑。①其見也，不種而穫；不有土功，必有大害。②

〔一〕【索隱】一音鶴鐸，又音格宅。格，胡客反。

【注】

①以上描述的格澤星狀態類似北極光。

②大害：《星經》《漢志》《晉志》均作“大客”，當是。

蚩尤之旗，〔一〕類彗而後曲，象旗。見則王者征伐四方。

〔一〕【集解】孟康曰：“熒惑之精也。”晉灼曰：“《呂氏春秋》曰其色黄上白下。”

旬始，出於北斗旁，〔一〕狀如雄雞。其怒，青黑，象伏鱉。〔二〕

〔一〕【集解】徐廣曰：“蚩尤也。旬，一作‘營’。”

〔二〕【集解】李奇曰：“怒當音帑。”晉灼曰：“帑，雌也。或曰怒則色青。”

枉矢，類大流星，蛇行而倉黑，望之如有毛羽然。長庚，如一匹布著天。〔一〕此星見，兵起。

〔一〕【正義】著音直略反。

星墜至地，則石也。〔一〕河、濟之間，時有墜星。

〔一〕【正義】《春秋》云“星隕如雨”是也。今吴郡西鄉見有落星石，其石天下多有也。

天精而見景星。〔一〕①景星者，德星也。其狀無常，常出於有道之國。

〔一〕【集解】孟康曰："精，明也。有赤方氣與青方氣相連，赤方中有兩黄星，青方中一黄星，凡三星合爲景星。"【索隱】韋昭云"精謂清朗"。《漢書》作"甠"，亦作"暒"。郭璞注《三蒼》云"暒，雨止無雲也"。【正義】景星狀如半月，生於晦朔，助月爲明。見則人君有德，明聖之慶也。

【注】

①天精而見景星：《集解》引孟康曰："精，明也。"《索隱》引韋昭云"精謂清朗"。可見景星爲雜星中的德星。

凡望雲氣，〔一〕仰而望之，三四百里；平望，在桑榆上，千餘里，二千里；①登高而望之，下屬地者三千里。②雲氣有獸居上者，勝。〔二〕③

〔一〕【正義】《春秋元命包》云："陰陽聚爲雲氣也。"《釋名》云："雲猶云，衆盛也。氣猶餼然也。有聲即無形也。"

〔二〕【正義】勝音升剩反。雲雨氣相敵也。《兵書》云："雲或如雄雞臨城，有城必降。"

【注】

①千餘里二千里：《漢書·天文志》同。北宋監本、南宋紹興本、蔡夢弼刻本、耿秉重修本、黄善夫刻本、中統刻本、彭寅翁刻本、凌稚隆刻本、殿本均作"餘二千里"。中華書局校點本據吴汝綸説改作"千餘二千里"。按：此當作"餘二千里"，《天官書》太白"出而留桑榆間"句《集解》引晋灼云："正出，舉目平正，出桑榆上者餘二千里。"又《漢書·天

文志》“太白出而留桑榆間”句注亦引晋灼云：“出桑榆上，餘二千里也。”可證。

②下屬地：下連地。屬：連續。

③勝：作戰勝利。《晋志》：“軍上氣，高勝下，厚勝薄，實勝虚，長勝短，澤勝枯。”

自華以南，[①]氣下黑上赤。嵩高、三河之郊，氣正赤。恒山之北，氣下黑下青。勃、碣、海、岱之間，氣皆黑。江、淮之間，氣皆白。

【注】

①華：華山。

徒氣白。[①]土功氣黄。車氣乍高乍下，往往而聚。騎氣卑而布。[②]卒氣摶。〔一〕[③]前卑而後高者，疾；前方而後高者，兑；後兑而卑者，卻。其氣平者其行徐。前高而後卑者，不止而反。氣相遇者，〔二〕卑勝高，兑勝方。氣來卑而循車通者，〔三〕[④]不過三四日，[⑤]去之五六里見。氣來高七八尺者，不過五六日，去之十餘里見。[⑥]氣來高丈餘二丈者，不過三四十日，去之五六十里見。

〔一〕【集解】如淳曰：“摶，專也。或曰摶，徒端反。”

〔二〕【索隱】遇音偶。《漢書》作“禺”。

〔三〕【集解】車通，車轍也。避漢武諱，故曰通。

【注】

①徒氣：徒衆之氣。徒氣白：預示得徒衆的雲氣爲白色。下同。

②布：廣布。

③搏：義爲盤旋。有的版本作“搏”。王元啓認爲，依《莊子》“搏扶摇而上”，與“騎氣卑而布”正好相對，“搏”字是正確的。

④車通：車轍。爲避武帝諱而改作“通”。

⑤不過三四日：言不過三四日軍情即現。軍情即指前面所説的疾、卻、徐、反等。

⑥去之十餘里見：指離開十餘里尚能見到。看到的遠近與雲氣的高低有關。下同。此句蜀刻本作“去之十餘二十餘里見”，殿本作“去之十餘里二十餘里見”。凌稚隆刻本云：“一本‘十餘’下有‘二十餘’三字。”

稍雲精白者，①其將悍，其士怯。其大根而前絶遠者，②當戰。青白，其前低者，戰勝；其前赤而仰者，戰不勝。陣雲如立垣。杼雲類杼。〔一〕③軸雲摶兩端兑。④杓雲〔二〕如繩者，⑤居前亘天，其半半天。其蛪〔三〕者類闕旗故。⑥鉤雲句曲。〔四〕諸此雲見，以五色合占。而澤摶密，〔五〕其見動人，⑦乃有占；兵必起，合鬬其直。⑧

〔一〕【索隱】姚氏案：《兵書》云“營上雲氣如織，勿與戰也”。

〔二〕【索隱】杓，劉氏音時酌反。《説文》音丁了反。許慎注《淮南》云“杓，引也”。

〔三〕【索隱】五結反。亦作“蜺”，音同。

〔四〕【正義】句音古侯反。

〔五〕【正義】崔豹《古今注》云：“黄帝與蚩尤戰於涿鹿之野，常有五色雲氣，金枝玉葉，止於帝上，有花蘤之象，故因作華蓋也。”《京房易飛候》云：⑨“視四方常有大雲，五色具，其下賢人隱也。青雲潤澤蔽日在西北，爲舉賢良也。”

【注】

①稍雲：《漢志》作“捎雲”，當從《漢志》，飄拂之雲。精：《史記志疑》云：“當作‘青’。”

②大根：大的根基。前絶遠：前端延伸到很遠的地方。

③杼（zhù）：指織布機上的梭。

④軸雲摶兩端兑：軸雲成螺旋狀，兩端尖。《史記志疑》認爲“雲摶”當爲“摶雲”二字倒置。應讀作“杼雲類杼軸，摶雲兩端兑”。王元啓認爲“雲摶”爲衍文，當讀作“杼雲類杼軸，兩端兑”。

⑤杓（sháo）雲如繩者：形如繩的條狀雲。

⑥其：原誤作“天”，涉上句“天”字致誤。《札記》作“其”，據改。蜺（niè）：通“霓”，狀如虹之雲。闞：《會注考證》本作“鬬”。此句《漢志》作“蜺雲者，類鬬旗故”。

⑦動人：引人注目。這是由於具有潤澤、盤旋、密集的雲氣不多見，故以爲占。

⑧合鬬其直：占卜打仗勝敗，視其雲所直宿也。

⑨《京房易飛候》：“飛”字原誤作“兆”。《會注考證》本作“飛”。據改。

王朔所候，[①]决於日旁。日旁雲氣，人主象。〔一〕皆如其形以占。

〔一〕【正義】《洛書》云：“有雲象人，青衣無手，在日西，天子之氣。”

【注】

①王朔：漢武帝時術士，善望氣。

故北夷之氣如群畜穹閭，〔一〕① 南夷之氣類舟船幡旗。大水處，敗軍場，破國之虚，下有積錢，〔二〕金寶之上，皆有氣，不可不察。海旁蜄氣象樓臺，廣野氣成宫闕然。② 雲氣各象其山川人民所聚積。〔三〕

〔一〕【索隱】鄒云一作"弓閭"。《天文志》作"弓"字，音穹。蓋謂以氈爲閭，崇穹然。又宋均云"穹，獸名"，亦异説也。

〔二〕【集解】徐廣曰："古作'泉'字。"

〔三〕【正義】《淮南子》云："土地各以類生人，是故山氣多勇，澤氣多瘖，風氣多聾，林氣多躄，木氣多傴，石氣多力，險阻氣多壽，谷氣多痺，丘氣多狂，廟氣多仁，陵氣多貪，輕土多利足，重土多遲，清水音小，濁水音大，湍水人重，中土多聖人。皆象其氣，皆應其類也。"

【注】

①群畜穹閭：爲北方游牧人的生活風俗特徵，猶如商人尚舟船幡旗。穹閭：《索隱》引作"弓閭"，以氈爲之，今俗稱蒙古包。

②廣野氣成宫闕然：此即海市蜃樓景象。

故候息秏者，入國邑，視封疆田疇之正治，〔一〕① 城郭室屋門户之潤澤，次至車服畜産精華。實息者，吉；虚秏者，凶。

〔一〕【集解】如淳曰："蔡邕云麻田曰疇。"

【注】

①封疆田疇：疆界内的田地。正治：整治。

若煙非煙，若雲非雲，郁郁紛紛，蕭索輪囷，①是謂卿雲。〔一〕卿雲見，②喜氣也。若霧〔二〕非霧，衣冠而不濡，③見則其域被甲而趨。④

〔一〕【正義】卿音慶。

〔二〕【索隱】音如字，一音蒙，一音亡遘反。《爾雅》云“天氣下地不應曰霧”，言蒙昧不明之意也。

【注】

①輪囷：圓形的穀倉。

②見：《漢書·天文志》同，通“現”。《讀書雜志》云：“‘卿雲’下本無‘見’字，此涉下文‘見’字而誤衍也。凡言某星見、某氣見者，其下文必有吉凶之事。此是以‘喜氣’釋‘卿雲’，猶言‘卿雲者，喜氣也’。（‘卿’與‘慶’同，慶即喜也。）若加一‘見’字，則隔斷上下文義。”又云：“《初學記·天部》、《太平御覽》‘天部’‘人事部’‘休徵部’引《史記》皆無‘見’字。”

③而：《漢書·天文志》無“而”字，似是衍文。

④被甲而趨：指披甲奔走，前去打仗。

夫雷電、蝦虹、辟歷、夜明者，①陽氣之動者也，春夏則發，秋冬則藏，故候者無不司之。

【注】

①夫：原誤作“天”，《漢書·天文志》作“夫”，據改。蝦：《史記志疑》引孫侍御云：“蝦，《漢志》作‘赮’，皆‘霞’字之异體。”此説有理。王元啓將“蝦”釋作赤色，似不合文義。辟歷：與“霹靂”同，疾雷。夜明：如天開眼。

天開縣物，〔一〕① 地動坼絶。〔二〕② 山崩及徙，川塞谿垘；〔三〕③ 水澹地長，澤竭見象。④ 城郭門閭，閨臬枯槁；⑤ 宫廟邸第，人民所次。謡俗車服，觀民飲食。五穀草木，觀其所屬。倉府廄庫，四通之路。六畜禽獸，所産去就；魚鱉鳥鼠，觀其所處。鬼哭若呼，其人逢俉。⑥ 化言，〔四〕⑦ 誠然。

〔一〕【集解】孟康曰："謂天裂而見物象，天開示縣象。"

〔二〕【正義】《趙世家》幽繆王遷五年，"代地動，自樂徐以西，北至平陰，臺屋牆垣太半壞，地坼東西百三十步"。

〔三〕【集解】徐廣曰："土雍曰垘，音服。"駰案：孟康曰"谿，谷也。垘，崩也"。蘇林曰"伏流也"。

〔四〕俉，迎也。伯莊曰："音五故反。"【索隱】俉音五故反。逢俉謂相逢而驚也。亦作"迕"，音同。"化"當爲"訛"，字之誤耳。

【注】

①天開縣物：《集解》引孟康曰："謂天裂而見物象，天開示縣象。""縣"通"懸"。

②坼（chè）絶：斷裂。

③谿垘（fú）：山谷崩塌填塞。垘：土填塞。

④水澹地長澤竭見象：原誤倒爲"水澹澤竭，地長見象"。《漢書·天文志》不誤，據改。"長""象"二字爲韵。

⑤閨臬枯槁：《漢志》作"潤息槁枯"。"潤息槁枯"，義爲繁榮或衰落。

⑥逢俉（wù）：相逢而驚。俉：與"迕"通，偶然相遇。

⑦化（é）：通"訛"。化言：妖言。《史記志疑》説："四字二韵，化即訛省。"

凡候歲美惡,[①]謹候歲始。[②]歲始或冬至日，産氣始萌。[③]臘明日,[④]人衆卒歲，一會飲食，發陽氣，故曰初歲。正月旦，王者歲首;[⑤]立春日，四時之卒始也。[一][⑥]四始者，候之日。[二][⑦]

〔一〕【索隱】謂立春日是去年四時之終卒，今年之始也。

〔二〕【正義】謂正月旦歲之始，時之始，日之始，月之始，故云“四始”。言以四時之日候歲吉凶也。

【注】

①歲美惡：每歲年成之好壞。

②歲始：一歲的開始。古時有以冬至或臘爲歲始，有以夏曆的十一月朔日、十二月朔日或正月朔日爲歲首，也有以立春爲一歲的開始，稱爲四時的開始，合稱四始。

③歲始或冬至日産氣始萌：冬至陰氣達到極盛，同時陽氣開始萌動。産氣：指陽氣。

④臘明日：臘日之後的一天爲歲首。晋博士張亮議曰：“臘者，接也，祭宜在新故交接也，俗謂臘之明日爲初歲，秦漢以來有賀此者，古之遺俗也。”王元啓認爲“臘明日”即立春日。此説不妥。《説文解字》曰：“冬到後三戌臘祭百神。”即冬至後三十六天以内爲臘日，故臘非立春。臘即先秦新年之遺俗，正如今用陽曆而民間過春節。

⑤正月旦王者歲首：正朔由王者頒布，歲首由王者選定，故曰“正月旦，王者歲首”，而與“臘明日，人衆卒歲”相區别。

⑥立春日四時之卒始也：夏曆四季之區分，始自正月立春，終於大寒，故以立春爲四時之終始點。《漢書·天文志》無“卒”字。《正訛》認爲係衍文。

⑦四始：《正義》以年月日時之始合稱爲“四始”，此説欠妥。當以上文所説冬至、臘明日、正月旦和立春日爲四始。

而漢魏鮮〔一〕集臘明正月旦決八風。①風從南方來，大旱；西南，小旱；西方，有兵；西北，戎菽爲，〔二〕②小雨，〔三〕趣兵；〔四〕③北方，爲中歲；④東北，爲上歲；〔五〕⑤東方，大水；東南，民有疾疫，歲惡。故八風各與其衝對，課多者爲勝。多勝少，久勝亟，⑥疾勝徐。旦至食，⑦爲麥；食至日昳，爲稷；昳至餔，爲黍；餔至下餔，爲菽；下餔至日入，爲麻。欲終日有雲，⑧有風，有日。〔六〕日當其時者，深而多實；⑨無雲有風日，當其時，淺而多實；有雲風，無日，當其時，深而少實；有日，無雲，不風，當其時者稼有敗。如食頃，小敗；熟五斗米頃，大敗。則風復起，有雲，其稼復起。各以其時用雲色占種所宜。⑩其雨雪若寒，歲惡。

〔一〕【集解】孟康曰："人姓名，作占候者。"

〔二〕【集解】孟康曰："戎菽，胡豆也。爲，成也。"【索隱】戎叔爲。韋昭云"戎叔，大豆也。爲，成也"。又郭璞注《爾雅》亦云戎叔，胡豆。孟康同也。

〔三〕【集解】徐廣曰："一無此上兩字。"

〔四〕【索隱】趣音促。謂風從西北來，則戎叔成。而又有小雨，則國兵趣起也。

〔五〕【集解】韋昭曰："歲大穰。"

〔六〕【正義】正月旦，欲其終一日有風有日，則一歲之中五穀豐熟，無災害也。

【注】

①魏鮮：漢代占候者。集臘明正月旦決八風：言於臘月和正月旦兩種

歲首以八風爲占卜依據。集：歸納。

②戎菽：戎豆或胡豆，即大豆。菽：豆也。爲：成也。

③趣兵：指戎菽成，配以小雨，促成兵起也。趣：同“促”。

④中歲：中等年成。

⑤上歲：豐收年。

⑥亟：此處作“短”解。

⑦旦：旦時。食：食時。兩説法均爲西漢以前的俗稱。一天共分夜半、夜大半、雞鳴、晨時、平旦、日出、早食、食時、東中、日中、日昳(西中)、餔時、下餔、日入、昏時、夜食、人定、夜少半十六個時段，與東漢以後一日十二時段分法不同。

⑧終日：整日。欲終日：此下依《漢志》删去“有雨”二字。

⑨深而多實：收穫期長而且結實多。“深”與下文“淺”指收穫時期的長短。

⑩所宜：此上原有“其”字。《讀書雜志》引顧子明云：“‘其’字因上‘其’字而衍，《漢志》無。”今從删。

是日光明，聽都邑人民之聲。聲宫，則歲善，吉；商，則有兵；徵，旱；羽，水；角，歲惡。

或從正月旦比數雨。〔一〕①率日食一升，②至七升而極；〔二〕③過之，不占。數至十二日，日直其月，④占水旱。〔三〕爲其環域千里内占，⑤則其爲天下候，⑥竟正月。〔四〕⑦月所離列宿，〔五〕日、風、雲，占其國。⑧然必察太歲所在。在金，穰；水，毁；木，饑；火，旱。⑨此其大經也。

〔一〕【索隱】比音鼻律反。數音疏矩反。謂以次數日以候一歲之雨，以知豐穰也。

〔二〕【集解】孟康曰：“正月一日雨，民有一升之食；二日雨，民有二升之食；如此至七日。”

〔三〕【集解】孟康曰："月一日雨，正月水。"

〔四〕【集解】孟康曰："月三十日周天，歷二十八宿，[10]然後可占天下。"【正義】案：月列宿，[11]日、風、雲有變，占其國，并太歲所在，則知其歲豐稔、水旱、饑饉也。

〔五〕【索隱】月離于畢。案：韋昭云"離，歷也"。

【注】

①比數雨：排着日子計算下雨的日期。

②日食一升：一日下雨，民食一升；二日下雨，民食二升。下同。

③而極：到達極點。

④日直其月：以初一至十二日對應於一月至十二月，占水旱。

⑤域：原誤作"城"，《漢書·天文志》作"域"，據改。

⑥其：《漢書·天文志》云："即爲天下候。"無"其"字是。

⑦竟正月：以整個正月的各日爲占。

⑧如果對廣大的地域進行占卜，則需考察正月中各日的雨情，以月亮所在的星宿，再配以日、風、雲，來考察對應地域的水旱及豐歉。

⑨在金穰水毀木饑火旱：此是以太歲（非歲星）所處的方位來占卜豐歉，在金，即西方申、酉、戌三個方位穰；在水，即北方亥、子、丑三個方位毀；在木，即東方寅、卯、辰三個方位饑；在火，即南方巳、午、未三個方位旱。

⑩二十八：有誤作"三十八"，手民之誤。

⑪月列宿：《札記》云："'月'下疑脱'離'字。"有"離"字是。《史》文云："月所離列宿。"《索隱》云："月離于畢。"皆可證。《索隱》引韋昭云："離，歷也。"

正月上甲，風從東方，[1]宜蠶；風從西方，若旦黄雲，惡。

【注】

①東方：《漢書·天文志》此下與下文“西方”二字下皆有“來”字。

冬至短極，縣土炭，〔一〕① 炭動，② 麋解角，③ 蘭根出，泉水躍，略以知日至，④ 要决晷景。⑤ 歲星所在，五穀逢昌。其對爲衝，歲乃有殃。〔二〕⑥

〔一〕【集解】孟康曰：“先冬至三日，縣土炭於衡兩端，輕重適均，冬至日陽氣至則炭重，夏至日陰氣至則土重。”晋灼曰：“蔡邕《律曆記》‘候鍾律權土炭，冬至陽氣應黄鍾通，土炭輕而衡仰，夏至陰氣應蕤賓通，土炭重而衡低。進退先後，五日之中’。”

〔二〕【正義】言晷景歲星行不失次，則無災异，五穀逢其昌盛；若晷景歲星行而失舍有所衝，則歲乃有殃禍災變也。

【注】

①縣土炭：將土炭放於秤衡上，使其平衡，然後觀察秤衡的變化。《集解》引孟康曰：“先冬至三日，縣土炭於衡兩端，輕重適均，冬至日陽氣至則炭重，夏至日陰氣至則土重。”土炭：燃燒後的木炭。

②炭動：言秤衡的高低有了變化。此實際是記載了古人發明的測量空氣濕度以報雨晴的一種方法，空氣濕度大，土炭從空氣中吸入的水分多，則土炭加重而下沉，使秤衡失去平衡。

③麋：中華書局校點本作“鹿”，誤。《讀書雜志》云：“夏至鹿解角，冬至麋解角。諸書皆然。《太平御覽·時序部》引《史記》亦作‘麋解角’。”《漢書·天文志》作“麋解角”。

④略以知日至：言以炭動、麋角、蘭根等動植物的變化，能大致判斷

冬至的先後。

⑤要决晷景：主要以晷影的長短來决定冬至的日期。

⑥以上專論妖星、雲氣、八風。

太史公曰：自初生民以來，世主曷嘗不曆日月星辰？①及至五家、〔一〕三代，②紹而明之，〔二〕③内冠帶，外夷狄，分中國爲十有二州，仰則觀象於天，俯則法類於地。天則有日月，地則有陰陽。天有五星，地有五行。天則有列宿，地則有州域。三光者，陰陽之精，氣本在地，而聖人統理之。④

〔一〕【索隱】案：謂五紀，歲、月、日、星辰、曆數，各有一家顓學習之，故曰“五家”也。

〔二〕【正義】五家，黄帝、高陽、高辛、唐虞、堯舜也。三代，夏、殷、周也。言生民以來，何曾不曆日、月、星辰，及至五帝、三王，亦於紹繼而明天數陰陽也。

【注】

①世主：歷代君主。曆日月星辰：推算日月星辰，制定曆法。

②五家三代：指五帝三王。

③紹：紹繼，繼承。明之：發揚之。

④内冠帶……而聖人統理之：聖人根據這些天象物候進行綜合研究分析，制定占卜的法則，利用天上的日月五星列宿，對應於地上的陰陽五行州域，利用三光在天而氣在地的關係，從而探知异常天象變化的出現，在地上州域吉凶變化的形成。這便是地上十二州對應於天上十二星次的道理所在。

幽、厲以往，尚矣。所見天變，皆國殊窟穴，家占物怪，以合時應，其文圖籍禨祥不法。〔一〕① 是以孔子論六經，紀异而説不書。② 至天道命，③ 不傳；傳其人，不待告；〔二〕告非其人，雖言不著。〔三〕④

〔一〕【正義】禨音機。顧野王云“禨祥，吉凶之先見也”。案：自古以來所見天變，國皆异具，所説不同，及家占物怪，用合時應者書，其文并圖籍，凶吉并不可法則。故孔子論“六經”，記异事而説其所應，不書變見之蹤也。

〔二〕【正義】待，須也。言天道性命，忽有志事，⑤ 可傳授之則傳，其大指微妙，自在天性，不須深告語也。

〔三〕【正義】著，作慮反。著，明也。言天道性命，告非其人，雖爲言説，不得著明微妙、曉其意也。

【注】

①禨祥：《正義》引顧野王云：“禨祥，吉凶之先見也。”即凶吉出現前所見的先兆。

②紀异而説不書：衹記异象而不書應驗之事。

③天道命：言天道性命，實指有關天文學的學問。《讀書雜志》云：“‘天道命’當作‘天道性命’。《論語》曰：‘夫子之言性與天道，不可得而聞也。’此本《論語》爲説，則‘命’上當有‘性’字。《正義》内兩言‘天道性命’，是其明證矣。”

④雖言不著：言天文學的學問不輕易外傳，即使傳授，也不必一一深告，其大旨微妙，全在天性自悟。如果傳的并不是能做這種工作或者説合適的人，即使一一告知，也不能領會，效果不明。不著：不明白。

⑤忽有志事：《札記》云：“疑當作‘或有志士’，聲之誤也。”

昔之傳天數者：高辛之前，重、黎；〔一〕① 於唐、虞，羲、和；〔二〕② 有夏，昆吾；〔三〕③ 殷商，巫咸；〔四〕④ 周室，史佚、萇弘；〔五〕⑤ 於宋，子韋；鄭則裨竈；〔六〕⑥ 在齊，甘公；〔七〕⑦ 楚，唐眜；〔八〕 趙，尹皋；魏，石申。〔九〕⑧

〔一〕【正義】《左傳》云蔡墨曰“少昊氏之子曰黎，爲火正，號祝融”，即火行之官，知天數。

〔二〕【正義】羲氏，和氏，掌天地四時之官也。

〔三〕【正義】昆吾，陸終之子。虞翻云“昆吾名樊，⑨ 爲己姓，封昆吾”。《世本》云昆吾衛者也。

〔四〕【正義】巫咸，殷賢臣也，本吴人，冢在蘇州常熟海隅山上。子賢，亦在此也。

〔五〕【正義】史佚，周武王時太史尹佚也。萇弘，周靈王時大夫也。

〔六〕【正義】裨竈，鄭大夫也。

〔七〕【集解】徐廣曰：“或曰甘公名德也，本是魯人。”【正義】《七録》云楚人，戰國時作《天文星占》八卷。

〔八〕【正義】莫葛反。

〔九〕【正義】《七録》云石申，魏人，戰國時作《天文》八卷也。

【注】

①重黎：《左傳》載蔡墨曰：“少昊氏之子曰黎，爲火正，號祝融。”黎即火正之官，知天數。《尚書》孔《傳》曰：“重，直龍反，少昊之後。黎，高陽之後。”重爲少昊氏玄囂的後代句芒，黎爲帝顓頊高陽氏孫子祝融。此是第一代重、黎，其子孫各繼其位爲重、黎，甚至高辛氏時仍有此，帝摯時衰廢。

②羲和：羲、和之官可推至黄帝時代，《史記索隱 · 曆書》引《系本》説：“黄帝使羲、和占日，常儀占月。”《尚書 · 堯典》説：“乃命羲、和，

欽若昊天。曆象日月星辰，敬授人時。”後禹和夏代均有羲、和之官。

③昆吾：《正義》引虞翻云：“昆吾名樊，爲己姓，封昆吾。”

④巫咸：《正義》曰：“巫咸，殷賢臣也，本吴人，冢在蘇州常熟海隅山上。”《史記志疑》疑爲“巫覡”之誤。

⑤史佚萇弘：《正義》曰：“史佚，周武王時太史尹佚也。萇弘，周靈王時大夫也。”

⑥裨竈：《正義》曰：“裨竈，鄭大夫也。”

⑦甘公：《集解》引徐廣曰：“或曰甘公名德也，本是魯人。”《正義》引《七録》云：“楚人，戰國時作《天文星占》八卷。”《隋書》還載甘德著《甘氏四七法》一卷。

⑧石申：《正義》引《七録》云石申，魏人，戰國時作《天文》八卷。石氏姓名，《漢書·藝文志》和《後漢書·天文志》都寫作“石申夫”。

⑨樊：有誤作“楚”，《札記》作“樊”，云：“官本‘樊’，各本訛‘楚’。”

夫天運，三十歲一小變，百年中變，五百載大變；三大變一紀，三紀而大備：此其大數也。爲國者必貴三五。〔一〕①上下各千歲，然后天人之際續備。②

〔一〕【索隱】三五謂三十歲一小變，五百歲一大變。

【注】

①貴：注重。三五：《索隱》以爲指三十歲一小變、五百歲一大變。王元啓認爲非，應是五百歲一大變，三五即三大變，故下有“上下各千歲”之文。由於是“爲國者”，而非傳天數者，應注重三十歲小變和五百歲大變，應以前説爲是。

②續備：繼續溝通。傳天數者是溝通天和人之間聯繫的使者，由於天變，對於天運規律的認識也應隨之進行續補。

太史公推古天變，未有可考于今者。蓋略以春秋二百四十二年之間，〔一〕① 日蝕三十六，〔二〕② 彗星三見，〔三〕③ 宋襄公時星隕如雨。〔四〕④ 天子微，諸侯力政，〔五〕 五伯代興，〔六〕⑤ 更爲主命。⑥ 自是之後，衆暴寡，大并小。秦、楚、吴、越，夷狄也，爲强伯。〔七〕⑦ 田氏簒齊，〔八〕⑧ 三家分晋，〔九〕⑨ 并爲戰國。争於攻取，兵革更起，城邑數屠，因以饑饉疾疫焦苦，臣主共憂患，其察禨祥候星氣尤急。近世十二諸侯七國相王，〔一〇〕⑩ 言從衡者繼踵，而臯、唐、甘、石因時務論其書傳，故其占驗凌雜米鹽。〔一一〕⑪

〔一〕【正義】謂從隱公元年至哀公十四年獲麟也。隱公十一年，桓公十八年，莊公三十二年，閔公二年，僖公三十三年，文公十八年，宣公十八年，成公十八年，襄公三十一年，昭公三十二年，定公十五年，哀公十四年：凡二百四十二年也。

〔二〕【正義】謂隱公三年二月乙巳；桓公三年七月壬辰朔，十七年十月朔；莊公十八年三月朔，二十五年六月辛未朔，二十六年十二月癸亥朔，三十年九月庚午朔；僖公五年九月戊申朔，十二年三月庚午朔，十五年五月朔；文公元年二月癸亥朔，十五年六月辛卯朔；宣公八年七月庚子朔，十年四月丙辰朔，十七年六月癸卯朔；成公十六年六月丙辰朔，十七年七月丁巳朔；襄公十四年二月乙未朔，十五年八月丁巳朔，二十年十月丙辰朔，二十一年九月庚戌朔，十月庚辰朔，二十三年二月癸酉朔，二十四年七月甲子朔，八月癸巳朔，二十七年十二月乙亥朔；昭公七年四月甲辰朔，十五年六月丁巳朔，十七年六月甲戌朔，二十一年七月壬午朔，二十二年十二月癸酉朔，二十四年五月乙未朔，三十年十二月辛亥朔；定公五年三月辛亥朔，十二年十一月丙寅朔，十五年八月庚辰朔：凡蝕三十六也。

〔三〕【正義】謂文公十四年七月有星入于北斗，昭公十七年冬有星孛于大辰，哀公十三年有星孛于東方。

〔四〕【正義】謂僖公十六年正月戊申朔，隕石于宋五也。

〔五〕【集解】徐廣曰："一作'征'。"

〔六〕【正義】趙岐注《孟子》云：齊桓、晋文、秦穆、宋襄、楚莊也。

〔七〕【正義】秦祖非子初邑於秦，地在西戎。楚子鬻熊始封丹陽，荆蠻。吴太伯居吴，周章因封吴，號句吴。越祖少康之子初封於越，以守禹祀，地稱東越。皆戎夷之地，故言夷狄也。後秦穆、楚莊、吴闔閭、越句踐皆得封爲伯也。

〔八〕【正義】周安王二十三年，齊康公卒，田和并齊而立爲齊侯。

〔九〕【正義】周安王二十六年，魏武侯、韓文侯、趙敬侯共滅晋而三分其地。

〔一〇〕【正義】王，于放反。謂漢孝景三年，吴王濞、楚王戊、趙王遂、濟南王辟光、淄川王賢、膠東王雄渠也。

〔一一〕【正義】淩雜，交亂也。米鹽，細碎也。言皋、唐、甘、石等因時務論其書傳中災异所記録者，故其占驗交亂細碎。其語在《漢書·五行志》中也。

【注】

①二百四十二年之間：孔子據魯史資料，以編年體形式，編成《春秋》一書，起自魯隱公元年（公元前722年），終於哀公十四年（公元前481年），計二百四十二年。

②日蝕三十六：《春秋》載三十六次日食，可參考《正義》所梳理和

考辨的成果。後世稱《春秋》三十七次日食，還包括獲麟以後哀公十四年五月庚申朔的一次日食。

③彗星三見：《春秋》紀録三次彗星，可參考《正義》所考證的成果。《史記志疑》云：“‘彗’乃‘孛’之誤。”

④宋襄公時星隕如雨：此引星隕如雨的年代有誤，實爲魯莊公七年而非宋襄公時。宋襄公時有隕石記載。

⑤五伯：指齊桓公、晋文公、秦穆公、宋襄公、楚莊王。

⑥更爲主命：依次行使盟主的命令。

⑦秦楚吴越夷狄也爲强伯：秦祖初封於西戎，楚祖初封於“荆蠻”，吴祖、越祖初封於東越，地位低微，皆“戎夷”之地，故言“夷狄”，也可以認爲他們本是“夷人”之國。後秦穆、楚莊、吴闔閭、越句踐時皆國勢强大，得以封伯。

⑧田氏簒齊：齊本爲姜姓國，周安王二十三年齊康公卒，田和立爲齊侯，簒奪齊國政權。

⑨三家分晋：周安王二十六年，魏武侯、韓文侯、趙敬侯滅晋，共分其地。

⑩十二諸侯：指春秋十二諸侯，它們是魯、齊、晋、秦、楚、宋、衛、陳、蔡、曹、鄭、燕。七國：指戰國七雄秦、楚、齊、燕、韓、趙、魏。

⑪凌雜：凌亂龐雜。米鹽：指細小瑣事。

二十八舍主十二州，〔一〕斗秉兼之，①所從來久矣。〔二〕秦之疆也，候在太白，②占於狼、弧。〔三〕③吴、楚之疆，候在熒惑，占於鳥衡。〔四〕燕、齊之疆，候在辰星，占於虚、危。〔五〕宋、鄭之疆，候在歲星，占於房、心。〔六〕晋之疆，亦候在辰星，占於參罰。〔七〕

〔一〕【正義】二十八舍，謂東方角、亢、氐、房、心、尾、箕；北方斗、牛、女、虚、危、室、壁；西方奎、婁、胃、昴、畢、觜、參；南方井、鬼、柳、星、張、翼、軫。《星經》云："角、亢，鄭之分野，兖州；氐、房、心，宋之分野，豫州；尾、箕，燕之分野，幽州；南斗、牽牛，吴、越之分野，揚州；須女、虚，齊之分野，青州；危、室、壁，衛之分野，并州；奎、婁，魯之分野，徐州；胃、昴，趙之分野，冀州；畢、觜、參，魏之分野，益州；東井、輿鬼，秦之分野，雍州；柳、星、張，周之分野，三河；翼、軫，楚之分野，荆州也。"

〔二〕【正義】言北斗所建秉十二辰，兼十二州，二十八宿，自古所用，從來久遠矣。

〔三〕【正義】太白、狼、弧，皆西方之星，故秦占候也。

〔四〕【正義】熒惑、鳥衡，皆南方之星，故吴、楚之占候也。鳥衡，柳星也。一本作"注張"也。

〔五〕【正義】辰星、虚、危，皆北方之星，故燕、齊占候也。

〔六〕【正義】歲星、房、心，皆東方之星，故宋、鄭占候也。

〔七〕【正義】辰星、參、罰，皆北方西方之星，故晋占候也。

【注】

①斗秉兼之：言斗柄所主之地域，也大致與二十八宿主十二州相仿。斗柄通過十二辰指向，主不同地域之占候。秉：《札記》云："《考异》云即'柄'字。"

②秦之疆也候在太白：古人以中原爲天下之中央，秦在西，故以金星爲"候"，以西方星宿爲"占"。

③狼弧：是另一套二十八宿系統之宿名。可以下文類推知。

及秦并吞三晋、燕、代，自河山以南者中國。〔一〕① 中國於四海内則在東南，爲陽；〔二〕② 陽則日、歲星、熒惑、填星；〔三〕③ 占於街南，畢主之。〔四〕 其西北則胡、貉、月氏諸衣旃裘引弓之民，爲陰；〔五〕 陰則月、太白、辰星；〔六〕 占於街北，昴主之。〔七〕④ 故中國山川東北流，其維，首在隴、蜀，尾没于勃、碣。〔八〕 是以秦、晋好用兵，〔九〕 復占太白，太白主中國；⑤ 而胡、貉數侵掠，〔一〇〕 獨占辰星，辰星出入躁疾，常主夷狄：其大經也。此更爲客主人。〔一一〕 熒惑爲孛，⑥ 外則理兵，内則理政。故曰"雖有明天子，必視熒惑所在"。〔一二〕 諸侯更强，時菑异記，無可録者。

〔一〕【正義】河，黄河也。山，華山也。從華山及黄河以南爲中國也。

〔二〕【正義】《爾雅》云"九夷、八狄、七戎、六蠻，謂之四海之内"。中國，從河山東南爲陽也。

〔三〕【正義】日，人質反。填音鎮。日，陽也。歲星屬東方，熒惑屬南方，填星屬中央，皆在南及東，爲陽也。

〔四〕【正義】天街二星，主畢、昴，主國界也。街南爲華夏之國，街北爲"夷狄"之國，則畢星主陽。

〔五〕【正義】貉音陌。氏音支。從河山西北及秦、晋爲陰也。

〔六〕【正義】月，陰也。太白屬西方，辰星屬北方，皆在北及西，爲陰也。

〔七〕【正義】天街星北爲"夷狄"之國，則昴星主之，陰也。

〔八〕【正義】言中國山及川東北流行，若南山首在崑崙葱嶺，東北行，連隴山至南山、華山，渡河東北盡碣石山。黄河首起崑崙山；渭水、岷江發源出隴山：皆東北東入渤海也。

〔九〕【集解】韋昭曰："秦晋西南維之北爲陰，猶與胡、貉引弓之民同，故好用兵。"

〔一〇〕【正義】主猶領也，入也。《星經》云"太白在北，月在南，中國敗；太白在南，月在北，中國不敗也"。是胡貉數侵掠之也。

〔一一〕【正義】更，格行反，下同。《星經》云："辰星不出，太白爲客；辰星出，太白爲主人。辰星、太白不相從，雖有軍不戰。辰星出東方，太白出西方，若辰星出西方，太白出東方，爲'格'，野雖有兵，不戰；合宿乃戰。辰星入太白中五日，及入而上出，破軍殺將，客勝；不出，客亡地。視旗所指。"

〔一二〕【索隱】必視熒惑之所在。此據《春秋緯》《文耀鈎》，故言"故曰"。

【注】

①河：指黄河。山：指華山。

②四海内：《正義》引《爾雅》云"九夷、八狄、七戎、六蠻，謂之四海之内"。在東南爲陽：南爲陽，北爲陰，故東南爲陽，西北爲陰。

③陽則日歲星熒惑填星：太陽爲陽，月亮爲陰，外行星爲陽，内行星爲陰，即木、火、土爲陽，金、水爲陰。如《正義》所云。

④"於街南畢主之""於街北昴主之"：昴、畢間有天街二星，爲黄道所經，所以主國界。街南爲華夏之國，街北爲"夷狄"之國。街南近畢，街北近昴，故曰"於街南，畢主之""於街北，昴主之"。

⑤太白主中國：秦、晋屬西北，爲陰，占辰生太白。然秦、晋好用兵，必與中國發生關係，故太白也主中國。

⑥孛：悖亂。熒惑主悖亂，所以下文説，賢明的君主，一定要觀察熒

惑之所在。

秦始皇之時，十五年彗星四見，久者八十日，長或竟天。其後秦遂以兵滅六王，①并中國，外攘四夷，死人如亂麻，因以張楚并起，三十年之間〔一〕兵相駘藉，〔二〕②不可勝數。自蚩尤以來，未嘗若斯也。

〔一〕【正義】謂從秦始皇十六年起兵滅韓，至漢高祖五年滅項羽，則三十六年矣。

〔二〕【集解】蘇林曰："駘音臺，登躡也。"

【注】

①六王：指韓王安、趙王遷、魏王假、楚王負芻、燕王喜、齊王建。

②駘藉（táijiè）：踐踏。

項羽救鉅鹿，枉矢西流，山東遂合從諸侯，西坑秦人，誅屠咸陽。

漢之興，五星聚于東井。①平城之圍，〔一〕月暈參、畢七重。〔二〕②諸吕作亂，日蝕，晝晦。吴楚七國叛逆，彗星數丈，天狗過梁野；③及兵起，遂伏尸流血其下。元光、元狩，蚩尤之旗再見，④長則半天。其後京師師四出，〔三〕⑤誅夷狄者數十年，而伐胡尤甚。越之亡，熒惑守斗；〔四〕朝鮮之拔，星茀〔五〕于河戍；〔六〕⑥兵征大宛，星茀招摇：〔七〕此其犖犖〔八〕大者。⑦若至委曲小變，不可勝道。由是觀之，未有不先形見而應隨之者也。

〔一〕【索隱】漢高祖之七年。

〔二〕【索隱】案:《天文志》“其占者:‘畢、昴間天街也。街北,胡也。街南,中國也。昴爲匈奴;参爲趙;畢爲邊兵。’是歲高祖自將兵擊匈奴,至平城,爲冒頓所圍,七日乃解”。則天象有若符契。七重,主七日也。

〔三〕【正義】元光元年,太中大夫衛青等伐匈奴;元狩二年,冠軍侯霍去病等擊胡;元鼎五年,衛尉路博德等破南越;及韓説破東越,并破西南夷,開十餘郡;元年,[8]樓船將軍楊僕擊朝鮮也。

〔四〕【正義】南斗爲吴、越之分野。

〔五〕【索隱】音佩,即孛星也。

〔六〕【索隱】案:《天文志》“武帝元封之中,星孛于河戍,其占曰‘南戍爲越門,北戍爲胡門’。其後漢兵擊拔朝鮮,以爲樂浪、玄菟郡。朝鮮在海中,越之象,居北方,胡之域也”。其河戍即南河、北河也。

〔七〕【正義】招摇一星,次北斗杓端,主胡兵也。占:角變,則兵革大行。

〔八〕【索隱】力角反。犖犖,大事分明也。

【注】

①東井:秦之分野。漢王入秦,五星從歲星聚於東井,是高祖受命的符應。

②参畢:晋之分野。高祖出擊匈奴,至平城被冒頓圍困七日,故有“月暈参、畢七重”之應。

③天狗:大的火流星。天狗過梁野:言天狗流過梁地(今河南一帶)的田野而墜於地。吴楚七國之亂,西進,梁地首當其衝。

④蚩尤之旗:彗尾彎曲的彗星。

⑤京師師四出:指元光元年衛青等伐匈奴,元狩二年霍去病等北伐,

元鼎五年路博德等破南越等。

⑥茀（pèi）：孛星。河戍：河南戍、河北戍。

⑦犖犖（luòluò）：分明的樣子。

⑧元年：《札記》云："'元年'上當脱'元封'二字。然《朝鮮傳》及《漢書》并作'元封二年'，非元年也。"

夫自漢之爲天數者，星則唐都，氣則王朔，占歲則魏鮮。故甘、石曆五星法，唯獨熒惑有反逆行；逆行所守，及他星逆行，日月薄蝕，〔一〕①皆以爲占。

〔一〕【集解】孟康曰："日月無光曰薄。京房《易傳》曰'日赤黄爲薄。或曰不交而蝕曰薄'。"韋昭曰："氣往迫之爲薄，虧毁爲蝕。"

【注】

①薄蝕：《集解》引韋昭曰："氣往迫之爲薄，虧毁爲蝕。"

余觀史記，考行事，百年之中，五星無出而不反逆行，反逆行，嘗盛大而變色；日月薄蝕，行南北有時：此其大度也。故紫宫、〔一〕房心、〔二〕權衡、〔三〕咸池、〔四〕虚危〔五〕列宿部星，〔六〕①此天之五官坐位也，爲經，不移徙，大小有差，闊狹有常。〔七〕水、火、金、木、填星，〔八〕此五星者，天之五佐，〔九〕爲緯，②見伏有時，〔一〇〕所過行贏縮有度。

〔一〕【正義】中宫也。

〔二〕【正義】東宫也。

〔三〕【正義】南宫也

〔四〕【正義】西宫也。

〔五〕【正義】北宫也。

〔六〕【正義】五官列宿部内之星也。③

〔七〕【集解】孟康曰："闊狹，若三台星相去遠近。"

〔八〕【集解】徐廣曰："木、火、土三星若合，是謂驚位絶行。"

〔九〕【正義】言水、火、金、木、土五星佐天行德也。

〔一〇〕【正義】五星行南北爲經，東西爲緯也。

【注】

①房心權衡咸池虚危：二十八宿四象中的主體星宿。列宿部星：列宿各部之星。

②"此天之五官坐位也爲經""此五星者天之五佐爲緯"：這是對比的説法。中國古代以二十八宿入宿度作爲度量的標志，可看作坐標。但以五星爲緯則是虚擬的，具體則以去極度表示。實際上，中國古代在很長時期内都無推算五星緯度的方法。"緯"字上原有"經"字，衍文。《札記》云："'經'字衍。然唐時本已然，故《正義》强爲之説。《讀書記》《正訛》説同。"

③五官：《札記》云："據此，則上文《正義》中、東、南、西、北五'宫'字本皆作'官'，後人所改。"

日變脩德，月變省刑，①星變結和。凡天變，過度乃占。國君强大有德者昌，羽小飾詐者亡。太上脩德，其次脩政，其次脩救，其次脩禳，正下無之。夫常星之變希見，而三光之占亟用。日月暈適，〔一〕②雲風，此天之客氣，其發見亦有大運。然其與政事俯仰，最近天人之符。③此五者，天之感動。爲天數者，必通三五。〔二〕④終始古今，深觀時變，察其精粗，則天官備矣。

〔一〕【集解】徐廣曰："適者，災變咎徵也。"李斐曰："適，見災于天。劉向以爲日、月蝕及星逆行，非太平之常。自周衰以來，人事多亂，故天文應之遂變耳。"駰案：孟康曰"暈，日旁氣也。適，日之將食，先有黑氣之變"。

〔二〕【索隱】案：三謂三辰，五謂五星。

【注】

①省刑：減少刑罰，反省刑罰。

②日月暈適：義爲日月暈的發生。

③天：原誤作"大"。《史記正譌》認爲當作"天"。從文義看，"天"字是。

④三五：《索隱》認爲是指日月星三辰和五大行星。王元啓以爲是指上文所言五百歲三大變。

蒼帝行德，①天門爲之開。〔一〕②赤帝行德，天牢爲之空。〔二〕③黄帝行德，天夭爲之起。〔三〕④風從西北來，必以庚、辛。一秋中，⑤五至，大赦；三至，小赦。白帝行德，以正月二十日、二十一日，月暈圍，常大赦載，⑥謂有太陽也。⑦一曰：〔四〕白帝行德，畢、昴爲之圍。圍三暮，德乃成；〔五〕不三暮，及圍不合，德不成。二曰：以辰圍，不出其旬。黑帝行德，天關爲之動。〔六〕⑧天行德，天子更立年；〔七〕⑨不德，風雨破石。三能、三衡者，天廷也。〔八〕⑩客星出天廷，有奇令。⑪

〔一〕【索隱】案：謂王者行春令，布德澤，被天下，應靈威仰之帝，而天門爲之開，以發德化也。天門，即左右角間也。【正義】爲，于僞反，下同。蒼帝，東方靈威仰之帝也。春，萬物開發，東作起，則天發其德化，天門爲之開也。

〔二〕【索隱】亦謂王者行德，以應火精之帝。謂舉大禮，封諸侯之地，則是赤帝行德。夏陽，主舒散，故天牢爲之空，則人主當赦宥也。【正義】赤帝，南方赤熛怒之帝也。夏萬物茂盛，功作大興，則天施德惠，天牢爲之空虚也。天牢六星，在北斗魁下，不對中台，主秉禁暴，亦貴人之牢也。

〔三〕【正義】黄帝，中央含樞紐之帝。季夏萬物盛大，則當大赦，含養群品也。

〔四〕【索隱】一曰，二曰，案謂星家之异説，太史公兼記之耳。

〔五〕【正義】白帝，西方白招矩之帝也。秋萬物咸成，則暈圍畢、昴三暮，帝德乃成也。

〔六〕【正義】黑帝，北方叶光紀之帝也。冬萬物閉藏，爲之動，爲之開閉也。天關一星，在五車南，畢西北，爲天門，日、月、五星所道，主邊事，亦爲限隔内外，障絶往來，禁道之作違者。占：芒，角，有兵起；五星守之，主貴人多死也。

〔七〕【索隱】案：天，謂北極，紫微宫也。言王者當天心，則北辰有光耀，是行德也。北辰光耀，則天子更立年也。

〔八〕【索隱】上云“南宫朱鳥，權衡，衡，太微，三光之廷”，則三衡者即太微也。其謂之三者，爲日、月、五星也。然斗第六第五星亦名衡，又參三星亦名衡，然并不爲天廷也。【正義】《晋書·天文志》云：“三台，主開德宣符也，所以和陰陽而理萬物也。三衡者，北斗魁四星爲璇璣，杓三星爲玉衡，人君之象，號令主也。又太微，天子宫庭也。太微爲衡。衡，主平也，爲天庭理法平辭理也。”案：言三台、三衡者，皆天帝之庭，號令舒散平理也，故言三台、三衡。言若有客星出三台、三衡之廷，必有奇异教令也。

【注】

①蒼帝行德：王元啓認爲自“蒼帝行德”句至篇末當移入上段“最近天人之符”之後。《札記》云：“此以下皆後人附益，舛謬不可通，《正訛》强爲更移，無所依據。”

②天門：指角宿。春天，萬物萌發，蒼帝行德，故天門開。

③天牢爲之空：天牢在斗魁下。夏陽主舒，萬物競長，赤帝行德，赦宥罪犯，故天牢空。

④天夭爲之起：少長之物開始形成。少長曰“夭”。

⑤一秋中：以下五句言在秋季西北風若五至，則主大赦，若三至，則主小赦。

⑥常：《史記正訛》認爲係“當”字之訛。

⑦謂有太陽也：句義不明。王元啓以爲是前“候歲”之注文衍入。

⑧天關：此星在五車南。天關爲之動：言黑帝行德，天關行動。

⑨天子更立年：舊注釋作天子更改年號。根據文義，在四季終了之後，便進入下一年，似爲改年之義。

⑩三能三衡：《正義》曰：“言三台、三衡（三衡指北斗爲衡、太微爲衡、参三星爲衡）者，皆天帝之庭，號令舒散平理也，故言三台、三衡。言若有客星出三台、三衡之廷，必有奇异教令也。”王元啓説：“《正義》以杓、三星爲天廷，其説無稽。又《索隱》《正義》皆蒙上三台爲解，故辭費而義晦。”他認爲“三能三”以下有缺文。

⑪蒼帝行德……有奇令：太史公以五帝行德的觀念，結束他有關天文星占的議論。蒼帝對應於東方蒼龍，故有“天門爲之開”，言天下太平，無需關門。天門者，角宿也。赤帝對應於南方朱雀，故有“天牢爲之空”，言在赤帝的德政下没有任何牢獄之災。天牢六星，在斗魁之中，位在張宿，星宿方位。黄帝對應於中方黄龍，故有“天夭爲之起”。又，天夭疑天矢之誤。天矢介於南方朱雀與西方白虎之間。白帝對應於西方白虎，故

有“畢、昴爲之圍”，畢、昴爲西方白虎的主星。黑帝對應於北方玄武，故有“天關爲之動”。天關星爲五星進入黄道北方的關門，與南方之天門角宿相對應，故下文有“天子更立年”之説。以上爲太史公的直接評論和小結。

【索隱述贊】在天成象，有同影響。觀文察變，其來自往。天官既書，太史攸掌。雲物必記，星辰可仰。盈縮匪僭，應驗無爽。至哉玄監，云誰欲諰！

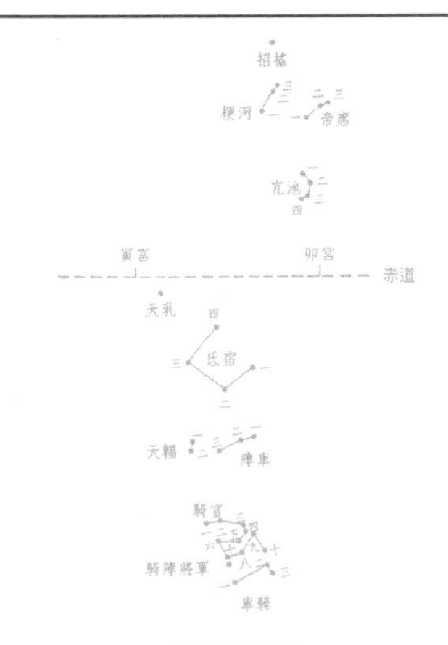
招搖
梗河
帝席
亢池
寅宮
卯宮
赤道
天乳
氐宿
天輻
陣車
騎官
騎陣將軍
車騎

漢書·天文志

“天文志”，是記載天文知識和現象的專文。關於“天文”一詞的描述及含義，早在《周易》和《淮南子·天文訓》中就有記載。《天文訓》高誘注説：“文者，象也。”所以可以説，天文就是天象，是天空中發生的現象。天象可以分爲兩大類：一類是關於日月星辰的現象，即星象；另一類則是地球大氣層内所發生的現象，即氣象。所以，中國古代的天文學，實際是包括星象和氣象兩大系列知識的。衹是到近代，氣象學纔從天文學中分出而成爲一門獨立的科學。天文學的研究對象包括天體的位置，天體的運動，支配天體運動的規律，天體表面的情況，如形狀、大小、質量以及它們的變化，天體的構造和物理狀態，天體相互間的作用及影響，天體的起源和演化，以及利用天文知識爲人類服務等。

對於中國古代“天文志”類作品來説，主要是具體記載日月星辰等天體在宇宙間的分布和運動等現象，也包括風、雲、雨、霧、霜、雪等地文現象，并且在其中夾雜了很多占星、望氣、候歲美惡之類的占卜術。其中除了記載星座、星表，還着重記載了許多异常天象的出現時間和地點及對人類社會的影響，如日食、月食、彗星、流星、隕石等。

《漢書·天文志》，可算是《史記·天官書》的改寫增補稿，没有什麽創新。現將《漢書·天文志》的主要内容及其與《史記·天官書》的關係簡要介紹如下：

一、介紹全天星座，幾乎一字不漏地抄自《天官書》，僅在開頭加了近二百字的説明性文字。

二、關於五星的占文，與《天官書》大同小异，但其中歲星紀年的資料，單獨抽出置於其後。由於《三統曆》中已介紹了五星的運動周期，因而删除了有關五星出没周期的文字。

三、全部引載《天官書》天文地理分野占文，但《天官書》將地區分野、國家分野、十月占分野异置三處，《天文志》則將三種分野文字并置在一起。

四、客星、妖星占，全部録自《天官書》。

五、太陽、月亮及其運動的占文，部分引自《天官書》，但由於漢代對於日月運動的知識進步很快，《天文志》將日行黄道、月行九道的新知識補充了進去。由於《三統曆》已載有推算月食之文，故《天文志》删除了《天官書》有關月食周期的文字。

六、候雲氣占，照録《天官書》。

七、候歲美惡占，照録《天官書》。

八、西漢二百年异常天象與災异，均由馬續獨自增補。

《天官書》確有天人感應的思想，認爲天變會影響到人間政治和社會治亂。但是，僅用簡短的文字論及彗星四起，秦滅六國；枉矢西流，諸侯反秦；五星聚於東井，而漢有天下等。馬續系統地將其擴充到整個西漢二百年，將天變與人間治亂配以各種占語，一一對應。由於有歷史事實爲印證，星占幾乎成爲時人確信的僞科學，成爲以後歷代《天文志》《五行志》的先導。

從以上介紹可以看出，《漢書·天文志》對《史記·天官書》的改編、整理和擴充，還是比較成熟且有代表性的。

《漢書》卷二十六

天文志第六

凡天文在圖籍昭昭可知者,[①]經星常宿中外官[②]凡百一十八名，積數七百八十三星,[③]皆有州國官宮物類之象。[④]其伏見蚤晚,[⑤]邪正存亡,[⑥]虛實闊狹,[⑦]及五星所行，合散犯守，陵歷鬭食,[⑧]彗孛飛流,[⑨]日月薄食,[⑩]暈適背穴，抱珥虹蜺,[⑪]迅雷風祅,[⑫]怪雲變氣：此皆陰陽之精，其本在地,[⑬]而上發于天者也。政失於此，則變見於彼，猶景之象形，鄉之應聲。[⑭]是以明君睹之而寤，飭身正事，思其咎謝,[⑮]則禍除而福至，自然之符也。[⑯]

【注】

①圖籍昭昭可知者：在圖畫和書籍，明白可以知道的。

②經星常宿中外官：經星，指恒星。常宿，經常在位不變。中外官：中官，指中宮，北極附近的星座，包括紫微垣、太微垣、天市垣三垣；外官，包括二十八宿及黄道南北二十八宿以外諸星。即中外官實際包括星空中所見的一切恒星。張衡《靈憲》曰："中外之官，常明者百有二十四，可名者三百二十，爲星二千五百……微星之數，蓋萬一千五百二十。"《晋

書·天文志》有《天文經星》欄，包括中宫、二十八舍和星官在二十八宿之外者。

③凡百一十八名積數七百八十三星：這是《漢書·天文志》所統計的星座數和星數。從前條注引《靈憲》所載可見，當時各家所述星座數和星數有异，直到三國時陳卓總三家星官，纔逐漸形成一種較爲統一的標準。

④皆有州國官宫物類之象：星座有各種不同的名稱，有的爲州名，有的爲國名，有的取官職名，有的爲宫殿名稱，有的爲物品、動物的名稱和形象。

⑤伏見蚤晚：隱伏和出現之早晚，此天象主要是指行星。

⑥邪正存亡：這是指行星的運動狀態。邪：偏離了正常軌道。正：在下沉運行。存：見到，存在。亡：不見，隱没。

⑦虚實闊狹：此是指星座在星占上的狀態。虚實：指某個星座中星數出現的多少。闊狹：指幻覺上發現某個星座星與星之間位置發生的寬窄位置的變化。

⑧五星所行合散犯守陵歷鬭食：此爲五星之間或五星與恒星之間發生的接近或掩蓋狀態的用詞。合，爲聚會和接近，大致出現在同一個星座就可稱爲合。散就是分散、離去。犯：兩星相距一度之内爲犯。但一定是光耀自下而上纔能稱犯。如果是光耀自上而下，則稱爲侵。又以大迫小謂之侵，以小逼大謂之凌。文中之“陵”字，即“凌”字的异寫。歷者，爲相靠近直到掩蓋而過。二體復合、往返稱爲鬭。鬭者，争鬭也。此處所謂的食，是指五星或月亮掩蓋其他星體的現象。

⑨彗孛飛流：彗孛，均指彗星。孛通常指無尾之彗星。飛流，均指流星，向上行爲飛，向下行爲流。

⑩日月薄食：指日食和月食。薄食者，淺薄輕微之食。

⑪暈適背穴抱珥虹蜺：暈，指日暈；適，通謫，日食前日面發黑的現象；背，指日暈時兩側由内向外的光氣現象；穴，指日暈時上部如半環向外的光氣現象；抱，環抱朝向太陽的雲氣；珥，出現在太陽表面兩旁的雲氣；虹，日光經過地球表面水氣時呈現的圓弧形彩帶，彩帶有雌雄，雄者爲虹，雌者爲霓。前六種爲太陽表面暴發時出現的各種雲氣，後兩種則是

日光通過地球大氣時的現象，但均與太陽有關，古人歸爲一類。

⑫迅雷風祅：迅猛的雷電和暴風。風祅，即妖風，由“妖怪”的作用形成的怪風，如龍捲風等。

⑬其本在地：天上出現的這些怪象，它們的本源都在地上，意即天地是相通的。

⑭政失於此則變見於彼猶景之象形鄉之應聲：地上國政有錯誤，則星象發生變化，就如事物形象所投下的影子、響聲所帶来的回聲。失：錯誤。景：同影。鄉：回聲，鄉通響。

⑮明君睹之而寤飭身正事思其咎謝：聰明的君主見到這些天象，就悟出了自己執政所產生的過失，便修養自己的品德行爲，改正行政中的失誤，思慮悔改，并向人民謝罪。

⑯禍除而福至自然之符也：明君采取改正措施之後，便禍除福來，天上也會顯現祥和的景象。

中宮[①]天極星，[②]其一明者，泰一之常居也，[③]旁三星三公，或曰子屬。後句四星，末大星正妃，餘三星後宮之屬也。環之匡衛十二星，藩臣。[④]皆曰紫宮。[⑤]

【注】

①中宮：中國古代天文學家把全天星座分爲五個天區，稱爲東、南、西、北、中宮。古人從目視觀測中發現，衆星都圍繞北極星旋轉，故將北極看作天的中央，稱北極附近的天區爲中宮。

②天極星：指北極星。古人經目視觀測，發現它位於北天極，一年四季及每天的早晚，它的位置都不發生移動，所以認爲此星最爲尊貴，其餘衆星都環繞它運轉，故曰衆星拱之。

③其一明者泰一之常居也：在北極附近，其中有一顆明亮的星叫作泰一星，這個泰一星就是天極星。泰一，也寫作太乙，它相當於《周易》中的太極。太是至高無上的意思，一是絶對唯一的意思。常居：意爲經常位於北極而不移動。這句話源於《史記·天官書》，是司馬遷依據古代的傳

説寫下的。可見太一星在遠古時曾作過北極星，但在漢代時的北極，已經不在太一星的位置，而是在樞星即紐星的位置。

④環之匡衛十二星藩臣：環繞輔助保衛的十二顆星，稱爲藩臣。藩臣即保衛帝王的諸侯和大臣。這十二星是指紫微垣垣牆諸星，後世稱爲十五星。

⑤皆曰紫宫：都稱爲紫宫中的星。紫宫即中宫。

前列直斗口①三星，隨北耑鋭，②若見若不見，③曰陰德，或曰天一。④紫宫左三星曰天槍，右四星曰天棓。後十七星絶漢抵營室，曰閣道。⑤

【注】

①前列直斗口：北斗星斗口前陳列的三顆星。

②隨北耑鋭：從北下垂，前端尖鋭。耑鋭：《史記·天官書》作端兑。耑通端。

③若見若不見：如看到又如看不到，形容星星黯弱。

④曰陰德或曰天一：這三顆星叫作陰德，又名天一。後世星圖，將天一與陰德分爲兩個星座，天一一星在太乙下方，陰德二星則在紫微垣内尚書星旁。

⑤後十七星絶漢抵營室曰閣道：天槍、天棓星的下方十七星叫作閣道，通過銀河，抵達營室星座。絶漢：越過銀河。營室：指室宿和壁宿。閣道：後世星圖中閣道爲六星，輦道爲五星。按《漢書·天文志》和《史記·天官書》所言之方位，此閣道似爲輦道之誤。《漢書·天文志》無輦道星名。

北斗七星，所謂"旋、璣、玉衡以齊七政"。①杓攜龍角，衡殷南斗，魁枕參首。用昏建者杓；杓，自華以西南。夜半建者衡；衡，殷中州河、濟之間。平旦建者魁；魁，海岱以東北也。[②]斗爲帝車，運于中央，臨制四海。分陰陽，建四時，均五行，移節度，定緒紀，皆繫於斗。

【注】

①北斗七星所謂旋璣玉衡以齊七政：北斗七星，簡稱爲旋璣玉衡，利用它，可以確定日月五星的運行。北斗七星是紫微垣中組成斗杓形狀的最爲明亮的星座，其中的每顆星又都有專名：天樞、天璇、天璣、天權，組成四方的斗魁狀，如渾天儀的圓環，故曰璇璣；玉衡、開陽、摇光似斗把，或叫作斗柄，如渾儀中的横筒，故曰玉衡。齊七政：指推算日月五星的行度。

②杓攜龍角……魁海岱以東北也：斗柄連接蒼龍星的角（大角星和角宿），玉衡星正當南斗星即斗宿，斗魁四星枕在參宿的頭部，即參宿的左右肩。這是建立斗建的三種不同方式，以斗柄指向定季節爲昏建，以衡星指向定季節爲夜半建，以魁星指向定季節爲平旦建。其中“杓自華以西南”“衡殷中州河濟之間”“魁海岱以東北”爲北斗分野的用語。（參見右圖）

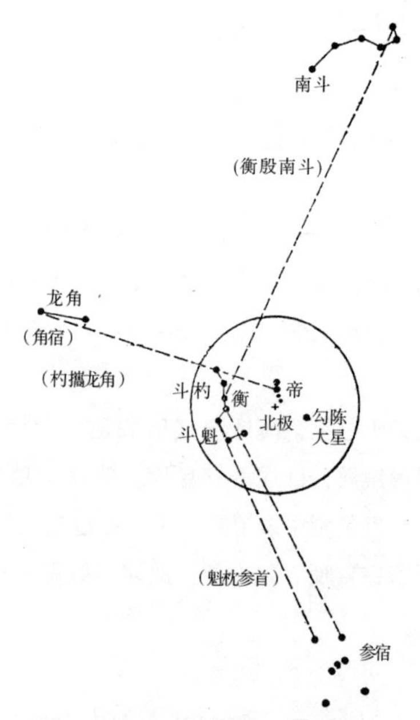

潘鼐重畫朱文鑫《〈天官書〉恒星圖考》中杓衡魁建示意圖

斗魁戴筐六星，[①]曰文昌宫：一曰上將，二曰次將，三曰貴相，四曰司命，五曰司禄，六曰司災。在魁中，貴人之牢。[②]魁下六星兩兩而比者，曰三能。三能色齊，君臣和；不齊，爲乖戾。柄輔星，[③]明近，輔臣親强；斥小，疏弱。

杓端有兩星：[④]一内爲矛，招摇；一外爲盾，天蜂。[⑤]有句圜十五星，屬杓，曰賤人之牢。[⑥]牢中星實則囚多，虚則開出。天一、槍、棓、矛、盾動摇，角大，兵起。

【注】

①斗魁戴筐六星：斗魁四星上方的六顆星，如魁戴着的筐帽。

②在魁中貴人之牢：在斗魁四星的中間，是貴人的牢獄。牢獄指斗魁中的天理四星。

③柄輔星：斗柄旁的輔星。具體指開陽星旁的輔星。

④杓端有兩星：在斗柄的端點外，有兩顆名叫招摇和天鋒的星。

⑤天蜂：《史記·天官書》作“天鋒”。既然天鋒爲盾，當爲戰鬥中的防禦性武器，不是蜜蜂之類的意思，故此處的“蜂”當爲誤字。

⑥有句圜十五星屬杓曰賤人之牢：句圜：爲鈎圜狀的星座。賤人之牢星座與前面所論及的貴人之牢天理星是相對應的。後世的星圖中無賤人之牢星座。《春秋緯》曰：貫索，賊人之牢。中星實則囚多，虚則開脱。貫索也成鈎圜狀，爲九星，可見《漢書·天文志》和《史記·天官書》之賤人之牢即後世之貫索。(見下圖)

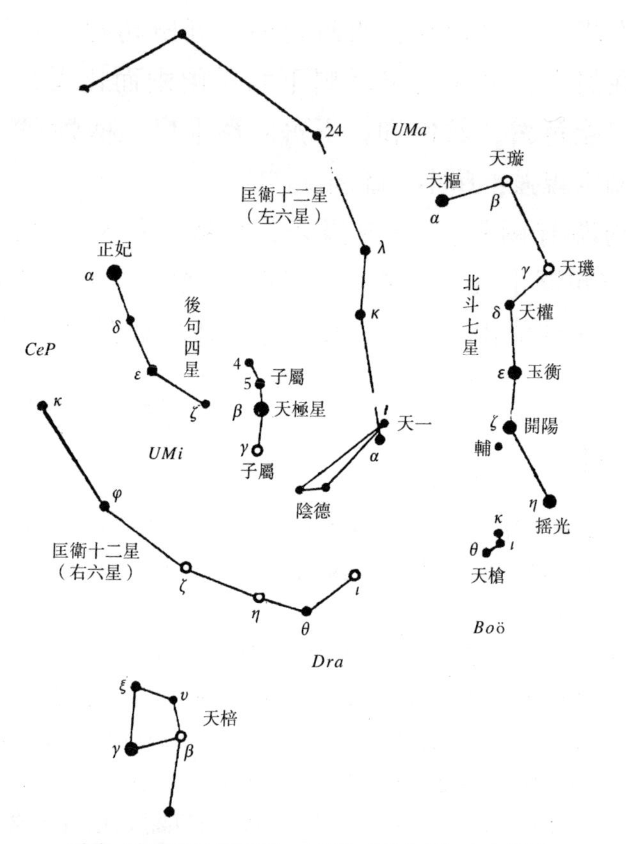

潘鼐《中國恒星觀測史》中所繪《天官書》中宮星圖

東宮　蒼龍，①房、心。②心爲明堂，大星天王，前後星子屬。不欲直；直，王失計。房爲天府，曰天駟。③其陰，右驂。④旁有兩星曰衿。衿北一星曰舝。⑤東北曲十二星曰旗。旗中四星曰天市。⑥天市中星衆者實，其中虚則耗。⑦房南衆星曰騎官。

左角，理；右角，將。大角者，⑧天王帝坐廷。其兩旁各有三星，鼎足句之，曰攝提。攝提者，直斗杓所指，以建時節，故曰“攝提格”。[⑨]亢爲宗廟，主疾。其南北兩大星，曰南門。氐爲天根，主疫。尾爲九子，曰君臣；斥絶，不和。箕爲敖客，后妃之府，曰口舌。[⑩]火犯守角，則有戰。房、心，王者惡之。[⑪]

【注】

①蒼龍：又作青龍，爲黄道帶四方星之一，與朱鳥、白虎、玄武合爲四方星。黄道帶四方對應於四季和四色，東曰蒼龍，爲春。蒼者，青色也。

②房心：房宿和心宿，爲東方蒼龍七宿中的主星，故在東宫中首先予以介紹。

③房爲天府曰天駟：房爲明堂，天子布政之宫，故曰天府。房又爲天駟。天駟者，天上之駟馬也，也可釋作四馬拉的車。

④其陰右驂：它的北面爲右驂。後世星圖中没有右驂這個星座。《晋書·天文志》曰房四星“亦曰天駟，爲天馬，主車駕。南星曰左驂，次左服，次右服，次右驂”。按《晋書·天文志》的解釋，房宿四星中最北一星曰右驂星。

⑤旁有兩星曰衿衿北一星曰舝：房宿旁邊有顆星叫鈎鈐，鈎鈐的北面一顆星叫舝星。鈎鈐爲馬車主開關即鑰匙星。舝星爲固定車輪與車架的鐵釘。

⑥東北曲十二星曰旗旗中四星曰天市：漢代以後的星座系統還發生很大的變化，與《史記·天官書》星座系統已經不能完全對應。此處的旗十二星，可能就是指河鼓兩邊的左旗和右旗。但文中所述天市四星，便難以找到對應的星，因爲後世的天市垣不是四星，而是多達包括十九個星座。

⑦星衆者實其中虚則耗：天市中星多，則市場繁榮；星少，則市場蕭條。

⑧大角者：大角與角宿，均源於蒼龍的角。原本大角星與角宿一爲龍

的兩隻角，以後改以角宿一、二爲角宿兩星。大角星成爲單獨的一個星座。

⑨攝提者直斗杓所指以建時節故曰攝提格：攝提星正對着斗柄所指示的方向，它與斗柄同樣起到建立時節的作用，所以説，攝提星黄昏時指向寅位，就是一歲的開始。

⑩箕爲敖客后妃之府曰口舌：箕宿象徵撥弄是非的人，又是后妃的府第，它是主管口角争吵的星。

⑪火犯守角則有戰房心王者惡之：熒惑星凌犯和守衛停留在角宿之時，將有戰事發生；熒惑星凌犯和守衛房宿、心宿之時，將有於王者不利的事發生。

南宫　朱鳥，① 權、衡。② 衡、太微，三光之廷。③ 筐衛十二星，藩臣：西，將；東，相；南四星，執法；中，端門；左右，掖門。④ 掖門内六星，諸侯。⑤ 其内五星，五帝坐。⑥ 後聚十五星，曰哀烏郎位；⑦ 旁一大星，將位也。⑧ 月、五星順入，軌道，⑨ 司其出，⑩ 所守，天子所誅也。其逆入，若不軌道，以所犯名之；中坐，成形，皆群下不從謀也。⑪ 金、火尤甚。⑫ 廷藩西有隨星四，名曰少微，士大夫。⑬ 權，軒轅，黄龍體。⑭ 前大星，女主象；旁小星，御者後宫屬。⑮ 月、五星守犯者，如衡占。⑯

東井爲水事。火入之，一星居其左右，天子且以火爲敗。東井西曲星曰戉；北，北河；南，南河；兩河、天闕間爲關梁。⑰ 輿鬼，鬼祠事；中白者爲質。⑱ 火守南北河，兵起，穀不登。故德成衡，觀成潢，傷成戉，禍成井，誅成質。⑲

柳爲鳥喙，⑳ 主木草。七星，頸，爲員宫，主急事。[21]張，嗉，爲厨，主觴客。[22]翼爲羽翮，主遠客。[23]

軫爲車，主風。[24]其旁有一小星，曰長沙，星星不欲明；明與四星等，若五星入軫中，兵大起。軫南衆星曰天庫，庫有五車。車星角，若益衆，及不具，亡處車馬。[25]

【注】

①朱鳥：又作朱雀，爲黄道帶四方星之一，與蒼龍、白虎、玄武合爲四方星。黄道帶的四方對應於四季和四色，南曰朱鳥，爲夏。朱爲赤色或稱紅色。

②權衡：南方朱鳥七宿中的主星，故在南宫中首先予以介紹，以後纔逐漸將南宫主星轉移爲柳、星、張三宿。

③衡太微三光之廷：衡，又稱爲太微垣，是日、月、星三光的廷府。廷府者，重要居住之所也。由這個説法便可以知道它是日月等星必經之所。自此以下直至"士大夫"，均爲介紹衡即太微垣中各個星座的。

④筐衛十二星……掖門：此處之筐衛十二星，與紫宫的匡衛十二星類似，爲太微垣的垣牆。後世星圖中的太微垣衹有十星：左垣爲上將、次將、次相、上相、左執法；右垣爲上相、次相、次將、上將、右執法。這裹所述之端門和掖門均不爲星座。端門：指垣牆南端的空缺處，掖門是兩垣牆中的邊門。

⑤掖門内六星諸侯：後世星圖太微垣中的諸侯星稱爲五諸侯，僅爲五星，在西上將的上方。

⑥五帝座：以五帝命名的五個方位的星座，均爲帝王或天帝於不同季節的座位。五帝座五星，位於太微垣内正中間，其中間的主星爲太微垣中最爲明亮的一顆星。

⑦哀烏郎位：五帝座後面（北面）的十五星叫郎位，郎位即郎官之位，爲漢代宫廷中的侍衛官。"哀烏"二字，在《史記·天官書》中作"蔚然"，但位置不同。"蔚然""哀烏"，《史記索隱》認爲皆星之貌狀。

單純解“哀烏”二字，則無解。

⑧將位：後世位於郎位星東的郎將星。

⑨月五星順入軌道：月亮和五星順着軌道進入太微垣。

⑩司其出：觀察它的出行狀態。

⑪五星進入太微垣之後，總是要順行向東出太微的。但在太微垣中的行程，可以是順行，也可以是逆行或留，并且不沿着軌道運動，所以要細心觀察。所守：爲停留不動。天子所誅：天子命令加以討伐。討伐的對象爲所守星座的分野地區。逆入若不軌道以所犯名之：如果星逆向運動，進入所犯的星座，并且不沿着軌道運動，那麽，其顯示出的行爲依所犯星名來確定其人的罪行。中坐成形皆群下不從謀也：帝座必成其刑戮，都是諸臣下相從而謀上所致。“不”，《史記》同内容無。

⑫金火尤甚：以上占語對五星均適用，衹是對金星和火星而言更爲厲害。

⑬有隨星四名曰少微士大夫：在太微和匡衛的西面有下垂的星四顆，名爲少微星，它們象徵士大夫。士大夫在此象徵處士，即在野的賢士。

⑭權軒轅黄龍體：權，又稱爲軒轅星，軒轅爲遠古最偉大的古帝黄帝的號。這個星座又稱爲黄龍之體，即軒轅星又名爲黄龍。在中國古代，既有將一年分爲春、夏、秋、冬四季，又有分爲春、夏、季夏、秋、冬五季的。四季在黄道上的對應星爲蒼龍、朱鳥、白虎、玄武，五季的對應星則爲蒼龍、朱鳥、黄龍、白虎、玄武。所以，黄龍軒轅這個星座雖僅爲一座，但其地位十分特殊而且很重要。

⑮前大星……後宫屬：星占家將軒轅星看作後宫的形象，并與各女主相對應。

⑯五星守犯者如衡占：五星凌犯了軒轅星，與衡星各占相同。

⑰兩河天闕間爲關梁：南河戍星、北河戍星與闕丘星之間爲銀河上的通道。關梁：關卡和橋梁。

⑱輿鬼鬼祠事中白者爲質：輿鬼星即鬼宿，主敬事鬼神之事，鬼宿中見到的白色星點就是質星。对古人所觀察到的這團鬼宿星氣，後人稱之爲鬼星團。

⑲故德成衡觀成潢傷成戉禍成井誅成質：所以，帝王施行了德政，能

從衡星表現出征兆，衡是平準之器，表示對一切事物持公平的態度；王者外出游觀，從天潢星表現出來，天潢星爲天帝車舍，由此可以看出帝王的行蹤；帝王做了敗德之事，能從戉星中顯示出來，戉星即本段第三句“東井西曲星曰戉”之星；帝王遇到災禍，會從井宿顯示出來；帝王有誅殺之事，會從質星顯示出來。

⑳柳爲鳥喙：柳宿象徵朱鳥的嘴。

㉑七星：指星宿，其星座包括七顆星，頸爲員宫，主急事，“宫”，《史記》爲“官”；七星爲朱鳥的脖子，是鳥的食道所經之處，所以對應緊急、要害之事。

㉒主觴客：張宿爲朱鳥的嗉囊，所以它對應厨房和招待客人之事。

㉓翼爲羽翮主遠客：翼宿爲朱鳥的羽根或鳥的翅膀，翅膀善飛，故象徵遠客。

㉔軫爲車主風：軫爲車，其四星象徵車架之底座或四輪。由於車子行動迅速，故産生風，所以，軫宿不但對應車，還對應風。

㉕軫南衆星曰天庫庫有五車車星角若益衆及不具亡處車馬：在軫宿的南面有很多星名爲天庫，天庫中有五柱。柱星有芒角，顯示車馬衆多，如果衆柱星不出現，則没有車馬。這是判斷南方有無戰事發生的重要標志。此處“庫有五車車星角”，其中的“車”字當爲“柱”字之誤。在南方朱雀範圍内没有五車星，五車更不靠近天庫星，所以知其“車”字必誤。一些文獻稱天庫爲庫樓，爲兵車的府庫。石氏曰：“庫樓十星，五柱十五星，衡四星，凡二十九星，左角南。”柱和衡均爲兵車的部件。柱者，兵車上的旗杆也。五柱，象徵兵車之多。

西宫①咸池，曰天五潢。五潢，五帝車舍。②火入，旱；金，兵；水，水。中有三柱；柱不具，兵起。③

奎曰封豨，爲溝瀆。婁爲聚衆。胃爲天倉。其南衆星曰廥積。

昴曰旄頭，胡星也，爲白衣會。④畢曰罕車，⑤爲邊兵，主弋獵。其大星旁小星爲附耳。附耳摇動，有讒亂臣在側。昴、畢間爲天街。其陰，陰國；陽，陽國。⑥

參爲白虎。三星直者，是爲衡石。⑦下有三星，鋭，曰罰，爲斬艾事。⑧其外四星，左右肩股也。⑨小三星隅置，曰觜觿，爲虎首，主葆旅事。⑩其南有四星，曰天厠。天厠下一星，曰天矢。矢黄則吉；青、白、黑，凶。⑪其西有句曲九星，三處羅列：一曰天旗，二曰天苑，三曰九斿。其東有大星曰狼，狼角變色，多盗賊。下有四星曰弧，直狼。⑫比地有大星，曰南極老人。老人見，治安；不見，兵起。常以秋分時候之南郊。⑬

【注】

①西宫：黄道帶的四宫之一，與東宫、南宫、北宫合爲四宫。每宫對應於一個大的星座，稱爲東宫蒼龍、南宫朱鳥、西宫白虎、北宫玄武。此處西宫後缺漏“白虎”二字。因爲其他三宫均有東宫蒼龍、南宫朱鳥、北宫玄武之名，而西宫則缺少對應的星名。有人將西宫咸池與東方蒼龍等對應，這是不相稱的，首先，蒼龍、朱鳥、玄武都是能代表四方中每一方的名稱，它們各涵蓋七宿，咸池祇能代表自身；其次，蒼龍、朱鳥、玄武都是動物，而咸池則是一個水池，它不是動物，與其他三方不配合，它也不能代表西方七宿中的任何一宿，故曰西宫與咸池間缺漏“白虎”二字是可信的。

②咸池曰天五潢五潢五帝車舍：咸池又名天五潢，或名天淵。五潢指天子的池塘，是水和魚的囿府。

在中國古代的星空世界中，有北極附近的北斗星即帝車星，有角宿西面的軫宿即車星和角宿東南的陣車星，在參宿的西北有畢宿即罕車星，參宿的正北有五車星。還有以馬車部件命名的星座，如柱星、轄星等。另外有一些與車子有關的星座，如拉車之駟馬星，著名的馭手王良星、造父星，車子的發明人奚仲等。中國古代星座學爲什麼會使用如此多與車有關的名稱作爲星名呢？原來中國古代星占主要是爲鞏固帝王的統治服務的，而戰争和軍隊是鞏固帝王統治的主要因素。在先秦時代，車戰是决定戰争勝負的主要因素，所以中國古代星占對軍車特别重視。車子按不同的功用，具有不同的分類，《孫子·作戰》曰："凡用兵之法，馳車千駟，革車千乘。"梅堯臣注曰："馳車，輕車也。革車，重車也。凡輕車一乘，甲士步卒二十五人，重車一乘，甲士步卒七十五人，舉二車各千乘，是帶甲者十萬人。"鄭玄注《周禮》五車曰："此五者皆兵車，所謂五戎也。戎路，王在軍所乘也；廣車，横陳之車也；闕車，所用補闕之車也；蘋猶屏也，所用對敵自蔽隱之車也；輕車，所用馳敵致師之車也。"而郗萌曰："五車，天子大澤也，主輕車。"所以，按《周禮》五車的分法，北斗的帝車當爲五車中的戎路車。至於五車星之含義，當有兩解，一解如《周禮》之五種兵車，另一種如郗萌的輕車。中國古代星占術所示有南方、北方、西北三個主戰場，南方有軫宿和陣車，西北方有罕車和五車，罕車和陣車爲重車，軫宿、五車爲輕車。在戰場上，重車和輕車各有分工。

③正因爲咸池又名五車，而五車又是天帝的車舍，故石氏曰："五車五星，三柱九星，凡十四星，在畢東北。"故本文曰：火星入犯五車，則發生旱災，應着咸池爲水池的占語上。若金星入犯五車，則有兵，應在五車爲兵車、金星爲兵的占語上。若水星入犯五潢，則有水災，應在水星爲水、五潢也爲水（天子大澤）的占語上。又五車中有三柱，爲兵車插軍旗的旗杆，當三柱不見之時，就象徵着兵起，有戰鬥發生。石氏曰："五車中一柱出若不見，兵少半出；二柱出若不見，兵大半出；三柱出若不見，兵盡出。"

④據"昴曰旄頭胡星"的説法，它的直接含義就是昴爲中國古代的少數民族。據記載，周武王伐紂時，曾聯合西方的八部族出兵，其中就有建國於巴地的髳國。周代的髳人，以後可能不斷向西南遷移，唐代時在髳人的居地設有髳州，即今雲南省的牟定縣。古稱被髮先驅爲髦頭，源出於西南少數民族被髮作戰勇猛的象徵。由於昴爲西方白虎的一宿，白虎的主體在觜參二宿，大約星占家將髦與虎頭下披之長毛聯繫了起來，故有髦頭之稱。髳人爲古羌人的一支，古代多統稱北方和西北方的部族爲"胡"，髳人也是"胡"的一種。"胡"以昴星作爲自己的族星，在古代文獻中多有記載，也得到現今少數民族調研成果的印證，所有這些事實都證明《天官

書》中昴爲“胡星”是可信的。白衣會：因戰事而導致死喪的凶兆，實指辦喪事的聚會。

⑤畢曰罕車：畢宿又爲軍旗飛揚的軍車，故又主邊兵。

⑥昴畢間爲天街……陽國：在昴宿和畢宿之間爲天街，故星圖上有天街一星，在天街的北面爲陰國，在街南爲陽國。

⑦三星直者是爲衡石：參宿共有七星，中間三星與赤道平行，稱爲衡石，外面四星爲白虎的左右肩股。

⑧下有三星……爲斬艾事：在衡石的下方有下垂尖鋭的三顆星，稱爲罰（又寫作伐）星，執行殺伐的使命。

⑨其外四星左右肩股也：衡石三星和罰三星的外面四顆星，爲白虎的左肩右肩和左右屁股。

⑩小三星……主葆旅事：另有小三星成鼎足之形，位於參宿之上方，稱爲觜觿，是白虎的腦袋，主管軍隊中保障食物等事。

⑪在參宿南面的四顆星稱爲天厠，天厠的下面有一顆星叫作矢。矢的顔色是黄色時吉利，若是青、白、黑色時爲凶象。此處天厠下一星曰“天矢”之“矢”字，當爲“屎”字之借字，後世星圖作“屎”。

⑫其東有大星……直狼：在參宿的東南方有一顆大星爲天狼星，它若有芒角或者變色時，則社會多盗賊。其下方有四顆星爲弧矢星，它的箭頭正對着天狼星。四星曰弧：在天狼星東南方的一組星稱爲弧矢星，後世的星圖上，這組星共計九顆，其中一至三的三顆星爲弓箭的箭頭，針對着天狼星，其餘六星成弦弓箭狀。大星：天狼星爲除了日月的全天第一亮星，故稱爲大星。

⑬比地有大星……候之南郊：在天狼、弧矢星的下方靠近地平綫的地方有大星名曰南極老人星。老人星見，天下安定，如果看不見，就往往有戰亂發生。常在秋分日的黎明時的南郊見到它。比地有大星：在南方地平綫以上有一顆大星叫老人星，爲全天除了日月的第二亮星，故也曰大星，由於其緯度偏南，僅能在黄河流域以南春分時的黄昏和秋分時的黎明短暫時刻見到它，因此全年見到的機會很少，衹要出現時的這幾天有雨或陰天，就會失去見到它的機會。曰南極老人：稱爲南極老人星。所謂南極，是指靠近南極，并非就在南極，故有時見與否之别。常以秋分時候之南

郊：漢代甚至到唐之時，古代帝王對觀看老人星很重視，還把它作爲一種儀式來舉行。每逢秋分日的早晨，帝王就帶着大臣到國都南郊的老人廟觀看老人星。若看到老人星，則預示着國泰民安，大臣們便向帝王祝賀。觀看老人星也有提倡社會尊敬老人的作用。

北宫玄武，[①]虚、危。[②]危爲蓋屋；虚爲哭泣之事。其南有衆星，曰羽林天軍。軍西爲壘，或曰戉。旁一大星，北落。[③]北落若微亡，軍星動角益稀，及五星犯北落，入軍，軍起。火、金、水尤甚。火入，軍憂；水，水患；木、土，軍吉。[④]危東六星，兩兩而比，曰司寇。

營室爲清廟，曰離宫、閣道。[⑤]漢中四星，曰天駟。旁一星，曰王梁。王梁策馬，車騎滿野。[⑥]旁有八星，絶漢，曰天横。[⑦]天横旁，江星。江星動，以人涉水。杵、臼四星，在危南。匏瓜，有青黑星守之，魚鹽貴。[⑧]

南斗[⑨]爲廟，其北建星。建星者，旗也。牽牛爲犧牲，其北河鼓。河鼓大星，上將；左，左將；右，右將。婺女，其北織女。織女，天女孫也。[⑩]

【注】

①玄武：中國古代星座中黄道帶的四大動物星象之一。在四個動物星象中，其它三象稱爲龍、虎、鳥都很具體，爲什麽北方叫作玄武？玄武又是什麽動物？這是難以説清的問題。經研究，武古音作冥，玄武又作玄冥，而玄冥爲大禹之父鯀的號。夏人又以顓頊作爲自己的遠祖。而這個支系的族人常以龜蛇作爲自己的圖騰，故人們將北方玄武配以龜蛇。玄的含義爲黑色，與五行中的五色相對應。

②虚危：虚宿和危宿。《漢書·地理志》論述天文地理分野時説：北方玄武，濮陽“本顓頊之虚”。而四季對應的古帝中，北方又是與顓頊相

對應的，那麽，這裏的虚宿的含義，當是顓頊一名的借詞。《爾雅·釋天》也説："玄枵，虚也。顓頊之虚，虚也。北陸，虚也。"玄枵包含有虚宿，它又是顓頊之虚，故虚字當爲頊字之借字。

③其南有衆星……旁一大星北落：虚、危二宿的南面有許多星，稱爲羽林軍。羽林軍的西面爲壘壁陣星，或叫作戉星。戉星旁有一顆大星爲北落師門。在後世的星圖上，虚、危以南的衆星組成了一個南方戰場，作戰的對象是"北夷"和匈奴。在女宿旁有天壘城，爲"北夷"、匈奴的象徵。羽林軍則爲古代王朝軍隊的主要作戰力量，其南的北落星又叫北落師門，其義爲北方的軍門。羽林軍旁還有供作戰用的兵器斧鉞。再向南還有天綱星，它爲天子親征駐扎的營帳。在"北夷"與羽林軍之間，有一條長長的兩軍作戰分界綫，稱爲壘壁陣。

④北落若微亡……軍吉：北落星如果微弱或者消失，羽林軍有芒角，或者更稀少，以及五星發生凌犯北落和羽林軍，就有軍隊興起，將有戰事發生。對於五星中的火、金、水三星來説，凌犯所造成的影響更大。火星進入有軍憂，水星進入有水患，木星、土星進入則吉利。

⑤營室是祭祖用的祠廟，又是帝王的離宮别室，是臨時休養的地方。這裏有一條輦道，通過銀河與紫宫相連接。

⑥漢中四星曰天駟……車騎滿野：在營室以北的銀河之中有四顆星名叫天駟，在天駟四星的旁邊還有一顆星叫作王良。俗話説，王良策馬，車騎滿野。即當見到王良星鞭打馬時，就有戰事發生了。此處的天駟爲四匹馬拉的軍車。王梁爲王良的异寫，王良即《史記·趙世家》所載趙襄子的優秀馭手。策：原本是鞭打的意思，後世因此又設立了一顆策星。《黄帝占》曰："駟馬參差，不行列，天下安。若駟馬齊行，王良舉策，天子自臨兵，國不安。"車騎滿野：到處是兵。

⑦天横：按《史記·天官書》舊注引宋均之説，天横爲天牢星，此處爲八星，後世天津是九顆。在《史記·天官書》中作天潢。

⑧天横旁……魚鹽貴：江星爲天江星，在尾宿以北，杵臼星在虚、危以北，營室以西，是爲軍隊準備軍糧而設立。在河鼓的東面，有瓠瓜和敗瓜星座，是爲軍隊準備的蔬菜和酹菜而設立。北方玄武這個廣大天區，是爲皇家提供糧餉和後勤支援的大後方。牛宿和女宿象徵男耕女織的農業社

會，是國家的基礎。其上方的一些星座離珠、瓠瓜、敗瓜及杵臼所使用的糧食均是其勞作的産品。其生産的基地則是分布在牛宿、女宿以南的天田星。

⑨南斗：即斗宿，六顆星，斗柄兩顆，指向西北，爲二十八宿中的第一宿，爲推算日月五星等天體行度的起點。

⑩牽牛爲犧牲……天女孫也：牽牛爲牛宿，婺女爲女宿，河鼓亦稱牽牛，織女又稱爲天帝的孫女。人們普遍認爲，牛宿與河鼓，女宿與織女，有着密切的關係，甚至牛宿、女宿之名，也可能出自河鼓和織女。大概是，在天文學萌芽之時，尚無二十八宿的觀念，牛、女二宿較爲暗淡，不爲人們所關注。而織女和河鼓均爲全天最亮的大星之一，爲人們所關注。正因爲如此，纔在這兩個星座的基礎上産生了牛郎織女的故事。而二十八宿産生之後，由於織女、河鼓均距黄道較遠，不宜充作二十八宿使用，纔選用牛宿和女宿這兩個暗星座來代替織女和牽牛之星名。但兩兩不能混用，故將女宿改名婺女，爲淺妾，以示與織女的貴族身份相區别，又將牽牛大星改名河鼓，河鼓之義爲銀河邊的軍鼓，故在其旁邊還有天桴即鼓槌。至於牛宿之星，則專作牽牛星名使用。

歲星曰東方，春，木；於人五常，仁也；五事，貌也。①仁虧貌失，②逆春令，傷木氣，罰見歲星。③歲星所在，國不可伐，可以伐人。④超舍而前爲贏，退舍爲縮。⑤贏，其國有兵不復；⑥縮，其國有憂，其將死，⑦國傾敗。所去，失地；所之，得地。⑧一曰：當居不居，國亡；所之，國昌；已居之，又東西去之，國凶，不可舉事用兵。安静中度，吉。⑨出入不當其次，必有天袄見其舍也。⑩

歲星贏而東南，石氏“見彗星”，甘氏“不出三月乃生彗，本類星，末類彗，長二丈”。贏東北，石氏“見覺星”，甘氏“不出三月乃生天棓，本類星，末鋭，長四尺”。縮西南，石氏“見欃雲，如牛”，甘氏“不出三月乃生天槍，左右鋭，長數丈”。縮西北，石氏“見槍雲，如馬”，甘氏“不出三月乃生天欃，本類星，末鋭，長數丈”。石氏“槍、欃、棓、彗异狀，其殃一也，必有破國亂君，伏死其辜，餘殃不盡，爲旱、凶、飢、暴疾”。[11]至日行一尺，出二十餘日乃入，[12]甘氏“其國凶，不可舉事用兵”。出而易，“所當之國，是受其殃”。又曰“祅星，不出三年，其下有軍，及失地，若國君喪”。

【注】

①如《漢書·律曆志》所述，古人將五行與五季、五方、五星、五常、五事相配合。五行爲木、火、土、金、水，五季爲春、夏、季夏、秋、冬，五方爲東、南、西、北、中，五星爲歲星、熒惑星、太白星、辰星、填星，五常爲儒家的五種道德規範即仁、義、禮、智、信，五事指古代統治者修身的五個方面即貌、言、視、聽、思。貌：容貌、儀表。

②仁虧貌失：如果天子的行爲虧缺了仁，損失了儀表。虧：欠缺、損害。失：過失、錯誤。

③逆春令……罰見歲星：如果虧損了仁和貌，就違反了春令，損傷了木氣即木的德性，罰表現在歲星上，即用歲星來警告。

④歲星所在……可以伐人：歲星所在的星次所對應的國家和地域不可以去討伐，可以討伐個别人。

⑤超舍而前爲贏……退舍爲縮：超過正常的天區一宿稱爲贏，退後正常天區一宿稱爲縮。一舍即一宿。一宿即二十八宿之一的範圍。

⑥不復：國家得不到恢復。

⑦其將死：它的將軍將戰死。

⑧所去……得地：木星離開當在的星宿，其對應的國家當失去土地，不當在而已經到達的星宿所對應的國家將得到土地。

⑨安静中度吉：木星安静，行度適中，則所對應的國家和地區吉利。

⑩不當其次：木星出入本不應該所在的星次。天祅見其舍：有天妖星出現在那個星宿。天祅指天妖星，祅即妖。

⑪本節爲歲星贏縮東南、東北、西南、西北所見的各種不同的妖星，即彗星、覺星、欃雲、槍雲。這些實際都是形態各异的彗星。

⑫至日行一尺出二十餘日乃入：出現後每天行一尺（一度），出現二十餘天而隱没不見。

熒惑[1]曰南方，夏，火，禮也，視也。禮虧視失，逆夏令，傷火氣，罰見熒惑。[2]逆行一舍二舍爲不祥，[3]居之三月國有殃，五月受兵，七月國半亡地，九月地太半亡。因與俱出入，國絶祀。[4]熒惑爲亂爲賊，爲疾爲喪，爲飢爲兵，所居之宿國受殃。[5]殃還至者，雖大當小；[6]居之久殃乃至者，當小反大。[7]已去復還居之，若居之而角者，若動者，繞環之，及乍前乍後，乍左乍右，殃愈甚。[8]一曰：熒惑出則有大兵，入則兵散。周還止息，[9]乃爲其死喪。寇亂在其野者亡地，以戰不勝。[10]東行疾則兵聚于東方，西行疾則兵聚于西方；其南爲丈夫喪，北爲女子喪。熒惑，天子理也，故曰雖有明天子，必視熒惑所在。[11]

【注】

①以下的五星占語，請注意直接摘録了《史記·天官書》的許多占語，但也有很多不同之處。

②禮虧視失……罰見熒惑：天子的禮義規範有虧缺，辨别是非有失誤，就違反夏令，損傷火的德性，罰表現在熒惑。

③逆行一舍二舍爲不祥：火星逆行一宿二宿，均爲不祥的徵兆。這是

《律曆志》的占語。《史記 · 天官書》不説逆行而用“反道”。《尚書緯》説：“政失於夏，則熒惑逆行。”《鈎命决》曰：“天子失義不德，則白虎不出，熒惑逆行。”又《荆州占》曰：“熒惑逆行，環繞屈曲，成鈎巳，至三舍，名山崩，大川竭……熒惑逆行，必有破軍死將，國君若寄生。又曰：夷將爲王，敢誅者昌，不敢誅者亡。”

④居之三月……國絶祀：居之，作停留解。言停的時間越久殃越大。因與俱出入國絶祀：這是假設詞，如果全年火星都停留在恒星間不動，則對應的國家就斷絶祭祀即滅亡了。

⑤熒惑爲亂爲賊……所居之宿國受殃：火星是災星，所對應的國家遇到它就要受殃。

⑥殃還至者雖大當小：災害隨即就到的，則災害雖大還是小的。

⑦居之久殃乃至者當小反大：如果停留之後很久纔出現災殃，那麽災害即使小最終還是大的。

⑧已去復還居之……殃愈甚：這是另一種運動狀態，説是經過此地之後，去了之後又回來，再停留在此地，或作乍前乍後、乍左乍右的移動，并且星出現芒角和跳動，那麽災害更大。

⑨周還止息：作環繞運動，或停，或動。

⑩寇亂在其野者亡地以戰不勝：如果災殃發生在該分野之國，該國又發生了戰争，那麽將不能戰勝，將有失地。

⑪熒惑天子理也……必視熒惑所在：熒惑是天子的法官，所以説國家雖然有英明的天子，還是要以觀看火星所在來决定大事。

太白曰西方，秋，金，義也，言也。義虧言失，逆秋令，傷金氣，罰見太白。①日方南太白居其南，日方北太白居其北，爲贏，侯王不寧，用兵進吉退凶。日方南太白居其北，日方北太白居其南，爲縮，侯王有憂，用兵退吉進凶。②當出不出，當入不入，爲失舍，不有破軍，必有死王之墓，有亡國。一曰，天下匽兵，壄有兵者，所當之國大凶。當出不出，未當入而入，天下匽兵，兵在外，入。未當出而出，當入而不入，天下起兵，有至破國。未當出而出，未當入而入，天下舉兵，所當之國亡。[3]當期而出，其國昌。出東爲東方，入爲北方；出西爲西方，入爲南方。所居久，其國利；[4]易，其鄉凶。入七日復出，將軍戰死。入十日復出，相死之。入又復出，人君惡之。已出三日而復微入，三日乃復盛出，是爲耎而伏，其下國有軍，其衆敗將北。已入三日，又復微出，三日乃復盛入，其下國有憂，帥師雖衆，敵食其糧，用其兵，虜其帥。[5]出西方，失其行，夷狄敗；出東方，失其行，中國敗。[6]一曰，出蚤爲月食，晚爲天袄及彗星，將發於亡道之國。[7]

【注】

①義虧言失……罰見太白：行動失宜、言語不當，爲違反秋令，傷害了金的德性，罰就顯示在太白星的天象上。

②日方南……退吉進凶：這是星占術上關於贏縮的特殊用語，與天體運行之贏縮觀念有别。日方南：太陽向南方運行。日方北：太陽向北方運行。《開元占經·太白占》注曰："日方南，謂夏至後也；日方北，謂冬至後也。"其含義也與此一致。

③此是金星當出不出、未當出而出的异常天象所出現的凶兆。由於金星爲兵象，故這些异常天象出現時，均與戰鬥的形勢、勝負有關，也與國家的興亡、王、將的生死有關。

④當期而出……其國利：當金星的行度正常時，即爲當期而出，其國昌。久居即於長久停留星座對應之國有利。

⑤易其鄉凶……虜其帥：均爲不按期出入所導致的金星异常狀態下所顯示的凶象，不是將相死，人君惡，就是國有憂。易其鄉凶：變動了位

置，所對應的鄉土則凶。微入：慢慢地隱没不見。盛出：突然明亮地出現。奥而伏：退而伏行。衆敗將北：衆軍失敗將帥敗亡。

⑥出西方失其行……中國敗：熒惑如果出現在西方而失去其行度，出没反常，象徵“夷狄”失敗；若出現在東方失行，則中國失敗。中國：指中原地區的中央統一王朝。

⑦一曰……亡道之國：金星出現得早則有月食，晚有天妖星和彗星，將出現在無道之國所對應的星座。“亡”通“無”。

太白出而留桑榆間，病其下國。①上而疾，未盡期日過參天，病其對國。②太白經天，天下革，民更王，是爲亂紀，人民流亡。晝見與日争明，③强國弱，小國强，女主昌。

太白，兵象也。④出而高，用兵深吉淺凶；埤，淺吉深凶。行疾，用兵疾吉遲凶；行遲，用兵遲吉疾凶。角，敢戰吉，不敢戰凶；擊角所指吉，逆之凶。進退左右，用兵進退左右吉，静凶。圜以静，用兵静吉趮凶。出則兵出，入則兵入。象太白吉，反之凶。赤角，戰。⑤

太白者，猶軍也，而熒惑，憂也。⑥故熒惑從太白，軍憂；⑦離之，軍舒。出太白之陰，有分軍；出其陽，有偏將之戰。當其行，太白還之，破軍殺將。⑧

辰星，殺伐之氣，戰鬥之象也。⑨與太白俱出東方，皆赤而角，夷狄敗，中國勝；與太白俱出西方，皆赤而角，中國敗，夷狄勝。⑩五星分天之中，積于東方，中國大利；積于西方，夷狄用兵者利。⑪辰星不出，太白爲客；辰星出，太白爲主人。辰星與太白不相從，雖有軍不戰。辰星出東方，太白出西方。若辰星出西方，太白出東方，爲格，野雖有兵，不戰。[12]辰星入太白中，五日乃出，及入而上出，破軍殺將，客勝；下出，客亡地。辰星來抵，太白不去，將死。正其上出，破軍殺將，客勝；下出，客亡地。[13]視其所指，以名破軍。[14]辰星繞環太白，若鬥，大戰，客勝，主人吏死。辰星過太白，間可械劍，[15]小戰，客勝；居太白前旬三日，軍罷；出太白左，小戰；歷太白右，數萬人戰，主人吏死；出太白右，去三尺，軍急約戰。

凡太白所出所直之辰，其國爲得位，得位者戰勝。[16]所直之辰順其色而角者勝，其色害者敗。[17]太白白比狼，赤比心，黄比參右肩，青比參左肩，黑比奎大星。[18]色勝位，行勝色，行得盡勝之。[19]

【注】

①留桑榆間病其下國：太白停留在桑榆之位時，對其所對應的國家不利。桑榆間：桑樹榆樹的枝葉之間，言其所在的位置低矮不高。病其下國：對其所對應的國家不利。下國：金星所在星座所對應的國家和地區。病：不利。

②未盡期日過參天病其對國：金星往上快速運行，没有到應有的日期就過了三分之一的天空，那麽，與其所相對衡的國家不利。參天：三分之一的天空。對國：金星所在星座相對衡星座所對應的國家。

③太白經天……與日争明：太白運行到天頂，天下將變革，改朝换代，稱爲亂紀，人民將到處流亡。太白經天：金星爲内行星，距日最大不能超過四十八度。不管是傍晚從西方還是早晨從東方出現在天頂這個位置，都是亂了規律。晝見與日争明：白天見到金星，就是與太陽争奪光明。金星是全天最明亮的星星之一。太陽出現在天空時如果見到它，表示金星有與太陽争光明的意象，故曰與日争明。

④太白兵象：金星爲兵象，爲有無戰事發生的象徵，故星占術上常用金星的出没動態來判斷戰争中的戰場形勢。

⑤出而高……赤角戰：金星爲兵事象徵，所以指揮戰争要摹仿金星的行爲纔能取得勝利。如星出則兵出，星入則兵入，星向右則軍隊向右擊，左則左擊。反之則凶。

⑥太白者……憂也：太白就如軍隊，熒惑就如災害或瘟神。

⑦故熒惑從太白軍憂：所以火星跟隨金星時，軍隊就有憂患之事發生。

⑧出太白之陰……破軍殺將：火星出現在金星的北面，軍隊將分裂；出現在南面，將有偏將的戰鬥發生；火星阻擋其行道，而金星又回來之時，將有破軍殺將的事發生。

⑨辰星……戰鬥之象也：水星爲斷殺和討伐的星氣，是戰鬥的象徵。水星與金星爲兵象是有區别的，但又有互相配合的作用，故在言及金星星占時提及它。

⑩與太白俱出東方……夷狄勝：東方象徵中國，西方象徵“夷狄”。與前占金星出東西方“失其行”不同，此是正行，故出東方，中國勝，出西方，“夷狄勝”。辰星爲戰鬥殺伐之象，與之俱出，可以加强它的作用。

⑪五星……用兵者利：以上説及金水出東西方的占語，此處順便交代五星出東西方，其結果與上一致。

⑫辰星與太白不相從……不戰：金星兵象與水星戰鬥之象“不相從”即不配合，在田野裏雖然有軍隊，但不會發生戰鬥。

⑬辰星入……下出客亡地：當水星進入金星的範圍時，就是兩星相配合了，其勝負還要看水星的動態，水星從上出則中國破軍殺將，下出則客亡地。

⑭視其所指以名破軍：看水星所指示星座對應的地名，給破軍命名。

⑮間可椷（hán）劍：辰星與金星之間的距離可以容納一把劍。椷：通含，容納之義。

⑯凡太白所出所直之辰……得位者戰勝：太白星出現時所在辰位所對應的國家稱爲得位，得位的國家將獲得勝利。

⑰順其色：金星所對應的辰與其相應的顔色相合的國家獲得勝利，不

相合的顔色失敗。

⑱太白白比狼……黑比奎大星：太白星是白星，其顔色類似於天狼星，赤顔色類似於心大星，黄顔色就如參宿的右肩星（參宿五），青顔色則如參左肩星（參宿四），黑顔色就如奎宿大星（奎宿九）。

⑲色勝位……行得盡勝之：星占上的作用大小，顔色勝於方位，行度又勝過顔色，得到了行度，全勝過其它狀態。

辰星曰北方，冬，水，知也，聽也。知虧聽失，逆冬令，傷水氣，罰見辰星。[1]出蚤爲月食，晚爲彗星及天祆。一時不出，其時不和；[2]四時不出，天下大饑。[3]失其時而出，[4]爲當寒反温，當温反寒。當出不出，是謂擊卒，兵大起。[5]與它星遇而鬥，天下大亂。出於房、心間，地動。

【注】

①知虧聽失……罰見辰星：虧缺了智慧和處理事務的才能，又不聽從他人的意見，就是違反了冬令，損傷了水的德性，懲罰顯現在辰星上。

②一時不出其時不和：水星對應於四季，有一個季節見不到水星，這個季節就不調和順暢。

③四時不出天下大饑：如果一歲中水星四季都不出現，天下就要發生饑荒。

④失其時而出：出現於不是其當出的時節。

⑤是謂擊卒兵大起：社會上到處是兵。

填星曰中央，季夏，土，[1]信也，思心也。仁義禮智以信爲主，貌言視聽以心爲正，故四星皆失，填星乃爲之動。[2]填星所居，國吉。[3]未當居而居之，若已去而復還居之，國得土，不乃得女子。當居不居，既已居之，又東西去之，國失土，不乃失女，不，有土事若女之憂。[④]居宿久，國福厚；易，福薄。[⑤]當居不居，爲失填，其下國可伐；得者，不可伐。[⑥]其贏，爲王不寧；縮，有軍不復。一曰，既已居之又東西去之，其國凶，不可舉事用兵。失次而上一舍三舍，有王命不成，不乃大水；失次而下二舍，[⑦]有后慼，其歲不復，[⑧]不乃天裂若地動。

【注】

①填星曰中央季夏土：填星對應於中央、季夏、土行。此處采用了傳統的説法，與劉歆土王四季的説法不同。

②仁義禮智以信爲主……填星乃爲之動：仁、義、禮、智以言行一致的誠信爲主，貌、言、視、聽以思想和觀察問題的方法爲主。所以，以信和思爲對應的填星，在星占上的作用是很大的，衹有當其餘四星都表現出失常之時，填星纔會爲之聯動。

③填星所居國吉：填星所處的星宿所對應的國家吉利。所以，填星被視爲福星、吉利之星。

④有土事：有動土之事。

⑤居宿久……福薄：填星所居留之宿停留長久，所對應的國家福氣深厚；居留的時間短，又很快變動，所對應的國家福薄。

⑥失填……不可伐：失去填星所對應星宿的國家可以討伐，得到填星所對應星宿的國家不可以討伐。

⑦失次而上一舍三舍……失次而下二舍：失次，失去對應的星次。上即贏、前進。下即縮、後退。舍即宿，一個星次含二宿半，故失次可以是越一舍二舍和三舍。

⑧其歲不復：本段有兩處不復，前“縮，有軍不復”爲有軍不能復還，後“其歲不復”爲該歲陰陽不調和。

凡五星，歲與填合[①]則爲内亂，與辰合則爲變謀而更事，[2]與熒惑合則爲飢，爲旱，與太白合則爲白衣之會，爲水。太白在南，歲在北，名曰牝牡，[3]年穀大孰。[4]太白在北，歲在南，年或有或亡。[5]熒惑與太白合則爲喪，不可舉事用兵；與填合則爲憂，主孽卿；與辰合則爲北軍，[6]用兵舉事大敗。填與辰合則將有覆軍下師；[7]與太白合則爲疾，爲内兵。辰與太白合則爲變謀，爲兵憂。

凡歲、熒惑、填、太白四星與辰鬥，皆爲戰，兵不在外，皆爲内亂。一曰，火與水合爲淬，與金合爲鑠，[8]不可舉事用兵。土與金合國亡地，與木合則國饑，與水合爲雍沮，不可舉事用兵。木與金合鬥，國有内亂。同舍爲合，相陵爲鬥。[9]二星相近者其殃大，二星相遠者殃無傷也，從七寸以内必之。

凡月食五星，其國（必）〔皆〕亡：歲以飢，熒惑以亂，填以殺，太白强國以戰，辰以女亂。[10]月食大角，王者惡之。[11]

凡五星所聚宿，其國王天下：從歲以義，從熒惑以禮，從填以重，從太白以兵，從辰以法。以法者，以法致天下也。三星若合，是謂驚立絶行，[12]其國外内有兵與喪，民人乏飢，改立王公。四星若合，是謂大湯，[13]其國兵喪并起，君子憂，小人流。五星若合，是謂易行：[14]有德受慶，改立王者，掩有四方，子孫蕃昌；亡德受罰，離其國家，滅其宗廟，百姓離去，被滿四方。[15]五星皆大，其事亦大；皆小，其事亦小也。

【注】

①歲與填合：歲星與填星相會合。兩星相處於一個星次内稱爲合。

②更事：事情出現變化。

③太白在南……名曰牝牡：木星象徵陽性，金星象徵陰性。牝，雌性；牡，雄性。

④年穀大孰：該年穀物大豐收。孰同熟。

⑤年或有或亡：年成或好或壞。

⑥孽卿：罪惡的大臣。北軍：戰敗的軍隊。

⑦將有覆軍下師：將有覆没的軍隊、失敗的軍隊。《史記·天官書》僅載“有覆軍”三字，故王先謙認爲“下師”二字衍。

⑧火與水合爲淬與金合爲鑠：火星與水星合稱爲淬，與金星合稱爲鑠。淬，鑄造刀劍時，將刀劍燒紅浸入水中使之堅剛的過程。鑠，熔化。金屬在火的高温下能熔化。

⑨相陵爲鬥：相凌，凌犯之義，兩星相距一尺之内爲凌。

⑩辰爲内行星，内行星屬陰性，故曰“辰以女亂”。

⑪月食大角王者惡之：月亮掩食大角星，對帝王不利。石氏曰：“大角，貴人象也，主帝座。”《開元占經》曰：“大角貫月，天子惡之。”説法與此相似。

⑫驚立絶行：震驚大位，斷絶命運。立同位。

⑬是謂大湯：稱为大動蕩。湯通蕩。

⑭易行：改變正常的運行。

⑮被滿四方：及於四方。

凡五星色：皆圜，[①]白爲喪爲旱，赤中不平爲兵，青爲憂爲水，黑爲疾爲多死，黄吉；皆角，[②]赤犯我城，黄地之争，白哭泣之聲，青有兵憂，黑水。五星同色，天下匽兵，[③]百姓安寧，歌舞以行，不見災疾，五穀蕃昌。

凡五星，歲，緩則不行，急則過分，逆則占。[④]熒惑，緩則不出，急則不入，違道則占。填，緩則不建，[⑤]急則過舍，逆則占。太白，緩則不出，急則不入，逆則占。辰，緩則不出，急則不入，非時則占。[⑥]五星不失行，則年穀豐昌。

凡以宿星通下之變者，[⑦]維星散，[⑧]句星信，[⑨]則地動。有星守三淵，[⑩]天下大水，地動，海魚出。紀星散者山崩，不即有喪。[⑪]龜、鱉星不居漢中，川有易者。辰星入五車，大水。熒惑入積水，水，兵起；入積薪，旱，兵起；守之，亦然。極後有四星，名曰句星。[⑫]斗杓後有三星，名曰維星。散者，不相從也。三淵，蓋五車之三柱也。天紀屬貫索。積薪在北戍西北。積水在北戍東北。[⑬]

【注】

①皆圜：都爲圓環狀。

②皆角：都有芒角。

③五星同色天下偃兵：五星同一種顔色，天下没有兵馬行動，没有戰事。

④凡五星……逆則占：對歲星而言，帝王行政緩，即施政寬厚，則歲星的運行没有達到應有的星次；行政急躁，歲星的行度則越過了應有的度分。歲星逆行，就應進行占卜。對其它四星而言，以下的緩、急、占等用語意思相同。

⑤緩則不建：按王先謙的觀念，建當作還。即帝王政緩，則填星不還回。也可作達字之誤。不達，没有到達當在的星宿。

⑥非時：不按時，時辰不合。

⑦以宿星通下之變者：宿星，二十八宿和宿外星官。通下之變者：聯繫地方和人類社會的變故。

⑧維星散：維星分散，不追隨。其後曰“斗杓後有三星，名曰維星”。後世星圖上無維星。王先謙以爲維星就是三公星。

⑨句星信：句星直。信通伸。伸者伸直。巫咸曰：“鈎九星，如鈎狀，在造父北。”《荆州占》曰：“鈎星非其故，地動。”言鈎星本呈鈎狀，直了就會出現變動。

⑩三淵：即後文所述之三淵。後文曰：“三淵，蓋五車之三柱也。”五車又名五潢，或曰天潢，爲天子大澤。有星守衛大澤，故占曰：“天下大水，地動，海魚出。”

⑪紀星散者山崩不即有喪：紀星分散，會有山崩，或者有喪事。石氏曰：“天紀九星，在貫索東。”《黄帝占》曰：“天紀星敗絶，山崩易政，有饑民，君不安。”

⑫極後有四星名曰句星：北極的後面有四顆星名叫句星。後世的鈎星爲九星，與《漢書·天文志》所載不同。

⑬北戍：北河戍星，在井宿東北。

角、亢、氐，沇州。[①]房、心，豫州。尾、箕，幽州。斗，江、湖。牽牛、婺女，揚州。虚、危，青州。營室、東壁，并州。奎、婁、胃，徐州。昴、畢，冀州。觜觿、參，益州。東井、輿鬼，雍州。柳、七星、張，三河。翼、軫，荆州。

甲乙，海外，日月不占。丙丁，江、淮、海、岱。戊己，中州河、濟。庚辛，華山以西。壬癸，常山以北。[②]一曰，甲齊，乙東夷，丙楚，丁南夷，戊魏，己韓，庚秦，辛西夷，壬燕、趙，癸北夷。[③]子周，丑翟，寅趙，卯鄭，辰邯鄲，巳衛，午秦，未中山，申齊，酉魯，戌吴、越，亥燕、代。[④]

秦之疆，候太白，占狼、弧。[⑤]吴、楚之疆，候熒惑，占鳥、衡。[6]燕、齊之疆，候辰星，占虚、危。[7]宋、鄭之疆，候歲星，占房、心。[8]晋之疆，亦候辰星，占参、罰。[9]及秦并吞三晋、燕、代，自河、山以南者中國。中國於四海内則在東南，爲陽，陽則日、歲星、熒惑、填星，占於街南，畢主之。[10]其西北則胡、貉、月氏旃裘引弓之民，爲陰，陰則月、太白、辰星，占於街北，昴主之。[11]故中國山川東北流，其維，首在隴、蜀，尾没於勃海碣石。[12]是以秦、晋好用兵，復占太白。[13]太白主中國，而胡、貉數侵掠，獨占辰星。辰星出入趮疾，常主夷狄，其大經也。[14]

【注】

①角亢氐沇州：角、亢、氐三宿對應於沇州。沇又寫作兖。自此以下論述恒星地理分野。關於這種對應關係，在星占上十分重要，是星占理論賴以建立的基礎，在上古的各種天文著作中都有記載。關於這部分内容，《淮南子・天文訓》稱爲“星部地名”，《漢書・地理志》稱爲“恒星分野”，《晋書・天文志》稱爲“州郡躔次”，《開元占經》和《乙巳占》都簡稱爲“分野”。分野有三種分法，一是恒星與國家，二是恒星與州郡，三是方位與州郡。後者實用價值不大。這三種分法，《漢書・天文志》都有引述，衹是没有記載名稱。此處將州郡和國名分開記述，在《晋書・天文志》則合在一起。其實，恒星國名分野，大致反映了戰國時人的觀念，恒星州郡分野，反映了漢人的分野觀，秦漢統一以後，衹有州名，雖有分封的諸侯國，但所占地域不大，也不齊全，不能代表廣大地域，故改用州郡名。漢朝將全國分爲十二州，故每個方位對應三個州。

②甲乙海外……常山以北：此是典型的方位占。甲乙，海外，或木、東方。丙丁，火、南方，對應於江、淮、海、岱，海曰南海（東海、渤海），岱曰魯。戊己，土、中方，對應於中州河、濟。庚辛，金、西方，對應於華山以西。壬癸，水、北方，對應於常山以北，常山即北嶽恒山。

有人説此處的丙丁、戊己等指天象變异的日期，實是誤導。

③一曰……癸北夷：此處的甲、乙等十天干仍然是指方位，但各自分開表述，甲爲齊，乙爲東夷，丙爲楚，丁爲南夷，戊爲魏，己爲韓，庚爲秦，辛爲西夷，壬爲燕、趙，癸爲北夷。此處的東、南、西、北夷各代表東、南、西、北方的少數民族，并與十個方位相對應。

④十二地支也代表十二方位，它們與國家的方位也大致對應。

⑤秦之疆……占狼弧：秦國的疆域，用太白星占卜，也用天狼星和弧矢星占卜。太白對應於西方，秦國位於西方，故星占家將二者對應起來。天狼星和弧矢星在井宿的南面，故後世星占家將秦對應於井宿。此處占秦不占井宿而占狼、弧，與後世占法有异，這是古老的占法。下同此義。

⑥吴楚之疆……占鳥衡：吴、楚的疆域，用熒惑星占候，也用鳥星、衡星占卜。鳥指朱鳥，衡指太微垣，均爲南方七宿星座。熒惑屬南方火，故與鳥、衡相對應。吴、楚爲南方之國，故用南方星座爲占。

⑦燕齊之疆……占虚危：燕、齊的疆域，用辰星和虚、危爲占候。辰星爲北方水，虚、危爲北方七宿的主星，燕、齊爲北方大國，故有此對應的占法。

⑧宋鄭之疆……占房心：宋、鄭的疆域，以歲星和房宿、心宿來占卜。宋、鄭位於中國的中部和東部，歲星爲東方木，房宿、心宿爲東方蒼龍七宿的主星，所以宋、鄭之地用歲星和房宿、心宿來占卜。

⑨晋之疆……占參罰：晋國的疆域，以辰星和參宿、罰星進行占卜。晋占參星，與後世之分野一致，但占辰星之説，實際是將晋國分配在北方之區，與後世有异。實際上，晋國在戰國時分裂爲趙、魏、韓三國，各有不同的分野。

⑩及秦……畢主之：中國在四海内之東南，爲陽，與日、歲星、熒惑、填星相對應，以天街星的南面畢宿爲占。

⑪西北則是"胡人"、貉人和月氏等部族，爲陰，與月、太白和辰星相對應，以天街星的北面昴宿爲占。旃（zhān）裘引弓之民：以穿獸皮爲衣、食獸肉爲生的人。旃裘：氈裘，用獸皮毛製成衣服。引弓：拉弓射箭，指以狩獵爲生的游牧部族。

⑫其維首在隴蜀尾没於勃海碣石：山河自西向東走向，起源於甘肅、

四川一帶，尾在渤海的碣石山一帶。

⑬秦晋好用兵復占太白：太白主兵，秦、晋好用兵，故亦以太白爲占。

⑭其大經也：這是大概的情况。

凡五星，早出爲贏，贏爲客；晚出爲縮，縮爲主人。五星贏縮，必有天應見杓。

太歲[1]在寅曰攝提格。[2]歲星正月晨出東方，石氏曰名監德，[3]在斗、牽牛。失次，杓，早水，晚旱。甘氏在建星、婺女。《太初曆》在營室、東壁。[4]

在卯曰單閼。[5]二月出，石氏曰名降入，在婺女、虚、危。甘氏在虚、危。失次，杓，有水災。《太初》在奎、婁。

在辰曰執徐。三月出，石氏曰名青章，在營室、東壁。失次，杓，早旱，晚水。甘氏同。《太初》在胃、昴。

在巳曰大荒落。四月出，石氏曰名路踵，在奎、婁。甘氏同。《太初》在參、罰。

在午曰敦牂。五月出，石氏曰名啓明，在胃、昴、畢。失次，杓，早旱，晚水。甘氏同。《太初》在東井、輿鬼。

在未曰協洽。六月出，石氏曰名長烈，在觜觿、參。甘氏在參、罰。《太初》在注、張、七星。

在申曰涒灘。七月出。石氏曰名天晋，在東井、輿鬼。甘氏在弧。《太初》在翼、軫。

在酉曰作詻。八月出，石氏曰名長壬，在柳、七星、張。失次，杓，有女喪、民疾。甘氏在注、張。失次，杓，有火。《太初》在角、亢。

在戌曰掩茂。九月出，石氏曰名天睢，在翼、軫。失次，杓，水。甘氏在七星、翼。《太初》在氐、房、心。

在亥曰大淵獻。十月出，石氏曰名天皇，在角、亢始。甘氏在軫、角、亢。《太初》在尾、箕。

在子曰困敦。十一月出，石氏曰名天宗，在氐、房始。[⑥]甘氏同。《太初》在建星、牽牛。

在丑曰赤奮若。十二月出，石氏曰名天昊，在尾、箕。甘氏在心、尾。《太初》在婺女、虛、危。

甘氏、《太初曆》所以不同者，以星贏縮在前，各録後所見也。[⑦]其四星亦略如此。[⑧]

【注】

①太歲：爲創立太歲紀年法而設立的一個假想天體，其運行的速度與木星相等、方向相反。它每歲移動的方向，正好與十二地支的方向相對應，於是可以十二地支紀年。

②太歲在寅曰攝提格：太歲在寅位名爲攝提起始之歲。攝提爲斗柄前指示時節的星，故有此叫法。太歲紀年的第一年就叫攝提格之歲。

③石氏曰名監德：這是歲星正月晨出東方之年的异説。歲星每年都有一個异名：二年爲降入，三年爲青章，四年爲路踵，五年爲啓明，六年爲長烈，七年爲天晋，八年爲長壬，九年爲天睢，十年爲天皇，十一年爲天宗，十二年爲天昊。

④在斗牽牛……營室東壁：有多種不同的太歲紀年法，對應於在寅位的攝提格之歲，正月歲星所對應的方位各不相同，石氏法在斗、牽牛，即用周正，甘氏在建星、婺女，也用周正，但對應星宿不同，《太初曆》在

營室、東壁，即用夏正。

⑤太歲紀年的一年歲名爲寅攝提格，二年卯單閼，三年辰執徐，四年巳大荒落，五年午敦牂，六年未協洽，七年申涒灘，八年酉作詻，九年戌掩茂，十年亥大淵獻，十一年子困敦，十二年丑赤奮若。這些歲名的含義較爲怪异，有人作了解釋，但難以確信，似是而非。大荒落又作大荒駱。上文路踵又作跰踵。長烈又作長列，注爲柳宿的別名。天晋又作大音。作詻又作作噩或作鄂。長壬又作長王。掩茂又作閹茂。天皇又作大章。天宗又作天泉。

⑥在氐房始：始字無解。考下一年歲星在尾、箕，《史記·天官書》作氐、房、心，知“始”字爲“心”字之誤。十月條的始字爲衍字。

⑦甘氏太初曆所以不同者……各録後所見也：甘氏和《太初曆》太歲紀年法所以不同，指各月對應的歲星所在星宿不同，是由於歲星運動有快慢的原因，這些紀年法衹是根據觀測實際而記録的。

⑧其四星亦略如此：其它四星亦大致如此。這個四星當爲五星中的其餘四星，但其它四星并不用作紀年，説得含糊不清。

古曆五星之推，亡逆行者，至甘氏、石氏《經》，以熒惑、太白爲有逆行。①夫曆者，正行也。古人有言曰：“天下太平，五星循度，亡有逆行。日不食朔，月不食望。”夏氏《日月傳》曰：“日月食盡，主位也；不盡，臣位也。”《星傳》②曰：“日者德也，月者刑也，故曰日食修德，月食修刑。”③然而曆紀推月食，與二星之逆亡异。熒惑主内亂，太白主兵，月主刑。自周室衰，亂臣賊子師旅數起，刑罰失中，雖其亡亂臣賊子師旅之變，内臣猶不治，四夷猶不服，兵革猶不寢，刑罰猶不錯，故二星與月爲之失度，三變常見；及有亂臣賊子伏尸流血之兵，大變乃出。甘、石氏見其常然，因以爲紀，皆非正行也。《詩》云："彼月而食，則惟其常；此日而食，于何不臧？"[④]《詩傳》曰："月食非常也，比之日食猶常也，日食則不臧矣。"謂之小變，可也；謂之正行，非也。故熒惑必行十六舍，去日遠而顓恣。[⑤]太白出西方，進在日前，氣盛乃逆行。[⑥]及月必食於望，亦誅盛也。[⑦]

【注】

①古曆五星之推……以熒惑太白爲有逆行：上古曆法推算五星的行度，認爲没有作逆行運動的，衹是到了甘氏和石氏的《星經》，纔有了熒惑和太白的逆行推算。這從另一方面來説，意思是，甘氏、石氏的《星經》還没有木星、土星和辰星逆行的推算，比起《三統曆》來説均要粗略。

②《星傳》：後人輯録甘德、石申、巫咸各派天文學家的記載的書，早已失傳。夏氏《日月傳》亦爲古書名，失傳。

③日食修德月食修刑：發生日食則修養德政，發生月食則審慎刑罰。

④于何不臧：奈何如此不好。語出《詩經·小雅·十月之交》。

⑤熒惑必行十六舍去日遠而顓恣：火星能運行到距太陽十六舍以上，即不受與太陽相對位置大小的限制，這是由於熒惑去日遠了之後，就可放縱地活動了。顓恣：顓通專；恣，任意。

⑥進在日前氣盛乃逆行：太白星在太陽前面運動，氣太盛了所以又逆行。

⑦月必食於望亦誅盛也：月亮一定要到滿月之時纔發生月食，這是懲罰月亮氣勢太盛。

國皇星，大而赤，狀類南極。[①]所出，其下起兵。[②]兵强，其衝不利。[③]

昭明星，大而白，無角，[④]乍上乍下。所出國，起兵多變。

五殘星，[5]出正東，東方之星。其狀類辰，去地可六丈，大而黄。

六賊星，[6]出正南，南方之星。去地可六丈，大而赤，數動，有光。

司詭星，[7]出正西，西方之星。去地可六丈，大而白，類太白。

咸漢星，[8]出正北，北方之星。去地可六丈，大而赤，數動，察之中青。

此四星所出非其方，其下有兵，衝不利。

四填星，出四隅，去地可四丈。地維臧光，[9]亦出四隅，去地可二丈，若月始出。所見下，有亂者亡，有德者昌。

燭星，狀如太白，其出也不行，見則滅。所燭，城邑亂。

如星非星，如雲非雲，名曰歸邪。歸邪出，必有歸國者。

星者，金之散氣，其本曰人。[10]星衆，國吉，少則凶。漢者，亦金散氣，其本曰水。[11]星多，多水，少則旱，其大經也。

天鼓，有音如雷非雷，音在地而下及地。[12]其所住者，[13]兵發其下。

天狗，狀如大流星，有聲，其下止地，類狗。所墜及，望之如火光炎炎中天。其下圜如數頃田處，上鋭見則有黄色，千里破軍殺將。

格澤者，如炎火之狀，黄白，起地而上，下大上鋭。其見也，不種而穫。不有土功，必有大客。[14]

蚩尤之旗，類彗而後曲，象旗。見則王者征伐四方。

旬始，出於北斗旁，狀如雄雞。其怒，[15]青黑色，象伏鱉。

枉矢，狀類大流星，蛇行而倉黑，望如有毛目然。[16]

長庚，廣如一匹布著天。此星見，起兵。

星磓至地，則石也。

天暒而見景星。景星者，德星也，其狀無常，常出於有道之國。

【注】

①狀類南極：它的形狀類似南極老人星。

②所出其下起兵：它出現的時候，所對應的國家有兵起。

③其衝不利：對應星座所對國家不利。

④無角：無芒角爲星的正常狀態。通常不必描寫。據王先謙的意見爲有角。昭明星的形狀，按《釋名》一書的描述，又爲筆星，其氣有一枝，末鋭似筆。

⑤五殘星：據《史記·天官書》注引孟康曰："星表有青氣如暈，有毛。"《正義》曰："一名五鋒。"

⑥六賊星：《史記·天官書》作大賊星。

⑦司詭星：《史記·天官書》作司危星，并引孟康曰："星大而有尾，兩角。"

⑧咸漢星：《史記·天官書》作獄漢星，并引孟康曰："青中赤表，下有二彗縱横。"

⑨臧光：隱藏着光輝。

⑩星者金之散氣其本曰人：《史記·天官書》作"其本曰火"。"曰

人”不通，當作“曰火”，人當爲火字之誤寫。

⑪漢者亦金散氣其本曰水：銀河承上“星者金之散氣”也是金的散氣，本質上可認爲由水組成。這符合古代人的想法，他們認爲銀河與地上的水相連。

⑫音在地而下及地：清代張文虎認爲當作“音在天而下及地”，宜也。

⑬所住者：《史記·天官書》作“所往者”。以“往”爲是。

⑭格澤者：在以上各類异常天象中，大多爲凶星，而格澤星爲吉星，見者不種而有收穫，不然就有地土和人才的收益。

⑮其怒：形狀如發怒，光芒四射。

⑯蛇行而倉黑望如有毛目然：言枉矢星如大流星，飛行過程中如蛇似的曲屈移動，爲蒼黑色，看上去象有羽毛。毛目，《史記·天官書》作“毛羽”。“毛羽”爲是。

日有中道，月有九行。①

中道者，黄道，一曰光道。②光道北至東井，去北極近；南至牽牛，去北極遠；東至角，西至婁，去極中。③夏至至於東井，北近極，故晷短；立八尺之表，而晷景長尺五寸八分。冬至至於牽牛，遠極，故晷長；立八尺之表，而晷景長丈三尺一寸四分。春秋分日至婁、角，去極中，而晷中；立八尺之表，而晷景長七尺三寸六分。④此日去極遠近之差，晷景長短之制也。去極遠近難知，要以晷景。晷景者，所以知日之南北也。⑤

【注】

①日有中道月有九行：太陽沿着中間的軌道運行，而月亮則有九種行度。

②中道者黄道一曰光道：中道就是黄道，另一名稱爲光道。

③光道……去極中：黄道與赤道斜交，最北點在東井，離北極近，最

南點在牽牛，離北極遠，東方到角宿，西方到婁宿，距離北極中等遠近，也就是與赤道的交點。

④夏至……三寸六分：晷景，日晷影長。實際是圭表的影長。圭表，一根直立在地面高八尺的杆。古代或用中午日影的長度來定季節。太陽距北極最近就是夏至，中午日影最短，太陽距北極最遠也就是太陽運行到最南方，中午日影最長。春秋分則影長適中。

⑤去極遠近難知……所以知日之南北也：太陽距離北極的遠近難以知道，在發明渾儀之前，主要依靠圭表測影的方法來解決。以後保持沿用了這種傳統方法。圭表測影的目的，就是要知道太陽距離南北的位置，并用以確定季節。

日，陽也。陽用事[①]則日進而北，晝進而長，陽勝，故爲温暑；陰用事則日退而南，晝退而短，陰勝，故爲凉寒也。故日進爲暑，退爲寒。若日之南北失節，晷過而長爲常寒，退而短爲常燠。[②]此寒燠之表也，[③]故曰爲寒暑。一曰，晷長爲潦，短爲旱，奢爲扶。[④]扶者，邪臣進而正臣疏，君子不足，姦人有餘。

【注】

①用事：當節令。陽用事則陽氣正當節令。陰則相反。

②燠：熱。

③此寒燠之表：晷影長短，就是天氣寒熱的標志。

④晷長爲潦……奢爲扶：晷影長了有水潦，短時爲旱，晷影過分了就水旱并行。這些都是星占上的用語。

月有九行者：黑道二，出黄道北；赤道二，出黄道南；白道二，出黄道西；青道二，出黄道東。[①]立春、春分，月東從青道；立秋、秋分，西從白道；立冬、冬至，北從黑道；立夏、夏至，南從赤道。[②]然用之，一決房中道。[③]青赤出陽道，白黑出陰道。若月失節度而妄行，出陽道則旱風，出陰道則陰雨。

【注】

①月有九行者……出黃道東：青赤白黑各有二道，計爲八道，比九道尚缺一道，這是怎麽回事呢？考察九道術創立發展的歷史，劉向《五紀論》最早，他的論述，確實如《漢書·天文志》所載，衹有八條行道。但是，《河圖帝覽嬉》則有如下記載："黃道一，青道二出黃道東，赤道二出黃道南，白道二出黃道西，黑道二出黃道北。"由此可見，第九條行道即爲黃道。從排列順序來看，《漢書·天文志》的排列也不正確，正確的順序當如上引黃道一、青道二、赤道二、白道二、黑道二。

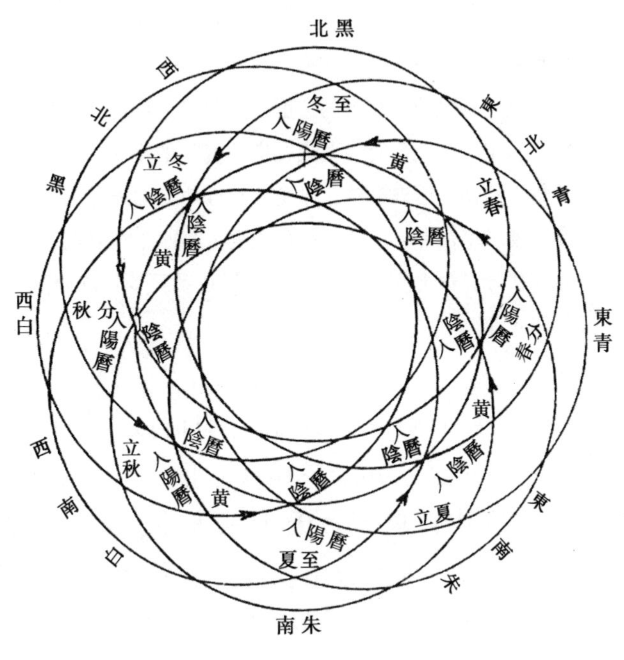

月行九道圖

②立春春分……南從赤道：月行九道是如何運動呢？這一段記述，就是説明它的運動方向的：立春、春分之時，東從青道；立夏、夏至之時，南從赤道；立秋、秋分之時，西從白道；立冬、冬至之時，北從黑道。《漢書·天文志》先述立春、春分，立秋、秋分，繼述立冬、冬至，立夏、夏至，可知没有按順序描述，而《五紀論》則説："立春、春分，東從青道；立夏、夏至，南從赤道。秋白冬黑，各隨其方。"這個順序的記載就正確了。

③然用之一决房中道：具體使用，從房中道開始。房中道，房宿中間的道。角宿、房宿是二十八宿中的開頭二宿，故計算從房中道開始。

九道術是一種什麽性質的方法？後世對此已經不大明白，不過當時爲此争論得很激烈。《後漢書·律曆志》記載了安帝延光二年的曆法辯論中，張衡等人都主張用九道法。賈逵也説："率一月移故所疾處三度，九歲九道一復。"河南尹祉則指出："用九道爲朔，月比有三大二小。"從河南尹祉和賈逵的論述中可以得知，九道術是推算月行遲疾的新方法。後世人們常用近地點月來推算月亮運動的準確位置，賈逵所述"一月移故所疾處三度"正合於月亮近地點位置移動的速度，以每月三度計，月亮近地點移動一周爲九點一八年，此正合於"九歲九道一復"的規律。如果將月行九道按月近地點每年移動一道來解釋，那麽，其近地點的運動周期正好爲：第一年在立春，第二年在春分，第三年在立夏，第四年在夏至，第五年在立秋，第六年在秋分，第七年在立冬，第八年在冬至。其餘分落在第九年。第十年又回到立春。

凡君行急則日行疾，君行緩則日行遲。[①]日行不可指而知也，故以二至二分之星爲候。日東行，星西轉。冬至昏，奎八度中；夏至，氐十三度中；春分，柳一度中；秋分，牽牛三度七分中：此其正行也。日行疾，則星西轉疾，事勢然也。故過中則疾，君行急之感也；不及中則遲，君行緩之象也。至月行，則以晦朔决之。日冬則南，夏則北；冬至於牽牛，夏至於東井。②日之所行爲中道，月、五星皆隨之也。③

箕星爲風，東北之星也。東北地事，天位也，故《易》曰“東北喪朋”。及《巽》在東南，爲風；風，陽中之陰，大臣之象也，其星，軫也。月去中道，移而東北入箕，若東南入軫，則多風。西方爲雨；雨，少陰之位也。月去中道，移而西入畢，則多雨。④故《詩》云“月離于畢，俾滂沱矣”，⑤言多雨也。《星傳》曰“月入畢則將相有以家犯罪者”，言陰盛也。《書》曰“星有好風，星有好雨，月之從星，則以風雨”，⑥言失中道而東西也。故《星傳》曰“月南入牽牛南戒，⑦民間疾疫；月北入太微，出坐北，⑧若犯坐，則下人謀上”。

一曰月爲風雨，日爲寒温。⑨冬至日南極，晷長，南不極則温爲害；夏至日北極，晷短，北不極則寒爲害。⑩故《書》曰“日月之行，則有冬有夏”也。政治變於下，日月運於上矣。⑪月出房北，爲雨爲陰，爲亂爲兵；出房南，爲旱爲夭喪。水旱至衝而應，⑫及五星之變，必然之效也。

【注】

①君行急則日行疾君行緩則日行遲：這句話説天子執政所采取的行動與日行的對應關係：行政急則日行疾，行政平緩則日行遲。這是星占用語。

②日行……東井：這一段是專門講述四季中太陽所在位置的。由於不能直接測量太陽在恒星間的位置，所以衹能用二分二至的恒星位置來表示：冬至的黄昏，奎宿八度中天；夏至氐十三度昏中，春分柳一度昏中，

秋分牽牛三度七分昏中。冬季太陽的位置偏南，夏至偏北，冬至在牽牛，夏至在東井。

③日之所行爲中道月五星皆隨之：太陽運行的軌道爲中道，也稱爲黄道。中道者，中間之道，月和五星都追隨其周圍運動，或與其同道，或偏北，或偏南。

④箕星爲風……則多雨：這一段全部是講月亮與風雨關係的，其性質也爲星占上的用語，認爲東方的星宿爲風，西方的星宿爲雨。月行遇到東北星箕就有風，東南方的星軫也爲風，遇到西方之星畢宿則爲雨。其實，中國星占家的觀念，箕宿爲風，是因爲用簸箕簸揚穀糠時會產生風；軫宿爲風，是因爲車子飛速行進時也產生風。

⑤月離于畢俾滂沱矣：語出《詩經·小雅·漸漸之石》，是説月亮運行到畢宿，就將遇到滂沱大雨。

⑥星有好風星有好雨月之從星則以風雨：語出《尚書·洪範》，是説有的星喜歡風，有的星則喜歡雨，月亮跟隨星之時，也就出現了風雨。

⑦牽牛南戒：王先謙以爲“戒”當爲“戍”字之誤。

⑧月北入太微出坐北：月亮在北面進入太微垣，出現在五帝座的北面。正因爲月亮侵犯了五帝座，象徵月犯帝位，所以纔有下文説“下人謀上”。

⑨月爲風雨日爲寒温：月導致風雨、日導致寒温的觀念，在上兩節已經具體充分説明和描述了。由於太陽不斷輻射光和熱，能爲寒温是顯而易見的。月爲風雨，則是古人的主觀想象。

⑩南不極則温爲害……北不極則寒爲害：冬至太陽如果不能運行到極南方，就有温的危害；夏至太陽如果不能運行到極北方，就有寒的危害。

⑪政治變於下日月運於上：言政治的變化與日月運動的變化是相對應的。

⑫月亮出現在房宿北面，則有風雨陰天，出現在房宿之南，則有干旱妖災。水旱的出現，是與星象的對衝爲感應的。房宿與畢宿相距十二宿，爲對衝之宿，故畢有風雨之時，房宿也有風雨。其北爲陰，陰爲陰性，故對應陰天和雨天；其南爲陽，陽爲陽性，故對應熱和干旱妖災。

兩軍相當,[①]日暈[②]等，力均;[③]厚長大，有勝；薄短小，亡勝。[④]重抱，大破亡。[⑤]抱爲和，背爲不和，爲分離相去。[⑥]直爲自立，立兵破軍，若曰殺將。[⑦]抱且戴，有喜。[⑧]圍在中，中勝；在外，外勝。[⑨]青外赤中，以和相去；赤外青中，以惡相去。氣暈[⑩]先至而後去，居軍勝。[⑪]先至先去，前有利，後有病；後至後去，前病後利；後至先去，前後皆病，居軍不勝。見而去，其後發疾，雖勝亡功。見半日以上，功大。白虹屈短，上下銳，有者下大流血。日暈制勝,[⑫]近期三十日，遠期六十日。

其食,[⑬]食所不利；復生，生所利;[⑭]不然，食盡爲主位。[⑮]以其直及日所躔加日時，用名其國。[⑯]

【注】

①兩軍相當：作戰雙方兩相對立。

②日暈：可以用日暈來判斷戰場的形勢。以下至“以惡相去”，均是述説日暈對兩軍勝負的。石氏曰：“日傍有氣，圓而周匝，内赤外青，名爲暈。”蔡伯喈曰：“氣見於日傍四周爲暈。”郭璞曰：“即暈氣五色覆日者也。”日暈是光學現象，即陽光通過地球上雲層大氣的水氣而形成的彩色光環。

③等力均：日暈光環四周相等，則兩軍勢均力敵。

④日暈寬厚、長大，軍隊有勝利，日暈薄弱短小，軍隊無勝利。

⑤重抱大破亡：日暈有重複相抱的現象，軍隊就有大的破亡。

⑥抱爲和背爲不和爲分離相去：抱，雲氣環繞太陽。背，雲氣的光芒背向太陽。言如果日暈出現相抱，雙方的軍隊會和解；日暈如果相背，兩軍就不和解，但雙方會不戰分離而去。

⑦直爲自立立兵破軍若曰殺將：日暈出現光帶筆直的雲氣，就表示軍

中出現自立，自立的軍隊破敗，有被殺的將軍。

⑧抱且戴有喜：日暈成抱狀，并在太陽的上方如戴帽，則軍隊有喜事。

⑨圍在中中勝在外外勝：光氣圍在中間則中間的軍隊勝利，在外則外面的軍隊勝利。

⑩氣暈：指發生日暈時出現的光環、光帶。

⑪居軍：駐守的軍隊。

⑫日暈制勝：觀看日暈判斷取得勝利的時間。

⑬其食：用日食來判斷兩軍的態勢。

⑭食所不利復生生所利：日食虧損方位所在星宿所對應的方位不利，日食復生時對應星宿所對應的方位有利。

⑮不然食盡爲主位：不這樣，就對應在全食發生時所在星宿對應的國君身上。

⑯以其直及日所躔加日時用名其國：用日食發生時所對應的星宿以及太陽所在的日期和時間來判斷所對應的國家。

凡望雲氣，[①]仰而望之，三四百里；平望，在桑榆上，千餘里，二千里；登高而望之，下屬地者居三千里。[②]雲氣有獸居上者，勝。

自華以南，[③]氣下黑上赤。嵩高、三河之郊，[④]氣正赤。常山以北，[⑤]氣下黑上青。勃、碣、海、岱之間，[⑥]氣皆黑。江、淮之間，[⑦]氣皆白。

徒氣白。土功氣黄。[⑧]車氣乍高乍下，往往而聚。騎氣卑而布。卒氣摶。[⑨]前卑而後高者，疾；前方而後高者，鋭；後鋭而卑者，卻。其氣平者其行徐。前高後卑者，不止而反。[⑩]氣相遇者，卑勝高，鋭勝方。氣來卑而循車道者，不過三四日，去之五六里見。氣來高七八尺者，不過五六日，去之十餘二十里見。氣來高丈餘二丈者，不過三四十日，去之五六十里見。

捎雲精白者，[11]其將悍，其士怯。其大根而前絶遠者，[12]戰。精白，其芒低者，戰勝；其前赤而印者，[13]戰不勝。陳雲[14]如立垣。杼雲類杼。[15]柚雲摶而耑鋭。[16]杓雲如繩者，居前竟天，其半半天。[17]蜺雲者，類鬥旗故。[18]鈎雲句曲。[19]諸此雲見，以五色占。而澤摶密，其見動人，乃有占；[20]兵必起。合鬥其直。[21]王朔所候，决於日旁。日旁雲氣，人主象。皆如其形以占。

故北夷之氣如群畜穹閭，[22]南夷之氣類舟船幡旗。[23]大水處，敗軍場，破國之虚，下有積泉金寶，[24]上皆有氣，不可不察。海旁蜃氣[25]象樓臺，廣壄氣成宫闕然。雲氣各象其山川人民所聚積。故候息秏者，[26]入國邑，[27]視封畺田疇之整治，[28]城郭室屋門户之潤澤，次至車服畜産精華。實息者吉，虚秏者凶。[29]

若煙非煙，若雲非雲，郁郁紛紛，蕭索輪囷，是謂慶雲。[30]慶雲見，喜氣也。若霧非霧，衣冠不濡，[31]見則其城被甲而趨。[32]

夫雷電、赮虹、[33]辟歷、[34]夜明者，[35]陽氣之動者也，春夏則發，秋冬則藏，故候書者亡不司。[36]

天開縣物，[37]地動坼絶。[38]山崩及陁，[39]川塞谿垘；[40]水澹地長，[41]澤竭見象。城郭門閭，潤息槁枯；宫廟廊第，人民所次。[42]謡俗[43]車服，觀民飲食。五穀草木，觀其所屬。倉府廄庫，四通之路。六畜禽獸，所産去就；魚鱉鳥鼠，觀其所處。鬼哭若謼，與人逢遌。[44]訛言，誠然。[45]

【注】

①望雲氣：觀察雲和氣。利用觀察雲和氣的方法來附會人事，預報吉凶，這是星占迷信的占卜方法。

②仰而望之……三千里：這是觀察雲氣的三種方法和結果。在地面上仰望，可看到三四百里的雲；爬到樹上觀看，可以看到千里之遠的雲；登上高山觀看，可以看到三千里遠的雲。

③自華以南：自華山以南，這是南方雲氣。

④嵩高三河之郊：嵩山、三河之地，即河南登封的嵩山，山西南部和河南西部中部的三河地區，在分野上也屬南方。

⑤常山以北：恒山以北，古時稱爲北方之地。

⑥勃碣海岱之間：勃爲渤海，碣指碣石，海指黄海、東海，岱指泰山，爲中國的東部和東北部。

⑦江淮之間：長江、淮河的中間地帶。

⑧徒氣白土功氣黄：步兵之氣爲白色。土建之氣爲黄色。土建即建築有關的工事。其中作戰使用的防禦工事，也爲其中的主要一項。

⑨車氣乍高乍下……卒氣摶：戰車的氣有時高有時低，往往聚集在一起。騎兵的氣低下而且展開。士卒的氣團聚在一起。

⑩前卑……不止而反：戰場形勢的雲氣，前面低後面高的雲氣，軍隊行動迅速；前面爲方形後面高的雲氣，軍隊富於鋭氣；後面尖鋭而且低的雲氣，士氣膽怯；平行展開的雲氣，軍隊行動遲緩；前面高而後面低的雲氣，軍隊不再停留而是回返。

⑪捎雲精白：捎雲，高處飄着的雲。精白，潔白色。

⑫大根而前絶遠者：其基部大而前面又延伸很遠的雲氣。

⑬卬者：向上昂起的雲。“卬（áng）”同“昂”。

⑭陳雲：形狀似戰陣的雲。“陳”同“陣”。

⑮杼雲形狀如織布用的杼。杼（zhù）：織布的梭子。

⑯柚雲摶而耑鋭：形狀似軸的雲成團狀，其端點尖鋭。“柚（zhóu）”通“軸”。“耑（duān）”通“端”。

⑰杓雲如繩者……其半半天：杓狀的雲似一條繩子，向前面伸去達到整個天空，它的一半也有半個天空。

⑱蜺雲者類鬥旗故：蜺狀的雲，就如戰鬥的旗幟。

⑲鈎雲句曲：似鈎狀的雲，呈鈎曲的形狀。

⑳澤摶密……乃有占：光澤聚集擴展緊密而且容易打動人心的雲氣，纔能進行占卜。

㉑兵必起合鬥其直：見到這種雲氣，軍事行動一定發生，戰鬥就在它所當的地方。合鬥，會合交戰。其直，所當的地方。

㉒群畜穹間：畜群密集，帳蓬廣。

㉓幡旗：直着掛的長方形旗幟。

㉔下有積泉金寶：在大水埋没之地，敗兵留下的戰場，國家破敗的廢墟，它們的下面，都埋藏有金錢和財寶。泉代表錢。

㉕海旁蜃氣：在海邊的蜃氣，即海市蜃樓的幻景。

㉖候息秏：觀察好壞。息爲積餘。秏，消耗。

㉗入國邑：來到封國的居民區。

㉘視封畺田疇之整治：觀看疆界田地的耕作狀況。

㉙實息者吉虚秏者凶：充實的國邑吉利，空虚的國邑凶險。

㉚蕭索輪囷是謂慶雲：雲氣疏散、彎彎曲曲的形狀，稱爲慶雲。慶雲即喜氣之雲。輪囷（qūn），彎曲，囷本意爲圓形的穀倉。

㉛衣冠不濡：衣帽不沾濕。

㉜被甲而趨：披着鎧甲奔走，兵荒馬亂之狀。

㉝騢虹：彩霞和霓虹。“騢（xiá）”同“霞”。

㉞辟歷：霹靂，爲驚雷。

㉟夜明：夜間高層大氣發光現象，即夜間高層大氣被太陽照亮而發出的微弱光輝。

㊱候書者亡不司：觀察記録的人没有不觀察的。

㊲天開縣物：夜空呈現天空開裂的景象，可以看到似有事物懸掛。

㊳地動坼絶：大地震動斷裂。

㊴山崩及陁：山體崩塌。陁（zhì）：傾塌。

㊵溪垘：溪流堵塞。

㊶水澮地長：流水回還，地面上漲。

㊷所次：人民止息居住的地方。

㊸謡俗：民間歌謡和風俗。

㊹逢遌：遇到。“遌”又作“俉”，“俉”有相逢而驚之意。

㊺訛言誠然：訛言之興，其後必誠有此事。

凡候歲美惡，[①]謹候歲始。歲始或冬至日，産氣始萌。臘明日，人衆卒歲，壹會飲食，發陽氣，故曰初歲。正月旦，王者歲首；立春，四時之始也。四始者，候之日。[②]

而漢魏鮮集臘明正月旦決八風。[③]風從南，大旱；西南，小旱；西方，有兵；西北，戎叔爲，[④]小雨，趣兵；[⑤]北方，爲中歲；東北，爲上歲；東方，大水；東南，民有疾疫，歲惡。故八風各與其衝對，課多者爲勝。[⑥]多勝少，久勝亟，疾勝徐。旦至食，爲麥；食至日昳，爲稷；昳至晡，爲黍；晡至下晡，爲叔；下晡至日入，[⑦]爲麻。欲終日有雲，有風，有日，當其時，深而多實；亡雲，有風日，當其時，淺而少實；有雲風，亡日，當其時，深而少實；有日，亡雲，不風，當其時者稼有敗。如食頃，[⑧]小敗；孰五斗米頃，[⑨]大敗。風復起，有雲，其稼復起。各以其時用雲色占種所宜。[⑩]雨雪，寒，歲惡。

是日光明，聽都邑人民之聲。聲宫，則歲美，吉；商，有兵；徵，旱；羽，水；角，歲惡。

或從正月旦比數雨。[⑪]率日食一升，至七升而極；過之，不占。[⑫]數至十二日，直其月，占水旱。[⑬]爲其環域千里内占，即爲天下候，竟正月。[14]月所離列宿，日、風、雲，占其國。[15]然必察太歲所在。金，穰；水，毀；木，飢；火，旱。[16]此其大經也。

正月上甲，[17]風從東方來，宜蠶；從西方來，若旦有黄雲，惡。

冬至短極，縣土炭，炭動，麋鹿解角，蘭根出，泉水踊，略以知日至，[18]要决晷景。[19]

【注】

①"候歲美惡"之辭，均引自《史記·天官書》。

②以上介紹人們使用的四種歲始：一是冬至日，二爲臘明日，三曰正月旦，四曰立春日。用哪種歲始，各地習慣不同。臘明日：臘日的第二天。臘明日，即以臘日之後的一天爲歲首。晋博士張亮議曰："臘者，接也。祭宜在新故交接也。俗謂之臘之明日爲初歲，秦漢以來有賀。此皆古之遺俗也。"王元啓認爲臘明日即立春日，此説不妥。《説文解字》曰："冬至後三戌臘祭百神。"即冬至後三十六天以内爲臘日，而非四十六天後的立春日，故臘非立春也。據前引張亮所述，臘即先秦新年之遺俗，正如今用陽曆而民間過春節也。産氣：生長氣。卒歲：一歲之終結，即除夕。初歲：一歲之初日。

③臘明日與正月旦是對峙的歲始，用這一些來判斷八風。

④戎叔爲：戎菽豐收。戎菽，山戎所種植豆類作物，即蠶豆或豌豆。"叔"通"菽"。"爲"即有爲，成熟。

⑤小雨趣兵：如果風從西北起，又有小雨，那麽，將迅速發生戰争。

⑥八風各與其衝對課多者爲勝：用八風來决定歲之美惡，不但要看風向，還要觀看與風相對的方向，以應對多的應驗爲準。

⑦旦、食、日跌、晡、下晡、日入，均爲漢以前的時間段稱呼，爲一日十六時中的一個時段。食時又稱早食在。跌即昳，日偏西。晡又作餔。

⑧食頃：一頓飯的時間。

⑨孰五斗米頃：煮熟五斗米所需時間，形容時間比食頃長。“孰”同“熟”。

⑩占種所宜：占卜當年宜種的莊稼品種哪種適宜。

⑪比數雨：排比下雨之日。

⑫率日食一升……不占：以下雨的日期占卜年成的好壞：正月初一下雨，民食一升；初二下雨，民食二升；初七下雨，民食七升。七日以後就不再占卜了。

⑬數至十二日……占水旱：或者自正月一日至十二日占卜十二月的水旱狀況，一日雨則正月有雨，二日無雨則二月干旱。

⑭其環域千里内占……竟正月：以上僅爲周圍千里以内的地域進行的占卜，如果要作普天之下的占卜，就要考慮整個正月。

⑮月所離列宿……占其國：對各地占卜時，看正月每天月亮所經過星宿，是晴天、有雲或有風，來占卜其所對應的國家。

⑯然必察太歲所在……火旱：還必須觀察太歲的所在以定豐歉年歲，太歲在西方爲豐收年，在北方爲災年，在東方爲飢餓年，在南方爲旱年。

⑰正月上甲：一個月三十天，甲即天干之甲，天干有十個，一個月有三個天干周。正月上甲爲正月前十天的甲日。

⑱縣土炭炭動……略以知日至：冬至前後，在秤衡放置土炭，當見到置炭的一端下沉時，就可以知道冬至日到了。這是因爲冬至日後，陽氣上升，陽氣增大，空氣中濕度加大，炭能吸收水氣，使重量增加，故衡器置炭的一端加重發生下沉。夏至的情况則相反。

⑲要决晷景：更重要的方法，則是以土圭測影來决定。

夫天運[①]三十歲一小變，百年中變，五百年大變，三大變一紀，三紀而大備，此其大數也。

春秋二百四十二年間，[②]日食三十六，彗星三見，夜常星不見，[③]夜中星隕如雨者各一。當是時，禍亂輒應，[④]周室微弱，上下交怨，殺君三十六，亡國五十二，諸侯奔走不得保其社稷者不可勝數。自是之後，衆暴寡，大并小。秦、楚、吴、粤，夷狄也，爲彊伯。田氏篡齊，三家分晋，并爲戰國，争於功取，[5]兵革遞起，城邑數屠，因以飢饉疾疫愁苦，臣主共憂患，其察禨祥候星氣尤急。[6]近世十二諸侯七國相王，言從横者繼踵，[7]而占天文者因時務論書傳，故其占驗鱗雜米鹽，亡可録者。[8]

周卒爲秦所滅。

始皇之時，十五年間彗星四見，久者八十日，長或竟天。後秦遂以兵内兼六國，外攘四夷，死人如亂麻。又熒惑守心，及天市芒角，[9]色赤如雞血。始皇既死，適庶相殺，[10]二世即位，殘骨肉，戮將相，太白再經天。因以張楚并興，兵相跆籍，[11]秦遂以亡。

項羽救鉅鹿，枉矢西流。[12]枉矢所觸，天下之所伐射，滅亡象也。物莫直於矢，[13]今蛇行不能直而枉者，執矢者亦不正，以象項羽執政亂也。羽遂合從，[14]阬秦人，屠咸陽。凡枉矢之流，以亂伐亂也。[15]

【注】

①天運：自然界的運動變化。這句話從表面看是講自然界的運動變化，但實際上又是在講人類社會的變化。

②春秋二百四十二年間：根據魯國編年史《春秋》，自魯隱公元年（公元前722年）至魯哀公十四年（公元前481年），共二百四十二年，稱爲春秋時代。

③夜常星不見：夜間不見恒星。

④禍亂輒應：禍亂總是應驗。

⑤争於功取：争於攻取。“功”即“攻”。

⑥察禨祥候星氣尤急：觀察吉凶、看星象雲氣的人更多，更爲注重。

⑦言從横者繼踵：勸説縱横的人接踵而至。縱横，指合縱連横的

外交鬥争。

⑧因時務論書傳……亡可録者：針對當時的各種事務評論社會形勢的書傳很多，其占驗的論述微小瑣碎，没有可以收録的東西。鱗雜米鹽：所述凌亂錯雜。米鹽：比喻瑣碎小事。

⑨熒惑守心及天市芒角：熒惑守衛心宿和在天市垣中出現芒角的异常天象。

⑩適庶相殺：嫡庶殘殺，指秦始皇少子胡亥殺害長兄扶蘇及其他兄姐之事。“適”通“嫡”，正妻所生。

⑪跆籍：踐踏。

⑫枉矢西流：如前所述，枉矢類大流星。西流者，如伐西方之秦也。

⑬物莫直於矢：一切事物都没有矢直。

⑭羽遂合從：項羽聯合許多反抗秦國的勢力。

⑮凡枉矢之流以亂伐亂也：如枉矢西流曲屈蛇行之狀，以亂伐亂。意为項羽在亂執政。

漢元年十月，五星聚於東井，以曆推之，從歲星也。此高皇帝受命之符也。[1]故客謂張耳曰：“東井秦地，漢王入秦，五星從歲星聚，當以義取天下。”秦王子嬰降於枳道，漢王以屬吏，[2]寶器婦女亡所取，閉宫封門，還軍次于霸上，[3]以候諸侯。與秦民約法三章，民亡不歸心者，可謂能行義矣，天之所予也。五年遂定天下，即帝位。此明歲星之崇義，東井爲秦之地明效也。

三年秋，太白出西方，有光幾中，[4]乍北乍南，過期乃入。辰星出四孟。[5]是時，項羽爲楚王，而漢已定三秦，與相距滎陽。太白出西方，有光幾中，是秦地戰將勝，而漢國將興也。辰星出四孟，易主之表也。後二年，漢滅楚。七年，月暈，圍參、畢七重。[6]占曰：

“畢、昴間，天街也；街北，胡也；街南，中國也。昴爲匈奴，參爲趙，畢爲邊兵。”是歲高皇帝自將兵擊匈奴，至平城，爲冒頓單于所圍，七日乃解。十二年春，熒惑守心。四月，宮車晏駕。[⑦]

【注】

①五星聚於東井，應在改朝换代。東井爲三秦之地，應在舊主將亡，新主當興。五星相從歲星聚於東井，按星占説，漢高祖劉邦當爲以義取得天下，得到受天命的符應。

②漢王以屬吏：漢王劉邦囑咐官吏。

③還軍次于霸上：回軍駐扎在霸上。

④有光幾中：太白有光芒，幾乎到達中天。

⑤辰星出四孟：辰星在四季中的第一個月出現。

⑥月暈圍參畢七重，應在漢高祖劉邦在平城被冒頓圍七日。

⑦熒惑守心，爲宮車晏駕的徵兆。《春秋演孔圖》曰：“熒惑在心，則縞素麻衣。”宋均曰：“海内亡主，故縞素麻衣。”石氏曰：熒惑守心，“主命惡之”。宮車晏駕：皇帝死的委婉説法。

孝惠二年，天開[①]東北，廣十餘丈，長二十餘丈。地動，陰有餘；天裂，陽不足：皆下盛彊將害上之變也。其後有吕氏之亂。

孝文後二年正月壬寅，天欃夕出西南。占曰：“爲兵喪亂。”其六年十一月，匈奴入上郡、雲中，漢起三軍以衛京師。其四月乙巳，水、木、火三合於東井。占曰：“外内有兵與喪，改立王公。東井，秦也。”八月，天狗下梁壄，是歲誅反者周殷長安市。其七年六月，文帝崩。其十一月戊戌，土、水合於危。占曰：“爲雍沮，[②]所當之國不可舉事用兵，必受其殃。一曰將覆軍。危，齊也。”其七月，火東行，行畢陽，環畢東北，出而西，逆行至昴，即南乃東行。[③]占曰：“爲喪死寇亂。畢、昴，趙也。”

【注】

①天開：天開眼或天開裂的省稱，爲夜間地平以上出現的光亮，大都爲北極光所致。

②雍沮：雍塞。

③火東行……南乃東行：火星向東行，到達畢宿的南面，又環繞畢宿行至東北，回到畢宿的西邊，逆行到昴宿，然後再向東南順行。陽爲南。畢陽爲畢宿之南。

孝景元年正月癸酉，金、水合於婺女。占曰：“爲變謀，爲兵憂。婺女，粵也，又爲齊。”[①]其七月乙丑，金、木、水三合於張。占曰：“外内有兵與喪，改立王公。張，周地，今之河南也，又爲楚。”[②]其二年七月丙子，火與水晨出東方，因守斗。占曰：“其國絶祀。”至其十二月，水、火合於斗。占曰：“爲淬，不可舉事用兵，必受其殃。”一曰：“爲北軍，用兵舉事大敗。斗，吴也，又爲粵。”是歲彗星出西南。其三月，立六皇子爲王，〔王〕淮陽、汝南、河間、臨江、長沙、廣川。其三年，吴、楚、膠西、膠東、淄川、濟南、趙七國反。吴、楚兵先至攻梁，膠西、膠東、淄川三國攻圍齊。漢遣大將軍周亞夫等戍止河南，以候吴楚之敝，[③]遂敗之。吴王亡走粵，粵攻而殺之。平陽侯敗三國之師于齊，咸伏其辜，齊王自殺。漢兵以水攻趙城，城壞，王自殺。六月，立皇子二人、楚元王子一人爲王，王膠西、中山、楚。徙濟北爲淄川王，淮陽爲魯王，汝南爲江都王。七月，兵罷。天狗下，占爲："破軍殺將。狗又守禦類也，天狗所降，[4]以戒守禦。"吴、楚攻梁，[5]梁堅城守，遂伏尸流血其下。

三年，填星在婁，幾入，還居奎。奎，魯也。占曰："其國得地爲得填。"是歲魯爲國。[6]

四年七月癸未，火入東井，行陰，又以九月己未入輿鬼，戊寅出。占曰："爲誅罰，又爲火災。"後二年，有栗氏事。其後未央東闕災。[7]

【注】

①婺女：分野屬揚州；虚危分野屬青州，爲齊。婺女、虚危同屬北方七宿，且女虚相連，故占語説："婺女，粵也，又爲齊。"粵者，越也。

②張周地：張宿的分野爲周地。周地，對應於東周時的洛陽附近地域，後爲楚國所有。

③以候吴楚之敝：以便等候吴王、楚王的困敗。

④這裏所述之天狗下、天狗降，均爲天狗星降落之義。文中之狗，也是指天狗星。天狗星就是指大隕星。

⑤吴楚攻梁：吴楚聯軍攻今河南一帶。

⑥三年填星……是歲魯爲國：這裏述説景帝三年的吴楚七國之亂以後，淮陽王劉餘徙封魯國之事。填星守奎，奎爲魯，象徵魯國得地封王，故有此説。

⑦火入東井……其後未央東闕災：這是火星入東井引起的星占占語，爲火災，以後發現未央宫果然發生了火災。按郗萌占曰："熒惑入東井，國失火。"故有以上占語。

中元年，填星當在觜觿、參，去居東井。占曰："亡地，不乃有女憂。"其二年正月丁亥，金、木合於觜觿，爲白衣之會。三月丁酉，彗星夜見西北，色白，長丈，在觜觿，且去益小，十五日不見。占曰："必有破國亂君，伏死其辜。觜觿，梁也。"其五月甲午，金、木俱在東井。戊戌，金去木留，守之二十日。占曰："傷成於戉。木爲諸侯，誅將行於諸侯也。"其六月壬戌，蓬星[①]見西南，在房南，去房可二丈，大如二斗器，色白；癸亥，在心東北，可長丈所；甲子，在尾北，可六丈；丁卯，在箕北，近漢，稍小，且去時，大如桃。壬申去，凡十日。占曰："蓬星出，必有亂臣。房、心間，天子宫也。"是時梁王欲爲漢嗣，使人殺漢争臣袁盎。漢桉誅梁大臣，斧戉用。梁王恐懼，布車入關，伏斧戉謝罪，然後得免。[②]

中三年十一月庚午夕，金、火合於虚，相去一寸。占曰："爲鑠，爲喪。虚，齊也。"

四年四月丙申，金、木合於東井。占曰："爲白衣之會。井，秦也。"其五年四月乙巳，水、火合於參。占曰："國不吉。參，梁也。"其六年四月，梁孝王死。五月，城陽王、濟陰王死。六月，成陽公主死。出入三月，天子四衣白，臨邸第。[③]

後元年五月壬午，火、金合於輿鬼之東北，不至柳，出輿鬼北可五寸。占曰："爲鑠，有喪。輿鬼，秦也。"丙戌，地大動，鈴鈴然，民大疫死，棺貴，至秋止。

【注】

①蓬星：《荆州占》曰："蓬星，一名王星，狀如夜火之光，多即至四五，少即一二。一曰蓬星，在西南，修數丈，左右鋭出而易處。"《聖洽符》曰："有星其色黄白，方不過三尺，名曰蓬星。"由此可知，蓬星是一種在星空中能够移動且有一定大小的异常天象，類似彗星而無尾。

②梁王欲爲漢嗣使人殺漢争臣袁盎：梁王爲漢景帝胞弟梁孝王劉武，他想要繼承帝位，遭到敢於直言規勸的大臣袁盎的反對，於是派人殺了袁盎。景帝用斧鉞殺了輔佐梁王的臣子。梁王恐懼，坐了布車，伏在斧鉞上向皇帝謝罪，得到赦免。

③景帝中元三年出現了金、火合於虚的天象，四年出現金、火合於參宿的天象。按星占説，金、火相合爲喪，虚宿爲齊地，參宿爲梁地。六年四月至六月，梁孝王、城陽王（山東沂南）、濟陰王（山東菏澤）和成陽公主相繼去世，天子四衣白（四次穿白色吊喪的衣服），臨邸第（到各郡國駐京"辦事處"吊喪）。據以上記載，這些占詞和异常天象的出現方位都是十分準確應驗的。

孝武建元三年三月，有星孛於注、張，[①]歷太微，干紫宫，[②]至於天漢。《春秋》"星孛於北斗，齊、宋、晋之君皆將死亂"。今星孛歷五宿，其後濟東、膠西、江都王皆坐法削黜自殺，淮陽、[③]衡山[④]謀反而誅。三年四月，有星孛於天紀，至織女。占曰："織女有女變，天紀爲地震。"至四年十月而地動，其後陳皇后廢。

六年，熒惑守輿鬼。占曰："爲火變，有喪。"是歲高園有火災，[⑤]竇太后崩。

元光元年六月，客星見于房。占曰："爲兵起。"其二年十一月，單于將十萬騎入武州，漢遣兵三十餘萬以待之。

元光中，天星盡摇，上以問候星者。對曰："星摇者，民勞也。"後伐四夷，百姓勞于兵革。

元鼎五年，太白入于天苑。占曰："將以馬起兵也。"一曰："馬將以軍而死秏。"其後以天馬故誅大宛，馬大死於軍。

元鼎中，熒惑守南斗。占曰："熒惑所守，爲亂賊喪兵；守之久，其國絶祀。南斗，越分也。"其後越相吕嘉殺其王及太后，漢兵誅之，滅其國。元封中，星孛于河戍。[6]占曰："南戍爲越門，北戍爲胡門。"其後漢兵擊拔朝鮮，以爲樂浪、玄菟郡。朝鮮在海中，越之象也；居北方，胡之域也。

《太初》中，星孛于招摇。《星傳》曰："客星守招摇，蠻夷有亂，民死君。"其後漢兵擊大宛，斬其王。招摇，遠夷之分也。

【注】

①有星孛於注張：有彗星見於柳宿和張宿。柳宿又稱注，或稱咮。孛星，無尾之彗星。彗星的出現也稱孛。

②干紫宫：冒犯紫宫。由於紫宫爲帝宫，故稱干犯。

③淮陽：淮南。

④衡山：位於今湖北、安徽、河南三省交界處的衡山國。

⑤高園：漢高祖的陵園。

⑥星孛于河戍：有彗星見於河戍星。河戍星分北河戍、南河戍兩個星座。其下占曰"南戍爲越門，北戍爲胡門"，其中南戍即南河戍，北戍即北河戍。

孝昭始元中，漢宦者梁成恢及燕王候星者吴莫如見蓬星出西方天市東門，行過河鼓，入營室中。恢曰："蓬星出六十日，不出三年，下有亂臣戮死於市。"後太白出西方，下行一舍，復上行二舍而下去。[①]太白主兵，上復下，將有戮死者。後太白出東方，入咸池，東下入東井。[②]人臣不忠，有謀上者。後太白入太微西藩第一星，北出東藩第一星，北東下去。太微者，天廷也，太白行其中，宮門當閉，大將被甲兵，邪臣伏誅。熒惑在婁，逆行至奎，法曰"當有兵"。[③]後太白入昴。莫如曰："蓬星出西方，當有大臣戮死者。太白星入東井、太微廷，出東門，漢有死將。"後熒惑出東方，守太白。兵當起，主人不勝。後流星下燕萬載宮極，[④]東去，法曰"國恐，有誅"。其後左將軍桀、票騎將軍安與長公主、燕剌王謀亂，咸伏其辜。兵誅烏桓。

元鳳四年九月，客星在紫宮中斗樞極間。[⑤]占曰："爲兵。"其五年六月，發三輔郡國少年詣北軍。五年四月，燭星見奎、[⑥]婁間。占曰"有土功，胡人死，邊城和。"其六年正月，築遼東、玄菟城。二月，度遼將軍范明友擊烏桓還。

元平元年正月庚子，日出時有黑雲，狀如猋風亂鬌，[⑦]轉出西北，東南行，轉而西，有頃亡。占曰："有雲如衆風，是謂風師，法有大兵。"其後兵起烏孫，五將征匈奴。

二月甲申，晨有大星如月，有衆星隨而西行。乙酉，牂雲如狗，[⑧]赤色，長尾三枚，夾漢西行。[⑨]大星如月，大臣之象，衆星隨之，衆皆隨從也。天文以東行爲順，西行爲逆，此大臣欲行權以安社稷。占曰："太白散爲天狗，爲卒起。卒起見，禍無時，臣運柄。牂雲爲亂君。"到其四月，昌邑王賀行淫辟，⑩立二十七日，大將軍霍光白皇太后廢賀。

三月丙戌，流星出翼、軫東北，干太微，入紫宮。始出小，且入大，有光。入有頃，聲如雷，三鳴止。占曰："流星入紫宮，天下大凶。"其四月癸未，宮車晏駕。

【注】

①太白出西方……復上行二舍：太白出西方，爲黄昏之時，下行一舍，爲向西逆行，上行二舍，爲向東順行。

②太白出東方……東下入東井：太白出東方，爲黎明時，咸池在東井西面，自咸池下入東井，爲順行。

③法曰：即占曰，爲占卜方法曰的省稱。下同此義。

④流星下燕萬載宮極：流星下落在燕王的萬載宮屋脊。極：屋脊、正樑。

⑤客星在紫宮中斗樞極間：客星出現在紫宮中的北斗、樞星和北極之間。客星：偶然出現星象的統稱，主要是指彗星、新星等。

⑥燭星：據前言，狀如太白，其出不行，見則滅，類似於新星。

⑦黑雲狀如猋風亂鬊：黑雲的形狀如旋風亂髮。猋（biāo）風：旋風、暴風。鬊（shùn）：亂髮。

⑧牂雲如狗：牂雲像狗。牂（zāng）：母羊曰牂。

⑨牂雲有三條長尾，夾着銀河，向西面行動，爲彗星之狀。

⑩行淫辟：行爲放縱邪惡。

孝宣本始元年四月壬戌甲夜，辰星與參出西方。其二年七月辛亥夕，辰星與翼出，皆爲蚤。占曰："大臣誅。”其後熒惑守房之鈎鈐。鈎鈐，天子之御也。[①]占曰：“不太僕，[②]則奉車，[③]不黜即死也。房、心，天子宫也。房爲將相，心爲子屬也。其地宋，今楚彭城也。”四年七月甲辰，辰星在翼，月犯之。占曰：“兵起，上卿死，將相也。”是日，熒惑入輿鬼天質。[④]占曰：“大臣有誅者，名曰天賊在大人之側。”

地節元年正月戊午乙夜，月食熒惑，熒惑在角、亢。占曰：“憂在宫中，非賊而盗也。有内亂，讒臣在旁。”其辛酉，熒惑入氐中。氐，天子之宫，熒惑入之，有賊臣。其六月戊戌甲夜，客星又居左右角間，東南指，長可二尺，色白。占曰：“有姦人在宫廷間。”其丙寅，又有客星見貫索東北，南行，至七月癸酉夜入天市，芒炎東南指，[⑤]其色白。占曰：“有戮卿。”一曰：“有戮王。期皆一年，遠二年。”是時，楚王延壽謀逆自殺。四年，故大將軍霍光夫人顯、將軍霍禹、范明友、奉車霍山及諸昆弟賓婚爲侍中、諸曹、九卿、郡守皆謀反，咸伏其辜。

黄龍元年三月，客星居王梁[⑥]東北可九尺，長丈餘，西指，出閣道間，至紫宫。其十二月，宫車晏駕。

【注】

①鈎鈐天子之御也：鈎鈐，天子的御用馬車或馬。石氏曰：“房四星，鈎鈐二星。”故鈎鈐也可看作是馬或車的象徵。熒惑凌犯了鈎鈐，就可看作侵犯了與帝車、帝馬及其有關的事情。

②不太僕：不是太僕。熒惑犯了鈎鈐，占語説太僕爲黜或死的對象之相。太僕：九卿之一，管理帝車和馬政的官。

③則奉車：就是奉車。奉車：即奉車都尉，掌控馬車。此句加上一句

爲非彼即此的形式。

④熒惑入輿鬼天質：熒惑進入了輿鬼中的天質星。天質即輿鬼四星中的積尸氣，名爲天質星，又名鑕星。

⑤芒炎東南指：客星的光芒指向東南。

⑥王梁：王良星。

元帝初元元年四月，客星大如瓜，色青白，在南斗第二星東可四尺。占曰："爲水飢。"[1]其五月，勃海水大溢。六月，關東大飢，民多餓死，琅邪郡人相食。

二年五月，客星見昴分，居卷舌東可五尺，青白色，炎長三寸。[2]占曰："天下有妄言者。"其十二月，鉅鹿都尉謝君男詐爲神人，論死，父免官。[3]

五年四月，彗星出西北，赤黄色，長八尺所，後數日長丈餘，東北指，在參分。後二歲餘，西羌反。

孝成建始元年九月戊子，有流星出文昌，色白，光燭地，[4]長可四丈，大一圍，[5]動摇如龍蛇形。有頃，長可五六丈，大四圍所，詘折[6]委曲，貫紫宫西，在斗西北子亥間。[7]後詘如環，北方不合，留一刻所。[8]占曰："文昌爲上將貴相。"是時帝舅王鳳爲大將軍，其後宣帝舅子王商爲丞相，皆貴重任政。鳳妒商，譖而罷之。商自殺，親屬皆廢黜。

四年七月，熒惑隃歲星，[9]居其東北半寸所如連李。[10]時歲星在關星西四尺所，[11]熒惑初從畢口大星東東北往，[12]數日至，往疾去遲。占曰："熒惑與歲星鬥，有病君飢歲。"至河平元年三月，旱，傷麥，民食榆皮。[13]二年十二月壬申，太皇太后避時昆明東觀。[14]

十一月乙卯，月食填星，星不見，時在輿鬼西北八九尺所。占曰："月食填星，流民千里。"河平元年三月，流民入函谷關。

河平二年十月下旬，填星在東井軒轅南耑大星尺餘，[15]歲星在其西北尺所，熒惑在其西北二尺所，皆從西方來。填星貫輿鬼，先到歲星次，熒惑亦貫輿鬼。十一月上旬，歲星、熒惑西去填星，皆西北逆行。占曰："三星若合，是謂驚位，是謂絶行，外内有兵與喪，改立王公。"其十一月丁巳，夜郎王歆大逆不道，牂柯太守立捕殺歆。三年九月甲戌，東郡莊平男子侯毋辟兄弟五人群黨爲盗，攻燔官寺，[16]縛縣長吏，盗取印綬，[17]自稱將軍。三月辛卯，左將軍千秋卒，[18]右將軍史丹爲左將軍。四年四月戊申，梁王賀薨。

陽朔元年七月壬子，月犯心星。占曰："其國有憂，若有大喪。房、心爲宋，今楚地。"十一月辛未，楚王友薨。四夫閏月庚午，飛星大如缶，出西南，入斗下。占曰："漢使匈奴。"明年，鴻嘉元年正月，匈奴單于雕陶莫皋死。五月甲午，遣中郎將楊興使弔。

永始二年二月癸未夜，東方有赤色，大三四圍，長二三丈，索索如樹，南方有大四五圍，下行十餘丈，皆不至地滅。占曰："東方客之變氣，狀如樹木，以此知四方欲動者。"明年十二月己卯，尉氏男子樊并等謀反，賊殺陳留太守嚴普及吏民，出囚徒，取庫兵，劫略令丞，自稱將軍，皆誅死。庚子，山陽鐵官亡徒[19]蘇令等殺傷吏民，篡出囚徒，取庫兵，聚黨數百人爲大賊，踰年經歷郡國四十餘。一日有兩氣同時起，并見，而并、令等同月俱發也。

元延元年四月丁酉日餔時，天曐晏，[20]殷殷如雷聲，有流星頭大如缶，長十餘丈，皎然赤白色，從日下東南去。四面或大如盂，或如雞子，燿燿如雨下，至昏止。郡國皆言星隕。《春秋》星隕如雨爲王者失勢諸侯起伯之异也。其後王莽遂顓國柄。王氏之興萌於成帝〔時〕，是以有星隕之變。後莽遂篡國。

綏和元年正月辛未，有流星從東南入北斗，長數十丈，二刻所息。占曰："大臣有繫者。"[21]其年十一月庚子，定陵侯淳于長坐執左道下獄死。[22]

二年春，熒惑守心。二月乙丑，丞相翟方進欲塞災异，[23]自殺。三月丙戌，宮車晏駕。

【注】

①水星犯南斗，有水災和饑荒。

②見昴分：在昴宿的範圍。居卷舌東可五尺：具體位於卷舌正東方相距五尺的地方。此星象似新星。炎長三寸：光芒長三寸。

③鉅鹿都尉謝君的男孩詐稱自己爲神人，被論死罪，父親也因此而罷官。

④光燭地：流星的光芒照亮了地面。

⑤大一圍：兩手合抱稱爲一圍。

⑥詘折：屈折。

⑦子亥間：正北爲子位，北偏西爲亥位。每一辰爲 30 度。子亥間爲子位與亥位之間。

⑧留一刻所：停留大約一刻。古以一晝夜爲一百刻，故一刻比現今的九十六刻制的一刻略小。

⑨熒惑隃歲星：熒惑與歲星都爲順行，但由於熒惑運動快，故超越了歲星。

⑩如連李：如連理的草木。“李”同“理”。

⑪關星：天關星，在參宿北。

⑫畢口大星：畢宿大星，指畢宿五。

⑬民食榆皮：人民吃榆樹皮，没有糧吃。

⑭太皇太后避時昆明東觀：皇帝的祖母避災禍於昆明池邊的東觀。東觀：池東的樓臺。

⑮南耑大星：南端大星。

⑯攻燔官寺：攻打燒毁官署。

⑰印綬：官印。

⑱左將軍千秋卒：左將軍名叫千秋的死了。

⑲山陽鐵官亡徒：山陽郡管理冶煉鐵的官治理下逃亡的勞役犯。

⑳天暒晏：天空晴朗。

㉑繫者：被拘捕。

㉒坐執左道：以從事歪門邪道而被追責。

㉓欲塞災异：要抵擋彌補災异。

哀帝建平元年正月丁未日出時，有著天白氣，[①]廣如一匹布，長十餘丈，西南行，[②]讙如雷，[③]西南行一刻而止，名曰天狗。傳曰：“言之不從，則有犬禍詩妖。”到其四年正月、二月、三月，民相驚動，讙譁奔走，傳行詔籌祠西王母，[④]又曰“從目人當來”。[⑤]十二月，白氣出西南，從地上至天，出參下，貫天厠，[⑥]廣如一疋布，長十餘丈，十餘日去。占曰：“天子有陰病。”[⑦]其三年十一月壬子，太皇太后詔曰：“皇帝寬仁孝順，奉承聖緒，靡有解怠，而久病未瘳。夙夜惟思，殆繼體之君不宜改作。[⑧]《春秋》大復古，[⑨]其復甘泉泰畤、汾陰后土如故。”[⑩]

二年二月，彗星出牽牛七十餘日。傳曰："彗所以除舊布新也。牽牛，日、月、五星所從起，曆數之元，三正之始。彗而出之，改更之象也。其出久者，爲其事大也。"其六月甲子，夏賀良等建言當改元易號，增漏刻。詔書改建平二年爲太初元年，號曰陳聖劉太平皇帝，刻漏以百二十爲度。八月丁巳，悉復蠲除之，賀良及黨與皆伏誅流放。其後卒有王莽篡國之禍。⑪

元壽元年十一月，歲星入太微，逆行干右執法。占曰："大臣有憂，執法者誅，若有罪。"二年十月戊寅，高安侯董賢免大司馬位，歸第自殺。

【注】

①著天白氣：布滿天空的白氣。

②西南行：與下文之"西南行"重複，當删。

③讙如雷：喧嘩如雷。

④傳行詔籌祠西王母：傳説奉天神的命令籌備祭祀西王母。

⑤從目人當來：豎眼人會來。

⑥白氣出西南……貫天厠：白氣從西南方的地面上升到天，出現在參宿的下方，并且横着通過厠星。

⑦陰病：隱病，暗疾。指漢哀帝患痿痹病，肢體萎縮，行動困難。

⑧繼體之君不宜改作：繼承大統的天子不宜隨便改變既有的工事與勞作。

⑨大復古：推崇復古。

⑩其復甘泉泰畤汾陰后土如故：已經修復的甘泉山祭祀天神的祭壇泰畤和汾陰地區祭祀地神的后土廟仍然保留。

⑪夏賀良等提出將漏刻改爲一百二十爲度。至八月丁巳，悉改回。其理由是改立之君不宜改制。夏賀良等大臣被誅殺及流放。此後，朝中再無能説話的大臣，致使後有王莽纂國之禍。

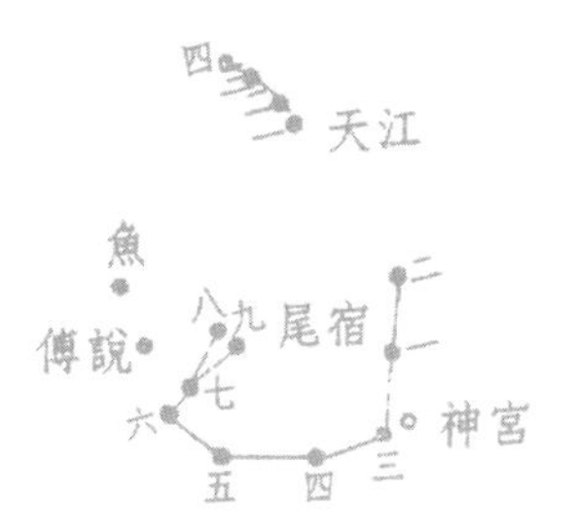

後漢書·天文志

《後漢書》成書複雜。其《天文志》也經歷了蔡邕、譙周撰著，劉昭補注，以及晉司馬彪撰寫等繁雜的過程。這裏僅對《後漢書·天文志》内容作簡單解讀。

《後漢書》之《天文志》分上、中、下三卷，其内容主要記載异常天象及其與人間的政治關係。上卷載王莽三次天象記録，光武帝十二次；中卷載明帝十二次，章帝五次，和帝三十三次，殤帝一次，安帝四十六次，順帝二十三次，質帝三次；下卷載桓帝三十八次，靈帝二十次，獻帝九次，數次隕石單獨記載。按照司馬彪的意見，“紹《漢書》作《天文志》，起王莽居攝元年，迄孝獻帝建安二十五年，二百一十五載。言其時星辰之變，表象之應，以顯天戒，明王事焉”。即言星辰之變，以顯天戒、明王事，是其撰寫《天文志》的目的。

如果説《漢書》之《天文志》與《五行志》，記載异常天象的分工還不够明確的話，那麼《後漢書》之《天文志》與《五行志》的分工已很明確了。五星凌犯，彗星、孛星的出現，流星、隕石的出現，載在《天文志》，交食和有前日月之事，載在《五行志》。《後漢書·天文志》的内容比較單一，衹載五星凌犯、彗、孛、流、隕、客星的出没，并不涉及人們對天的認識及星座、天文活動和天文儀器等。但是在“二十四史”系統的天文志中，衹有《後漢書·天文志》在述及异常天象與人間政治應變的關係時最爲詳細和具體，是中國上古星占内容較爲集中的文獻之一。

《後漢書》志第十

天文上

王莽三　光武十二[①]

《易》曰："天垂象，聖人則之。[②]庖犧氏之王天下，仰則觀象於天，俯則觀法於地。"觀象於天，謂日月星辰。觀法於地，謂水土州分。形成於下，象見于上。故曰天者北辰星，合元垂燿建帝形，運機授度張百精。[③]三階九列，二十七大夫，八十一元士，[④]斗、衡、太微、攝提之屬百二十官，二十八宿各布列，[⑤]下應十二子。[⑥]天地設位，星辰之象備矣。

【注】

①三、十二：此處意爲王莽時代有三條异常天象記録，光武帝時有十二條异常天象記録。以下中、下篇同此，不再説明。三光的正常運行不以爲注。

②則之：以此爲規律、法則。又"規"同"窺"，以觀測解。

③意爲以北斗星的運行爲法，建度立元。

④三公、九卿、二十七大夫、八十一元士，是歷代朝中的主要官員。

⑤斗、衡、攝提等是用以定季節的主要星座，一百二十官、二十八宿是全天星象的代表。全句是説，天上的列星與地上的列官相對應。

⑥下應十二子：子，疑爲州字之誤，言天上的二十八宿，與地上的十二州相對應。

三皇邁化，[1]協神醇朴，謂五星如連珠，日月若合璧。[2]化由自然，民不犯慝。至於書契之興，五帝是作。[3]軒轅始受《河圖鬥苞授》，[4]規日月星辰之象，[5]故星官之書自黄帝始。至高陽氏，[6]使南正重司天，北正黎司地。[7]唐、虞之時羲仲、和仲，[8]夏有昆吾，[9]湯則巫咸，[10]周之史佚、萇弘，宋之子韋，楚之唐蔑，魯之梓慎，鄭之裨竈，魏石申夫，[11]齊國甘公，皆掌天文之官。仰占俯視，以佐時政，步變擿微，通洞密至，採禍福之原，覩成敗之勢。[12]秦燔《詩》《書》，以愚百姓，六經典籍，殘爲灰炭，星官之書，全而不毀。故《秦史》書始皇之時，彗孛大角，大角以亡，有大星與小星鬥于宫中，[13]是其廢亡之徵。

至漢興，景、武之際，司馬談，談子遷，以世黎氏之後，爲太史令，遷著《史記》，作《天官書》。成帝時，中壘校尉劉向，廣《洪範》災條作五紀皇極之論，以參往行之事。孝明帝使班固叙《漢書》，而馬續述《天文志》。今紹《漢書》作《天文志》，[14]起王莽居攝元年，迄孝獻帝建安二十五年，二百一十五載。言其時星辰之變，表象之應，以顯天戒，明王事焉。

【注】

①三皇邁化：燧人氏、伏羲氏、神農氏三皇，勉勵教化人民。

②古人謂五星連珠、日月合璧爲吉利天象。連珠即五星相連如穿珠，合璧即日月合於一處。實際上，連珠相距多遠，并没有嚴格的定義。

③書契之興五帝是作：書契即書寫的文字。言文字的産生始於五帝。

④軒轅：指黄帝。言黄帝時受河圖。《河圖門苞授》是東漢緯書，作者却將二者混为一談。至於河圖是什麼，後人各有不同説法。

⑤規：規範。

⑥高陽氏：指顓頊。

⑦南正重司天北正黎司地：言重黎爲顓頊時天文官。至於司天、司地爲何義，學者間有不同理解。重黎是一人還是數人，也有不同解釋。

⑧羲仲和仲：唐堯、虞舜、夏禹時的天文官，是羲和的分稱。

⑨昆吾：按《國語·鄭語》韋注，夏時，昆吾爲其同盟部落。“昆吾，祝融之孫，陸終之第一子，名樊，爲己姓，封於昆吾。”

⑩巫咸：商王太戊輔佐，一作巫戊。卜辭稱咸戊。他長於星占，發明筮卜。他與伊陟協力，整飭政事，治國有方，使商中興。

⑪石申夫：魏國著名天象家，其星表著稱於世，後世都稱其爲石申。近代經錢寶琮考證，當爲石申夫之誤，學者多用其説。

⑫仰占俯視……覩成敗之勢：言觀察异常天象的出現，用以輔佐政治，作爲禍福之源、大政成敗的依據。這便是星占大概的形成過程。

⑬大星與小星門于宫中：言有大星與小星相争鬥於宫中。此處之宫，指紫微垣，它與人間之皇宫相對應。

⑭紹漢書：繼承《漢書》。

王莽地皇三年十一月，有星孛于張，東南行五日不見。孛星者，惡氣所生，爲亂兵，其所以孛德。孛德者，亂之象，不明之表。[①]又參然孛焉，兵之類也，故名之曰孛。孛之爲言，猶有所傷害，有所妨蔽。或謂之彗星，所以除穢而布新也。[②]張爲周地。星孛于張，東南行即翼、軫之分。翼、軫爲楚，是周、楚地將有兵亂。[③]後一年正月，光武起兵舂陵，[④]會下江、新市賊張卬、王常及更始之兵亦至，俱攻破南陽，斬莽前隊大夫甄阜、屬正梁丘賜等，殺其士衆數萬人。更始爲天子，都雒陽，西入長安，敗死。光武興於河北，復都雒陽，居周地，除穢布新之象。

【注】

①孛德者……不明之表：古代將無尾之彗星稱爲孛。此處將孛字的含義釋爲混亂之象，爲帝皇不能明辨是非之表現。

②從星占學來説，彗星見，通常都有除舊布新、改朝换代之说。此處除穢布新，含義也相同。穢者，政治上之污穢也。

③張爲周地……翼軫爲楚：均爲天上星宿與地上州郡區域相對應在星占上的應用。據《漢書·地理志》分野之説，二十八宿與地名的配合爲：角、亢、氐爲韓，房、心爲宋，尾、箕爲燕，斗爲吴，牛、女爲粤，虚、危爲齊，室、壁爲衛，奎、婁爲魯，昴、畢爲趙，觜、參爲魏，井、鬼爲秦，柳、星、張爲周，翼、軫爲楚。由此可知，二者是相對應的。

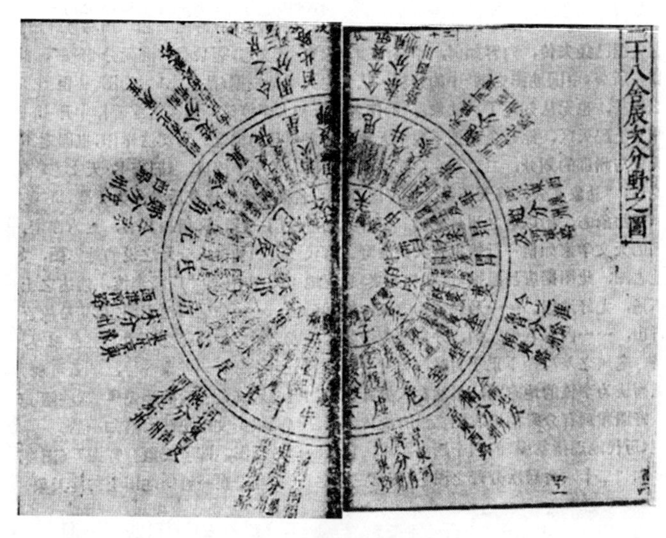

二十八舍辰次分野之圖

④春陵：光武帝起兵伐王莽之地，治所在今湖北棗陽南，屬南陽郡。故下文说“光武興於河北”，當爲漢水之北。

四年六月，漢兵起南陽，至昆陽。莽使司徒王尋、司空王邑將諸郡兵，號曰百萬衆，已至者四十二萬人；能通兵法者六十三家，皆爲將帥，持其圖書器械。軍出關東，牽從群象虎狼猛獸，放之道路，以示富强，用怖山東。至昆陽山，作營百餘，圍城數重，或爲衝車以撞城，爲雲車高十丈以瞰城中，弩矢雨集，城中負户而汲。①求降不聽，請出不得。二公之兵自以必克，不恤軍事，不協計慮。②莽有覆敗之變見焉。晝有雲氣如壞山，③墮軍上，軍人皆厭，所謂營頭之星也。占曰：“營頭之所墮，其下覆軍，流血三千里。”④是時光武將兵數千人赴救昆陽，奔擊二公兵，并力猋發，⑤號呼聲動天地，虎豹驚怖敗振。會天大風，飛屋瓦，雨如注水。二公兵亂敗，自相賊，⑥就死者數萬人。競赴溢水，死者委積，⑦溢水爲之不流。殺司徒王尋。軍皆散走歸本郡。王邑還長安，莽敗，俱誅死。營頭之變，覆軍流血之應也。

【注】

①負户而汲：背着門板當擋箭牌打水喝。

②不協計慮：不考慮協作。

③有雲氣如壞山：有雲氣象山崩。

④營頭之星：《開元占經·雲氣雜占》“兵氣”曰：“黑雲氣，如壞山墮軍上，名曰營頭之氣，其軍必敗散。”又“軍營氣”曰：“或黑氣如壞

山，墮軍上者，軍必敗。”

⑤并力猋（biāo）發：協力疾發。

⑥自相賊：自相殘殺。

⑦委積：堆積，形容死人之多。

四年秋，太白在太微中，燭地如月光。太白爲兵，太微爲天廷。太白贏而北入太微，[1]是大兵將入天子廷也。是時莽遣二公之兵至昆陽，已爲光武所破。莽又拜九人爲將軍，皆以虎爲號。九虎將軍至華陰，皆爲漢將鄧曄、李松所破。進攻京師，倉將軍韓臣至長門。十月戊申，漢兵自宣平城門入。二日己酉，城中少年朱弟、張魚等數千人起兵攻莽，燒作室〔門〕，斧敬法闥。[2]商人杜吴殺莽漸臺之上，校尉公賓就斬莽首。[3]大兵蹈藉宫廷之中。仍以更始入長安，赤眉賊立劉盆子爲天子，皆以大兵入宫廷，是其應也。[4]

【注】

①贏：快速。

②斧敬法闥：殺敬法闥。敬法闥，人名。

③公賓就：校尉，東海郡人。

④是其應也：太白爲兵象，今太白犯太微，象徵兵犯皇宫，故曰應驗。

光武建武九年七月乙丑，金犯軒轅大星。[1]十一月乙丑，金又犯軒轅。軒轅者，後宫之官，[2]大星爲皇后，金犯之爲失勢。[3]是時郭后已失勢見疏，[4]後廢爲中山太后，陰貴人立爲皇后。

【注】

①金犯軒轅大星：金爲金星。犯，侵犯。孟康曰："七寸以内，光芒相及也。"韋昭曰："自下往觸之曰犯。"故犯有兩個特點：一是行星接近恒星達七寸以内，光芒相及，纔能稱犯；二是行星由下往上接近恒星纔稱爲犯。這個定義，來源於人間以下犯上之義。據王玉民考證，中國古代特有的以丈、尺、寸表示弧長單位，一尺相當於一度，一丈相當於十度。軒轅大星，即軒轅十四，獅子座α星。

②軒轅者後宫之官：軒轅星座，爲以後宫命名的星官。後宫，即皇帝家的家屬後院。此處的官爲天上的星官，星座之義。這是因爲中國古代星座多以官職命名，故亦稱星座爲星官。

③金犯軒轅大星，象徵皇后受到了影響，喪失了位置。

④當时郭皇后已見疏遠，至建武十七年果然被廢。

十年三月癸卯，[①]流星如月，從太微出，入北斗魁第六星，[②]色白。旁有小星射者十餘枚，滅則有聲如雷，食頃止。流星爲貴使，星大者使大，星小者使小。[③]太微天子廷，北斗魁主殺。星從太微出，抵北斗魁，是天子大使將出，有所伐殺。十二月己亥，大流星如缶，出柳西南行入軫。[④]且滅時，分爲十餘，如遺火狀。須臾有聲，隱隱如雷。柳爲周，軫爲秦、蜀。大流星出柳入軫者，是大使從周入蜀。

是時光武帝使大司馬吴漢發南陽卒三萬人，乘船泝江而上，擊蜀白帝公孫述。又命將軍馬武、劉尚、郭霸、岑彭、馮駿平武都、巴郡。十二年十月，漢進兵擊述從弟衛尉永，遂至廣都，殺述女婿史興。威虜將軍馮駿拔江州，斬述將田戎。吴漢又擊述大司馬謝豐，斬首五千餘級。臧宫破涪，殺述弟大司空恢。十一月丁丑，漢護軍將軍高午刺述洞胸，其夜死。明日，漢入屠蜀城，誅述大將公孫晃、延岑等，所殺數萬人，夷滅述妻宗族萬餘人以上。是大將出伐殺之應也。⑤其小星射者，及如遺火分爲十餘，皆小將隨從之象。有聲如雷隱隱者，兵將怒之徵也。

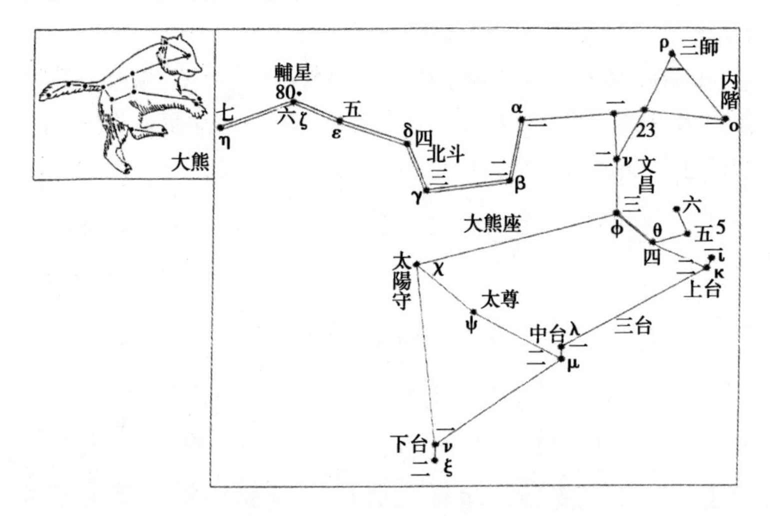

北斗、文昌、三台與大熊座對應圖

（北斗一、二、三、四組成斗魁，五、六、七爲斗柄。以下注文，還將涉及文昌、三台星。引自《泄露天機——東西星空的對話》。）

【注】

①十年三月癸卯：經考證，該年三月丁未朔，三月無癸卯。當有誤。

②入北斗魁第六星：魁與第六星間當有斷句。流星先入斗魁，後達斗第六星，第六星在斗柄，爲開陽。

③流星爲貴使：按星占觀念，流星爲天帝的使者，流星入没之處，爲天使到達之地，爲應驗之地。

④流星如缶出柳西南行入軫：章惠康《後漢書今注今譯》，陳美東天文志注譯指出，軫在柳之東南，方向反了，當有誤。但美東注將軫改爲井鬼方向也不合，一爲西南，一爲西北。且天象紀録不能爲適應星占而隨意作改動。以西南下方爲是。入軫者，大使由楚地向西入蜀之應也。

⑤是大將出伐殺之應也：言光武十年兩次大流星，第一次應驗在大使出帝宫，第二次應驗在大使出行的方向，由周地出南陽，西入蜀地。

十二年正月己未，[①]小星流百枚以上，或西北，或正北，或東北，二夜止。[②]六月戊戌晨，小流星百枚以上，四面行。小星者，庶民之類。流行者，移徙之象也。或西北，或東北，或四面行，皆小民流移之徵。是時西北討公孫述，北征盧芳。匈奴助芳侵邊，漢遣將軍馬武、騎都尉劉納、閻興軍下曲陽、臨平、呼沱，以備胡。匈奴入河東，中國未安，米穀荒貴，民或流散。後三年，吴漢、馬武又徙鴈門、代郡、上谷、關西縣吏民六萬餘口，置常〔山〕關、居庸關以東，以避胡寇。是小民流移之應。[③]

【注】

①己未：經考證，十二年正月丙午朔，無己未，干支有誤。

②《隋書·天文志》曰："夜，有甲、乙、丙、丁、戊。"《初學記》引《漢舊儀》曰"五夜：甲夜、乙夜、丙夜、丁夜、戊夜"。

③此爲光武帝十二年正月出現的流星雨記録，未記載輻射點方位。星占家將衆多的流星比喻爲小民流散遷移之象。

十五年正月丁未，彗星見昴，[①]稍西北行入營室，犯離宫，[②]三月乙未，至東壁滅，見四十九日。彗星爲兵入除穢，昴爲邊兵，彗星出之爲有兵至。十一月，定襄都尉陰承反，太守隨誅之。盧芳從匈奴入居高柳，至十六年十月降，上璽綬。一曰，昴星爲獄事。是時大司徒歐陽歙以事繫獄，踰歲死。營室，天子之常宫；離宫，妃后之所居。彗星入營室，犯離宫，是除宫室也。是時郭皇后已疏，至十七年十月，遂廢爲中山太后，立陰貴人爲皇后，除宫之象也。

【注】

①巫咸曰："彗星出昴，大臣爲亂，君弱臣强，邊兵大起，天子憂之，人民驚恐，國有憂主。"由於昴爲"胡人"之星，今彗見於昴，當有邊兵，應在下文匈奴入居高柳。

②入營室犯離宫：離宫爲帝后妃居處，今彗星犯之，有掃除后妃之象，故下文應驗在郭皇后被廢上。

三十年閏月甲午，[①]水在東井二十度，生白氣，[②]東南指，炎長五尺，爲彗，東北行，至紫宫西藩止，五月甲子不見，凡見三十一日。水常以夏至放於東井，閏月在四月，尚未當見而見，是贏而進也。東井爲水衡，水出之爲大水。[③]是歲五月及明年，郡國大水，壞城郭，傷禾稼，殺人民。白氣爲喪，有炎作彗，彗所以除穢。紫宫，天子之宫，彗加其藩，除宫之象。後三年，光武帝崩。[④]

1933年10月9日晚觀測者描繪的流星雨圖

（流星幾乎同時從同一幅射點流出，十分壯觀。引自《中國大百科全書》。）

三十一年七月戊午，火在輿鬼一度，入鬼中，出尸星南半度，十月己亥，犯軒轅大星。又七（日）〔星〕間有客星，炎二尺所，⑤西南行，至明年二月二十二日，在輿鬼東北六尺所滅，凡見百一十三日。熒惑爲凶衰，輿鬼尸星主死亡，⑥熒惑入之爲大喪。軒轅爲後宮。七星，周地。客星居之爲死喪。其後二年，光武崩。⑦

中元二年八月丁巳，火犯太微西南角星，⑧相去二寸。十月戊子，⑨大流星從西南東北行，聲如雷。火犯太微西南角星，爲將相。後太尉趙憙、司徒李訢坐事免官。大流星爲使。中郎將竇固、揚虚侯馬武、揚鄉侯王賞將兵征西也。

【注】

①閏月甲午：經陳美東考證，據下文“閏月在四月”，則閏月爲庚辰朔，確有甲午日。但陳垣《中西回史日曆》推爲閏三月，無甲午。陳垣表誤。

②水在東井二十度生白氣：閏月甲午日，水星在東井二十度，這時附近出現白氣，後顯現彗星。

③按照星占家的觀點，夏至水星出現在東井，爲有大水災之年，理由是東井爲水事，水星亦對應於水，兩水相犯，必有水災。水衡：管理水事之官。

④白氣……光武帝崩：言彗星有除舊布新之象。紫宫之藩指紫微垣的上丞、少衛、上衛、少輔、上輔、少尉、右樞諸星，爲帝皇權政的象徵，今彗尾掃之，應驗在光武帝將駕崩上。

⑤炎二尺所：光炎約計二尺。所：約計。

⑥輿鬼尸星：輿鬼四星中有積尸氣，即此處所説尸星。

⑦光武帝三十一年七月，火星犯輿鬼。據星占觀念，火星即熒惑，爲凶喪之象，犯輿鬼，也應在死喪，這表明光武帝要駕崩了。

《天文志》還記載了七星間有客星，至明年二月在輿鬼，其後二年光武帝崩。這段文字附在三十一年十月火星犯軒轅後，時間含糊其辭，從“後二年，光武崩”記載可知，此客星當見於光武三十一年十月。

⑧火犯太微西南角星：犯太微西藩上將星，即獅子座α星。

⑨十月戊子：中元二年十月庚寅朔，無戊子。當有誤。

《後漢書》志第十一

天文中

明十二　章五　和三十三　殤一　安四十六　順二十三　質三

孝明永平元年四月丁酉，流星大如斗，起天市樓，[①]西南行，光照地。流星爲外兵，西南行爲西南夷。是時，益州發兵，擊姑復蠻夷、大牟、替滅陵，[②]斬首傳詣雒陽。

三年六月丁卯，彗星出天船北，[③]長二尺所，稍北行至亢南，[④]（百）〔見〕三十五日去。天船爲水，彗出之爲大水。是歲伊、雒水溢，到津城門，壞伊橋；郡七縣三十二皆大水。

四年八月辛酉，客星出梗河西北，[⑤]指貫索，[⑥]七十日去。梗河爲胡兵。至五年十一月，北匈奴七千騎入五原塞，十二月又入雲中，至原陽。貫索，貴人之牢。其十二月，陵鄉侯梁松，坐怨望，懸飛書，誹謗朝廷，下獄死，[⑦]妻子家屬徙九真。

【注】

①流星……起天市樓：流星出現在市樓星處。市樓星座由六星組成，在天市垣内。甘氏曰：“樓星，監市，斗食嗇夫。”《春秋合誠圖》曰：“天樓，主市賈。”故市樓星座指代天市垣内主持商貿的官員。

②益州發兵擊姑復蠻夷大牟替滅陵：這句文字，中華書局校點本中間有專名號而無其他標點，實際不解其義。前注者也不作注解。筆者以爲，姑復夷、大牟，均爲西南夷之組成部分，至於替滅陵，含義不明，據上下文義，亦當爲西南夷之組成部分。又百衲本二十四史“替滅陵”作“替減陵”。姑復縣，因建於姑復人居地而得名，地處今雲南省永勝縣境内。故標點當爲“是時，益州發兵，擊姑復蠻夷、大牟、替滅（減）陵”。

③天船：石氏曰：“天船九星，在大陵北，河中。”郗萌曰：“天船，天將軍兵船也。”

④稍北行至亢南：陳美東注曰：“亢宿在天船的東南方甚遠，不應言‘北行’，應校改作‘東南行’。”此説大謬。天船近北極，天船越過北極是到達亢宿的最近綫路。若天船向東南行，須繞過南極，作真正的長途旅行了。衹需稍稍瀏覽天球儀，就不會出這種低級錯誤。

⑤客星：據字義爲作客之星，即不常出現，位置不固定，可以移動，光度亦可變化之星。客星是异常之星，出現常常會帶來災難。據實際記載分析，客星主要是指新星、超新星和變星，也包括部分彗星、流星。此處之客星有尾，能移動，顯然是彗星。

⑥客星出梗河西北指貫索：中華書局校點本標點本句爲“客星出梗河，西北指貫索”，有誤，顯然爲不明白梗河星與貫索星相互方位所致。以往注釋者也未作出糾正。梗河近大角星，貫索在天市西北，故貫索在梗河東。因此，位於梗河的客星，不可能“西北指貫索”，是知標點有誤。正確的標點爲“客星出梗河西北，指貫索”。

⑦陵鄉侯梁松坐怨望懸飛書誹謗朝廷下獄死：中華書局校點本缺句點，文義不明所致，校注者也未作點注。此處當句讀爲“陵鄉侯梁松，坐怨望，懸飛書，誹謗朝廷，下獄死”。

七年正月戊子，流星大如杯，從織女西行，光照地。織女，天之真女，[①]流星出之，女主憂。其月癸卯，光烈皇后崩。

八年六月壬午，長星出柳、張三十七度，[②]犯軒轅，刺天船，陵太微，[③]氣至上階，[④]凡見五十六日去。柳，周地。是歲多雨水，郡十四傷稼。

九年正月戊申，客星出牽牛，長八尺，歷建星至房南滅，見至五十日。牽牛主吴、越，房、心爲宋。後廣陵王荆與沈凉，楚王英與顔忠各謀逆，事覺，皆自殺。廣陵屬吴，彭城古宋地。

十三年閏月丁亥，火犯輿鬼，爲大喪，質星爲大臣誅戮。[⑤]其十二月，楚王英與顔忠等造作妖〔書〕謀反，事覺，英自殺，忠等皆伏誅。

【注】

①織女天之真女：織女星，爲天后之正出，爲天后所生，故流星犯織女星，女主即皇后有憂慮，并進而導致皇后崩。“真”同“正”。

②長星出柳張三十七度：長星，彗星星系之一，指有長尾之彗星。三十七度，指長星向北行三十七度，進犯軒轅。古人形容彗尾之長，通常以丈、尺等單位表示，而不用度數。可知此“三十七度”非指彗尾之長。

四川郫縣東漢墓石棺牽牛織女圖拓片

③犯軒轅刺天船陵太微：此處犯、刺、陵，均爲异常天體距星官的狀態。《乙巳占》“占例”曰：“犯者，月及五星同在列宿之位，光耀自下迫上，侵犯之象，七寸以下爲犯。”“刺者，傍過，光芒刺之。”“凌者，以小而逼大，自下而犯上，直往而凌。凌，小辱大之象。”

④上階：指三台六星中的上台二星。

⑤火犯輿鬼……質星：輿鬼四星，南方朱雀之第二宿。石氏曰：“此四星有變，則占其所主也。中央色白，如粉絮者，所謂積尸氣也。一曰天尸，故主死喪，主祠事也。一曰鈇鑕，故主法，主誅斬。”晋灼曰：“鬼五星，其中白者爲質。”

十四年正月戊子，客星出昴，六十日，在軒轅右角稍滅。[①]昴主邊兵。[②]後一年，漢遣奉車都尉顯親侯竇固、駙馬都尉耿秉、騎都尉耿忠、開陽城門候秦彭、太僕祭肜，將兵擊匈奴。一曰，軒轅右角爲貴相，昴爲獄事，客星守之爲大獄。是時考楚事未訖，[③]司徒虞延與楚王英黨，與黄初、公孫弘等交通，皆自殺，或下獄伏誅。

十五年十一月乙丑，太白入月中，爲大將戮，人主亡，不出三年。後三年，孝明帝崩。[④]

十六年正月丁丑，歲星犯房右驂，[⑤]北第一星不見，辛巳乃見。房右驂爲貴臣，歲星犯之爲見誅。是後司徒邢穆，坐與阜陵王延交通，知逆謀自殺。四月癸未，太白犯畢。畢爲邊兵。[⑥]後北匈奴寇〔邊〕，入雲中，至(咸)〔漁〕陽。使者高弘發三郡兵追討，無所得。太僕祭肜坐不進，下獄。[⑦]

【注】

①軒轅右角：石氏曰：“軒轅，一名昏昌宫，而龍蛇形。凡十七星，

南端明者，女主也，母也；女主北六尺，一星，夫人也，屏也，上將也；北六尺，一星，次夫人也，妃也，次將也；北六尺，一星，次妃也；其次，皆次妃也；女主南三尺，星不明者，女御也；御西南丈所一星，大明也，太后宗也；御東南丈所一星，少明也，皇后宗也。”可見軒轅南端最亮一星爲女主，女主前不明小星爲御女，女主西南一星爲大明，又作大民，爲太后宗屬，女主東南一星爲少明，亦作少民，爲皇后宗屬。軒轅右角即西角爲大明星，即軒轅十六。陳美東注右角爲軒轅一，誤。

軒轅對應於獅子的頭部和前腿，太微右垣和五帝座對應於後腿和尾部。黄道正從軒轅大星和左右執法通過，由此可以判斷五星在黄道附近的凌犯狀態。下圖中同時標出各星的排號。引自《泄露天機——東西星空的對話》。

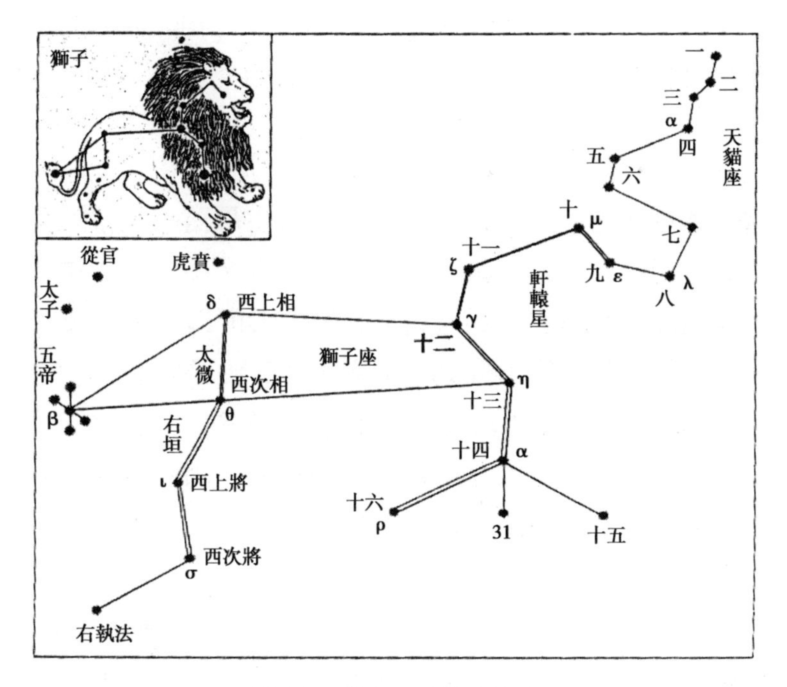

軒轅星、太微右垣與獅子座對應圖

②昴主邊兵：《春秋緯》曰：“昴爲旄頭，房衡位，主胡星，陰之象。”

由昴“主胡星”衍生爲主邊兵。

③考楚事：審察楚王謀反之事。

④孝明帝崩：言彗星出張，入太微，應驗在明帝崩上。東漢的都城洛陽在周地。周地出了异常天象，就當應驗在漢室。太白入月中應之一爲“人主亡”。彗星主掃除，除舊布新，改朝换代，彗星更犯太微，太微爲帝宮，均應在皇帝本身，故有明帝崩。

⑤歲星犯房右驂：歲星犯房宿右驂星。《晋書・天文志》曰：“房四星……南星曰左驂，次左服，次右服，次右驂。”即房右驂爲房四星中最北的一顆星。

⑥畢爲邊兵：《春秋緯》曰：“畢罕車，爲邊兵。”《西官候》曰：“畢大星，邊將軍也。星動，有芒角，邊將有急。”

⑦以上三段，中華書局校點本有三處均缺逗號。此三處不能缺逗號，缺了文義不明，即“楚王英黨”下、“王延交通”下、“坐不進”下，應補上。

孝章建初元年，正月丁巳，太白在昴西一尺。八月庚寅，彗星出天市，長二尺所，稍行入牽牛三度，積四十日稍滅。太白在昴爲邊兵，彗星出天市爲外軍，[1]牽牛爲吴、越。是時蠻夷陳縱[2]等及哀牢王類〔牢〕反，攻(蕉)〔嶲〕唐城。永昌太守王尋走奔楪榆，安夷長宋延爲羌所殺。以武威太守傅育領護羌校尉，馬防行車騎將軍，征西羌。又阜陵王延與子男魴謀反，大逆無道，得不誅。[3]廢爲侯。

二(月)〔年〕九(日)〔月〕甲寅，流星過紫宮中，長數丈，散爲三，滅。十二月戊寅，彗星出婁三度，長八九尺，稍入紫宮中，百六日稍滅。流星過，入紫宮，皆大人忌。後四年六月癸丑，明德皇后崩。[4]

元和(元)〔二〕年四月丁巳，客星晨出東方，在胃八度，長三尺，歷閣道入紫宮，[⑤]留四十日滅。閣道、紫宮，天子之宮也。客星犯入留久爲大喪。後四年，孝章帝崩。

【注】

①彗星出天市爲外軍：彗星出現在天市垣爲外圍有兵。石氏曰："彗孛犯天市，所犯者誅。"巫咸曰："彗星出天市，豪傑内外俱起，執令者死，大臣有誅。"此處占辭應驗在外圍軍起，不常用。

②陳縱：一作陳從，中華書局校點本《校勘記》已指出。

③得不誅：赦免不死。

④明德皇后崩：此占應在流星過紫宮上。按通常占辭，异常天象犯紫宮，大都應驗於執政者天子。

⑤閣道：石氏曰："閣道六星，在王良東。"閣道與王良星，對應於西方的仙后座。閣道，在星占方面是聯繫紫宮與離宮的御道。

孝和永元元年正月辛卯，有流星起參，長四丈，有光，色黄白。二月，流星起天棓，[①]東北行三丈所滅，色青白。壬申，夜有流星起太微東蕃，長三丈。三月丙辰，流星起天津。[②]壬戌，有流星起天將軍，東北行。參爲邊兵，[③]天棓爲兵，太微天廷，天津爲水，天將軍爲兵，流星起之皆爲兵。其六月，漢遣車騎將軍竇憲、執金吾耿秉，與度遼將軍鄧鴻出朔方，并進兵臨私渠北鞮海，[④]斬虜首萬餘級，獲生口牛馬羊百萬頭。日逐王等八十一部降，凡三十餘萬人。追單于至西海。是歲七月，又雨水漂人民，是其應。[⑤]

二年正月乙卯，金、木俱在奎，丙寅，水又在奎。奎主武庫兵，[⑥]三星會又爲兵喪。辛未，水、金、木在婁，亦爲兵，又爲匿謀。二月丁酉，有流星大如桃，起紫宮東蕃，西北行五丈稍滅。四月丙辰，有流星大如瓜，起文昌東北，西南行至少微西滅。有頃音如雷聲，已而金在軒轅大星東北二尺所。八月丁未，有流星如雞子，起太微西，東南行四丈所消。十月癸未，有流星大如桃，起天津，西行六丈所消。十一月辛酉，有流星大如拳，起紫宮，西行到胃消。

三年九月丁卯，有流星大如雞子，起紫宮，西南至北斗柄間消。紫宮天子宮，文昌、少微爲貴臣，天津爲水，北斗主殺。流星起，歷紫宮、文昌、少微、天津，文昌爲天子使，出有兵誅也。[⑦]竇憲爲大將軍，憲弟篤、景等皆卿、校尉，憲女弟婿郭舉爲侍中、射聲校尉，與衛尉鄧疊母元俱出入宮中，謀爲不軌。至四年六月丙(寅)〔辰〕發覺，和帝幸北宮，詔執金吾、五校勒兵屯南、北宮，閉城門，捕舉。舉父長樂少府璜及疊，疊弟步兵校尉磊，母元，皆下獄誅。憲弟篤、景等皆自殺。金犯軒轅，女主失勢。[⑧]竇氏被誅，太后失勢。[⑨]

【注】

①天棓：石氏曰：“天棓五星，大女床東北。”又曰：“天之武備也。棓者大杖，所以打賊也。”“棓”當同“棒”。

②天津：天津九星，在女宿以北銀河之中，相當於西方的天鵝座。津，渡口。

③參爲邊兵：《開元占經》引《黄帝》曰：“參應七將也。中央三小

星，曰伐之都尉也，主胡、鮮卑、戎、狄之國。”故曰主邊兵。

牛、女、虎、昴諸星漢畫像石拓片

（其中右面牽牛人上三星，對應於牛郎即河鼓星。左下四星爲女宿。左上七星爲昴宿，星中白兔對應於月亮、西方。中間白虎背三星對應於參，虎頭三星對應於觜。引自《南陽漢代天文畫像石研究》。）

④私渠北鞮海：一作私渠比鞮海，簡稱私渠海，位於杭愛山西麓。

⑤雨水漂人民：人民在雨水中漂流。這是流星起天津之應。

⑥奎主武庫：奎宿十六星，爲西方白虎之第一宿。《佐助期》曰：“奎主武庫兵。”《石氏贊》曰：“奎主軍。”又曰：“奎主庫兵。”

⑦流星起……出有兵誅也：此處中華書局校點本有若干字與標點均有誤，改正如下：“流星起紫宫，歷文昌、少微、天津。文昌爲天子使出，有兵誅也。”

⑧金犯軒轅女主失勢：金星犯軒轅星，應在女主失勢。指上文二年四月丙辰“已而金在軒轅大星”。

⑨竇氏被誅太后失勢：以上三段所載异常天象，均與竇氏有關。竇氏中重要人士竇憲（？—92），爲東漢大臣，字伯度，扶風平陵（今陝西咸陽西北）人。章帝建初二年（77），妹立爲皇后，被任命爲郎，遷侍中、虎賁中郎將。和帝即位，竇太后臨朝，憲以侍中操縱朝政。永元元年（89），以車騎將軍出塞，擊破北匈奴，拜大將軍，封武陽侯。弟篤、景等被封爲郾侯、汝陰侯等，權傾朝野。四年，和帝誅滅竇氏。故曰竇氏被誅，太后失勢。

五年四月癸巳，太白、熒惑、辰星俱在東井。七月壬午，歲星犯軒轅大星。九月，金在南斗魁中。[①]火犯房北第一星。[②]東井，秦地，爲法。三星合，内外有兵，[③]又爲法令及水。金入斗口中，爲大將將死。火犯房北第一星，爲將相。其六年正月，司徒丁鴻薨。（七月水，大漂殺人民，傷五穀。[④]）許侯馬光有罪自殺。九月，行車騎將軍事鄧鴻、越騎校尉馮柱發左右羽林、北軍五校士及八郡迹射、烏桓、鮮卑，合四萬騎，與度遼將軍朱徵、護烏桓校尉任尚、中郎將杜崇征叛胡。十二月，車騎將軍鴻坐追虜失利，下獄死；度遼將軍徵、中郎將崇皆抵罪。

七年正月丁未，有流星起天津，入紫宫中滅。色青黄，有光。二月癸酉，金、火俱在參。戊寅，金、火俱在東井。八月甲寅，水、土、金俱在軫。十一月甲戌，[⑤]金、火俱在心。十二月己卯，[⑥]有流星起文昌，入紫宫消。丙辰，火、金、水俱在斗。流星入紫宫，金、火在心，皆爲大喪。[⑦]三星合軫爲白衣之會，[⑧]金、火俱在參、東井，皆爲外兵，有死將。三星俱在斗，有戮將，若有死相。[⑨]八年四月樂成王黨，七月樂成王宗皆薨。將兵長史吴棽坐事徵下獄誅。十月，北海王威自殺。十二月，陳王羨薨。其九年閏月，皇太后竇氏崩。遼東鮮卑〔反〕，太守祭參不追虜，徵下獄誅。九月，司徒劉方坐事免官，自殺。隴西羌反，遣執金吾劉尚行征西將軍事，越騎校尉節鄉侯趙世發北軍五校、黎陽、雍營及邊胡兵三萬騎，征西羌。

【注】

①金在南斗魁中：金星運行到斗宿的斗魁之中。斗宿又名南斗，北方七宿中的第一宿，計有六星，其中斗宿一、四、五、六組成斗魁。（參見下圖）

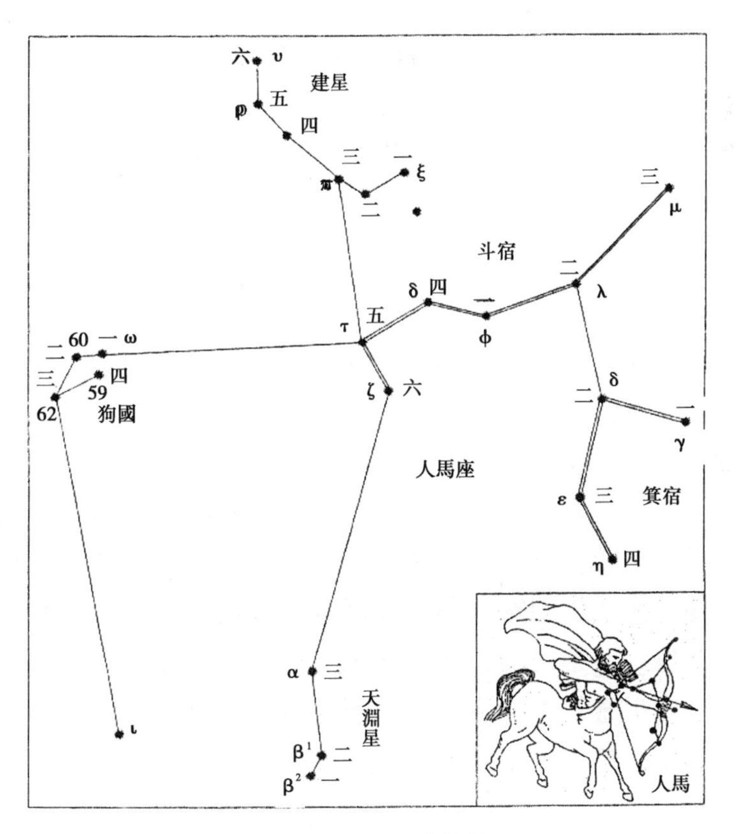

箕、斗、建星與人馬座對應圖

（南斗即斗宿，六星。其形狀與北斗類似，其一、四、五、六爲斗魁，二、三爲斗柄，斗柄指向西北。一、六爲斗口，向下。故《詩經》咏箕、斗詩曰：維南有箕，不可以簸揚。“維北有斗，不可以挹酒漿”，“維北有斗，西柄之揭”。）

②房北第一星：参見前注中的房右驂。

③三星合内外有兵：《漢書 · 天文志》曰："水、木、火三合於東井。占曰：'外内有兵與喪，改立王公。'"又曰："金、木、水三合於張。占曰：'外内有兵與喪，改立王公。'"故此處三星聚合的占辭與《漢書 · 天文志》一致。

④七月水：中華書局校點本考證指出永元六年七月有旱無水。實際上，這段文字與以上永元元年重複，故自"七月水，大漂殺人民，傷五穀"當删除。

⑤十一月甲戌：據陳垣《中西回史日曆》，該月無甲戌。

⑥十二月己卯：據陳氏上書，該月無己卯。

⑦金火在心皆爲大喪：大喪指天子崩。郗萌曰："太白乘熒惑，軍敗；隨熒惑，軍憂……下有空國，死主。"占語亦大致相同。

⑧三星合軫爲白衣之會：星占家均習慣稱大喪爲白衣會。

⑨三星俱在斗……若有死相：三行星會合於斗宿，將有被殺的將軍或死去的丞相。

十一年五月丙午，流星大如瓜，起氐，西南行，稍有光，白色。占曰："流星白，爲有使客，[①]大爲大使，小亦小使。疾期疾，遲亦遲。[②]大如瓜爲近小，行稍有光爲遲也。又正王日，邊方有受王命者也。"[③]明年二月，蜀郡旄牛徼外夷，白狼、樓薄種，王唐繒等，率種人口十七萬，歸義内屬，[④]賜金印紫綬錢帛。

十二年十一月癸酉，夜有蒼白氣，長三丈，起天園，[⑤]東北指軍市，[⑥]見積十日。占曰："兵起，十日期歲。"明年十一月，遼東鮮卑二千餘騎寇右北平。

十三年十一月乙丑，軒轅第四星間有小客星，[⑦]色青黃。軒轅爲後宫，星出之，爲失勢。其十四年六月辛卯，陰皇后廢。

十六年四月丁未，紫宫中生白氣如粉絮。戊午，客星出紫宫西行至昴，五月壬申滅。七月庚午，水在輿鬼中。十月辛亥，流星起鈎陳，⑧北行三丈，有光，色黄。白氣生紫宫中爲喪。客星從紫宫西行至昴爲趙。⑨輿鬼爲死喪。鈎陳爲皇后，⑩流星出之爲中使。⑪後一年，元興元年十〔二〕月（二日），和帝崩，殤帝即位一年又崩，無嗣，鄧太后遣使者迎清河孝王子即位，是爲孝安皇帝，是其應也。清河，趙地也。

【注】

①流星白爲有使客：流星是白色的，爲有使者、來客的象徵。當然，流星還有其他顔色，如黄色等，則應驗於其他休咎。

②疾期疾遲亦遲：流星運動速度高的應驗的日期快，速度低的應驗亦慢。

③正王日邊方有受王命者：流星於正王日出現，將有邊境之王受封。正王日，指五行用事日的土王日、水王日、木王日、金王日、火王日。

④蜀郡旄牛……歸義内屬：中華書局校點本其間缺若干標點，無標點，則文義難明。今補上："蜀郡旄牛徼外夷，白狼、樓薄種，王唐繒等，率種人口十七萬，歸義内屬。"白狼、樓薄，均爲蜀郡徼外的"夷人"，即史書上説的西南夷，其王唐繒等人率領種人十七萬來附歸降。

⑤天園：天園十三星，在胃宿、天苑南，爲天帝果園。

⑥軍市：在參宿之南，指代軍中市場。

⑦軒轅第四星：指軒轅四。

⑧鈎陳：鈎陳六星與北極天樞五星并爲太微垣内主要星官。

⑨昴爲趙：按分野説，昴屬趙。

⑩鈎陳爲皇后：《史記·天官書》曰："後句四星，末大星正妃，餘三星後宫之屬。"後句四星，爲鈎陳主星，其中大星鈎陳一即爲正妃皇后，

亦即現代説的北極星。“句”與“鈎”“勾”“鉤”混用。

⑪流星出之爲中使：皇帝派出爲大使，皇后派出爲中使。

元興元年二月庚辰，有流星起角、亢五丈所。四月辛亥，有流星起斗，東北行到須女。七月己巳，有流星起天市五丈所，光色赤。閏月辛亥，①水、金俱在氐。流星起斗，東北行至須女。須女，燕地。天市爲外軍。水、金會爲兵誅。其年，遼東貊人反，鈔六縣，發上谷、漁陽、右北平、遼西烏桓討之。

孝殤帝延平元年正月丁酉，金、火在婁。金、火合爲爍，爲大人憂。②是歲八月辛亥，孝殤帝崩。

孝安永初元年五月戊寅，熒惑逆行守心前星。③八月戊申，客星在東井、弧星西南。④心爲天子明堂，熒惑逆行守之，爲反臣。客星在東井，爲大水。是時，安帝未臨朝，鄧太后攝政，鄧騭爲車騎將軍，弟弘、悝、閶皆以校尉封侯，秉國勢。司空周章意不平，與王尊、叔元茂等謀，欲閉宮門，捕將軍兄弟，誅常侍鄭衆、蔡倫，劫刺尚書，廢皇太后，封皇帝爲遠國王。事覺，章自殺。東井、弧皆秦地。是時羌反，斷隴道，漢遣騭將左右羽林、北軍五校及諸郡兵征之。是歲郡國四十一縣三百一十五雨水，四瀆溢，⑤傷秋稼，壞城郭，殺人民，是其應也。⑥

【注】

①按陳垣《中西回史日曆》，元興元年二月無庚辰，閏月也無辛亥。當有誤。

②金火合爲爍：熔化金屬爲爍。金星有金屬特性，火星有火的特性，金、火相遇，故合爲爍。有炎熱乾旱之義，故大人憂。

③守心前星：火星守候在心宿上面的星。心前星，即心宿一，天蝎座α。

④弧星：弧星又稱弧矢九星，在天狼東南。

⑤是歲郡國四十一縣三百一十五雨水四瀆溢：中華書局校點本逗號在“雨水”後，無“雨水”之说，逗號當在“雨”字之後。或曰“瀆”字衍。

⑥是其應也：是永初元年八月客星在東井之應。

二年正月戊子，太白晝見。①

三年正月庚戌，月犯心後星。②己亥，太白入斗中。十二月，彗星起天菀南，東北指，長六七尺，色蒼白。太白晝見，爲强臣。③是時鄧氏方盛，月犯心後星，不利子。心爲宋。④五月丁酉，沛王（牙）〔正〕薨。⑤太白入斗中，爲貴相凶。天菀爲外軍，彗星出其南爲外兵。⑥是後使羌、氐討賊李貴，又使烏桓擊鮮卑，又使中郎將任尚、護羌校尉馬賢擊羌，皆降。

四年六月甲子，客星大如李，蒼白，芒氣長二尺，西南指上階星。癸酉，太白入輿鬼。指上階，爲三公。後太尉〔張禹、司空〕張敏〔皆〕免官。太白入輿鬼，爲將凶。後中郎將任尚坐贓千萬，檻車徵，棄市。

五年六月辛丑，太白晝見，經天。元初元年三月癸酉，熒惑入輿鬼。二年九月辛酉，熒惑入輿鬼中。三年三月，熒惑入輿鬼中。五月丙寅，太白入畢口。七月甲寅，歲星入輿鬼。閏月己未，太白犯太微左執法。十一月甲午，客星見西方，己亥在虛、危南，至胃、昴。⑦四年正月丙戌，歲星留輿鬼中。⑧乙未，太白晝見丙上。⑨四月壬戌，太白入輿鬼中。己巳，辰星入輿鬼中。五月己卯，辰星犯歲星。六月丙申，⑩熒惑入輿鬼中，戊戌，犯輿鬼大星。九月辛巳，太白入南斗口中。⑪五年三月丙申，鎮星犯東井鉞星。⑫五月庚午，辰星犯輿鬼質星。丙戌，太白犯鉞星。六年四月癸丑，太白入輿鬼。六月丙戌，熒惑在輿鬼中。丁卯，鎮星在輿鬼中。辛巳，太白犯左執法。自永初五年到永寧，十年之中，太白一晝見經天，再入輿鬼，一守畢，再犯左執法，入南斗，犯鉞星。熒惑五入輿鬼。鎮星一犯東井鉞星，一入輿鬼。歲星、辰星再入輿鬼。凡五星入輿鬼中，皆爲死喪。熒惑、太白甚犯鉞、質星爲誅戮。斗爲貴將。執法爲近臣。客星在虛、危爲喪，⑬爲哭泣。⑭昴、畢爲邊兵，又爲獄事。至建光元年三月癸巳，鄧太后崩；五月庚辰，太后兄車騎將軍騭等七侯皆免官，自殺，是其應也。

【注】

①太白晝見：太白爲金星的异名。金星是太陽系五大行星之一，除了太陽、月亮，它是天空中最亮的星之一。金星是内行星，故有時爲晨星，有時爲昏星。上古時甚至還誤認爲是兩顆星，故有晨啓明、昏長庚之説。正因爲是内行星，它離開太陽的最大角度不超過四十八度，故祇有早晚在東方或西方見到它。離東西方地平祇能在四十餘度範圍之内。祇有當太陽從地平綫升起後，金星的位置纔能越出東方地平四十餘度以上。但太陽升起以後，金星的光芒又爲日光所掩，又隱没不見了，故人們所見到的金星，通常都不能經天，即不能在中天見到它。若在中天見到它，這是違反

常理的。但正是由於金星比較明亮，有時在太陽升起後或日落前的特殊環境下也能在天空見到金星，這時金星若處於大距時，就有可能出現於中天了，古人將這也看作是异常天象，稱之爲“太白經天”，或稱爲“太白晝見”。

②心後星：心宿下方的一顆星。

③太白晝見爲强臣：太白白晝出現，表示朝中有專權的大臣。君爲日，臣爲星，星與日争光，故表示有强臣。

金星晝見與爭光占

太陽　金星

宋文公曰
晝見則兵喪並起為强后兩强侯
宋志曰
晝見與日爭光强國弱小國强女后
晋司馬彪曰為强臣
荊州占曰
兵大起

明《天元玉曆祥异賦》中的金星晝見圖

④心爲宋：按分野理論，宋地爲心宿的分野。

⑤沛王［正］薨：沛國之王死了。沛國在漢時屬宗地，故應驗在月犯心。

⑥彗星出其南爲外兵：《春秋緯》曰："彗星入天苑，都護反。"都護爲邊將，故曰爲外兵。又《開元占經》引司馬彪《天文志》曰："孝安永初三年十二月乙亥，彗起天苑南，東北指，長六七丈，色倉。天苑爲外兵起，是後羌兵討賊，杜季貢又使烏丸擊鮮卑，又使中郎將任尚護羌校尉，馬賢擊虜，皆降之。"兩處説法有文字差异，可作爲補充。

⑦按中華書局校點本"客星見西方，己亥在虚、危，南至胃、昴"：胃、昴不在虚、危南，而在正東，是標點錯誤所致，當改點如下："客星見西方，己亥在虚、危南，至胃、昴。"

⑧歲星留輿鬼中：《文曜鈎》曰："歲星所居久，其國有德厚。"鬼之分野爲關中，當應驗在關中大熟上。

⑨太白晝見丙上：丙位在午位之東十五度左右。

⑩六月丙申：以下記日干支，有多處與陳垣所考證表不合，當有失誤。陳所考證表也有待驗證。

⑪入南斗口中：斗宿魁口之處。

⑫東井鉞星：鉞星爲東井附座，位於井口右上角，星占學上據星名當應驗在刀兵之上。

⑬客星在虚危爲喪：客星在虚宿和危宿都應驗在死喪上。

⑭爲哭泣：虚、危既爲死喪，故在其傍又設哭星和泣星，以增加其義。

延光二年八月己亥，熒惑出太微端門。①三年二月辛未，太白犯昴。五月癸丑，太白入畢。九月壬寅，鎮星犯左執法。②四年，太白入輿鬼中。六月壬辰，太白出太微。九月甲子，太白入斗口中。十一月，客星見天市。熒惑出太微，爲亂臣。太白犯昴、畢，爲(近)〔邊〕兵，一曰大人當之。鎮星犯左執法，有誅臣。太白入輿鬼中，爲大喪。太白出太微，爲中宫有兵；入斗口，爲貴將相有誅者。[3]客星見天市中，爲貴喪。

是時大將軍耿寶、中常侍江京、樊豐、小黄門劉安與阿母王聖、聖子女永等并構譖太子保，并惡太子乳母男、厨監邴吉。三年九月丁酉，廢太子爲濟陰王，以北鄉侯懿代。殺男、吉，徙其父母妻子日南。[4]四年三月丁卯，安帝巡狩，從南陽還，道寢疾，至葉崩，閻后與兄衛尉顯、中常侍江京等共隱匿，不令群臣知上崩，遣司徒劉喜等分詣郊廟，告天請命，載入北宫。庚午夕發喪，尊閻氏爲太后。北鄉侯懿病薨，京等又不欲立保，白太后，更徵諸王子擇所立。中黄門孫程、王國、王康等十九人，共合謀誅顯、京等，立保爲天子，是爲孝順皇帝。皆姦人强臣狂亂王室，其於死亡誅戮，兵起宫中，是其應。

【注】

①太微端門：太微垣之南門，左右樞之間。

②左執法：太微垣南門左邊的執法官。

③入斗口爲貴將相有誅者：太白入斗宿中口，應在將相有誅。《開元占經》引韓揚曰："南斗第一星上將，第二星相，第三星妃，第四星太子，第五星、第六星天子。"故曰入斗口"將相有誅者"。

④日南：午中日影在南之地，實指嶺南一帶。

孝順永建二年二月癸未，太白晝見三十九日。閏月乙酉，太白晝見東南維四十一日。八月乙巳，熒惑入輿鬼。太白晝見，爲强臣。熒惑爲凶。[1]輿鬼爲死喪。質星爲誅戮。是時中常侍高梵、張防、將作大匠翟酺、尚書令高堂芝、僕射張敦、尚書尹就、郎姜述、楊鳳等，及兖州刺史鮑就、使匈奴中郎〔將〕張國、金城太守張篤、敦煌太守張朗，相與交通，漏泄，就、述棄市，梵、防、酺、芝、敦、鳳、就、國皆抵罪。又定遠侯班始尚陰城公主堅得，鬥争殺堅得，坐要斬馬市，同産皆棄市。②

六年四月，熒惑入太微中，犯左、右執法西北方六寸所。十月乙卯，太白晝見。十二月壬申，客星芒氣長二尺餘，西南指，色蒼白，在牽牛六度。客星芒氣白爲兵。牽牛爲吴、越。後一年，會稽海賊曾於等千餘人燒句章，殺長吏，又殺鄞、鄮長，取官兵，拘殺吏民，攻東部都尉；揚州六郡逆賊章何等稱將軍，犯四十九縣，大攻略吏民。

陽嘉元年閏月戊子，客星氣白，廣二尺，長五丈，起天菀西南。主馬牛，爲外軍，色白爲兵。③是時，敦煌太守徐白使疏勒王盤等兵二萬人入于寘界，虜掠斬首三百餘級。烏桓校尉耿曄使烏桓親漢都尉戎末瘣等出塞，鈔鮮卑，斬首，獲生口財物；鮮卑怨恨，鈔遼東、代郡，殺傷吏民。是後，西戎、北狄爲寇害，以馬牛起兵，馬牛亦死傷於兵中，至十餘年乃息。

【注】

①熒惑爲凶：《洪範五行傳》曰："熒惑於五常爲禮，辨上下之節於五事，爲視明察善惡之事也。禮虧視失逆夏令，則熒惑爲旱災、爲饑、爲

疾、爲亂、爲死喪、爲賊、爲妖言大怪也。”故簡言之爲凶。

②同産皆棄市：同輩兄弟都棄市。棄市即將尸首展現示衆。

③客星……起天菀西南……色白爲兵：天菀爲天帝牧場，故客星犯之會影響馬牛，據前注又爲外軍。客星呈白色爲兵象。

永和二年五月戊申，太白晝見。八月庚子，熒惑犯南斗。斗爲吴。明年五月，吴郡太守行丞事羊珍與越兵弟葉、[1]吏民吴銅等二百餘人起兵反，殺吏民，燒官亭民舍，攻太守府。太守王衡距守，吏兵格殺珍等。又〔九〕江賊蔡伯流等數百人攻廣陵、九江，燒城郭，殺〔江〕都長。

三年二月辛巳，太白晝見，戊子，在熒惑西南，光芒相犯。[2]辛丑，有流星大如斗，從西北東行，長八九尺，色赤黄，有聲隆隆如雷。三月壬子，太白晝見。六月丙午，太白晝見。八月乙卯，太白晝見。閏月甲寅，辰星入輿鬼。己酉，熒惑入太微。乙卯，太白晝見。太白者，將軍之官，又爲西州。[3]晝見，陰盛，與君争明。[4]熒惑與太白相犯，爲兵喪。流星爲使，聲隆隆，怒之象也。辰星入輿鬼，爲大臣有死者。熒惑入太微，亂臣在廷中。是時，大將軍梁商父子秉勢，故太白常晝見也。其四年正月，祀南郊，夕牲，中常侍張逵、蘧政、(陽)〔楊〕定、内者令石光、尚方令傅福等與中常侍曹騰、孟賁争權，白帝言騰、賁與商謀反，矯詔命收騰、賁。賁自解説，順帝寤，解騰、賁縛。逵等自知事不從，各奔走，或自刺，解貂蟬投草中逃亡，皆得免。其六年，征西將軍馬賢擊西羌於北地(謝)〔射〕姑山下，父子爲羌所没殺，是其應也。

四年七月壬午，熒惑入南斗犯第三星。[5]五年四月戊午，太白晝見。八月己酉，熒惑入太微。斗爲貴相，爲揚州，熒惑犯入之爲兵喪。其六年，大將軍商薨。九江、丹陽賊周生、馬勉等起兵攻没郡縣。梁氏又專權於天廷中。

六年二月丁巳，彗星見東方，長六七尺，色青白，西南指營室及墳墓星。丁丑，彗星在奎一度，長六尺，癸未昏見西北，歷昴、畢，甲申，在東井，遂歷輿鬼、柳、七星、張，光炎及三台，至軒轅中滅。營室者，天子常宫。墳墓主死。彗星起而在營室、墳墓，不出五年，天下有大喪。後四年，孝順帝崩。昴爲邊兵，又爲趙。羌周馬父子後遂爲寇。又劉文刦清河相射暠，欲立王蒜爲天子，暠不聽，殺暠，王閉門距文，官兵捕誅文，蒜以惡人所刦，廢爲尉氏侯，又徙爲犍陽都鄉侯，薨，國絶。歷東井、輿鬼爲秦，皆羌所攻鈔。炎及三台，爲三公。是時，太尉杜喬及故太尉李固爲梁冀所陷入，坐文書死。及至注、張爲周，[6]滅於軒轅中爲後宫。其後懿獻后以憂死，梁氏被誅，是其應也。

【注】

①越兵：人名，與其下葉爲兄弟。具體情况不明。

②太白晝見……光芒相犯：太白與熒惑同時晝見，相遇於七寸之内。

③太白者……又爲西州：吴龔《天官星占》曰："太白位在西方，白帝之子，大將之象。"石氏曰："太白主秋，主西維，主金，主兵。"故曰將軍之官，爲西州。西州者，西方之疆域也。

④與君争明：臣與天子争明，即争權。

⑤南斗第三星即斗宿三。

⑥注張爲周：注星、張宿爲周，即注、張的分野爲周地。注，《史記·天官書》曰：“柳爲鳥注。”即注爲柳宿。

漢安二年，正月己亥，太白晝見。五月丁亥，辰星犯輿鬼。六月乙丑，熒惑光芒犯鎮星。七月甲申，太白晝見。辰星犯輿鬼爲大喪。熒惑犯鎮星爲大人忌。[①]明年八月，孝順帝崩。孝冲明年正月又崩。

孝質本初元年，三月癸丑，熒惑入輿鬼，四月辛巳，太白入輿鬼，皆爲大喪。五月庚戌，太白犯熒惑，爲逆謀。[②]閏月一日，孝質帝爲梁冀所鴆，崩。

【注】

①熒惑犯鎮星爲大人忌：熒惑犯鎮星即火星犯土星爲天子有災咎。《開元占經》引石氏曰：“填星與火合，大人惡之。”本志占語，正與石氏語相合。

②太白犯熒惑爲逆謀：逆謀，爲犯亂謀，逆亂之義。《荆州占》曰：“熒惑與太白相犯，大戰。太白在熒惑南，南國敗；在熒惑北，北國敗。”又曰：“熒惑太白相犯，爲兵喪，爲逆謀。”二家占語一致。

《後漢書》志第十二

天文下

桓三十八 靈二十 獻九 隕石

孝桓建和元年八月壬寅，熒惑犯輿鬼質星。二年二月辛卯，熒惑行在輿鬼中。三年五月己丑，太白行入太微右掖門，①留十五日，出端門。丙申，熒惑入東井。八月己亥，鎮星犯輿鬼中南星。②乙丑，彗星芒長五尺，見天市中，東南指，色黄白，九月戊辰不見。熒惑犯輿鬼爲死喪，質星爲戮臣，入太微爲亂臣。鎮星犯輿鬼爲喪。彗星見天市中爲（質）貴人。③至和平元年（十）二月甲寅，梁太后崩，梁冀益驕亂矣。

元嘉元年二月戊子，太白晝見。永興二年閏月丁酉，太白晝見。時上幸後宫采女鄧猛，明年，封猛兄演爲南頓侯。後四歲，梁皇后崩，梁冀被誅，猛立爲皇后，恩寵甚盛。

永壽元年三月丙申，鎮星逆行入太微中，七十四日去左掖門。④七月己未，辰星入太微中，八十日去左掖門。八月己巳，熒惑入太微，二十一日出端門。太微，天子廷也。鎮星爲貴臣妃后，[5]逆行爲匿謀。辰星入太微爲大水，一曰後宫有憂。[6]是歲雒水溢至津門，南陽大水。[7]熒惑留入太微中，又爲亂臣。是時梁氏專政。九月己酉，晝有流星長二尺所，色黄白。癸巳，熒惑犯歲星，爲姦臣謀，大將戮。[8]

【注】

①右掖門：《黄帝占》曰："太微，天子之宫。西蕃四星，南北列。南端第一星爲上將，北間爲太陽西門，門北一星爲次將，北間爲中華西門，門北一星爲次相，北間爲太陰西門，北端一星爲上相。東蕃四星，南北列。南端第一星爲上相，北間爲太陽東門，門北一星爲次相，北間爲中華東門，門北一星爲次將，北間爲太陰東門，北端一星爲上將。南蕃兩星，東西列，其西星爲右執法，其東星爲左執法，廷尉尚書之象。兩執法之間，太微天廷端門也。右執法西間爲右掖門，左執法之東爲左掖門。"

②犯輿鬼中南星：犯鬼宿之南星。鬼宿共四星，無中星。

③彗星見天市中爲（質）貴人：彗星現天市中，爲貴人憂。

④左掖門：黄道橫過左右執法星，故五星衹能犯左右掖門和端門，與其他無關。

⑤鎮星爲貴臣妃后：鎮星即土星，象徵貴人后妃，有犯即后妃憂。

⑥水星有二解，一爲水，二爲後宫，故"爲大水，一曰後宫"。

⑦雒水溢至津門南陽大水：此爲辰入太微之應驗。

⑧爲姦臣謀大將戮：此爲熒惑犯歲星之應驗。

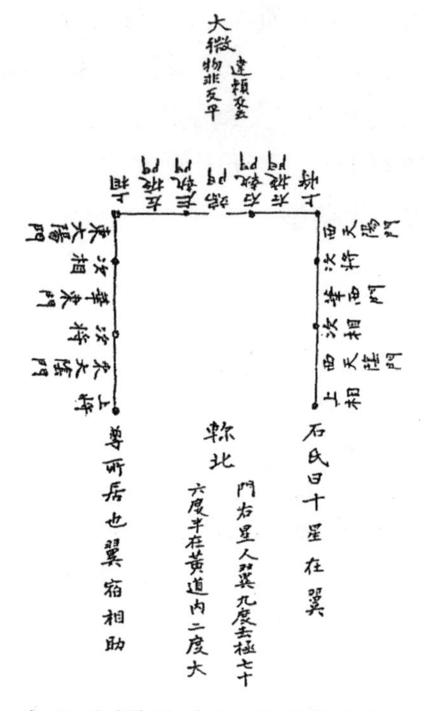

唐《天地瑞祥志》中的太微垣諸門示意圖

（圖中右邊的西天陽門、西天陰門當爲西太陽門、西太陰門之誤。在星占家看來，异常天象進入這些門，便是帝王及其政權受到侵犯的嚴重徵兆。）

二年六月甲寅，辰星入太微，遂伏不見。辰星爲水，爲兵，爲妃后。八月戊午，太白犯軒轅大星，爲皇后。其三年四月戊寅，熒惑入東井口中，爲大臣有誅者。其七月丁丑，太白犯心前星，爲大臣。後二年（四）〔七〕月，懿獻皇后以憂死。大將軍梁冀使太倉令秦宫刺殺議郎邴尊，又欲殺鄧后母宣，事覺，桓帝收冀及妻壽襄城君印綬，皆自殺。誅諸梁及孫氏宗族，或徙邊。是其應也。

延熹四年三月甲寅，熒惑犯輿鬼質星。五月辛酉，客星在營室，稍順行，生芒長五尺所，至心一度，轉爲彗。熒惑犯輿鬼質星，大臣有戮死者。①五年十月，南郡太守李肅坐蠻夷賊攻盜郡縣，取財物一億以上，入府取銅虎符，肅背敵走，不救城郭；又監黎陽謁者燕喬坐贓，重泉令彭良殺無辜，皆棄市。京兆虎牙都尉宋謙坐贓，下獄死。②客星在營室至心作彗，爲大喪。後四年，鄧后以憂死。③

六年十一月丁亥，太白晝見。是時鄧后家貴盛。

七年七月戊辰，辰星犯歲星。八月庚戌，熒惑犯輿鬼質星。庚申，歲星犯軒轅大星。十月丙辰，太白犯房北星。④丁卯，辰星犯太白。十二月乙丑，熒惑犯軒轅第二星。辰星犯歲星爲兵。熒惑犯質星有戮臣。歲星犯軒轅爲女主憂。太白犯房北星爲後宮。其八年二月，太僕南鄉侯左勝以罪賜死，勝弟中常侍上蔡侯悺、北鄉侯黨皆自殺。癸亥，皇后鄧氏坐執左道廢，遷于(祠)〔桐〕宮死，宗親侍中沘陽侯鄧康、河南尹鄧萬、越騎校尉鄧弼、虎賁中郎將安(鄉)〔陽〕侯鄧(魯)〔會〕、侍中監羽林左騎鄧德、右騎鄧壽、昆陽侯鄧統、淯陽侯鄧秉、議郎鄧循皆繫暴室，萬、(魯)〔會〕死，康等免官。又荆州刺史芝、交阯刺史葛祇皆爲賊所拘略，桂陽太守任胤背敵走，皆棄市，熒惑犯輿鬼質星之應也。⑤

【注】

①熒惑犯輿鬼質星大臣有戮死者：熒惑犯鬼宿中的積尸氣，應驗於有大臣被誅上。熒惑爲死喪，積尸氣爲誅殺，故有此占。

②宋謙坐贓下獄死：應驗於客星犯心大臣死上。

③鄧后以憂死：因鄧氏專權，導致鄧后憂死。應驗於客星在營室。營室，后妃之宫，客星犯之，后妃有憂。

④房北星即前注所述房右驂。

⑤皆棄市熒惑犯輿鬼質星之應也：熒惑犯質星，應驗於大臣有戮死者，鄧黨翦滅。

八年五月癸酉，太白犯輿鬼質星。壬午，熒惑入太微右執法。閏月己未，太白犯心前星。十月癸酉，歲星犯左執法。十一月戊午，歲星入太微，犯左執法。九年正月壬辰，歲星入太微中，五十八日出端門。六月壬戌，太白行入輿鬼。七月乙未，熒惑行輿鬼中，犯質星。九月辛亥，熒惑入太微西門，積五十八日。永康元年正月庚寅，熒惑逆行入太微東門，留太微中，百一日出端門。七月丙戌，太白晝見經天。太白犯心前星，太白犯輿鬼質星有戮臣。熒惑入太微爲賊臣。太白犯心前星爲兵喪。[①]歲星入太微犯左執法，將相有誅者。歲星入守太微五十日，占爲人主。太白、熒惑入輿鬼，皆爲死喪，又犯質星爲戮臣。熒惑留太微中百一日，占爲人主。[②]太白晝見經天爲兵，憂在大人。其九年十一月，太原太守劉瓆、南陽太守成瑨皆坐殺無辜，荆州刺史李隗爲賊所拘，尚書郎孟璫坐受金漏言，皆棄市。永康元年十二月丁丑，桓帝崩，太傅陳蕃，大將軍竇武、尚書令尹勳、黄門令山冰等皆枉死，太白犯心，熒惑留守太微之應也。[③]

【注】

①太白犯心前星爲兵喪：石氏曰："心三星，帝座。大星者，天子也。"太史公曰："心三星，上星太子星，星不明，太子不得代；下星庶子星，星明，庶子代。"又《海中占》曰太白"犯太子，太子不得代"。

②熒惑留太微中百一日占爲人主：熒惑爲災星，久留帝宫，咎在帝身，故曰"占爲人主"。

③太白犯心熒惑留守太微之應也：太白犯心，咎在帝座；熒惑留守太微，危及帝宫，均咎及帝身，故應在桓帝駕崩。

孝靈帝建寧元年六月，太白在西方，入太微，犯西蕃南頭星。[①]太微，天廷也。太白行其中，宫門當閉，大將被甲兵，大臣伏誅。其八月，太傅陳蕃、大將軍竇武謀欲盡誅諸宦者；其九月辛亥，中常侍曹節、長樂五官史朱瑀覺之，矯制殺蕃、武等，家屬徙日南比景。[②]

熹平元年十月，熒惑入南斗中。占曰："熒惑所守爲兵亂。"斗爲吴。其十一月，會稽賊許昭聚衆自稱大將軍，昭父生爲越王，攻破郡縣。

二年四月，有星出文昌，入紫宫，蛇行，有首尾無身，[③]赤色，有光炤垣牆。八月丙寅，太白犯心前星。辛未，白氣如一匹練，衝北斗第四星。[④]占曰："文昌爲上將貴相。[⑤]太白犯心前星，爲大臣。"後六年，司徒劉(群)〔郃〕爲中常侍曹節所譖，下獄死。白氣衝北斗爲大戰。明年冬，揚州刺史臧旻、丹陽太守陳寅，攻盜賊苴康，斬首數千級。

光和元年四月癸丑，流星犯軒轅第二星，東北行入北斗魁中。八月，彗星出亢北，入天市中，長數尺，稍長至五六丈，赤色，經歷十餘宿，八十餘日，乃消於天菀中。流星爲貴使，軒轅爲内宫，北斗魁主殺。流星從軒轅出抵北斗魁，是天子大使將出，有伐殺也。至中平元年，黄巾賊起，上遣中郎將皇甫嵩、朱儁等征之，斬首十餘萬級。彗除天市，天帝將徙，帝將易都。至初平元年，獻帝遷都長安。

三年冬，彗星出狼、弧，東行至于張乃去。張爲周地，彗星犯之爲兵亂。後四年，京都大發兵擊黄巾賊。

五年四月，熒惑在太微中，守屏。⑥七月，彗星出三台下，⑦東行入太微，至太子、幸臣，⑧二十餘日而消。十月，歲星、熒惑、太白三合於虚，相去各五六寸，如連珠。占曰："熒惑在太微爲亂臣。"是時中常侍趙忠、張讓、郭勝、孫璋等，并爲姦亂。彗星入太微，天下易主。至中平六年，宫車晏駕。歲星、熒惑、太白三合於虚爲喪。虚，齊（也）〔地〕。明年，琅邪王據薨。

光和中，國皇星東南角去地一二丈，如炬火狀，十餘日不見。占曰："國皇星爲内亂，外内有兵喪。"⑨其後黄巾賊張角燒州郡，朝廷遣將討平，斬首十餘萬級。中平六年，宫車晏駕，大將軍何進令司隸校尉袁紹私募兵千餘人，陰跱雒陽城外，竊呼并州牧董卓使將兵至京都，共誅中官，對戰南、北宫闕下，死者數千人，燔燒宫室，遷都西京。及司徒王允與將軍吕布誅卓，卓部曲將郭汜、李傕旋兵攻長安，公卿百官吏民戰死者且萬人。天下之亂，皆自内發。

【注】

①西蕃南頭星：指右執法星。

②日南比景：日南郡中午日影無影處。日南，指日南郡。比景，夏至中午無日影之地。比即相鄰、相近，意爲日影落在附近。一説比景同日南，皆爲郡名。

③有首尾無身：流星斷爲兩節。

④北斗第四星：指北斗四天權。

⑤文昌爲上將貴相：《史記·天官書》曰："斗魁戴匡六星，曰文昌宫。"陳卓曰："文昌，一星上將，大將軍也；二曰次將，尚書也；三曰貴相，太常也；四曰司中，司隸也；五曰司怪，太史也；六曰大理，廷尉也。"故文昌象徵朝中主要執政大臣。

⑥熒惑……守屏：屏，即内屏四星，黄道從附近通過，故熒惑守之。

⑦三台下：三台星中的下台二星。

⑧太子幸臣：指太微垣中帝座北的太子星、幸臣星。

⑨國皇星爲内亂外内有兵喪：《史記·天官書》曰："國皇星，大而赤，狀類南極。所出，其下起兵，兵强；其衝不利。"可見國皇星爲超新星之類的异常天體。

中平二年十月癸亥，客星出南門中，[1]大如半筵，五色喜怒稍小，至後年六月消。占曰："爲兵。"至六年，司隸校尉袁紹誅滅中官，大將軍部曲將吴匡攻殺車騎將軍何苗，死者數千人。

三年四月，熒惑逆行守心後星。十月戊午，月食心後星。占曰："爲大喪。"後三年而靈帝崩。

五年二月，彗星出奎，逆行入紫宫，後三出，六十餘日乃消。六月丁卯，客星如三升椀，[②]出貫索西南，行入天市，[③]至尾而消。占曰：“彗除紫宮，天下易主。客星入天市，爲貴人喪。”明年四月，宮車晏駕。中平中夏，[④]流星赤如火，長三丈，起河鼓，入天市，抵觸宦者星，色白，長二三丈，後尾再屈，食頃乃滅，狀似枉矢。[⑤]占曰：“枉矢流發，其宮射，所謂矢當直而枉者，操矢者邪枉人也。”中平六年，大將軍何進謀盡誅中官，〔中官覺〕，於省中殺進；[⑥]俱兩破滅，天下由此遂大壞亂。

六年八月丙寅，太白犯心前星，戊辰犯心中大星。其日未冥四刻，[⑦]大將軍何進於省中爲諸黄門所殺。己巳，車騎將軍何苗爲進部曲將吴匡所殺。

【注】

①客星出南門：中國古代星宿學方面的南門有二，一是角宿之南的南門二星，二是井宿南北的南河戍和北河戍，也稱南門。《夏小正》所載“南門正”就是指後者。而前者之南門，當爲陳卓整理三家星表後確定。注者以爲，此處之南門正是指井宿附近之南門。實際上，角宿南之南門星在黄河中下游是很難見到的，又何况其附近的客星了。此當爲超新星爆發記録。

②三升椀：能裝三升物品大小的碗。“椀”即“碗”。

③中華書局校點本作“出貫索，西南行入天市”。由於天市垣在貫索東南，知標點有誤，當作“出貫索西南，行入天市”。

④中平中夏：中平年間的盛夏。中平（184—190），靈帝的最後一個年號。

⑤狀似枉矢：枉矢，尾曲蛇行的流星。《史記·天官書》曰：“枉矢，類大流星，虵行而倉黑，望之如有毛羽然。”

⑥省中：宮禁之中。

⑦未冥四刻：黄昏前四刻。刻爲時間單位，日百刻，每刻約相當於現

在十四點四分鐘。

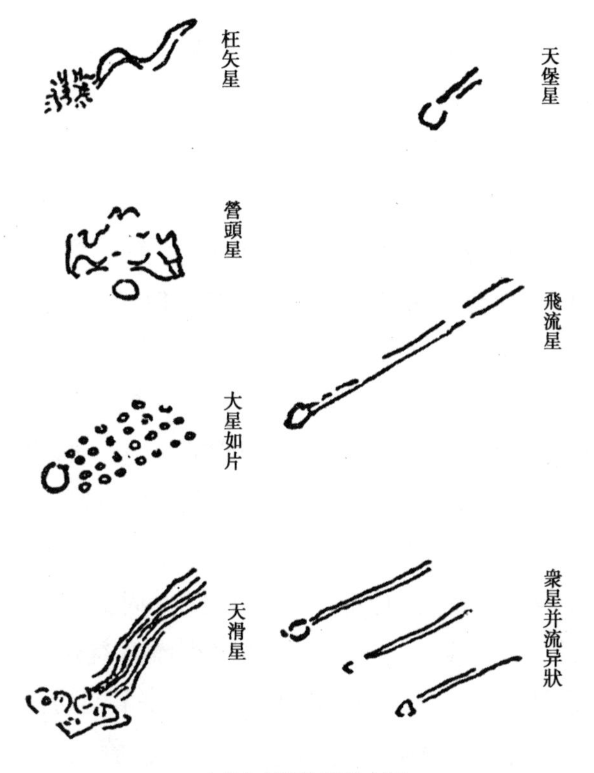

古代文獻對流星的分類

(志文中所載枉矢星、營頭星等形狀,這裏都繪有相應的圖形。)

孝獻初平(三)〔二〕年九月,蚩尤旗見,①長十餘丈,色白,出角、亢之南。占曰:"蚩尤旗見,則王征伐四方。"其後丞相曹公征討天下且三十年。

四年十月,孛星出兩角間,②東北行入天市中而滅。占曰:"彗除天市,天帝將徙,帝將易都。"③是時上在長安，後二年東遷，明年七月，至雒陽，其八月，曹公迎上都許。

建安五年十月辛亥，有星孛于大梁，[④]冀州分也。時袁紹在冀州。其年十一月，紹軍爲曹公所破。七年夏，紹死，後曹公遂取冀州。

九年十一月，有星孛于東井輿鬼，入軒轅太微。十一年正月，星孛于北斗，首在斗中，尾貫紫宫，及北辰。[⑤]占曰："彗星掃太微宫，人主易位。"其後魏文帝受禪。

十二年十月辛卯，有星孛于鶉尾。[⑥]荆州分也，時荆州牧劉表據荆州，(時) 益州從事周群以〔爲〕荆州牧將死而失土。明年秋，表卒，以小子琮自代。曹公將伐荆州，琮懼，舉軍詣公降。

十七年十二月，有星孛于五諸侯。周群以爲西方專據土地者，皆將失土。[⑦]是時益州牧劉璋據益州，漢中太守張魯别據漢中，韓遂據凉州，(宋)〔宗〕建别據枹罕。明年冬，曹公遣偏將擊凉州。十九年，獲(宋)〔宗〕建；韓遂逃于羌中，病死。其年秋，璋失益州。二十年秋，〔曹〕公攻漢中，魯降。

十八年秋，歲星、鎮星、熒惑俱入太微，逆行留守帝坐百餘日。占曰："歲星入太微，人主改。"

二十三年三月，孛星晨見東方二十餘日，夕出西方，犯歷五車、東井、五諸侯、文昌、軒轅、后妃、太微，鋒炎指帝坐。占曰："除舊布新之象也。"[⑧]

【注】

①蚩尤旗：彗星的一種，後曲似旗。《史記·天官書》曰："蚩尤之旗，類彗而後曲，象旗。見則王者征伐四方。"

②兩角間：彗星出現於角宿兩星之間。

③帝將易都：據占辭，彗星掃天市，國家將遷都，以應天市變換之義。

④星孛于大梁：彗星出現於大梁星次。大梁，西方第二個星次，包括胃宿、昴宿、畢宿。大梁，對應於魏都開封，一說大梁爲趙之分野，故有此古語。

⑤首在斗中……及北辰：這裏將彗星的分布狀態描述得很具體：首在北斗星處，尾處紫宫之中及北極星附近。

⑥鶉尾：南方第三個星次，對應於翼宿和軫宿。

⑦孛于五諸侯……皆將失土：五諸侯，在東井北，近北河戍星。彗星見五諸侯，將應驗在益州、梁州失地上。

⑧以上歲星、鎮星、熒惑入太微，彗星犯太微、帝座，都應驗於除舊布新、更改帝位上。

殤帝延平元年九月乙亥，隕石陳留四。[①]《春秋》僖公十六年，隕石于宋五，傳曰隕星也。董仲舒以爲從高反下之象。或以爲庶人惟星，隕，民困之象也。[②]

桓帝延熹七年三月癸亥，隕石右扶風一，鄠又隕石二，皆有聲如雷。

【注】

①隕石：以上均以年代分别記録天象，不分種類，但無隕石記録。以下專載東漢兩條隕石記録。這似與以上分類不協調。隕石是從宇宙空間穿過地球大氣層落到地面上的天然固態物體，又稱隕星。隕星有石質和鐵質

兩種，中國古代常有發現和記録。《史記 · 天官書》就有隕石的記載："星墜至地，則石也。河濟之間，時有墜星。"

②隕民困之象：隕星，爲民困乏之象。這僅是星占家對隕星現象的一種解釋，更多的則與戰事相聯繫。《史記 · 天官書》曰："天狗，狀如大奔星，有聲，其下止地，類狗。……千里破軍殺將。"《春秋緯》則說："天狗如大奔星有聲，望之如火光，見則破軍，四方相射。又近驗前代邊將敗績，多有奔星墜其營中。"《晋書 · 天文志》則記載得更明確："蜀後主建興十三年，諸葛亮帥大衆伐魏，屯於渭南。有長星赤而芒角，自東北西南流，投亮營，三投再還，往大還小。占曰：'兩軍相當，有大流星來走軍上及墜軍中者，皆破敗之徵也。'九月，亮卒于軍，焚營而退，群帥交怨，多相誅殘。"奔星墜入諸葛亮所在的蜀軍軍營，必有破軍殺將相應。諸葛亮死後，蜀軍在敗退中自相殘殺，正應驗在占辭上。

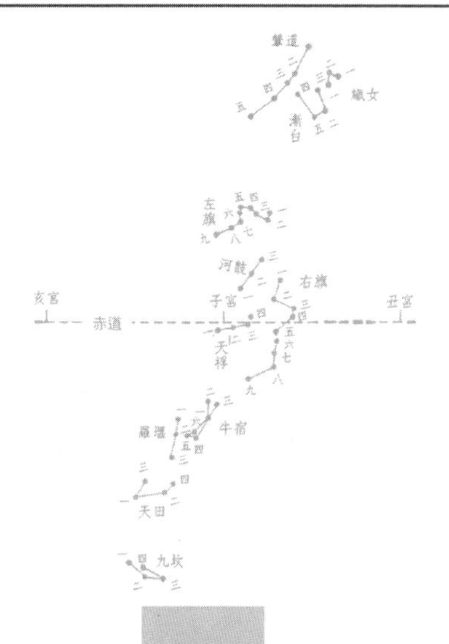

晋書·天文志

《晉書·天文志》與《隋書·天文志》均爲李淳風所作。李淳風（602—670），唐岐州雍（今陝西鳳翔）人，祖籍太原。撰寫此志時，其當任太常博士（641）以後不久。

《晉志》寫作在先，《隋志》在後，二者天文經裏部分幾乎完全一致，僅《隋志》在個別星官下在占語上作了少許補充，而在文字上没有任何改動。其它如儀象、史傳事驗、凌犯、星變等，由於所含蓋的時代不同，故具體内容也不同，本篇所載州郡躔次，《隋志》不載。

《明史·天文志》開卷説："論者謂《天文志》首推晉、隋。"可見李淳風所撰《晉書·天文志》在歷代《天文志》中，是首屈一指的。自司馬遷寫《史記·天官書》，載天文星官、五星凌犯及天文星占諸事，實開歷代正史《天文志》之先河。《漢書·天文志》和《後漢書·天文志》無甚創新，至《晉書·天文志》爲之一變，其上卷載天體、儀象、包括中外二十八宿在内的全天星座、十二次、天文地理分野；中卷載七曜在星占上的特性、雜星和雲氣占法、史傳事驗（包括天變、日食、月變、月奄犯五緯和五星聚舍）；下卷載月和五星犯列舍、妖星客星、星流隕、雲氣占事。即除了包括《史記》《漢書》《後漢書》的《天文志》傳統内容，還增加了天體理論、儀象、蓋圖、地中、晷影、漏刻等天文理論和觀測内容，還包括儀器和晷漏，這就大大增加了它的科學内容和涉及的範圍，對天文學的發展起到直接的促進作用。必須指出，在李淳風撰寫《晉書 · 天文志》以前，沈約所著的《宋書 · 天文志》中已載有論天三家及天文觀測儀器，衹是内容比《晉志》簡略，《晉志》的天文學水平也要高一些，但無疑地，《晉志》是在受到《宋志》内容啓發下完成的。

《晉書 · 天文志》不但詳細記載了中國上古時代蓋天説、宣夜説和渾天説三個主要論天學派的觀點，介紹了他們的發展歷史及其主要代表作，而且簡要地介紹了魏晉時形成的虞喜安天論、虞聳穹天論、姚信昕天論三家次要的學説。將中國上古衆多的宇宙學派的觀點記載下來，得以流傳和發展，這對於研究中國古代宇宙理論的發展歷史是有重要意義的。《晉志》在對於儀象的記載中，介紹了自落下閎、鮮于妄人、耿壽昌以來渾儀的發展過程，又介紹了張衡、陸績、王蕃對於渾天的觀點和他們所製作的渾象。這是中國上古天文儀器製造方面少見的重要文獻。

《晉書 · 天文志》所載全天星座，從體例上來説，與《史記 · 天官書》無多大出入，但其星數、星官數有很大增加。《漢書 · 天文志》説，經星常宿中外官，“凡百一十八名，積數七百八十三星”，但《晉書 · 天文志》據“太史令陳卓總甘、石、巫咸三家所著星圖，大凡二百八十三官，一千四百六十四星，以爲定紀。”即《晉志》是據陣卓整理後的星座數。其所載星官的星數和範圍，比《史記 · 天官書》要詳細得多。

《晋書》卷十一

志第一

天文上

天體　儀象　天文經星　中宫[1]　二十八舍　二十八宿外星　天漢起没　十二次度數　州郡躔次

昔在庖犧，觀象察法，以通神明之德，以類天地之情，可以藏往知來，開物成務。[2]故《易》曰："天垂象，見吉凶，聖人象之。"此則觀乎天文以示變者也。《尚書》曰："天聰明自我人聰明。"此則觀乎人文以成化者也。是故政教兆於人理，祥變應乎天文，得失雖微，罔不昭著。然則三皇邁德，七曜順軌，日月無薄蝕之變，星辰靡錯亂之妖。黄帝創受《河圖》，始明休咎，故其《星傳》尚有存焉。降在高陽，乃命南正重司天，北正黎司地。爰洎帝嚳，亦式序三辰。唐虞則羲和繼軌，有夏則昆吾紹德。年代綿邈，文籍靡傳。至于殷之巫咸，周之史佚，格言遺記，于今不朽。其諸侯之史，則魯有梓慎，晉有卜偃，鄭有裨竈，宋有子韋，齊有甘德，楚有唐眛，趙有尹皋，魏有石申夫，皆掌著天文，各論圖驗。[③]其巫咸、甘、石之説，後代所宗。暴秦燔書，六經殘滅，天官星占，存而不毁。及漢景武之際，司馬談父子繼爲史官，著《天官書》，以明天人之道。其後中壘校尉劉向，廣《洪範》灾條，作《皇極論》，[④]以參往之行事。及班固叙漢史，馬續述《天文》，而蔡邕、譙周各有撰録，司馬彪採之，以繼前志。今詳衆説，以著于篇。[⑤]

【注】

①據篇中小標題，“天文經星”與“二十八舍”間，當缺“中宫”二字，今補。

②觀象察法：觀看天象的變化，用以總結出法則。開物成務：語出《易辭上》，開物，是根據人類生活的需要，從自然資源中開發出各種有用之物。成務，成爲目的和任務。

③圖驗：圖纖和應驗。

④《洪範》：《尚書》篇名。廣《洪範》灾條：推廣擴展《洪範》灾條。

⑤今詳衆説以著于篇：將衆人所述詳加研究，撰著于篇。

天體

古言天者有三家，一曰蓋天，二曰宣夜，三曰渾天。漢靈帝時，蔡邕於朔方上書，言“宣夜之學，絶無師法。《周髀》術數具存，考驗天狀，多所違失。惟渾天近得其情，今史官候臺所用銅儀則其法也。立八尺員體而具天地之形，以正黄道，占察發斂，以行日月，以步五緯，精微深妙，百代不易之道也。官有其器而無本書，前志亦闕”。

蔡邕所謂《周髀》者，即蓋天之説也。其本庖犧氏立周天曆度，其所傳則周公受於殷高，周人志之，故曰《周髀》。髀，股也；股者，表也。[①]其言天似蓋笠，地法覆槃，天地各中高外下。北極之下爲天地之中，其地最高，而滂沲四隤，三光隱映，以爲晝夜。天中高於外衡冬至日之所在六萬里。北極下地高於外衡下地亦六萬里，外衡高於北極下地二萬里。天地隆高相從，日去地恒八萬里。[②]日麗天而平轉，分冬夏之間日所行道爲七衡六間。每衡周徑里數，各依算術，用句股重差推晷影極游，以爲遠近之數，皆得於表股者也。[③]故曰《周髀》。

【注】

①髀（bì）：大腿骨，《周髀算經》卷上説：“周髀長八尺，夏至之日，晷一尺六寸。髀者，股也。正晷者，勾也。”這裏晷當作晷影解，是説，在夏至之日，在日中時之日下，立一八尺之髀，那麽，所得投在地上的日影長一尺六寸。影長稱之爲勾，髀長稱之爲股。原來，中國古代直角三角形三條邊的各邊名稱，是由此轉化而來的。至於大腿骨之長怎麽能有八尺，我們現今就説不明白了。男子身長相當於周時八尺，大概以人的大腿之長象徵或比喻人之高。又《禮記·祭統》曰：“凡爲俎者，以骨爲主，骨有貴賤：殷人遺髀，周人貴肩。”由於殷人祭祀用的禮儀以大腿骨爲貴，就有可能象徵着古人所以祭祀時禮器貴髀的理由，正是出於髀用以冬至測日影而定時節的原因。

②以上關於天地形狀的描述，在中國天文學史上，被稱爲第二蓋天説，它的構造模型是：天如一頂草帽，地如一個倒扣着的盤子。天上北極，比冬至日道高六萬里，極下的地面，也比冬至日道下的地面高六萬里，所以，冬至日道比極下地面還要高出二萬里。天與地，都成相同的曲

面，在不同地域，天地相距均爲八萬里。

③日麗天而平轉：這是“天員如張蓋、地方如棋局”的第一蓋天説，如圖爲《四部叢刊》本所載七衡六間圖。就七衡六間來説，第一衡即圖的最内衡，是夏至的日道，太陽出没在東井宿；第二衡是小滿、大暑的日道；第三衡是穀雨、處暑的日道；第四衡即中衡，相當於春秋二分的日道，太陽春分出没在婁宿，秋分出没在角宿；第五衡是雨水、霜降的日道；第六衡是大寒、小雪的日道；第七衡即最外衡，相當於冬至的日道，太陽出没在牛宿。每兩衡之間稱爲間，共得六間，分别爲十二節氣的日道。

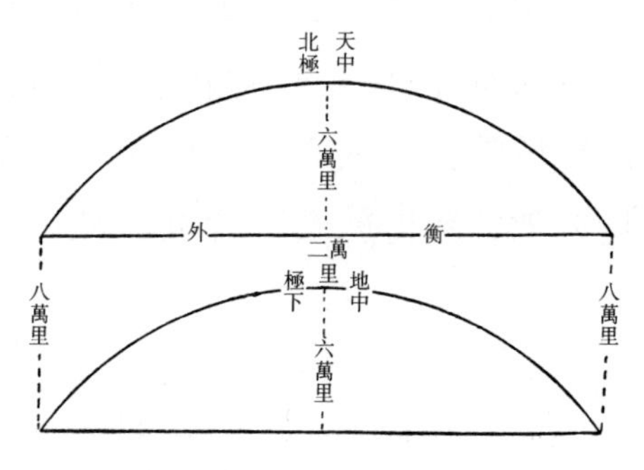

七衡六間	二十四節気
第一衡	夏至
第一間	芒種　小暑
第二衡	小滿　大暑
第二間	立夏　立秋
第三衡	穀雨　處暑
第三間	清明　白露
第四衡	春分　秋分
第四間	驚蟄　寒露
第五衡	雨水　霜降
第五間	立春　立冬
第六衡	大寒　小雪
第六間	小寒　大雪
第七衡	冬至

又《周髀》家云：“天員如張蓋，地方如棋局。天

旁轉如推磨而左行，日月右行，隨天左轉，故日月實東行，而天牽之以西没。譬之於蟻行磨石之上，磨左旋而蟻右去，磨疾而蟻遲，故不得不隨磨以左回焉。天形南高而北下，日出高，故見；日入下，故不見。天之居如倚蓋，故極在人北，是其证也。極在天之中，而今在人北，所以知天之形如倚蓋也。日朝出陽中，暮入陰中，陰氣暗冥，故没不見也。夏時陽氣多，陰氣少，陽氣光明，與日同輝，故日出即見，無蔽之者，故夏日長也。冬天陰氣多，陽氣少，陰氣暗冥，掩日之光，雖出猶隱不見，故冬日短也。[①]”

宣夜之書亡，[②]惟漢秘書郎郗萌記先師相傳云：“天了無質，仰而瞻之，高遠無極，眼瞀精絶，故蒼蒼然也。譬之旁望遠道之黄山而皆青，俯察千仞之深谷而窈黑，夫青非真色，而黑非有體也。日月衆星，自然浮生虚空之中，其行其止皆須氣焉。是以七曜或逝或住，或順或逆，伏見無常，進退不同，由乎無所根繫，故各异也。故辰極常居其所，而北斗不與衆星西没也。攝提、填星皆東行，日行一度，月行十三度，遲疾任情，其無所繫著可知矣。若綴附天體，不得爾也。[③]”

【注】

①周髀家云是指第一蓋天説，其基本特點是認爲大地是平直的，又天旁轉如推磨，即日月星辰僅在地面以上作等距繞行，并不落入地下。

②“亡”，原誤作“云”，今據《御覽》改正。

③若綴附天體不得爾也：“天了無質”，是宣夜説最基本的觀念，它是相對於天有實體而言的。它争辯説：七曜或逝或住，或順或逆，伏見無

常，進退不同，由乎無所根繫，故各异也。遲疾任情，其無所繫著可知矣。所以，認爲若星辰都是綴附在天體上，就不可能這麼自由了。認爲氣是空的且填滿了整個宇宙空間，故曰“天了無質”。無質即没有質地。

成帝咸康中，會稽虞喜因宣夜之説作《安天論》，以爲“天高窮於無窮，地深測於不測。天確乎在上，有常安之形；地魄焉在下，有居静之體。當相覆冒，方則俱方，員則俱員，無方員不同之義也。其光曜布列，各自運行，猶江海之有潮汐，萬品之有行藏也”。[①]葛洪聞而譏之曰：“苟辰宿不麗於天，天爲無用，便可言無，何必復云有之而不動乎？”由此而談，稚川可謂知言之選也。[②]

虞喜族祖河間相聳又立《穹天論》云：“天形穹隆如鷄子，幕其際，周接四海之表，浮於元氣之上。譬如覆奩以抑水，而不没者，氣充其中故也。日繞辰極，没西而還東，不出入地中。天之有極，猶蓋之有斗也。天北下於地三十度，極之傾在地卯酉之北亦三十度，人在卯酉之南十餘萬里，故斗極之下不爲地中，當對天地卯酉之位耳。日行黄道繞極。極北去黄道百一十五度，南去黄道六十七度，二至之所舍以爲長短也。[③]”

吴太常姚信造《昕天論》云：“人爲靈蟲，形最似天。今人頤前侈臨胸，而項不能覆背。近取諸身，故知天之體南低入地，北則偏高。又冬至極低，而天運近南，故日去人遠，而斗去人近，北天氣至，故冰寒也。夏至極起，而天運近北，故斗去人遠，[④]日去人近，南天氣至，故蒸熱也。極之高時，[⑤]日行地中淺，故夜短；天去地高，故晝長也。極之低時，日行地中深，故夜長；天去地下，故晝短也。[⑥]”

【注】

①安天論是闡發宣夜説的，故曰“因宣夜之説作《安天論》”，不同之處是，虞喜不同意天圓地方説，認爲方則俱方，圓則俱圓，無方圓不同之義。

②辰宿不麗於天……便可言無：從葛洪譏諷之説可知，葛洪是贊成天空有實體的。

③《穹天論》主張天形如鷄子，即王蕃、陸績等所主張的渾天説。天接四海之表，四海浮於元氣之上，日繞辰極東昇西没，不出入地中。這是古人多麽富於想象力的宇宙構造圖景啊。

④“故”原作“而”，今據《御覽》引文改正。

⑤“高”原作“立”，今據《御覽》引文改正。高與下文低爲對文。

⑥這裏的天運，實際是指日的運行，是指太陽在宇宙空間的位置有移動。冬天，日運近南方，去人遠而寒；夏天，日運近北方，去人近而熱。其行文含義是清楚的，衹是用辭有些毛病。《昕天論》也是渾天説的變種。原文“故”上衍一“淺”字，今據《隋志》《御覽》引文刪。

自虞喜、虞聳、姚信皆好奇徇异之説，非極數談天者也。[①]至於渾天理妙，學者多疑。[②]漢王仲任據蓋天之説，以駁渾儀云：“舊説天轉從地下過。今掘地一丈輒有水，天何得從水中行乎？甚不然也。日隨天而轉，非入地。夫人目所望，不過十里，天地合矣；實非合也，遠使然耳。今視日入，非入也，亦遠耳。當日入西方之時，其下之人亦將謂之爲中也。四方之人，各以其近者爲出，遠者爲人矣。何以明之？今試使一人把大炬火，夜行於平地，[3]去人十里，火光滅矣；非滅也，遠使然耳。今日西轉不復見，是火滅之類也。日月不員也，望視之所以員者，去人遠也。夫日，火之精也；月，水之精也。水火在地不員，在天何故員？”故丹楊葛洪釋之曰：

《渾天儀注》云：“天如鷄子，地如鷄中黃，孤居於天内，天大而地小。天表裏有水，天地各乘氣而立，載水而行。周天三百六十五度四分度之一，又中分之，則半覆地上，半繞地下，故二十八宿半見半隱，天轉如車轂之運也。”諸論天者雖多，然精於陰陽者少。[4]張平子、陸公紀之徒，咸以爲推步七曜之道，以度曆象昏明之證候，校以四八之氣，考以漏刻之分，占晷景之往來，求形驗於事情，莫密於渾象者也。

【注】

①非極數談天者：極，窮極；數，數理，精確。全句是説，以上諸家，并非思考周密、無瑕可擊的談天家。

②渾天理妙學者多疑：本志作者是支持和贊成渾天説的，故言渾天理妙。學者多疑，是指當時仍有許多學者懷疑渾天説，以下記載歷史上有關渾天的争論和評議。

③“夜”下各本有“半”字，宋本無，與《論衡·説日》相合，《隋志》也無“半”字，今從之改正。

④各本“者”字後均脱“少”字，據《隋志》補。

張平子既作銅渾天儀，於密室中以漏水轉之，令伺之者閉户而唱之。其伺之者以告靈臺之觀天者曰，“璇璣所加，某星始見，某星已中，某星今没”，皆如合符也。崔子玉爲其碑銘曰：“數術窮天地，制作侔造化，高才偉藝，與神合契。”蓋由於平子渾儀及地動儀之有驗故也。

若天果如渾者，則天之出入行於水中，爲的然矣。故黄帝書曰，“天在地外，水在天外”，水浮天而載地者也。[①]又《易》曰：“時乘六龍。”夫陽爻稱龍，龍者居水之物，以喻天。天，陽物也，又出入水中，與龍相似，故以龍比也。聖人仰觀俯察，審其如此，故《晋》卦《坤》下《離》上，以证日出於地也。又《明夷》之卦《離》下《坤》上，以證日入於地也。《需》卦《乾》下《坎》上，此亦天入水中之象也。天爲金，金水相生之物也。天出入水中，當有何損，而謂爲不可乎？[②]

故桓君山曰：“春分日出卯人酉，此乃人之卯酉。天之卯酉，常值斗極爲天中。今視之乃在北，不正在人上。而春秋分時，日出入乃在斗極之南。若如磨右轉，則北方道遠而南方道近，晝夜漏刻之數不應等也。”後奏事待報，坐西廊廡下，以寒故暴背。有頃，日光出去，不復暴背。君山乃告信蓋天者曰：“天若如推磨右轉而日西行者，其光景當照此廊下稍而東耳，不當拔出去。拔出去是應渾天法也。渾爲天之真形，於是可知矣。”然則天出入水中，無復疑矣。

又今視諸星出於東者，初但去地小許耳。漸而西行，先經人上，後遂西轉而下焉，不旁旋也。③其先在西之星，亦稍下而没，無北轉者。日之出入亦然。若謂天磨右轉者，④日之出入亦然，衆星日月宜隨天而回，初在於東，次經於南，次到於西，次及於北，而復還於東，不應横過去也。今日出於東，冉冉轉上，及其入西，亦復漸漸稍下，都不繞邊北去。了了如此，王生必固謂爲不然者，疏矣。

【注】

①天在地外水在天外水浮天而載地：這是上古有關渾天説思想的一些補充。這種觀念認爲，天和地球都是由水浮載着的，故這就决定了天在地外、水在天外的宇宙構造，日月星辰，那就必然出入行於水中。這種觀念在古代天文學界一直流傳，影響很深，直到北宋張載和南宋朱熹等哲學家纔從哲理上提出地在氣中的觀念，形成了新的變革。

②以上借助於《易》理來解釋天地在水中的哲學道理，其實衹是想象，并不符合科學道理。

③不旁旋也：不旋轉到其他方。

④“者”字後，原文有“日之出入亦然”，《隋志》無，此句當爲上句衍入，故删。

今日徑千里，圍周三千里，中足以當小星之數十也。若日以轉遠之故，但當光曜不能復來照及人耳，宜猶望見其體，不應都失其所在也。日光既盛，其體又大於星多矣。今見極北之小星，而不見日之在北者，明其不北行也。若日以轉遠之故，不復可見，其比入之間，[1]應當稍小，而日方入之時乃更大，此非轉遠之徵也。王生以火炬喻日，吾亦將借子之矛以刺子之盾焉。把火之人去人轉遠，其光轉微，而日月自出至入，不漸小也。王生以火喻之，謬矣。

又日之入西方，視之稍稍去，初尚有半，如横破鏡之狀，須臾淪没矣。若如王生之言，日轉北去有半者，其北都没之頃，宜先如豎破鏡之狀，不應如横破鏡也。[2]如此言之，日入北方，不亦孤子乎？又月之光微，不及日遠矣。月盛之時，雖有重雲蔽之，不見月體，而夕猶朗然，是光猶從雲中而照外也。日若繞西及北者，其光故應如月在雲中之狀，不得夜便大暗也。又日入則星月出焉。明知天以日月分主晝夜，相代而照也。若日常出者，不應日亦入而星月亦出也。

又案《河》《洛》之文，皆云水火者，陰陽之餘氣也。夫言餘氣，則不能生日月可知也，顧當言日精生火者可耳。[3]若水火是日月所生，則亦何得盡如日月之員乎？今火出於陽燧，[4]陽燧員而火不可員也；水出於方諸，方諸方而水不方也。又陽燧可以取火於日，而無取日於火之理，此則日精之生火明矣；方諸可以取水於月，[5]而無取月於水之道，此則月精之生水了矣。王生又云遠故視之員。若審然者，月初生之時及既虧之後，何以視之不員乎？而日食或上或下，從側而起，或如鈎至盡。若遠視見員，不宜見其殘缺左右所起也。此則渾天之理，信而有徵矣。

【注】

①“比”，原文作“北”，今據《隋志》改。

②日轉北去……不應如横破鏡也：王生主張日去人遠而没，此日遠至北方而去人遠，那麽，應該是近北方的半日首先不見，而不是近地之半日不見。這些都是蓋天無理的有力證據。

③“日精生火者可耳”之“日”下原有“陽”字，《隋志》無，今删。

④火出於陽燧：《淮南子·天文訓》曰：“故陽燧見日，則燃而爲火。”陽燧又名夫燧，古人就日下取火的一種工具。金屬制成的尖底杯，放在日光下，使光綫聚在杯底尖處，杯底置艾絨之類，遇光即能燃火。一説用銅制的凹鏡，對日取火。

⑤方諸可以取水於月：《周禮·秋官》曰“以鑒取明水於月”，鄭注曰：“鑒，鏡屬，取水者，世謂之方諸。”又《淮南子·天文訓》曰：“方諸取露於月。”可見方諸爲古代在月下承露取水的用具。

儀象

《虞書》曰：“在琁璣玉衡，以齊七政。”《考靈曜》云：“分寸之晷，代天氣生，以制方員。方員以成，參以規矩。昏明主時，乃命中星觀玉儀之游。[1]”鄭玄謂以玉爲渾儀也。《春秋文曜鈎》云：“唐堯即位，羲和立渾儀。”此則儀象之設，其來遠矣。綿代相傳，史官禁密，學者不覩，故宣、蓋沸騰。

暨漢太初，落下閎、鮮于妄人、耿壽昌等造員儀以考曆度。後至和帝時，賈逵繫作，又加黄道。至順帝時，張衡又制渾象，具内外規、南北極、黄赤道，列二十四氣、二十八宿中外星官及日月五緯，以漏水轉之於殿上室内，星中出没與天相應。因其關戾，[②]又轉瑞輪蓂莢於階下，隨月虚盈，依曆開落。

其後陸績亦造渾象。至吴時，中常侍廬江王蕃善數術，傳劉洪《乾象曆》，依其法而制渾儀，立論考度曰：

前儒舊説，天地之體，狀如鳥卵，天包地外，猶殼之裹黄也；周旋無端，其形渾渾然，故曰渾天也。周天三百六十五度五百八十九分度之百四十五，半覆地上，半在地下。其二端謂之南極、北極。北極出地三十六度，南極入地三十六度，兩極相去一百八十二度半强。繞北極徑七十二度，常見不隱，謂之上規。繞南極七十二度，常隱不見，謂之下規。赤道帶天之紘，[③]去兩極各九十一度少强。

【注】

①晷：日晷和晷影。代天氣生：象徵着節氣産生的狀態。以制方員：用以控制、確定方員的狀態。方員，指天地。方員以成，參以規矩：晷影長度已經確定，借助於規和矩，用以確定季節。昏明主時，乃命中星觀玉儀之游：在昏明主時，用儀器觀測中星。玉儀，相傳上古儀器是用玉製作的，象徵着珍貴和精密。漢時纖緯文字，故意寫得艱澀難讀，辭意模糊，以期可以作出不同的推測。

②關戾：巧妙機關。

③紘（hóng）：紐帶、繩子。

黄道，日之所行也，半在赤道外，半在赤道内，與赤道東交於角五少弱，西交於奎十四少强。其出赤道外極遠者，去赤道二十四度，斗二十一度是也。其入赤道内極遠者，亦二十四度，井二十五度是也。

日南至在斗二十一度，去極百一十五度少强。是也日最南，去極最遠，故景最長。黄道斗二十一度，出辰入申，故日亦出辰入申。日晝行地上百四十六度强，故日短；夜行地下二百一十九度少弱，故夜長。自南至之後，日去極稍近，故景稍短。日晝行地上度稍多，故日稍長；夜行地下度稍少，故夜稍短。日所在度稍北，故日稍北，以至於夏至，日在井二十五度，去極六十七度少强。是日最北，去極最近，景最短。黄道井二十五度，出寅入戌。故日亦出寅入戌。日晝行地上二百一十九度少弱，故日長；夜行地下百四十六度强，故夜短。自夏至之後，日去極稍遠，故景稍長。日晝行地上度稍少，故日稍短；夜行地下度稍多，故夜稍長。日所在度稍南，故日出入稍南，以至於南至而復初焉。斗二十一，井二十五，南北相應四十八度。

春分日在奎十四少强，秋分日在角五少弱，此黄赤二道之交中也。去極俱九十一度少强，南北處斗二十一、井二十五之中，故景居二至長短之中。奎十四角五，出卯入酉，故日亦出卯入酉。日晝行地上，夜行地下，俱百八十二度半强，故日見之漏五十刻，不見之漏五十刻，謂之晝夜同。夫天之晝夜以日出没爲分，人之晝夜以昏明爲限。日未出二刻半而明，日入二刻半而昏，故損夜五刻以益晝，是以春秋分漏晝五十五刻。[①]

【注】

①損夜五刻以益晝：古以伸手能見五指爲明，而不以日出日落爲晝夜界。以日出前、日落後二刻半爲昏明和晝夜界，故春秋分晝漏五十五刻，夜漏四十五刻。

三光之行，不必有常，術家以算求之，各有同异，故諸家曆法參差不齊。《洛書甄曜度》《春秋考异郵》皆云："周天一百七萬一千里，一度爲二千九百三十二里七十一步二尺七寸四分四百八十七分分之三百六十二。"陸績云："天東西南北徑三十五萬七千里。"此言周三徑一也。考之徑一不啻周三，率周百四十二而徑四十五，則天徑三十二萬九千四百一里[①]一百二十二步二尺二寸一分七十一分分之十。

《周禮》："日至之景尺有五寸，謂之地中。"鄭衆説："土圭之長尺有五寸，以夏至之日立八尺之表，其景與土圭等，謂之地中，今潁川陽城地也。”鄭玄云：“凡日景於地，千里而差一寸，景尺有五寸者，南戴日下萬五千里也。”以此推之，日當去其下地八萬里矣。日邪射陽城，則天徑之半也。天體員如彈丸，地處天之半，而陽城爲中，則日春秋冬夏，昏明晝夜，去陽城皆等，無盈縮矣。故知從日邪射陽城，爲天徑之半也。②

【注】

①《廿二史考异》曰：“周天一百七萬一千里，以徑四十五周百四十二之率約之，當云三十三萬九千四百一里。”

②這項計算作了三項假設：大地是平直的；天之高，即太陽距地爲八萬里；凡日影於地，千里而差一寸。則當夏至時當觀測到八尺之圭影長一尺五寸時，可以推知夏至南戴日下距觀測地爲一萬五千里。如圖所示：觀測地 B 爲陽城，土圭 BC 爲八尺，AB 爲夏至時影長一尺五寸。B′爲夏至時南戴日下。C′爲夏至時太陽的位置，那麼，ABC 與 A′B′C′爲兩相似直角三角形。AB′之距離是依據兩相似直角三角形求出的。

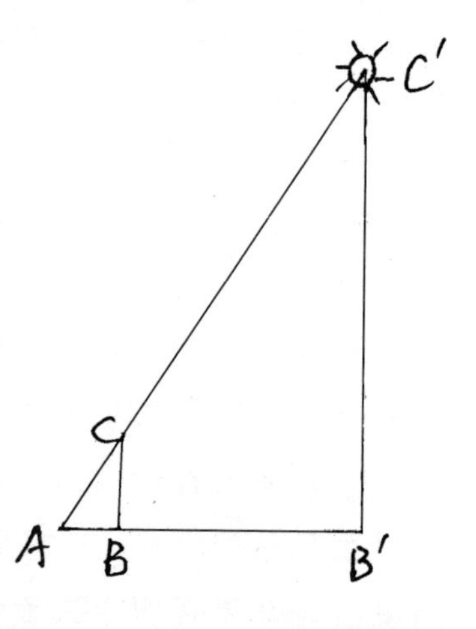

由於 AB 和 B′C′已知，則由勾股定理可求得弦 AC′之長。由其定義夏至之日八尺之表、日影一尺五寸與土圭之長一尺五寸相等之地謂之地中。這便是陽城爲地中之來歷。那麼，夏至之日陽城距日之距離 AC′，便爲天徑之半。

以句股法言之，旁萬五千里，句也；立八萬

里，股也；從日邪射陽城，弦也。以句股求弦法入之，得八萬一千三百九十四里三十步五尺三寸六分，天徑之半而地上去天之數也。倍之，得十六萬二千七百八十八里六十一步四尺七寸二分，天徑之半而地上去天之數也。倍之，得十六萬二千七百八十八里六十一步四尺七寸二分，天徑之數也。以周率乘之，徑率約之，得五十一萬三千六百八十七里六十八步一尺八寸二分，周天之數也。減《甄曜度》《考异郵》五十五萬七千三百一十二里有奇。一度凡千四百六里百二十四步六寸四分十萬七千五百六十五分分之萬九千四十九，減舊度千五百二十五里二百五十六步三尺三寸二十一萬五千一百三十分分之十六萬七百三十。①

分黄赤二道，相與交錯，其間相去二十四度。以兩儀推之，二道俱三百六十五度有奇，是以知天體員如彈丸也。而陸績造渾象，其形如鳥卵，然則黄道應長於赤道矣。績云“天東西南北徑三十五萬七千里”，然則績亦以天形正員也，而渾象爲鳥卵，則爲自相違背。

古舊渾象以二分爲一度，凡周七尺三寸半分。張衡更制，以四分爲一度，凡周一丈四尺六寸一分。蕃以古制局小，星辰稠概②，衡器傷大，難可轉移，更制渾象，以三分爲一度，凡周天一丈九寸五分四分分之三也。

【注】

①一度之長，等於周天之數除以三百六十五点二五度。文中兩處相減之數含義不明。

②概（jì）：稠密。意爲古器太小，星太密，張衡的儀器又太大，運轉不便，折中爲好。

在閱讀王蕃關於渾天儀的描述文字時，可參考如下示意圖。

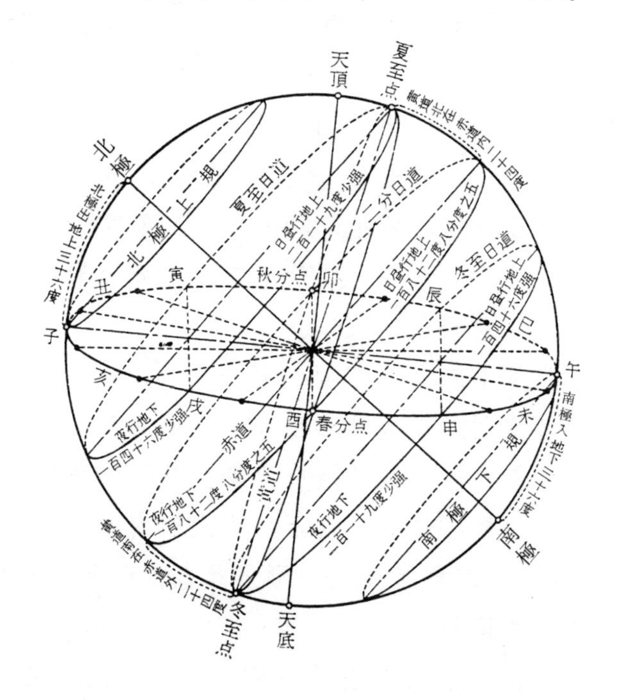

天文經星

《洪範傳》曰：“清而明者，天之體也。天忽變色，是謂易常。天裂，陽不足，是謂臣强。天裂見人，兵起國亡。天鳴有聲，至尊憂且驚。皆亂國之所生也。”

馬續云："天文在圖籍昭昭可知者，經星常宿中外官凡一百一十八名，積數七百八十三，皆有州國官宫物類之象。①"

張衡云："文曜麗乎天，其動者有七，日月五星是也。日者，陽精之宗；月者，陰精之宗；五星，五行之精。衆星列布，體生於地，精成於天，列居錯峙，各有攸屬。在野象物，在朝象官，在人象事。其以神著，有五列焉，是爲三十五名。②一居中央，謂之北斗。四布於方各七，爲二十八舍。日月運行，歷示吉凶，五緯躔次，用告禍福。中外之官，常明者百有二十四，③可名者三百二十，爲星二千五百，微星之數蓋萬有一千五百二十。④庶物蠢蠢，咸得繫命。不然，何以總而理諸？"後武帝時，太史令陳卓總甘、石、巫咸三家所著星圖，⑤大凡二百八十三官，一千四百六十四星，以爲定紀。⑥今略其昭昭者，以備天官云。

【注】

①皆有州國官宫物類之象：中國古代星座的名稱，主要是以整個國家的社會機構來命名的，故曰星名"皆有州國官宫物類之象"。之象就是之星象名稱。州：指地名，如長沙、東甌、厥丘、天街、天河、天田、輦道、亢池、四輔、南河、北河、閣道、附路、天津、天江等。國如齊、趙、鄭、越、周、秦、代、晋、韓、魏、楚、燕、狗國等。官即中央政府及各級行政官員和相關人物，如：帝、侯、宦者、宗正、宗人、七公、天大將軍、五諸侯、轅軒、郎將、太陽守、騎官、織女、羽林、老人、天皇大帝、柱下史、女史、尚書、造父、司命、司禄、司危、謁者、内五諸侯、太子、從官、幸臣、諸王、司怪、車騎、農丈人、太尊、大理、女御、天相、虎賁等。宫指宫殿、垣墻、建築物等，如：天市垣、天牢、紫

微垣、庫樓、南門、北落師門、天倉、天廩、天苑、厠、内厨、内階、天厨、車府、市樓、天門、明堂、靈臺、天園、軍井、玉井、水府、天社、外厨、天廟、天關、器府、長垣、軍門、陽門、天壘城、神宫、墳墓、營、室、離宫、東井等。物類指自然物、工具用品等，如：玄戈、天槍、天棓、女床、貫索、帝坐、河鼓、鼓旗、離珠、匏瓜、天船、五車、黄帝坐、四帝坐、屏、北斗、衡、杵、九坎、參旗、天矢、華蓋、杠、五帝内坐、天床、内杵、扶筐、河鼓左旗、斛、周鼎、三公内坐、九卿内坐、酒旗、天樽、坐旗、蓋屋、天節、九河、鍵閉、鈎、天桴、天箭、天錢、天鉞、鈎鈐、箕、南斗、畢、鉞、軫、轄等。此外，還有少數屬黄道帶的四方動物星名，如東方蒼龍、南方朱雀、西方白虎、北方玄武等，還有附屬動物如狗、天鷄、狼、野鷄、鱉、魚等。據研究，這些動物星名，也大多源於黄道帶屬國家四方子民的動物圖騰崇拜，這些動物星名，實際也是四方部族的代表和象徵。

②有五列焉是爲三十五名：五列指中、東、南、西、北五宫。三十五名指三垣二十八宿等。

③常明者百有二十四：《漢志》稱中外官“凡百一十八名”，《後漢志》稱“百二十官”，此處引張衡《靈憲》“百有二十四”，各相差四至六官，大抵是列舉星官方式方法不同而造成的，如三台是作爲一官還是三官等。

④微星之數蓋萬有一千五百二十：潘鼐等認爲，早在張衡以前，一萬一千五百二十這個數字，已成爲易學、哲學語言，被賦予宇宙萬物的象徵意義。因此，《靈憲》用以表示微星之數，并非算學上的數字。

⑤三國時陳卓綜合甘德、石申夫、巫咸三家星表，畫成星圖。其圖已佚。甘、石、巫三家星表文獻今載在《開元占經》。

⑥以爲定紀：是説經過陳卓總結之後，中國古代星表星圖中之星官名數便已確定，不再變更。

中宫①

北極五星，鈎陳六星，皆在紫宫中。②北極，北辰最尊者也，其紐星，天之樞也。天運無窮，三光迭耀，而極星不移，故曰“居其所而衆星共之”。[③]第一星主月，太子也。第二星主日，帝王也；亦太乙之坐，謂最赤明者也。第三星主五星，庶子也。中星不明，主不用事；右星不明，太子憂。鈎陳，後宫也，大帝之正妃也，大帝之常居也。[④]北四星曰女御宫，八十一御妻之象也。鈎陳口中一星曰天皇大帝，其神曰耀魄寶，主御群靈，執萬神圖。[⑤]抱北極四星曰四輔，所以輔佐北極而出度授政也。大帝上九星曰華蓋，所以覆蔽大帝之坐也。蓋下九星曰杠，蓋之柄也。華蓋下五星曰五帝内坐，設叙順帝所居也。客星犯紫宫中坐，大臣犯主。華蓋杠旁六星曰六甲，可以分陰陽而配節候，故在帝旁，所以布政教而授農時也。[⑥]極東一星曰柱下史，主記過；左右史，此之象也。柱史北一星曰女史，婦人之微者，主傳漏，故漢有侍史。傳舍九星在華蓋上，近河，賓客之館，主胡人入中國。客星守之，備姦使，亦曰胡兵起。傳舍南河中五星曰造父，御官也，一曰司馬，或曰伯樂。星亡，馬大貴。其西河中九星如鈎狀，曰鈎星，直則地動。天一星在紫宫門右星南，天帝之神也，主戰鬥，知人吉凶者也。太一星在天一南，相近，亦天帝神也，主使十六神，知風雨水旱、兵革饑饉、疾疫灾害所在之國也。

【注】

①中宫：中國傳統的星表和星圖，將全天星座分爲中、東、南、西、北五個天區，稱爲五宫，星座名稱，則通稱爲宿或宫。爲了讀者閲讀、使

用方便，此處附以五宫星圖。见下圖。

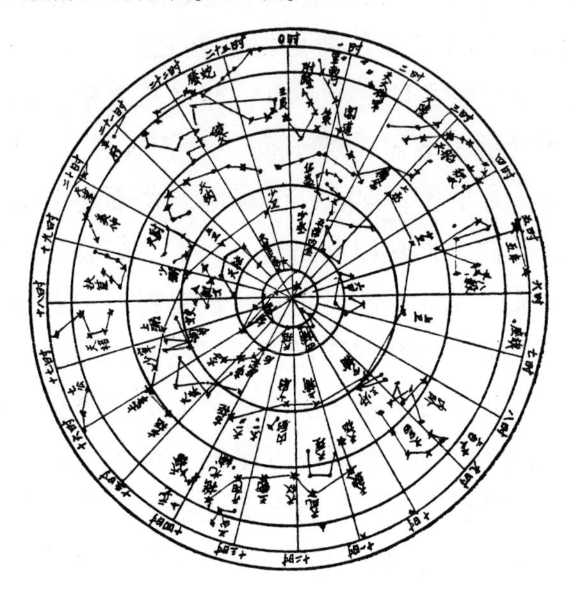

②紫宫：紫微垣。中宫包括紫微垣、天市垣、太微垣。三垣又各包括若干星座。紫微垣在拱極圈之内。

③北極星中的主星稱爲紐星，又叫天樞星。天樞者，天之樞軸也。衆星繞軸旋轉。

④第四星，各本誤作鈎陳，《隋志》亦誤。自“北極，北辰”至“大帝之常居也”，是介紹北極五星的，與“鈎陳”無關，故知其爲“第四星”之誤。《步天歌》曰：“中元北極紫微宫，北極五星在其中，大帝之座第二珠，第三之星庶子居，第一號曰爲太子，四爲後宫五天樞。”由此可知北極第四星爲後宫。據本文所言，第一爲太子，第二爲帝星，第三爲庶子，第四爲後宫，第五爲紐星。由於紐星爲北辰，故首先介紹。

⑤鈎陳六星，其鈎陳一即小熊座α，爲現代的北極星。

⑥六甲：星座名。其本義爲六個與甲相配的干支，如甲子、甲寅等。在星占學上，六甲是最重要的干支，故由此衍伸出其可以分陰陽、配節候、布政教、授農時。

紫宫垣十五星，其西蕃七，東蕃八，在北斗北。一曰紫微，大帝之坐也，天子之常居也，主命主度也。一日長垣，一曰天營，一曰旗星，爲蕃衛，備蕃臣也。宫闕兵起，旗星直，天子出，自將宫中兵。東垣下五星曰天柱，建政教，懸圖法。[①]門内東南維五星曰尚書，主納言，夙夜諮謀；龍作納言，此之象也。尚書西二星曰陰德、陽德，主周急振無。宫門左星内二星曰大理，[②]主平刑斷獄也。門外六星曰天床，主寢舍，解息燕休。西南角外二星曰内厨，主六宫之内飲食，主后妃夫人與太子宴飲。東北維外六星曰天厨，主盛饌。[③]

【注】

①中國古代，在圖上辨別方向，爲上南、下北、左東、右西。另外，在星圖上，北極爲最北點，其餘均在其南方。

②“左”後之“星”字疑爲衍字。

③左樞、右樞之間，稱爲紫微垣的宫門，垣即圍墻。以下許多星座的方位，都是以宫門的方位爲標志的。

以上關於星座的描述，是以一套最系統、最典型的朝廷統治機構來命名的。東西紫微宫墻守衛着帝皇的居處，其内最高統治者爲天皇大帝，還有其妻屬正妃和八十一御妻、女御等，其子屬太子、庶子等，有柱下史、女史、侍史等，有爲其養馬、治馬、駕車的司馬伯樂、造父御官。中設有大帝寶座，以象徵統治之位及統治中心，座上有華蓋及木工。環抱北極的有四輔，象徵輔佐帝皇施政的四個輔佐大臣。

在東西垣墻處，分别有若干蕃衛守衛着，如少尉、上輔、少輔、上衛、少衛、上丞、少丞、上宰、少宰等，門内有尚書、大理在主持政事。在宫内外有内厨、天厨。還有供休息用的天床等。周圍所有星命名，都是圍遶這套政治機構進行的。以下還有帝車、天理、三公、文昌、相星等，不再贅言。

北斗七星，輔一星，在太微北，[①]七政之樞機，陰陽之元本也。故運乎天中，而臨制四方，以建四時，而均五行也。魁四星爲琁璣，杓三星爲玉衡。又曰，斗爲人君之象，號令之主也。又爲帝車，取乎運動之義也。又魁第一星曰天樞，二曰琁，三曰璣，四曰權，五曰玉衡，六曰開陽，七曰摇光；一至四爲魁，五至七爲杓。[②]樞爲天，琁爲地，璣爲人，權爲時，玉衡爲音，開陽爲律，摇光爲星。石氏云："第一曰正星，主陽德，天子之象也。二曰法星，主陰刑，女主之位也。三曰令星，主中禍。四曰伐星，主天理，伐無道。五曰殺星，主中央，助四旁，殺有罪。六曰危星，主天倉五穀。七曰部星，亦曰應星，主兵。"又云："一主天，二主地，三主火，四主水，五主土，六主木，七主金。"又曰："一主秦，二主楚，三主梁，四主吴，五主燕，六主趙，七主齊。"

魁中四星爲貴人之牢，曰天理也。輔星傅乎開陽，所以佐斗成功，丞相之象也。七政星明，其國昌；輔星明，則臣强。杓南三星及魁第一星西三星皆曰三公，主宣德化，調七政，和陰陽之官也。

【注】

①各本均作"北斗七星在太微北"。此語不通。核對《隋志》，發現中間佚"輔一星"三字，今補。

②如前圖所示，一至四組成的四方形，稱爲魁。魁者，首也，意即勺之首。五至七爲杓（biāo），即勺之把，意即杓爲勺之把手。其七個星各有專名：一曰天樞，二曰天琁，三曰天璣，四曰天權，五曰玉衡，六曰開

陽，七曰摇光。

文昌六星，在北斗魁前，天之六府也，主集計天道。一曰上將，大將軍建威武。二曰次將，尚書正左右。三曰貴相，太常理文緒。四曰司禄、司中，司隸賞功進。五曰司命、司怪，太史主滅咎。六曰司寇，大理佐理寶。所謂一者，起北斗魁前近内階者也。明潤，大小齊，天瑞臻。

文昌北六星曰内階，天皇之階也。相一星在北斗南。相者，總領百司而掌邦教，以佐帝王安邦國，集衆事也。其星明，吉。太陽守一星，在相西，大將大臣之象也，主戒不虞，設武備。西北四星曰勢。勢，府刑人也。天牢六星，在北斗魁下，貴人之牢也。[①]

【注】

①陳遵嬀《中國天文學史》説："紫微垣共含星座三十七，另有附座兩個，正星一百六十三，增星一百八十一。"其三十七星座名爲：北極、四輔、天乙、太乙、左垣、右垣、陰德、尚書、女史、柱史、御女、天柱、大理、勾陳、六甲、天皇大帝、五帝内座、華蓋、傳舍、内階、天厨、八谷、天棓、内厨、文昌、三師、三公、天床、太尊、天牢、太陽守、勢、相、玄戈、天理、輔、北斗、天槍。

太微，天子庭也，五帝之坐也，十二諸侯府也。其外蕃，九卿也。一曰太微爲衡。衡，主平也。又爲天庭，理法平辭，監升授德，列宿受符，諸神考節，舒情稽疑也。南蕃中二星間曰端門。東曰左執法，廷尉之象也。西曰右執法，御史大夫之象也。執法，所以舉刺凶姦者也。左執法之東，左掖門也。右執法之西，右掖門也。東蕃四星，南第一星曰上相，[1]其北，東太陽門也；第二星曰次相，其北，中華東門也；第三星曰次將，其北，東太陰門也；第四星曰上將：所謂四輔也。西蕃四星，南第一星曰上將，其北，西太陽門也；第二星曰次將，其北，中華西門也；第三星曰次相，其北，西太陰門也；第四星曰上相：亦曰四輔也。東西蕃有芒及動搖者，諸侯謀天子也。[2]執法移，刑罰尤急。月、五星入太微，軌道，吉。其所犯中坐，成刑。

其西南角外三星曰明堂，天子布政之宫。明堂西三星曰靈臺，觀臺也，主觀雲物，察符瑞，候灾變也。左執法東北一星曰謁者，主贊賓客也。謁者東北三星曰三公内坐，朝會之所居也。三公北三星曰九卿内坐，主治萬事。[3]九卿西五星曰内五諸侯，内侍天子，不之國也。辟雍之禮得，則太微、諸侯明。

【注】

①“第一”下原文無“星”字，依下文“第二星”，“第三星”等例，當有“星”字，今補。

②“謀”字下原文無“天子也”三字，今據《隋志》補。

③“内坐”後原文無“主”字，據《隋志》補。

黄帝坐在太微中，含樞紐之神也。天子動得天度，止得地意，從容中道，則太微五帝坐明以光。黄帝坐不明，人主求賢士以輔法，不然則奪勢。四帝星俠黄帝坐，東方蒼帝，靈威仰之神也；南方赤帝，赤熛怒之神也；西方白帝，白招矩之神也；北方黑帝，叶光紀之神也。

五帝坐北一星曰太子，帝儲也。太子北一星曰從官，侍臣也。帝坐東北一星曰幸臣。屏四星在端門之内，近右執法。屏，所以壅蔽帝庭也。執法主刺舉；臣尊敬君上，則星光明潤澤。郎位十五星在帝坐東北，一曰依烏郎府也。周官之元士，漢官之光禄、中散、諫議、議郎、三署郎中，是其職也。郎，主守衛也。其星不具，后妃死，幸臣誅。星明大及客星入之，大臣爲亂。郎將在郎位北，主閱具，所以爲武備也。武賁一星，在太微西蕃北，下台南，静室旄頭之騎官也。常陳七星，如畢狀，在帝坐北，天子宿衛武賁之士，以設强禦也。星摇動，天子自出，明則武兵用，微則兵弱。

三台六星，兩兩而居，起文昌，列招摇，抵太微。[①]一曰天柱，三公之位也。在人曰三公，在天曰三台，主開德宣符也。西近文昌二星曰上台，爲司命，主壽。次二星曰中台，爲司中，主宗室。東二星曰下台，爲司禄，主兵，所以昭德塞違也。又曰三台爲天階，太一躡以上下。一曰泰階。上階，上星爲天子，下星爲女主；中階，上星爲諸侯三公，下星爲卿大夫；下階，上星爲士，下星爲庶人：所以和陰陽而理萬物也。君臣和集，如其常度，有變則占其人。

南四星曰内平，近職執法平罪之官也。中台之北一星曰太尊，貴戚也。

【注】

①列招摇抵太微：連同其上的“起文昌”，爲三個排比句。各本均作“列抵太微”，《隋志》則作列招摇太微，可見舊志均有漏字，故補。

攝提六星，直斗杓之南，主建時節，伺禨祥。攝提爲盾，以夾擁帝座也，主九卿。明大，三公恣。客星入之，聖人受制。西三星曰周鼎，主流亡。大角在攝提間。大角者，天王座也。又爲天棟，正經紀也。北三星曰帝席，主宴獻酬酢。北三星曰梗河，天矛也。一曰天鋒，主胡兵。又爲喪，故其變動應以兵喪也。星亡，其國有兵謀。其北一星曰招摇，一曰矛盾，其北一星曰玄戈，皆主胡兵，占與梗河略相類也。[①]招摇與北斗杓間曰天庫。星去其所，則有庫開之祥也。招摇欲與棟星、梗河、北斗相應，則胡當來受命於中國。玄戈又主北夷，客星守之，胡大敗。天槍三星，在北斗杓東，一曰天鉞，天之武備也。故在紫宫之左，所以禦難也。女床三星，在紀星北，後宫御也，主女事。天棓五星，在女床北，天子先驅也，主分争與刑罰，藏兵亦所以禦難也。槍、棓，皆以備非常也；一星不具，其國兵起。東七星曰扶筐，盛桑之器，主勸蠶也。七公七星，在招摇東，天之相也，三公之象也，主七政。貫索九星在其前，賤人之牢也。一曰連索，一曰連營，一曰天牢，主法律，禁暴强也。牢口一星爲門，欲其開也。九星皆明，天下獄煩；七星見，小赦；六星、五星，大赦。動則斧鑕用，中空則更元。《漢志》云十五星。天紀九星，在貫索東，九卿也，主萬事之紀，理怨訟也。明則天下多辭訟；亡則政理壞，國紀亂；散絶則地震山崩。織女三星，在天紀東端，天女也，主果蓏絲帛珍寶也。王者至孝，神祇咸喜，則織女星俱明，天下和平。大星怒角，布帛貴。東足四星曰漸臺，臨水之臺也，主晷漏律吕之事。西足五星曰輦道，王者嬉游之道也，漢輦道通南北宫，其象也。

【注】

①這段文字，當與以上北斗七星連續。"攝提六星，直斗杓之南，主建時節，伺禨祥"：其作用和含義與北斗星相同，同時可知道，攝提星的方向，也正是北斗星建時節所指示的方向。據研究，在以北斗七星建時節以前，曾經有以北斗九星建時節的時代，二者指示方向，有指角和指心之區别，而這里的招摇和天鋒，即爲北斗九星的第八星和第九星。

左右角間二星曰平道之官。平道西一星曰進賢，主卿相舉逸才。亢北六星曰亢池，亢，舟航也，池，水也。[①]東咸、西咸各四星，在房心北，日月五星之道也。房之户，所以防淫佚也。星明則吉；月、五星犯守之，有陰謀。鍵閉一星，在房東北，近鉤鈐，主關籥。[②]

【注】

①各本"東咸西咸"前均衹有"亢"字，"亢"與"東咸西咸"不能連續，故中華書局校點本"亢"字後加一句號，獨字不成文句，故知其必有漏字。核對《隋志》知"亢"與"東咸"間有漏字，今據《隋志》補。

②陳遵嬀曰："太微垣是三垣的上垣，它在紫微垣下的東北脚，位北斗的南方，横跨辰、巳、午三宫，約占天空六十三度的範圍。……它包含二十個星座，正星七十八顆，增星一百顆，主要由十星組成，以五帝座爲中樞，成屏藩形狀。"其二十座名如下：左垣、右垣、謁者、三公、九卿、五諸侯、内屏、五帝座、幸臣、太子、從官、郎將、虎賁、常陳、郎位、明堂、靈臺、少微、長垣、三台。

天市垣二十二星，在房心東北，主權衡，主聚衆。一曰天旗庭，主斬戮之事也。市中星衆潤澤，則歲實。熒惑守之，戮不忠之臣。彗星除之，爲徙市易都。客星入之，兵大起；出之，有貴喪。

帝坐一星，在天市中，候星西，天庭也。光而潤則天子吉，威令行。候一星，在帝坐東北，主伺陰陽也。明大，輔臣强，四夷開；候細微，則國安；亡則主失位；移則不安。宦者四星，在帝坐西南，侍主刑餘之人也。星微，吉；非其常，宦者有憂。宗正二星，在帝坐東南，宗大夫也。彗星守之，若失色，宗正有事；客星守之，更號令也。宗人四星，在宗正東，主録親疏享祀。族人有序，則如綺文而明正。動則天子親屬有變；客星守之，貴人死。宗星二，在候星東，宗室之象，帝輔血脉之臣也。客星守之，宗支不和。

天江四星，在尾北，主太陰。江星不具，天下津河關道不通。明若動摇，大水出，大兵起；參差則馬貴。熒惑守之，有立王。客星入之，河津絶。

天籥八星在南斗柄西，主關閉。建星六星在南斗北，亦曰天旗，天之都關也。爲謀事，爲天鼓，爲天馬。南二星，天庫也。中央二星，市也，鈇鑕也。[①]上二星，旗跗也。斗建之間，三光道也。星動則衆勞。月暈之，蛟龍見，牛馬疫。月、五星犯之，大臣相譖有謀，亦爲關梁不通，有大水。東南四星曰狗國，主鮮卑、烏丸、沃且。熒惑守之，外夷爲變。狗國北二星曰天鷄，主候時。天弁九星，在建星北，市官之長也，以知市珍也。星欲明，吉。彗星犯守之，糴貴，囚徒起兵。

河鼓三星，旗九星，在牽牛北，天鼓也，主軍鼓，主鈇鉞。[②]一曰三武，主天子三將軍；中央大星爲大將軍，左星爲左將軍，右星爲右將軍。左星，南星也，所以備關梁[③]而距難也，設守阻險，知謀徵也。旗即天鼓之旗，所以爲旌表也。左旗九星，在鼓左旁。鼓欲正直而明，色黄光澤，將吉；不正，爲兵憂也。星怒，馬貴。動則兵起，曲則將失計奪勢。旗星差戾，亂相陵。旗端四星南北列，曰天桴，鼓桴[④]也。星不明，漏刻失時。前近河鼓，若桴鼓相直，皆爲桴鼓用。[⑤]

【注】

①鈇鑕（fūzhì）：鍘刀和鍘刀座，指代腰斬用的刑具。

②鈇鉞："鈇"同"斧"，一種兵器。鉞爲古代兵器，青銅或鐵製成，形似板斧而較大。

③關梁：關口和橋梁。

④天桴鼓桴：都是指鼓槌。

⑤陳遵嬀曰："天市垣是三垣的下垣，它在紫微垣下的東南脚。横跨丑、寅、卯三宫，約占東南天空五十七度的範圍，北自七公，南至南海，東自巴蜀，西至吴越，下臨房、心、尾、箕四宿。它包含十九個星座，正

星八十七顆，增星一百七十三顆。”其十九星座如下：左垣、右垣、市樓、車肆、宗正、宗人、宗、帛度、屠肆、候、帝座、宦者、列肆、斗、斛、貫索、七公、天紀、女床。

離珠五星，在須女北，須女之藏府，女子之星也。天津九星，横河中，一曰天漢，一曰天江，主四瀆津梁，所以度神通四方也。一星不備，津關道不通。

騰蛇二十二星，在營室北，天蛇也，主水蟲。王良五星，在奎北，居河中，天子奉車御官也。其四星曰天駟，旁一星曰王良，亦曰天馬。其星動，爲策馬，車騎滿野。亦曰梁，爲天橋，主禦風雨水道，故或占車騎，或占津梁。客星守之，橋不通道。前一星曰策星，王良之御策也，主天子之僕，在王良旁。若移在馬後，[①]是謂策馬，則車騎滿野。閣道六星，在王良前，飛道也。傅紫宫至河，神所乘也，一曰，閣道星，天子游别宫之道也。傅路一星，在閣道南，旁别道也。東壁北十星曰天厩，主馬之官，若今驛亭也，主傳令驁驛，逐漏馳騖，謂其行急疾，與晷漏競馳也。

【注】

①“在”字後原文有“王良前居”四字，據《隋志》删。

天將軍十二星，在婁北，主武兵。中央大星，天之大將也。南一星曰軍南門，主誰何出入。太陵八星在胃北，亦曰積京，主大喪也。積京中星衆，則諸侯有喪，民多疾，兵起。太陵中一星曰積尸，明則死人如山。北九星曰天船，一曰舟星，所以濟不通也。中一星曰積水，候水災。昴西二星曰天街，三光之道，主伺候關梁中外之境。卷舌六星，在昴北，主口語，以知佞讒也。曲，吉；直而動，天下有口舌之害。中一星曰天讒，主巫醫。

五車五星，三柱九星，在畢北。五車者，五帝車舍也，五帝坐也，主天子五兵，一曰主五穀豐秏。西北大星曰天庫，主太白，主秦。次東北星曰獄，主辰星，主燕趙。次東星曰天倉，主歲星，主魯衛。次東南星曰司空，主填星，主楚。次西南星曰卿星，主熒惑，主魏。五星有變，皆以其所主占之。三柱一曰三泉。天子得靈臺之禮，則五車、三柱均明有常。其中五星曰天潢。天潢南三星曰咸池，魚囿也。月、五星入天潢，兵起，道不通，天下亂。

五車南六星曰諸王，察諸侯存亡。其西八星曰八穀，主候歲。八穀一星亡，一穀不登。天關一星，在五車南，亦曰天門，日月之所行也，主邊事，主關閉。芒角，有兵。五星守之，貴人多死。

東井鉞前四星曰司怪，主候天地日月星辰變异及鳥獸草木之妖，明主聞災，修德保福也。司怪西北九星曰坐旗，君臣設位之表也。坐旗西四星曰天高，臺榭之高，主遠望氣象。天高西一星曰天河，主察山林妖變。南河、北河各三星，夾東井。一曰天高，天之關門也，[①]主關梁。南河曰南戍，一曰南宫，一曰陽門，一曰越門，一曰權星，主火。北河曰北戍，一曰北宫，一曰陰門，一曰胡門，一曰衡星，主水。兩河戍間，日月五星之常道也。河戍動摇，中國兵起。南河南三星曰闕丘，主宫門外象魏也。五諸侯五星，在東井北，主刺舉，戒不虞。又曰理陰陽，察得失。亦曰主帝心。一曰帝師，二曰帝友，三曰三公，四曰博士，五曰太史，此五者常爲帝定疑議。星明大潤澤，則天下大治；芒角，則禍在中。五諸侯南三星曰天樽，主盛饘粥以給貧餒。積水一星，在北河西北，水河也，所以供酒食之正也。積薪一星在積水東北，供庖厨之正也。水位四星，在積薪東，主水衡。客星若水火守犯之，百川流溢。

【注】

①“之”字前原無“天”字，據《隋志》補。

軒轅十七星，在七星北。軒轅，黄帝之神，黄龍之體也；后妃之主，士職也。一曰東陵，一曰權星，主雷雨之神。南大星，女主也。次北一星，夫人也，屏也，上將也。次北一星，妃也，次將也。其次諸星，皆次妃之屬也。女主南小星，女御也。左一星少民，后宗也。右一星大民，太后宗也。欲其色黄小而明也。軒轅右角南三星曰酒旗，酒官之旗也，主宴饗飲食。五星守酒旗，天下大酺，有酒肉財物，賜若爵宗室。酒旗南三星曰天相，丞相之象也。軒轅西四星曰爟，爟者，烽火之爟也，邊亭之警候。

爟北四星曰内平，平罪之官，明刑罰。少微四星在太微西，士大夫之位也。一名處士，亦天子副主，或曰博士官，一曰主衛掖門。南第一星處士，第二星議士，第三星博士，第四星大夫。明大而典，則賢士舉也。月、五星犯守之，處士、女主憂，宰相易。南四星曰長垣，主界域及胡夷。熒惑入之，胡入中國；太白入之，九卿謀。[①]

【注】

①《晋志》《隋志》分屬中宫的河鼓、軒轅、天將軍、五車等星官，實際并不屬於三垣的範圍。

二十八舍[①]

東方。角二星爲天關，其間天門也，其内天庭也。故黄道經其中，七曜之所行也。左角爲天田，爲理，主刑；其南爲太陽道。右角爲將，主兵；其北爲太陰道。蓋天之三門，猶房之四表。其星明大，王道太平，賢者在朝；動摇移徙，王者行。

亢四星，天子之内朝也，總攝天下奏事，聽訟理獄録功者也。一曰疏廟，主疾疫。星明大，輔納忠，天下寧。

氐四星，王者之宿宫，后妃之府，休解之房。前二星，適也；後二星，妾也。後二星大，則臣奉度。

房四星，爲明堂，天子布政之宫也，亦四輔也。下第一星，上將也；次，次將也；次，次相也；上星，上相也。南二星君位，北二星夫人位。又爲四表，中間爲天衢，爲天關，黄道之所經也。南間曰陽環，其南曰太陽；北間曰陰間，其北曰太陰。七曜由乎天衢，則天下平和；由陽道則旱喪；由陰道則水兵。②亦曰天駟，爲天馬，主車駕。南星曰左驂，次左服，次右服，次右驂。亦曰天厩，又主開閉，爲畜藏之所由也。③房星明，則王者明；驂星大，則兵起；星離，民流。又北二小星曰鈎鈐，房之鈐鍵，天之管籥，主閉鍵天心也。④明而近房，天下同心。房、鈎鈐間有星及疏坼，則地動河清。

心三星，天王正位也。中星曰明堂，天子位，爲大辰，主天下之賞罰。天下變動，心星見祥。星明大，天下同。前星爲太子，後星爲庶子。心星直，則王失勢。

尾九星，後宫之場，妃后之府。上第一星，后也；次三星，夫人；次星，嬪妾。第三星傍一星名曰神宫，解衣之内室。尾亦爲九子，星色欲均明，大小相承，則後宫有叙，多子孫。

箕四星，亦後宫妃后之府。亦曰天津，一曰天鷄，主八風。凡日月宿在箕、東壁、翼、軫者風起。又主口舌，主客蠻夷胡貉；故蠻胡將動，先表箕焉。⑤

【注】

①古人觀測天象，都以二十八宿爲基礎。宿又稱舍。二十八宿的名稱是：

東方蒼龍七宿：角、亢、氐、房、心、尾、箕；

北方玄武七宿：斗、牛、女、虚、危、室、壁；

西方白虎七宿：奎、婁、胃、昴、畢、觜、參；

南方朱雀七宿：井、鬼、柳、星、張、翼、軫。

②中間爲天衢……黄道之所經也：黄道正好在角宿和亢宿中間通過，而日月五星又都循黄道運行，成爲通道，故這里稱爲天衢，又稱爲天關。衢，四通八達的道路。南間曰陽環，其南曰太陽；北間曰陰間，其北曰太陰。中國古代盛行陰陽學説，任何事物都可以用陰陽來解釋。凡太陽經過的道路，其北爲陰，南爲陽，陰處爲陰間，其道路稱爲陰道，南則相反。按陰陽學説，陰爲雨、爲濕，陽爲晴、爲乾。星占學上正是根據這種觀念建立他們的占語。上文角宿之太陰道、太陽道的原理相同。

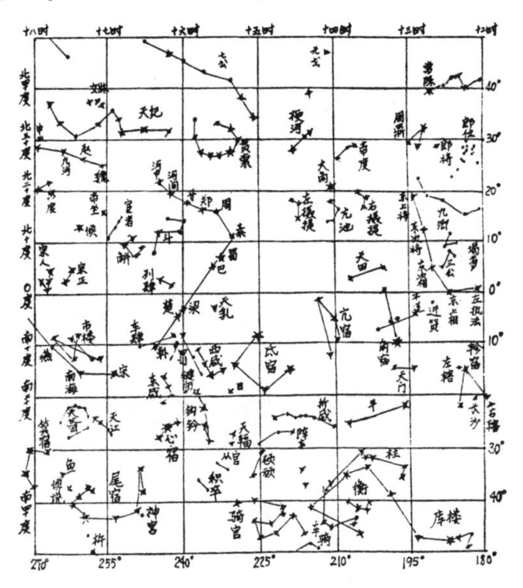

③天駟：房星爲天駟。駟，一車套四馬或四馬配一車之稱呼。驂，一車駕三馬稱爲驂。由於古代馬車主要是用於車戰的，故馬車常與戰斗聯繫在一起。

④房之鈐鍵……主閉鍵天心也：鈐鍵，即鎖籥，房星之北小星又稱鉤鈐，又稱天之鎖籥，主管鎖住天心。

⑤陳遵嬀認爲東方七宿“共計四十六個星座，正星一百八十六顆，增星一百六十八顆。”“《晋書·天文志》不把天門到南門六座列在二十八宿里面”，“不把折威、頓頑列爲二十八宿”，“没有把龜、傅説、魚列爲二十八宿内”，“没有把糠、杵列在二十八宿内”。

北方。南斗六星，天廟也，丞相太宰之位，主褒賢進士，禀授爵禄。又主兵，一曰天機。南二星魁，天梁也。中央二星，天相也。北二星，天府庭也，亦爲壽命之期也。將有天子之事，占於斗。斗星盛明，王道平和，爵禄行。

牽牛六星，天之關梁，主犧牲事。其北二星，一曰即路，一曰聚火，又曰，上一星主道路，次二星主關梁，次三星主南越。摇動變色則占之。星明大，王道昌，關梁通。

須女四星，天少府也。須，賤妾之稱，婦職之卑者也，主布帛裁製嫁娶。

虚二星，冢宰之官也，主北方邑居廟堂祭祀祝禱事，又主死喪哭泣。

危三星，主天府天市架屋；餘同虚占。墳墓四星，屬危之下，主死喪哭泣，爲墳墓也。

營室二星，天子之宫也。一曰玄宫，一曰清廟，又爲軍糧之府及土功事。星明，國昌；小不明，祠祀鬼神不享。離宫六星，天子之别宫，主隱藏休息之所。

東壁二星，主文章，天下圖書之秘府也。星明，王者興，道術行，國多君子；星失色，大小不同，王者好武，經士不用，[①]圖書隱；星動，則有土功。[②]

【注】

①經士不用：飽學之士不得用。

②陳遵嬀認爲北方七宿“共有六十五個星座，正星四百零八顆，增星四百零七顆”。《晋志》則以“離珠、天津二座屬天市垣，扶筐屬太微垣”。《晋志》“没有人及車府二座”，“没有雷電、鈇鉞、土公吏三座，而壘壁陣、羽林軍、北落師門、天綱四座不列在二十八宿内”，“没有霹靂、雲雨二座，而以天厩屬天市垣”。

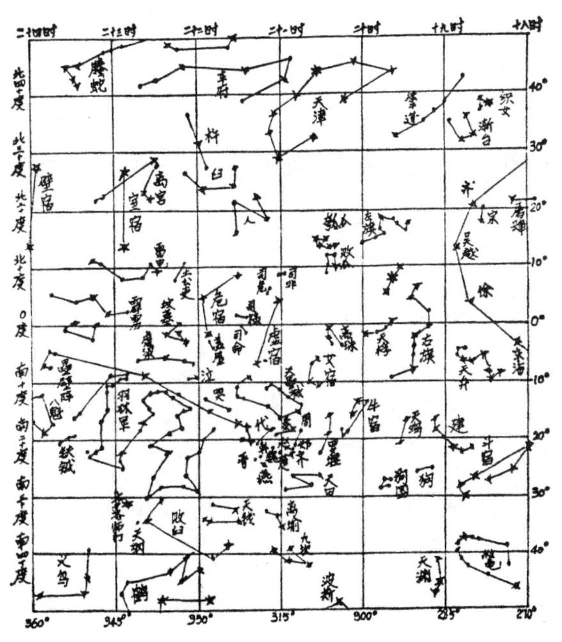

西方。奎十六星，天之武庫也。一曰天豕，亦曰封豕。主以兵禁暴，又主溝瀆。西南大星，所謂天豕目，亦曰大將，欲其明。

婁三星，爲天獄，主苑牧犧牲，供給郊祀。

胃三星，天之厨藏，主倉廪，五穀府也，明則和平。

昴七星，天之耳目也，主西方，主獄事。又爲旄頭，胡星也。昴、畢間爲天街，天子出，旄頭罕畢以前軀，此其義也。黄道之所經也。昴明，則天下牢獄平。昴六星皆明，與大星等，大水。七星皆黄，兵大起。一星亡，爲兵喪；摇動，有大臣下獄，及有白衣之會。大而數盡動若跳躍者，胡兵大起。

畢八星，主邊兵，主弋獵。其大星曰天高，一曰邊將，主四夷之尉也。星明大，則遠夷來貢，天下安；失色，則邊兵亂。附耳一星，在畢下，主聽得失，伺愆邪，察不祥。星盛，則中國微，有盜賊，邊候驚，外國反；移動，佞讒行。月入畢，多雨。

觜觿三星，爲三軍之候，行軍之藏府，主葆旅，收斂萬物。明則軍儲盈，將得勢。

參十星，一曰參伐，一曰大辰，一曰天市，一曰鈇鉞，主斬刈。又爲天獄，主殺伐。又主權衡，所以平理也。又主邊城，爲九譯，故不欲其動也。參，白獸之體。[①]其中三星横列，三將也。東北曰左肩，主左將；西北曰右肩，主右將；東南曰左足，主後將軍；西南曰右足，主偏將軍。故《黄帝占》參應七將。中央三小星曰伐，天之都尉也，主胡、鮮卑、戎、狄之國，故不欲明。七將皆明大，天下兵精也。王道缺則芒角張。伐星明與參等，大臣皆謀，兵起。參星失色，軍散敗。參芒角動摇，邊候有急，兵起，有斬伐之事。參星移，客伐主。參左足入玉井中，兵大起，秦大水，若有喪，山石爲怪。參星差戾，王臣貳。[②]

【注】

①白獸之體：即白虎之體。《史記·天官書》曰："參爲白虎。"

②参星差戾王臣貳：参星錯位，王臣二心。陳遵嬀認爲西方七宿“共有五十四個星座，正星二百九十七顆，增星四百十顆”。“《晋志》以軍南門、閣道、附路、王良、策五座屬天市垣”。“《晋志》稱天倉、天庾在二十八宿之外，而以天大將軍屬天市垣”，“以大陵、天船、積尸、積水四座屬天市垣，天廩、天囷二座列二十八宿外”，“把天阿、卷舌、天讒三座列屬天市垣，天苑列在二十八宿外，還不載月、天陰、蒭藁、礪石四座”。“《晋志》稱玉井在参左足，軍井在玉井南”，“不載屏、廁、屎三座”。

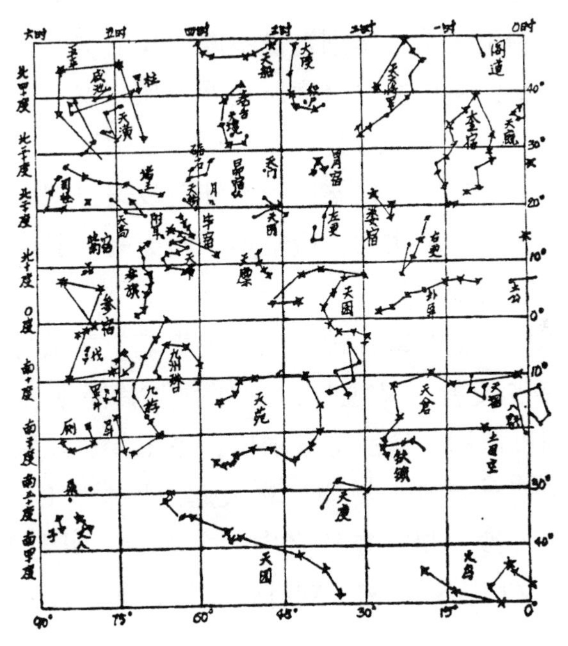

南方。東井八星，天之南門，黄道所經，天之亭候，主水衡事，法令所取平也。王者用法平，則井星明而端列。鉞一星，附井之前，主伺淫奢而斬之。故不欲其明，明與井齊，則用鉞於大臣。月宿井，有風雨。

輿鬼五星，天目也，主視，明察姦謀。東北星主積馬，東南星主積兵，西南星主積布帛，西北星主積金玉，隨變占之。中央星爲積尸，主死喪祠祀。一曰鈇鑕，主誅斬。鬼星明，大穀成；不明，百姓散。鑕欲其忽忽不明，明則兵起，大臣誅。

柳八星，天之厨宰也，主尚食，和滋味，又主雷雨。

七星七星，一名天都，主衣裳文綉，又主急兵盜賊。故星明王道昌；暗則賢良不處，天下空。

張六星，主珍寶、宗廟所用及衣服，又主天厨飲食賞賚之事。星明則王者行五禮，得天之中。

翼二十二星，天之樂府，主俳倡戲樂，[1]又主夷狄遠客、負海之賓。星明大，禮樂興，四夷賓。動則蠻夷使來，離徙則天子舉兵。

軫四星，主冢宰，輔臣也；主車騎，主載任。有軍出入，皆占於軫。又主風，主死喪。軫星明，則車駕備；動則車駕用。轄星傅軫兩傍，主王侯，左轄爲王者同姓，右轄爲异姓。星明，兵大起。遠軫，凶。轄舉，南蠻侵。長沙一星，在軫之中，主壽命。明則主壽長，子孫昌。又曰，車無轄，國有憂；軫就聚，兵大起。[2]

【注】

①原文“府”下脱“主”字，“倡”下脱“戲樂”二字，據《隋志》補。

②陳遵嬀認爲南方七宿“共有四十二個星座，正星二百四十五顆，增星三百三十一顆”。“《晋志》以爟屬天市垣，外厨、天記均列在柳南”，“以内平屬天市垣”，“没有載及明堂”。東甌，“《晋志》列在二十八宿之

外”，“以左右轄、長沙附於軫”。

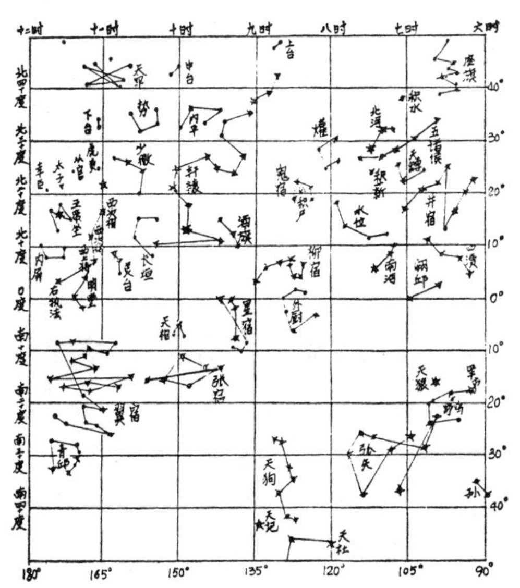

星官在二十八宿之外者[1]

庫樓十星，六大星爲庫，南四星爲樓，在角南。一曰天庫，兵車之府也。旁十五星三三而聚者，柱也。中央四小星，衡也，主陳兵。東北二星曰陽門，主守隘塞也。南門二星，在庫樓南，天之外門也，主守兵。平星二星，在庫樓北，平天下之法獄事，廷尉之象也。天門二星，在平星北。

亢南七星曰折威，主斬殺。頓頑二星，在折威東南，主考囚情狀，察詐僞也。

騎官二十七星，在氐南，若天子武賁，主宿衛。東端一星騎陣將軍，騎將也。南三星車騎，車騎之將也。陣車三星，在騎官東北，革車也。

積卒十二星，在房心南，主爲衛也。他星守之，近臣誅。從官二星，在積卒西北。

龜五星，在尾南，主卜以占吉凶。傅説一星，在尾後。傅説主章祝，巫官也。魚一星，在尾後河中，主陰事，知雲雨之期也。

杵三星，在箕南，杵給庖舂。客星入杵臼，天下有急。糠星在箕舌前杵西北。

鱉十四星，在南斗南。鱉爲水蟲，歸太陰。有星守之，白衣會，主有水令。農丈人一星，在南斗西南，老農主穡也。狗二星，在南斗魁前，主吠守。

天田九星，在牛南。羅堰九星，在牽牛東，岠馬也，以壅蓄水潦，灌溉溝渠也。九坎九星，在牽牛南。坎，溝渠也，所以導達泉源，疏盈瀉溢，通溝洫也。九坎間十星曰天池，一曰三池，一曰天海，主灌溉田疇事。

虚南二星曰哭，哭東二星曰泣，泣、哭皆近墳墓。泣南十三星曰天壘城，如貫索狀，主北夷丁零、匈奴。南二星曰蓋屋，治宫室之官也。其南四星曰虚梁，園陵寢廟之所也。

【注】

①星官在二十八宿之外者：“外者”有兩層含義，一是不屬於二十八宿範圍之内附星者，二是在二十八宿之南者。在星象觀念上，以北爲内，以南爲外。

羽林四十五星，在營室南，一曰天軍，主軍騎，又主翼王也。壘壁陣十二星，在羽林北，羽林之垣壘也，主軍衛，爲營壅也。五星有在天軍中者，皆爲兵起，熒惑、太白、辰星尤甚。北落師門一星，在羽林西南。北者，宿在北方也；落，天之藩落也；師，衆也；師門，猶軍門也。長安城北門曰北落門，以象此也。主非常以候兵。有星守之，虜入塞中，兵起。其西北有十星，曰天錢。北落西南一星曰天綱，主武帳。北落東南九星曰八魁，主張禽獸。①

天倉六星，在婁南，倉穀所藏也。南四星曰天庾，積厨粟之所也。

天囷十三星，在胃南。囷，倉廩之屬也，主給御糧也。

天廩四星在昴南，一曰天廥，主蓄黍稷以供饗祀；《春秋》所謂御廩，此之象也。天苑十六星，在昴畢南，天子之苑囿，養獸之所也。苑南十三星曰天園，植果菜之所也。

畢附耳南八星曰天節，主使臣之所持者也。天節下九星曰九州殊口，曉方俗之官，通重譯者也。②

參旗九星在參西，一曰天旗，一曰天弓，主司弓弩之張，候變禦難。玉井四星，在參左足下，主水漿以給厨。西南九星曰九游，天子之旗也。玉井東南四星曰軍井，行軍之井也。軍井未達，將不言渴，名取此也。軍市十三星在參東南，天軍貿易之市，使有無通也。野鷄一星，主變怪，在軍市中。軍市西南二星曰丈人，丈人東二星曰子，子東二星曰孫。

【注】

①主張禽獸：反映在張網捕禽獸上。

②曉方俗之官通重譯者：曉方俗，熟悉知曉地方風俗。通重譯，通曉兩種語言翻譯者。是説這個官員熟悉各地風俗習慣，能够作兩種語言之間的翻譯。九州，指神州的各個地區。殊口，指不同語言。

東井西南四星曰水府，主水之官也。東井南垣之東四星曰四瀆，江、河、淮、濟之精也。狼一星，在東井東南。狼爲野將，主侵掠。色有常，不欲動也。北七星曰天狗，主守財。弧九星，在狼東南，天弓也，主備盜賊，常向於狼。弧矢動移不如常者，多盜賊，胡兵大起。狼弧張，害及胡，天下乖亂。又曰，天弓張，天下盡兵。[1]弧南六星爲天社，昔共工氏之子句龍，能平水土，故祀以配社，其精爲星。老人一星，在弧南，一曰南極，常以秋分之旦見于丙，春分之夕而没于丁。見則治平，主壽昌，常以秋分候之南郊。

柳南六星曰外厨。厨南一星曰天紀，主禽獸之齒。

稷五星，在七星南。稷，農正也，取乎百穀之長以爲號也。

張南十四星曰天廟，天子之祖廟也。客星守之，祠官有憂。

翼南五星曰東區，蠻夷星也。

軫南三十二星曰器府，樂器之府也。青丘七星，在軫東南，蠻夷之國號也。青丘西四星曰土司空，主界域，亦曰司徒。土司空北二星曰軍門，主營候彪尾威旗。

【注】

①狼弧張、天弓張：張弓，指箭在弦上。天弓張，指天弓伸張。

天漢起没[1]

天漢起東方，經尾箕之間，謂之漢津。[2]乃分爲二道，其南經傅説、魚、天籥、天弁、河鼓，其北經龜，貫箕下，次絡南斗、魁、左旗，至天津下而合南道。[3]乃西南行，又分夾匏瓜，絡人星、杵、造父、騰蛇、王良、傅路、閣道北端、太陵、天船、卷舌而南行，絡五車，經北河之南，入東井水位而東南行，絡南河、闕丘、天狗、天紀、天稷，在七星南而没。

【注】

①天漢起没：天漢，即銀河。起没，就字面含義而言，就是起始和消失。實際上，銀河是斜繞天球的一個大圓，雖然有較明亮的部分，也有相對較暗的部分，但整個大圓的軌迹還是可以看得出來的。由於其南部隱没在恒隱圈之下，故從星圖上看，這條光帶有起始和消失之處。

②漢津：銀河的渡口。天津就是指天河的渡口，漢津、天津是銀河邊兩個不同渡口，一在箕宿，一在女宿。

③分爲二道：銀河從赤道附近的蛇夫座算起，經過天鷹、天琴、天鵝、仙王、仙后、英仙、金牛、雙子、獵户、麒麟、大犬、南船、半人馬、南十字、豺狼、矩尺、天蝎、人馬座。從天鵝到半人馬座，夾着不規則的暗雲，分成兩條并行的光帶，稱爲南北兩道。

十二次度數[1]

十二次。班固取《三統曆》十二次配十二野，其言最詳。又有費直説《周易》、蔡邕《月令章句》，所言頗有先後。魏太史令陳卓更言郡國所入宿度，今附而次之。

自軫十二度至氐四度爲壽星，於辰在辰，鄭之分野，屬兖州。費直《周易分野》，壽星起軫七度。蔡邕《月令章句》，壽星起軫六度。

自氐五度至尾九度爲大火，於辰在卯，宋之分野，屬豫州。費直，起氐十一度。蔡邕，起亢八度。②

自尾十度至南斗十一度爲析木，於辰在寅，燕之分野，屬幽州。費直，起尾九度。蔡邕，起尾四度。

自南斗十二度至須女七度爲星紀，於辰在丑，吴越之分野，屬揚州。費直，起斗十度。蔡邕，起斗六度。

自須女八度至危十五度爲玄枵，於辰在子，齊之分野，屬青州。費直，起女六度。蔡邕，起女二度。

自危十六度至奎四度爲諏訾，於辰在亥，衛之分野，屬并州。費直，起危十四度。蔡邕，起危十度。

自奎五度至胃六度爲降婁，於辰在戌，魯之分野，屬徐州。費直，起奎二度。蔡邕，起奎八度。

自胃七度至畢十一度爲大梁，於辰在酉，趙之分野，屬冀州。費直，起婁十度。蔡邕，起胃一度。

自畢十二度至東井十五度爲實沈，於辰在申，魏之分野，屬益州。費直，起畢九度。蔡邕，起畢六度。

自東井十六度至柳八度爲鶉首，於辰在未，秦之分野，屬雍州。費直，起井十二度。蔡邕，起井十度。

自柳九度至張十六度爲鶉火，於辰在午，周之分野，屬三河。費直，起柳五度。蔡邕，起柳三度。

自張十七度至軫十一度爲鶉尾，於辰在巳，楚之分野，屬荆州。費直，起張十三度。蔡邕，起張十二度。

【注】

①十二次度數：就内容看，該標題不完整，應改爲“十二次起迄及分野”。十二次，又稱十二星次，是當時十二個季節月份太陽所在的起迄度數。由於歲差原因，不同時代之起迄度數不同。此爲陳卓所測。分野之説，按《漢志》。此處所列之分野，是指春秋戰國時諸侯國之分野，後面注明所屬今州郡。

②此處載十二次起自大火，是出於二十八宿起自東方七宿。還有一種排列方式是起自子月。十二次順序爲：玄枵、星紀、析木、大火、壽星、鶉尾、鶉火、鶉首、實沈、大梁、降婁、諏訾。

州郡躔次①

陳卓、范蠡、鬼谷先生、張良、諸葛亮、譙周、京房、張衡并云：

角、亢、氐，鄭，兖州：
東郡入角一度，　東平、任城、山陽入角六度
泰山入角十二度，　濟北、陳留入亢五度，
濟陰入氐二度，　東平入氐七度。

房、心，宋，豫州：
潁川入房一度，　汝南入房二度，
沛郡入房四度，　梁國入房五度，
淮陽入心一度，　魯國入心三度，
楚國入房四度。

尾、箕，燕，幽州：
涼州入箕中十度，　上谷入尾一度，
漁陽入尾三度，　右北平入尾七度，
西河、上郡、北地、
　遼西東入尾十度，　涿郡入尾十六度，
渤海入箕一度，　樂浪入箕三度，
玄菟入箕六度，　廣陽入箕九度。

斗、牽牛、須女，吴、越，揚州：
九江入斗一度，　廬江入斗六度，
豫章入斗十度，　丹楊入斗十六度，
會稽入牛一度，　臨淮入牛四度，
廣陵入牛八度，　泗水入女一度，
六安入女六度。

虚、危，齊，青州：
齊國入虚六度，　北海入虚九度，
濟南入危一度，　樂安入危四度，
東萊入危九度，　平原入危十一度，
菑川入危十四度。

營室、東壁，衛，并州：
安定入營室一度，　天水入營室八度，
隴西入營室四度，　酒泉入營室十一度，
張掖入營室十二度，　武都入東壁一度，

金城入東壁四度，　武威入東壁六度，
敦煌入東壁八度。

奎、婁、胃，魯，徐州：
東海入奎一度，　琅邪入奎六度，
高密入婁一度，　城陽入婁九度，
膠東入胃一度。

昂、畢，趙，冀州：
魏郡入昴一度，　鉅鹿入昴三度，
常山入昴五度，　廣平入昴七度，
中山入昴一度，　清河入昴九度，
信都入畢三度，　趙郡入畢八度，
安平入畢四度，　河間入畢十度，
真定入畢十三度。

觜、參，魏，益州：
廣漢入觜一度，　越嶲入觜三度，
蜀郡入參一度，　犍爲入參三度，
牂柯入參五度，　巴郡入參八度，
漢中入參九度，　益州入參七度。

東井、輿鬼，秦，雍州：

雲中入東井一度，定襄入東井八度，
雁門入東井十六度，代郡入東井二十八度，
太原入東井二十九度，上黨入輿鬼二度。

柳、七星、張，周，三輔：

弘農入柳一度，河南入七星三度，
河東入張一度，河内入張九度。

翼、軫，楚，荆州：

南陽入翼六度，南郡入翼十度，
江夏入翼十二度，零陵入軫十一度，
桂陽入軫六度，武陵入軫十度，
長沙入軫十六度。

①州郡躔次：就以下内容來看，此標題亦不够準確，準確的標題當爲“州郡躔二十八宿度數”。從科學角度來看，將州郡分配於二十八宿没有多大意義，故《隋志》以後不再使用這種分配方法。它衹是十二次分野的進一步擴展。

《晋書》卷十二

志第二

天文中

七曜　雜星氣　瑞星　妖星　客星　流星　雲氣　十煇　雜氣　**史傳事驗**　天變　日蝕　月變　月奄犯五緯　五星聚舍[①]

日爲太陽之精，主生養恩德，人君之象也。[②]人君有瑕，必露其慝以告示焉。故日月行有道之國則光明，人君吉昌，百姓安寧。[③]人君乘土而王，其政太平，則日五色無主。[④]日變色，有軍，軍破；無軍，喪侯王。其君無德，其臣亂國，則日赤無光。日失色，所臨之國不昌。日晝昏，行人無影，到暮不止者，上刑急，下不聊生，不出一年有大水。日晝昏，烏鳥群鳴，國失政。日中烏見，主不明，爲政亂，國有白衣會，將軍出，旌旗舉。日中有黑子、黑氣、黑雲，乍三乍五，臣廢其主。日蝕，陰侵陽，臣掩君之象，有亡國。[⑤]

月爲太陰之精，以之配日，女主之象；以之比德，刑罰之義；列之朝廷，諸侯大臣之類。故君明，則月行依度；臣執權，則月行失道；大臣用事，兵刑失理，則月行乍南乍北；女主外戚擅權，則或進或退。月變色，將有殃。月晝明，姦邪并作，君臣争明，女主失行，陰國兵强，中國饑，天下謀僭。數月重見，國以亂亡。

【注】

①雜星氣……五星聚舍：原文缺，今據體例補。

②楊泉《物理論》曰："日者，天陽之精也。"張衡《靈憲》曰："日者，陽精之宗積而成。"劉向《洪範傳》曰：日者，"群陽之精，衆貴之象也"。故此處的"日爲太陽之精"和下文的"月爲太陰之精"，其義爲天地間存有陰陽二氣，陽氣之精形成日，陰氣之精形成月。日象徵君主，月象徵女主。

③《黄帝占》曰："有道之國，日月過之即明。人君吉昌，人民安寧。"

④《禮門威儀》曰："君乘土而王，其日太平，則日五色無主。"宋均曰："包五行之色，不主於一也。"又《孝經古秘》曰："日和五色，君有德。"京房《易傳》曰："日者，衆陽之精，内明玄黄，五色無主，以象人君，光照無主，不可以色名也。""聖主在上，則日五色備。"這些話的含義是，君主有德，則五色齊備。不主於一，即不顯示出某種日光來，爲綜合白色光。人君"乘土而王"，是將五行相勝的理論用於改朝换代。土代水德，人君便乘土而王。周爲火德，因秦統一時短，是否算爲一代各説不一，勝火者水，故一説秦水德，一説漢水德。由此一説漢土德，一説魏土德。

⑤以上都是日色有變异者，故星占家藉以立廢主亡國之占語。

歲星曰東方春木，於人，五常，仁也；五事，貌也。仁虧貌失，逆春令，傷木氣，則罰見歲星。歲星盈縮，以其舍命國。[①]其所居久，其國有德厚，五穀豐昌，不可伐。其對爲衝，歲乃有殃。[②]歲星安静中度，吉。盈縮失次，其國有憂，不可舉事用兵。又曰，人主之象也，色欲明，光色潤澤，德合同。又曰，進退如度，姦邪息；變色亂行，主無福。[③]又主福，主大司農，主齊吴，主司天下諸侯人君之過，主歲五穀。赤而角，其國昌；赤黄而沈，其野大穰。

熒惑曰南方夏火，禮也，視也。禮虧視失，逆夏令，傷火氣，罰見熒惑。熒惑法使行無常，出則有兵，入則兵散。以舍命國，爲亂爲賊，爲疾爲喪，爲饑爲兵，所居國受殃。環繞鈎己，芒角動摇，變色，乍前乍後，乍左乍右，其爲殃愈甚。其南丈夫、北女子喪。周旋止息，乃爲死喪；寇亂其野，亡地。其失行而速，兵聚其下，順之戰勝。又曰，熒惑主大鴻臚，主死喪，主司空。又爲司馬，主楚吴越以南；又司天下群臣之過，司驕奢亡亂妖孽，主歲成敗。又曰，熒惑不動，兵不戰，有誅將。其出色赤怒，逆行成鈎己，戰凶，有圍軍；鈎己，有芒角如鋒刃，人主無出宫，下有伏兵；芒大則人衆怒。又爲理，外則理兵，内則理政，爲天子之理也。故曰，雖有明天子，必視熒惑所在。其入守犯太微、軒轅、營室、房、心，主命惡之。[④]

【注】

①歲星盈縮以其舍命國：歲星運行中所停留的星座，以其所對應的國家爲占。歷史上，恒星分野的觀念是發展的，《淮南子·天文訓》載："星

部地名：角、亢，鄭；氐、房、心，宋；尾、箕，燕；斗、牽牛，越；須女，吴；虚、危，齊；營室、東壁，衛；奎、婁，魯；胃、昴、畢，魏；觜觿、参，趙；東井、輿鬼，秦；柳、七星、張，周；翼軫，楚。”

秦漢統一中國以後，分天下爲州郡，《史記·天官書》載恒星分野曰：角、亢、氐，兖州；房、心，豫州；尾、箕，幽州；斗，江、湖；牽牛、婺女，楊州；虚、危，青州；營室至東壁，并州；奎、婁、胃，徐州；昴、畢，冀州；觜觿、参，益州；東井、輿鬼，雍州；柳、七星、張，三河；翼、軫，荆州。

當歲星運行到某個星座，其對應的國家或地區便是木星所舍之國或所居之地。

②歲星屬於德星，其所舍之國有德，五穀豐登，而其對衝的國家有灾殃。所謂對衝，即與所在星座相對衝星座相應的國家。對衝，相隔二十八宿中的十四個星宿，或相隔一百八十度。

③歲星雖屬於德星，但還要以占語來判斷吉凶。當其盈縮失次，即本該客其國而移至他處，或即使已舍其國但變色亂行，其國也有憂無福。

④熒惑可稱爲灾星，其所舍之國將受到灾殃，爲賊亂，爲疾喪，爲饑兵，具體視其行度光芒變化爲占。《開元占經》載：“熒惑入列宿，其國有殃。”“熒惑所止，爲其國君死”。

填星曰中央季夏土，信也，思心也。仁義禮智，以信爲主，貌言視聽，以心爲正，故四星皆失，填乃爲之動。動而盈，侯王不寧。縮，有軍不復。所居之宿，國吉，得地及女子，有福，不可伐；去之，失地，若有女憂。居宿久，國福厚；易則薄。[1]失次而上二三宿曰盈，有主命不成，不乃大水。失次而下曰縮，后戚，其歲不復，不乃天裂若地動。一曰，填爲黄帝之德，女主之象，主德厚安危存亡之機，司天下女主之過。又曰，天子之星也。天子失信，則填星大動。

太白曰西方秋金，義也，言也。義虧言失，逆秋令，傷金氣，罰見太白。太白進退以候兵，高埤遲速，静躁見伏，用兵皆象之，吉。其出西方，失行，夷狄敗；出東方，失行，中國敗。未盡期日，過參天，病其對國。若經天，天下革，民更王，是謂亂紀，人衆流亡。晝見，與日争明，强國弱，小國强，女主昌。又曰，太白主大臣，其號上公也，大司馬位謹候此。②

辰星曰北方冬水，智也，聽也。③智虧聽失，逆冬令，傷水氣，罰見辰星。辰星見，則主刑，主廷尉，主燕趙，又爲燕、趙、代以北④；宰相之象。亦爲殺伐之氣，戰鬥之象。又曰，軍於野，辰星爲偏將之象，無軍爲刑事。和陰陽，應效不效，其時不和。出失其時，寒暑失其節，邦當大饑。當出不出，是謂擊卒，兵大起。在於房心間，地動。亦曰，辰星出入躁疾，常主夷狄。又曰，蠻夷之星也，亦主刑法之得失。色黄而小，地大動。光明與月相逮，其國大水。⑤

【注】

①填星，又被視爲吉星，其所居之宿對應的國家吉利，會獲得土地和女子，有福，不可以討伐。久居則福厚。相反，不該去而去之，則福薄，會有失地或有女憂。

②太白，又稱殺伐之星。《開元占經》引石氏曰："太白主秋，主西維，主金，主兵，於日主庚辛，主殺。殺失者，罰出太白。太白之失行，是失秋政者也，以其舍命國。"巫咸曰："太白主兵革、誅伐，正刑法。"大司馬，爲先秦掌軍政軍賦的官員，相當於後世的兵部尚書，故此處説"太白主大臣"，"大司馬位謹候此"。其一切占事，均與争鬥有關。

③古代以木、火、金、水、土五星，配仁、禮、義、智、信五常，又配貌、視、言、聽、心五事，認爲五星本身也包含有這些内涵。

④“北”誤作“比”，今據《隋志》改。

⑤辰星，又被視爲刑罰之星，所以説其主刑、主廷尉。廷尉，秦漢時掌刑獄之官。

凡五星有色，大小不同，各依其行而順時應節。色變有類，凡青皆比參左肩，赤比心大星，黃比參右肩，白比狼星，黑比奎大星。不失本色而應其四時者，吉；色害其行，凶。①

凡五星所出所行所直之辰，其國爲得位。得位者，歲星以德，熒惑有禮，填星有福，太白兵强，辰星陰陽和。所行所直之辰，順其色而有角者勝，其色害者敗。居實，有德也；居虚，無德也。色勝位，行勝色，行得盡勝之。營室爲清廟，歲星廟也。心爲明堂，熒惑廟也。南斗爲文太室，填星廟也。亢爲疏廟，太白廟也。七星爲員宫，辰星廟也。五星行至其廟，謹候其命。

凡五星盈縮失位，其精降于地爲人。歲星降爲貴臣；熒惑降爲童兒，歌謡嬉戲；填星降爲老人婦女；太白降爲壯夫，處於林麓；辰星降爲婦人。吉凶之應，隨其象告。

凡五星，木與土合，爲内亂，饑；與水合，爲變謀而更事；與火合，爲饑，爲旱；與金合，爲白衣之會，合鬥，國有内亂，野有破軍，爲水。太白在南，歲星在北，名曰牝牡，年穀大熟。太白在北，歲星在南，年或有或無。火與金合，爲爍，爲喪，不可舉事用兵。從軍，爲軍憂；離之，軍卻。出太白陰，分宅；出其陽，偏將戰。與土合，爲憂，主孽卿。與水合，爲北軍，用兵舉事大敗。一曰，火與水合，爲粹，不可舉事用兵。土與水合，爲壅沮，不可舉事用兵，有覆軍下師。一曰，爲變謀更事，必爲旱。與金合，爲疾，爲白衣會，爲内兵，國亡地。與木合，國饑。水與金合，爲變謀，爲兵憂。入太白中而上出，破軍殺將，客勝；下出，客亡地。視旗所指，以命破軍。環繞太白，若與鬥，大戰，客勝。凡木、火、土、金與水鬥，皆爲戰。兵不在外，皆爲内亂。凡同舍爲合，相陵爲鬥。二星相近，其殃大；相遠，毋傷，七寸以内必之。[2]

【注】

①這段占語是説，五星各個時節都有各自的大小和顔色。如果合其本色應順時時變化，那就吉利。其顔色變化不合於四時的法則，那就有凶咎。例如，《史記·天官書》載辰星之色變曰："春，青黄；夏，赤白；秋，青白；而歲熟；冬，黄而不明。即變其色，其時不昌。"

②據前人研究，寸、尺、丈在天空也可作爲弧長的單位，有時以七寸爲一度，但也有以一尺爲一度者。

凡月蝕五星，其國皆亡。歲以饑，熒惑以亂，填以殺，太白以强國戰，辰以女亂。

凡五星入月，歲，其野有逐相；太白，將僇。[1]

凡五星所聚，其國王，[2]天下從。歲以義從，熒惑以禮從，填以重從，太白以兵從，辰以法從，各以其事致天下也。三星若合，是謂驚立絶行，其國外内有兵與喪，百姓饑乏，改立侯王。四星若合，是謂大陽，其國兵喪并起，君子憂，小人流。五星若合，是謂易行，有德承慶，改立王者，奄有四方，子孫蕃昌；亡德受殃，離其國家，滅其宗廟，百姓離去，被滿四方。五星皆大，其事亦大；皆小，事亦小。③

凡五星色，皆圜，白爲喪，爲旱；赤中不平，爲兵；青爲憂，爲水；黑爲疾疫，爲多死；黄爲吉。皆角，赤，犯我城；黄，地之争；白，哭泣聲；青，有兵憂；黑，有水。五星同色，天下偃兵，百姓安寧，歌舞以行，不見災疾，五穀蕃昌。④

凡五星，歲，政緩則不行，急則過分，逆則占。熒惑，緩則不出，急則不入，違道則占。填，緩則不遠，急則過舍，逆則占。太白，緩則不出，急則不入，逆則占。辰，緩則不出，急則不入，非時則占。五星不失行，則年穀豐昌。

凡五星分天之中，積于東方，中國利；積于西方，外國用兵者利。辰星不出，太白爲客；其出，太白爲主。出而與太白不相從，及各出一方，爲格，野雖有軍，不戰。

凡五星見狀、留行、逆順，遲速應曆度者，爲得其行，政合于常；違曆錯度，而失路盈縮者，爲亂行。亂行則爲天矢彗孛，而有亡國革政，兵饑喪亂之禍云。

【注】

①月蝕五星，是月亮擋住五星，而五星入月，爲五星進入月面。實際

上，後者是不可能發生的事，衹是上古人們的想象。歲，指木星；太白，指金星；其野有逐相，指發生了驅逐相的政治事件；將僇，指有將軍被殺戮。《漢書·天文志》載月食五星占語，但無五星入月之占文。

②其國王：其國稱王於天下。

③以上是説五星若合，有德承慶，亡德受殃。此占語説凡發生五星聚合的事，雖然其國可以稱王於天下，但必然會發生改立王者之事，發生社會大動亂。

④這段五星色的占語，抄自《史記·天官書》，但又作了少數文字的改動。文中第五至八字“皆圜，白”，《史記·天官書》爲“白圜”二字，文義大變。據《史記·天官書》文義，是説五星有白圜的爲喪旱，有赤圜的爲兵等；有赤芒角的侵犯我城市，黄芒角的有土地之争鬥等。而五星如果同一種顔色，那麼天下太平。這三種類型是狀况各不相同，但經沈約改寫之後，則前後文義矛盾。注者認爲沈約作此改動不當。

雜星氣

圖緯舊説，及漢末劉表爲荆州牧，命武陵太守劉叡集天文衆占，名《荆州占》。其雜星之體，有瑞星，有妖星，有客星，有流星，有瑞氣，有妖氣，有日月傍氣，皆略其名狀，舉其占驗，次之於此云。

瑞星

一曰景星，如半月，生於晦朔，助月爲明。或曰，星大而中空。或曰，有三星，在赤方氣，與青方氣相連，黄星在赤方氣中，亦名德星。

二曰周伯星，黄色，煌煌然，所見之國大昌。

三曰含譽，光耀似彗，喜則含譽射。

四曰格澤，如炎火，下大上兑，色黄白，起地而上。見則不種而穫，有土功，有大客。[①]

【注】

①《史記·天官書》曰："格澤星者，如炎火之狀。黄白，起地而上。下大上兑。其見也，不種而獲；不有土功，必有大害。"《漢書·天文志》"大害"作"大客"。當以後者爲是。

妖星

一曰彗星，所謂掃星。本類星，末類彗，[①]小者數寸，長或竟天。見則兵起，大水。主掃除，除舊布新。有五色，各依五行本精所主。史臣案，彗體無光，傳日而爲光，故夕見則東指，晨見則西指。在日南北，皆隨日光而指。頓挫其芒，或長或短，光芒所及則爲災。

二曰孛星，彗之屬也。偏指曰彗，芒氣四出曰孛。孛者，孛孛然非常，惡氣之所生也。内不有大亂，則外有大兵，天下合謀，暗蔽不明，有所傷害。晏子曰："君若不改，孛星將出，彗星何懼乎！"由是言之，災甚於彗。

三曰天棓，一名覺星。本類星，末鋭，[②]長四丈。或出東北方西方，主奮爭。

四曰天槍。其出不過三月，必有破國亂君，伏死其辜。殃之不盡，當爲旱饑暴疾。

五曰天欃。石氏曰，雲如牛狀。甘氏，本類星，末鋭。巫咸曰，彗星出西方，長可二三丈，主捕制。

六曰蚩尤旗，類彗而後曲，象旗。或曰，赤雲獨見。或曰，其色黄上白下。或曰，若植雚而長，[3]名曰蚩尤之旗。或曰，如箕，可長二丈，末有星。主伐枉逆，主惑亂，所見之方下有兵，兵大起；不然，有喪。

七曰天衝，出如人，蒼衣赤頭，不動。見則臣謀主，武卒發，天子亡。

八曰國皇，大而赤，類南極老人星。或曰，去地一二丈，如炬火，主内寇内難。或曰，其下起兵，兵强。或曰，外内有兵喪。

九曰昭明，象如太白，光芒，不行。或曰，大而白，有角，[4]乍上乍下。一曰，赤彗分爲昭明，昭明滅光，以爲起霸起德之徵，所起國兵多變。一曰，大人凶，兵大起。

十曰司危，如太白，有目。或曰，出正西，西方之野星，去地可六丈，大而白。或曰，大而有毛，兩角。或曰，類太白，數動，察之而赤，爲乖争之徵，主擊强兵。見則主失法，豪傑起，天子以不義失國，有聲之臣行主德。

【注】

①本類星末類彗：本指頭部，末指尾部。

②本類星末鋭：頭部如星，尾部尖鋭。

③雚：草名。《爾雅 · 釋草》："雚，芄蘭。"

④有角：原本作無角，無角不用記載，今據《隋志》《開元占經》改。

十一曰天讒，彗出西北，狀如劍，長四五丈。或曰，如鈎，長四丈。或曰，狀白小，數動，主殺罰。出則其國内亂，其下相讒，爲饑兵，赤地千里，枯骨藉藉。

十二曰五殘，一名五鋒，出正東，東方之星。狀類辰，可去地六七丈。或曰，蒼彗散爲五殘，如辰星，出角。或曰，星表有氣如暈，有毛。或曰，大而赤，數動，察之而青。主乖亡；爲五分，毁敗之徵，亦爲備急兵。見則主誅，政在伯，野亂成，有急兵，有喪，不利衝。①

十三曰六賊，見出正南，南方之星。去地可六丈，大而赤，動有光。或曰，形如彗。五殘、六賊出，禍合天下，逆侵關樞；其下有兵，衝不利。②

十四曰獄漢，一名咸漢，出正北，北方之野星，去地可六丈，大而赤，數動，察之中青。或曰，赤表，下有三彗從横。主逐王，主刺王。出則陰精横，兵起其下。又爲喪，動則諸侯驚。

十五曰旬始，出北斗旁，如雄鷄。其怒，有青黑，象伏鼈。或曰，怒，雌也，主争兵。又曰，黄彗分爲旬始，爲立主之題，主亂，主招横。見則臣亂兵作，諸侯虐，期十年，聖人起代，③群猾横恣。或曰，出則諸侯雄鳴。

十六曰天鋒，彗象矛鋒。天下從横，則天鋒星見。

十七曰燭星，如太白。其出也不行，見則不久而滅。或曰，主星上有三彗上出，所出城邑亂，有大盜不成，又以五色占。

十八曰蓬星，大如二斗器，色白，一名王星。狀如夜火之光，多至四五，少一二。一曰，蓬星在西南，長數丈，左右兑。出而易處。星見，不出三年，有亂臣戮死。又曰，所出大水大旱，五穀不收，人相食。

十九曰長庚，如一匹布著天。見則兵起。

二十曰四填，星出四隅，去地六丈餘，或曰可四丈。或曰，星大而赤，去地二丈，常以夜半時出。見，十月而兵起，皆爲兵起其下。

二十一曰地維藏光，出四隅。或曰，大而赤，去地二三丈，如月始出。見則下有亂，亂者亡，有德者昌。

【注】

①《開元占經》引《史記·天官書》曰："五殘，所出非其方，爲其下有兵，衝不利。"但今本《史記·天官書》無此語。

②《開元占經》引《史記·天官書》曰："六賊星，所出非其方，爲其下有兵，衝不利。"則五殘與六賊星的《史記·天官書》占語相同，疑有誤。

③"代"原作"伐"，今據《隋志》改。

《河圖》云：

歲星之精，流爲天棓、天槍、天猾、天衝、國皇、反登[1]、蒼彗。

熒惑散爲昭旦、蚩尤之旗、昭明、司危、天欃、赤彗。

填星散爲五殘、獄漢、大賁、昭星、絀流、旬始、蚩尤、虹蜺、擊咎、黄彗。

太白散爲天杵、天柎、伏靈、大敗、司姦、天狗、天殘、卒起、白彗。

辰星散爲枉矢、破女、拂樞、滅寶、繞綎、驚理、大奮祀、黑彗。

五色之彗，各有長短，曲折應象。

漢京房著《風角書》有《集星章》，所載妖星皆見於月旁，互有五色方雲，以五寅日見，各有五星所生云：

天槍、天根、天荆、真若、天㯿、天樓、天垣，皆歲星所生也。見以甲寅，其星咸有兩青方在其旁。

天陰、晋若、官張、天惑、天崔、赤若、蚩尤，皆熒惑之所生也。出在丙寅日，有兩赤方在其旁。

天上、天伐、從星、天樞、天翟、天沸、荆彗，皆填星所生也。出在戊寅日，有兩黄方在其旁。

若星、帚星、若彗、竹彗、墻星、㯿星、白雚，皆太白之所生也。出在庚寅日，有兩白方在其旁。

天美、天欃、天杜、天麻、天林、天蒿、端下，皆辰星之所生也。出以壬寅日，有兩黑方在其旁。

已前三十五星，[②]即五行氣所生，皆出於月左右方氣之中，各以其所生星將出不出日數期候之。當其未出之前而見，見則有水旱，兵喪，饑亂；所指亡國，失地，王死，破軍，殺將。

客星

張衡曰："老子四星及周伯、王蓬絮、芮各一，錯乎五緯之間。其見無期，其行無度。"《荆州占》云："老子星色淳白，然所見之國，爲饑爲凶，爲善爲惡，爲喜爲怒。周伯星黄色煌煌，所至之國大昌。蓬絮星色青而熒熒然，所至之國風雨不節，焦旱，物不生，五穀不登，多蝗蟲。"又云："東南有三星出，名曰盜星，出則天下有大盜。西南有三大星出，名曰種陵，出則天下穀貴十倍。西北三大星出而白，名曰天狗，出則人相食，大凶。東北有三大星出，名曰女帛，見則有大喪。

【注】

①反登：原作"及登"，今據《隋志》及《開元占經》改。

②"已前三十五星"即"以上三十五星"，即指京房所述之三十五星。以上這些星名，在《開元占經》中均有引載。

流星

流星，天使也。自上而降曰流，自下而升曰飛。大者曰奔，奔亦流星也。星大者使大，星小者使小。聲隆隆者，怒之象也。行疾者期速，行遲者其遲。大而無光者，衆人之事；小而有光者，貴人之事；大而光者，其人貴且衆也。乍明乍滅者，賊成賊敗也。①前大後小者，恐憂也；前小後大者，喜事也。蛇行者，姦事也；往疾者，往而不反也。長者，其事長久也；短者，事疾也。

奔星所墜，其下有兵。無風雲，有流星見，良久間乃入，爲大風，發屋折木。小流星百數四面行者，衆庶流移之象。

流星之類，有音如炬火下地，野雉鳴，天保也；所墜國安，有喜。②若小流星色青赤，名曰地雁，其所墜者起兵。流星有光青赤，長二三丈，名曰天雁，軍中之精華也；其國起兵，將軍當從星所之。流星暉然有光，光白，長竟天者，人主之星也；主相、將軍從星所之。

飛星大如缶若甕，後皎然白，前卑後高，此謂頓頑，其所從者多死亡。飛星大如缶若甕，後皎然白，星滅後，白者曲環如車輪，此謂解衜，其國人相斬爲爵禄。飛星大如缶若甕，③其後蛟然白，長數丈，星滅後，白者化爲雲流下，名曰大滑，所下有流血積骨。

枉矢，類流星，色蒼黑，蛇行，望之如有毛，目長數匹，著天，主反萌，主射愚。見則謀反之兵合射所誅，亦爲以亂伐亂。

天狗，狀如大奔星，色黃，有聲，其止地，類狗。所墜，望之如火光，炎炎衝天，其上鋭，其下員，如數頃田處。或曰，星有毛，旁有短彗，下有狗形者。或曰，星出，其狀赤白有光，下即爲天狗。一曰，流星有光，見人面，墜無音，若有足者，名曰天狗。其色白，其中黃，黃如遺火狀。主候兵討賊。見則四方相射，千里破軍殺將。或曰，五將鬥，人相食，所往之鄉有流血。其君失地，兵大起，國易政，戒守禦。

營頭，有雲如壞山墮，所謂營頭之星。所墮，其下覆軍，流血千里。亦曰流星晝隕名營頭。

【注】

①賊成賊敗：原本作“賊敗成”，今據宋志本改。

②《荆州占》曰：“流星有光黄白，從天墮有音，如炬烟火下地，鷄盡鳴，名天保也。所墜國安，有喜，若水。”占語相類。落地之隕石曰天保，也可作天寶，寶貴之物也。國安：有喜，有福。

③飛星大如缶若瓮：缶，古代一種器皿，陶質或銅質，或爲瓦質的打擊樂器，口小肚大。甕，比缶稍大的酒器。隕石有大有小，故曰如缶若甕。

雲氣

瑞氣：一曰慶雲。若煙非煙，若雲非雲，郁郁紛紛，蕭索輪囷，是謂慶雲，亦曰景雲。此喜氣也，太平之應。①二曰歸邪。如星非星，如雲非雲。或曰，星有兩赤彗上向，有蓋，下連星。見，必有歸國者。三曰昌光，赤，如龍狀；聖人起，帝受終，則見。

妖氣：一曰虹蜺，日旁氣也，斗之亂精。主惑心，主内淫，主臣謀君，天子詘，后妃顓，妻不一。二曰牂雲，如狗，赤色，長尾；爲亂君，爲兵喪。②

十煇

《周禮》，眡祲氏掌十煇之法，以觀妖祥，辨吉凶。③一曰祲，謂陰陽五色之氣，浸淫相侵。或曰，抱珥背璚之屬，如虹而短是也。二曰象，謂雲氣成形，象如赤烏，夾日以飛之類是也。三曰鑴，日傍氣，刺日，形如童子所佩之觿。四曰監，謂雲氣臨在日上也。五曰暗，謂日月蝕，或曰脱光也。六曰瞢，謂瞢瞢不光明也。七曰彌，謂白虹彌天而費日也。八曰序，謂氣若山而在日上。或曰，冠珥背璚，重叠次序，在于日旁也。九曰隮，謂暈氣也。或曰，虹也，《詩》所謂“朝隮於西”者也。十曰想，謂氣五色有形想也，青饑，赤兵，白喪，黑憂，黄熟。或曰，想，思也，赤氣爲人狩之形，可思而知其吉凶也。④

凡游氣蔽天，日月失色，皆是風雨之候也。沈陰，日月俱無光，晝不見日，夜不見星，有雲障之，兩敵相當，陰相圖議也。日濛濛無光，士卒内亂。又曰，數日俱出，若鬥，天下兵起，大戰。日鬥，下有拔城。日戴者，形如直狀，其上微起，在日上爲戴。戴者，德也，國有喜也。一云，立日上爲戴。青赤氣抱在日上，小者爲冠，國有喜事。青赤氣小而交於日下爲纓，青赤氣小而員，一二在日下左右者爲紐。青赤氣如小半暈狀，在日上爲負，負者得地爲喜。又曰，青赤氣長而斜倚日旁爲戟。青赤氣員而小，在日左右爲珥，黄白者有喜。又曰，有軍，日有一珥爲喜。在日西，西軍戰勝。在日東，東軍戰勝。南北亦如之。無軍而珥，爲拜將。又日旁如半環，向日爲抱。青赤氣如月初生，背日者爲背。又曰，背氣青赤而曲，外向爲叛象，分爲反城。璚者如帶，璚在日四方。青赤氣長而立日旁爲直，日旁有一直，敵在一旁欲自立，從直所擊者勝。日旁有二直三抱，欲自立者不成，順抱擊者勝，殺將。氣形三角，在日四方爲提，青赤氣横在日上下爲格。氣如半暈，在日下爲承。承者，臣承君也。又曰，日下有黄氣三重若抱，名曰承福，人主有吉喜，且得地。青白氣如履，在日下者爲履。日旁抱五重，戰順抱者勝。日一抱一背，爲破走。抱者，順氣也；背者，逆氣也。兩軍相當，順抱擊逆者勝，故曰破走。日抱且兩珥，一虹貫抱至日，[⑤]順虹擊者勝，殺將。日抱兩珥且璚，二虹貫抱至日，順虹擊者勝。日重抱，内有璚，順抱擊者勝。亦曰，軍内有欲反者。日重抱，左右二珥，有白虹貫抱，順抱擊勝，得二將。有三虹，得三將。日抱黄白潤澤，内赤外青，天子有喜，有和親來降者；軍不戰，敵降，軍罷。色青黄，將喜；赤，將兵争；白，將有喪；黑，將死。日重抱且背，順抱擊者勝，得地，若有罷師。日重抱，抱内外有璚，兩珥，順抱擊者勝，破軍，軍中不和，不相信。日旁有氣，員而周帀，内赤外青，名爲暈。日暈者，軍營之象。周環帀日，無厚薄，敵與軍勢齊等。若無軍在外，天子失御，民多叛。日暈有五色，有喜；不得五色者有憂。[⑥]

凡占，兩軍相當，必謹審日月暈氣，知其所起，留止遠近，應與不應，疾遲，大小，厚薄，長短，抱背爲多少，有無，虚實，久亟，密疏，澤枯。相應等者勢等。近勝遠，疾勝遲，大勝小，厚勝薄，長勝短，抱勝背，多勝少，有勝無，實勝虚，久勝亟，密勝疏，澤勝枯。重背，大破；重抱爲和親；抱多，親者益多；背爲天下不和。分離相去，背於内者離於内，背於外者離於外也。

【注】

①有關慶雲的占語，與《史記·天官書》相應。

②以上是説，雲氣有瑞氣和妖氣兩種。瑞氣主要列三種，如慶雲爲可以慶祝之雲，它的出現，爲喜氣和太平的應驗，這種雲，形狀爲似星非星、似雲非雲。妖氣主要列兩種，如虹蜺是日旁的氣，爲内亂之象。

③眡祲氏掌十煇之法：此語出自《周禮》卷二五。鄭注曰："煇謂日光氣也。""煇音運。""眡"爲"視"之异體字。

④《周禮》曰："眡祲掌十煇之法，以觀妖祥，辨吉凶。一曰祲，二曰象，三曰鑴，四曰監，五曰暗，六曰瞢，七曰彌，八曰叙，九曰隮，十曰想。"本文多餘文字，均爲沈約的發揮和解釋。

⑤一虹貫抱至日：原本重"抱"字，今依下文"二虹貫抱至日"改。

⑥古代天文學家一直密切關注太陽上出現的雲氣變化，并用以爲日占。據以上記載，共有日戴、日冠、日纓、日紐、日負、日戟、日珥、日抱、日背、日璚、日提、日格、日承、承福、日履等多種不同的現象出現，并各給以不同的名稱。這些現象，在《開元占經》的日占中，也都有類似的記載。這些現象，都是日面大氣變化的反映。

例如，關於日珥，《開元占經》引石氏曰："日兩旁有氣短小，中赤外青，名爲珥。"《釋名》曰："日珥者，在日兩旁之名也。珥言似耳，在兩旁也。"郗萌曰："日珥，人主有喜，兵在外亦有喜。"石氏曰："有軍；日有一珥爲喜，在日西，西軍戰勝，東軍戰敗；在日東，東軍勝，西軍敗。南北亦然。無軍而珥，爲拜將。"日珥的名稱，一直沿用，爲現代天文學所采用。

雜氣①

天子氣，内赤外黄，四方，所發之處當有王者。若天子欲有游往處，其地亦先發此氣。或如城門隱隱在氣霧中，恒帶殺氣森森然。或如華蓋在氣霧中，或氣象青衣人無手，在日西，或如龍馬，或雜色鬱鬱衝天者，此皆帝王氣。[2]

猛將之氣，如龍，如猛獸；或如火煙之狀；或白如粉沸；或如火光之狀，夜照人；或白而赤氣繞之，或如山林竹木，或紫黑如門上樓；或上黑下赤，狀似黑旌；或如張弩；或如埃塵，頭鋭而卑，本大而高。此皆猛將之氣也。氣發漸漸如雲，變作山形，將有深謀。[3]

凡軍勝之氣，如堤如坂，前後磨地。或如火光；將軍勇，士卒猛。或如山堤，山上若林木；將士驍勇。或如埃塵粉沸，其色黄白；或如人持斧向敵；或如蛇舉首向敵；或氣如覆舟，雲如牽牛；或有雲如鬥鷄，赤白相隨，在氣中；或發黄氣，皆將士精勇。[4]

凡氣上黄下白，名曰善氣；所臨之軍，敵欲求和退。

凡負氣，如馬肝色，或如死灰色；或類偃蓋，或類偃魚；或黑氣如壞山墜軍上者，名曰營頭之氣；或如群羊群猪，在氣中。此衰氣也。或如懸衣，如人相隨；或紛紛如轉蓬，或如揚灰；或雲如卷席，如匹布亂穰者，皆爲敗徵。氣如繫牛，如人卧，如雙蛇，如飛鳥，如决堤垣，如壞屋，如驚鹿相逐，如兩鷄相向，此皆爲敗軍之氣。[5]

凡降人氣，如人十十五五，皆叉手低頭；又云，如人叉手相向。或氣如黑山，以黄爲緣者，皆欲降伏之象也。

凡堅城之上，有黑雲如星，名曰軍精。或白氣如旌旗，或青雲黃雲臨城，皆有大喜慶。或氣青色如牛頭觸人，或城上氣如烟火，如雙蛇，如杵形向外，或有雲分爲兩彗狀者，皆不可攻。⑥

凡屠城之氣，或赤如飛鳥，或赤氣如敗車，或有赤黑氣如狸皮斑；或城中氣聚如樓，出見於外；營上有雲如衆人頭，赤色，其城營皆可屠。氣如雄雉臨城，其下必有降者。⑦

凡伏兵有黑氣，渾渾員長，赤氣在其中；或白氣粉沸，起如樓狀；或如幢節狀，在烏雲中；或如赤杵在烏雲中，或如烏人在赤雲中。⑧

凡暴兵氣，白，如瓜蔓連結，部隊相逐，須臾罷而復出；或白氣如仙人，如仙人衣，千萬連結，部隊相逐，罷而復興，當有千里兵來。或氣如人持刀盾，雲如人，色赤，所臨城邑有卒兵至。或赤氣如人持節，兵來未息。雲如方虹。此皆有暴兵之象。⑨

凡戰氣，青白如膏；如人無頭；如死人卧；如丹蛇，赤氣隨之，必大戰，殺將。四望無雲，見赤氣如狗入營，其下有流血。⑩

凡連陰十日，晝不見日，夜不見月，亂風四起，欲雨而無雨，名曰蒙，臣有謀。霧氣若晝若夜，其色青黃，更相奄冒，乍合乍散，亦然。視四方常有大雲五色具者，其下賢人隱也。青雲潤澤蔽日，在西北，爲舉賢良。雲氣如亂穰，大風將至，視所從來⑪。雲甚潤而厚，大雨必暴至。四始之日，有黑雲氣如陣，厚大重者，多雨。氣若霧非霧，衣冠不濡，見則其城帶甲而趣。日出没時有霧雲橫截之，白者喪，烏者驚，三日内雨者各解。有雲如蛟龍，所見處將軍失魄。有雲如鵠尾來蔭國上，三日亡。有雲赤黄色四塞，終日竟夜照地者，大臣縱恣。有雲如氣，昧而濁，賢人去，小人在位。[12]

凡白虹者，百殃之本，衆亂所基。霧者，衆邪之氣，陰來冒陽。[13]

凡白虹霧，奸臣謀君，擅權立威。晝霧夜明，臣志得申。

凡夜霧白虹見，臣有憂；晝霧白虹見，君有憂。虹頭尾至地，流血之象。[14]

凡霧氣不順四時，逆相交錯，微風小雨，爲陰陽氣亂之象。積日不解，晝夜昏暗，天下欲分離。

凡天地四方昏濛若下塵，十日五日已上，或一月，或一時，雨不沾衣而有土，名曰霾。故曰，天地霾，君臣乖。

凡海旁蜃氣象樓臺，廣野氣成宫闕，北夷之氣如牛羊群畜穹廬，南夷之氣類舟船幡旗。自華以南，氣下黑上赤；嵩高、三河之郊，氣正赤；恒山之北，氣青；勃碣海岱之間，氣皆正黑；江淮之間，氣皆白；東海氣如員簦；附漢河水，氣如引布；江漢氣勁如杼，濟水氣如黑㹠，渭水氣如狼白尾，淮南氣如白羊，少室氣如白兔青尾，恒山氣如黑牛青尾。東夷氣如樹，西夷氣如室屋，南夷氣如闇臺，或類舟船。[15]

陣雲如立垣。杼雲類杼。軸雲摶，兩端兑。[16]杓雲如繩，居前亘天，其半半天；其蛪者類闕旗故。鈎雲句曲。諸此雲見，以五色占。而澤摶密，其見動人，乃有兵必起[17]，合鬥其直。雲氣如三匹帛，廣前兑後，大軍行氣也。

韓雲如布，趙雲如牛，楚雲如日，宋雲如車，魯雲如馬，衛雲如犬，周雲如車輪，秦雲如行人，魏雲如鼠，鄭雲如絳衣，越雲如龍，蜀雲如囷。

車氣乍高乍下，往往而聚。騎氣卑而布。卒氣摶。前卑後高者，疾。前方而高後鋭而卑者，卻。其氣平者其行徐。前高後卑者，不止而返。[18]校騎之氣，正蒼黑，長數百丈。游兵之氣如彗掃，一云長數百丈，無根本。喜氣上黄下赤，怒氣上下赤，憂氣上下黑。土功氣黄白。徙氣白。

凡候氣之法，氣初出時，若雲非雲，若霧非霧，髣髴若可見。初出森森然，在桑榆上，高五六尺者，是千五百里外。平視則千里，舉目望即五百里；仰瞻中天，即百里内。平望，桑榆間二千里；登高而望，下屬地者，三千里。[19]敵在東，日出候之；在南，日中候之；在西，日入候之；在北，夜半候之。軍上氣，高勝下，厚勝薄，實勝虚，長勝短，澤勝枯。氣見以知大，占期内有大風雨，久陰，則災不成。

【注】

①雜氣：地面上對於各種雲氣的占法。雜者，雜亂衆多也。這部分是各種雜氣占的匯集。

②以上爲天子氣。《乙巳占》卷九載帝王氣象占，内容與此相類。天子即帝王也。《乙巳占》也爲李淳風所作。

③以上爲將軍之氣。《乙巳占》與《開元占經》均有相應的占語。其特徵爲“如龍，如猛獸”，“白而赤氣繞之”。

④以上爲軍勝之氣。《乙巳占》與《開元占經》亦有相應占語。其特徵爲“埃塵粉沸，其色黄白”。

⑤以上爲敗軍之氣。《乙巳占》與《開元占經》均有相應占語。其特徵爲如馬肝色，或如死灰。

⑥以上爲城勝之氣。《乙巳占》所載類同。其雲有黑雲如星，或白氣如旌旗，或青雲黄雲臨城。

⑦以上爲屠城之氣。《乙巳占》有相應占語。其氣爲“或赤如飛鳥，或赤氣如敗車，或有赤黑氣如狸皮斑”。

⑧以上爲伏兵之氣。《乙巳占》與《開元占經》均有相應占語。“黑氣，渾渾員長，赤氣在其中”。

⑨以上爲暴兵之氣。《乙巳占》有相應占語。其特徵爲氣白“如瓜蔓連結，部隊相逐，須臾罷而復出”。“或雲如方虹”，必有暴兵。

⑩以上爲戰陣之氣。《乙巳占》有相應占語。其氣“青白如膏”，“如人無頭”，“如死人卧”。

⑪視所從來：《隋志》下有“避之”二字。

⑫以上爲圖謀之氣。《乙巳占》有相應的占語。

⑬陰來冒陽：冒，冒犯之義。由於衆邪之氣屬陰，與陰相對屬陽，故曰陰來冒陽。

⑭以上爲虹蜺占，《乙巳占》有相應占語。《月令章句》曰：“虹……陰陽交接之氣著於形色者也。雄曰虹，雌曰霓，常依陰，晝見於日衝。”正是出於雄曰虹，雌曰霓，虹爲帝王大臣政治，霓爲后妃婦女，故此處主要載虹的占語。虹的出現，多爲賊亂、姦謀、君憂、臣乖之象。

⑮本卷所載地面雜占中，自此段以下，開始采納《史記·天官書》有關占語。此段合并了《史記·天官書》地域和民族兩段占語，并增加了東海、江漢、東夷、西夷等内容。《乙巳占》也有相應的占語，稱之爲“九土异氣象占”。

⑯杼雲類杼軸雲摶兩端兑：中華書局校點本原文爲“杼雲類杼軸雲摶兩端兑”，文理不通。由於這裏整段文字引自《史記·天官書》，今依《史

記 · 天官書》改正。

⑰《史記 · 天官書》“乃有兵必起”下有“占”字。

⑱車氣乍高乍下……不止而返：引自《史記 · 天官書》。而下文之“土功氣黄白。徙氣白”在《史記 · 天官書》中置於這段文字之開頭。

⑲自“在桑榆上”至“三千里”，與《史記 · 天官書》之占語相似，但具體數字有异。

史傳事驗①

天變

惠帝元康二年二月，天西北大裂。案劉向説：“天裂，陽不足；地動，陰有餘。”是時人主昏瞀，妃后專制。

太安二年②八月庚午，天中裂爲二，有聲如雷者三。③君道虧而臣下專僭之象也。是時，④長沙王奉帝出距成都、河間二王，後成都、河間、東海又迭專威命，是其應也。

穆帝升平五年八月己卯夜，天中裂，廣三四丈，有聲如雷，野雉皆鳴。是後哀帝荒疾，海西失德，皇太后臨朝，太宗總萬機，桓温專權，威振内外，陰氣盛，陽氣微。⑤

元帝太興二年八月戊戌，天鳴東南，有聲如風水相薄。京房《易妖占》曰：“天有聲，人主憂。”三年十月壬辰，天又鳴，甲午止。其後王敦入石頭，⑥王師敗績。元帝屈辱，制於强臣，既而晏駕，大耻不雪。

安帝隆安五年閏月癸丑，天東南鳴。六年九月戊子，天東南又鳴。是後桓玄篡位，安帝播越，憂莫大焉。鳴每東南者，蓋中興江外，天隨之而鳴也。

義熙元年八月，天鳴，在東南。京房《易傳》曰："萬姓勞，厥妖天鳴。"是時安帝雖反正，而兵革歲動，衆庶勤勞也。⑦

【注】

①史傳事驗：歷史記載的事件在星占上的驗证，以下至下卷，均爲其範圍。

②原本作"三年"，太安無三年，從殿本改正。

③天開裂、有聲如雷，都是北極光出現的徵候。

④是時：原本"時"作"日"，據《惠帝紀》，長沙王出距在八月乙丑，非庚午，故改。

⑤據陰陽學説，帝王爲陽，后妃和臣子爲陰，當后妃、大臣專權時，象徵陰氣盛、陽氣微。

⑥天鳴東南有聲如風水相薄：據這種天象，有可能是黄道光。元帝得王敦擁戴於建康，建立東晋政權。建康又稱石頭城。王敦擁兵自重。元帝排抑王氏勢力，王敦領兵攻入建康，故此處曰"王敦入石頭"。

⑦對這兩次天鳴東南，作者均將其與東晋政權的變亂相聯繫。隆安二年，桓玄起兵反對司馬道子專權，元興元年攻入建康掌握朝政，後篡位，故曰"安帝播越"。播越者，流亡也。後劉裕起兵擊敗桓玄，恢復東晋，故曰"中興江外"，安帝"反正"。中興江外者，中興江南也。

日蝕

魏文帝黄初二年六月戊辰晦，日有蝕之。有司奏免太尉，詔曰："災异之作，以譴元首，而歸過股肱，豈禹湯罪己之義乎！其令百官各虔厥職。後有天地眚，勿復劾三公。"三年正月丙寅朔，日有蝕之。十一月庚申晦，又日有蝕之。五年十一月戊申晦，日有蝕之。

明帝太和初，太史令許芝奏，日應蝕，與太尉於靈臺祈禳。帝曰："蓋聞人主政有不德，則天懼之以災异，所以譴告，使得自修也。故日月薄蝕，明治道有不當者。朕即位以來，既不能光明先帝聖德，而施化有不合於皇神，故上天有以寤之。宜敕政自修，有以報於神明。天之於人，猶父之於子，未有父欲責其子，而可獻盛饌以求免也。今外欲遣上公與太史令俱禳祠之，於義未聞也。群公卿士大夫，其各勉修厥職。有可以補朕不逮者，各封上之。"

太和五年十一月戊戌晦，日有蝕之。六年正月，戊辰朔，日有蝕之。見吴曆。

青龍元年閏月庚寅朔，日有蝕之。

少帝正始元年七月戊申朔，日有蝕之。三年四月戊戌朔，日有蝕之。四年五月壬戌朔，[①]日有蝕之。五年四月丙辰朔，日有蝕之。六年四月壬子朔，[②]日有蝕之。十月戊申朔，又日有蝕之。八年二月庚午朔，日有蝕之。是時曹爽專政，丁謐、鄧颺等轉改法度。會有日蝕之變，詔群臣問得失。蔣濟上疏曰："昔大舜佐治，戒在比周。周公輔政，慎於其朋。齊侯問災，晏子對以布惠；魯君問异，臧孫答以緩役。塞變應天，乃實人事。"濟旨譬甚切，而君臣不悟，終至敗亡。九年正月乙未朔，日有蝕之。

【注】

①壬戌朔：少帝正始四年五月，原文爲"丁丑朔"，誤。今據朔閏表

訂正。

②四月壬子朔：據魏朔閏表推爲辛亥朔，遲一日。

嘉平元年二月己未朔，日有蝕之。

高貴鄉公甘露四年七月戊子朔，日有蝕之。五年正月乙酉朔，日有蝕之。京房《易占》曰："日蝕乙酉，君弱臣强。司馬將兵，反征其王。"五月，有成濟之變。

元帝景元二年五月丁未朔，日有蝕之。三年十一月己亥朔，日有蝕之。

武帝泰始二年七月丙午晦，日有蝕之。十月丙午朔，日有蝕之。七年十月丁丑朔，日有蝕之。八年十月辛未朔，日有蝕之。九年四月戊辰朔，日有蝕之。又，七月丁酉朔，日有蝕之。八年十月辛未朔，日有蝕之。九年四月戊辰朔，日有蝕之。又，七月丁酉朔，日有蝕之。十年正月乙未，三月癸亥，并日有蝕之。

咸寧元年七月甲申晦，日有蝕之。三年正月丙子朔，日有蝕之。四年正有庚午朔，日有蝕之。

太康四年三月辛丑朔，日有蝕之。七年正月甲寅朔，日有蝕之。八年正月戊申朔，日有蝕之。九年正月壬申朔，六月庚子朔，并日有蝕之。永熙元年四月庚申，帝崩。

惠帝元康九年十一月甲子朔，日有蝕之。十二月，廢皇太子遹爲庶人，尋殺之。

永康元年正月己卯，四月辛卯朔，并日有蝕之。[①]

永寧元年閏月丙戌朔，日有蝕之。

光熙元年正月戊子朔，七月乙酉朔，并日有蝕之。十一月，惠帝崩。十二月壬午朔，又日有蝕之。

懷帝永嘉元年十一月戊申朔，日有蝕之。二年正月丙子朔，②日有蝕之。六年二月壬子朔，日有蝕之。

愍帝建興四年六月丁巳朔，十二月甲申朔，③并日有蝕之。五年五月丙子，十一月丙子，④并日有蝕之。時帝蒙塵于平陽。

元帝太興元年四月丁丑朔，日有蝕之。

明帝太寧三年十一月癸巳朔，日有蝕之，在卯至斗。斗，吴分也。其後蘇峻作亂。

【注】

①永康元年正月己卯……并日有蝕之：據曆表推己卯爲十七日，而“四月辛卯朔”合，知正月“己卯”日食必誤，且正月至四月不到半個蝕年。

②懷帝永嘉“二年正月丙子朔”，《宋志》并作丙午，當有閏月之誤。

③愍帝建興四年“十二月甲申朔”：《宋志》作乙卯，乙卯至甲申差二十九日，也有閏月之差。

④此二丙子的干支，均應有誤。

成帝咸和二年五月甲申朔，日有蝕之，在井。井，主酒食，女主象也。明年，皇太后以憂崩。六年三月壬戌朔，日有蝕之。是時帝已年長，每幸司徒第，猶出入見王導夫人曹氏如子弟之禮。以人君而敬人臣之妻，有虧君德之象也。九年十月乙未朔，日有蝕之。是時帝既冠，當親萬機，而委政大臣，著君道有虧也。

咸康元年十月乙未朔,[①]日有蝕之。七年二月甲子朔，日有蝕之。三月，杜皇后崩。八年正月乙未朔,[②]日有蝕之。京都大雨，郡國以聞。是謂三朝，王者惡之。六月而帝崩。

穆帝永和二年四月甲午,[③]七年正月丁酉，八年正月辛卯，并日有蝕之。十二年十月癸巳朔，日有蝕之，在尾。尾，燕分，北狄之象也。是時邊表姚襄、苻生互相吞噬，朝廷憂勞，征伐不止。

升平四年八月辛丑朔，日有蝕之，幾既在角。凡蝕，淺者禍淺，深者禍大。角爲天門，人主惡之。明年而帝崩。

哀帝隆和元年三月壬辰朔,[④]十二月戊午朔，并日有蝕之。明年而帝有疾，不識萬機。

海西公太和三年三月丁巳朔，五年七月癸酉朔，并日有蝕之。皆海西被廢之應也。

孝武帝寧康三年十月癸酉朔，日有蝕之。

太元四年閏月己酉朔，日有蝕之。是時苻堅攻没襄陽，執朱序。六年六月庚子朔，日有蝕之。九年十月辛亥朔，日有蝕之。十七年五月丁卯朔，日有蝕之。二十年三月庚辰朔，日有蝕之。明年帝崩。

安帝隆安四年六月庚辰朔，日有蝕之。是時元顯執政。

元興二年四月癸巳朔，日有蝕之。其冬桓玄簒位。

義熙三年七月戊戌朔，日有蝕之。十年九月丁巳朔，日有蝕之。十一年七月辛亥晦，日有蝕之。十三年正月甲戌朔，日有蝕之。明年，帝崩。

恭帝元熙元年十一月丁亥朔，日有蝕之。自義熙元年至是，日蝕皆從上始，皆爲革命之徵。

【注】

①咸和九年的下一年爲咸康元年，九年十月有乙未朔，則下一年不可能再有十月乙未朔，當退後五至六個干支。故《拾補》認爲後者有誤。一個食年也不等於一個陰曆年。

②八年正月乙未朔："乙未"應爲"己未"之誤。

③二年四月甲午：原文"甲午"作"己酉"，朔閏表推爲十六日，不可能發生日食。故改。

④壬辰朔：原文爲"甲寅朔"，據朔閏表推改。

《周禮》眡祲氏掌十煇之法，以觀妖祥，辯吉凶，有祲、象、鑴、監、暗、瞢、彌、序、隮、想凡十。後代名變，説者莫同。今録其著應以次之云。[1]

吴孫權赤烏十一年二月，白虹貫日，權發詔戒懼。

武帝泰始五年七月甲寅，日暈再重，白虹貫之。

太康元年正月己丑朔，五色氣冠日，自卯至酉。占曰："君道失明，丑爲斗牛，主吴越。"是時孫皓淫暴，四月降。[2]

惠帝元康元年十一月甲申，日暈，再重，青赤有光。九年正月，日中有若飛鷰者，數日乃消。王隱以爲愍懷廢死之徵。

永康元年正月癸亥朔，日暈，三重。十月乙未，日暗，黄霧四塞。占曰："不及三年，下有拔城大戰。"十二月庚戌，日中有黑氣。京房《易傳》曰："祭天不順茲謂逆，厥异日中有黑氣。"

永寧元年九月甲申，日中有黑子。京房《易占》："黑者陰也，臣不掩君惡，令下見，百姓惡君，則有此變。"又曰："臣有蔽主明者。"

太安元年十一月，日中有黑氣。

永興元年十一月，日中有黑氣分日。

光熙元年五月壬辰、癸巳，日光四散，赤如血流，照地皆赤。甲午又如之。占曰："君道失明。"

懷帝永嘉元年十一月乙亥，黄黑氣掩日，所照皆黄。案《河圖占》曰"日薄也"。其説曰："凡日蝕皆於朔晦，有不於晦朔者爲日薄。雖非日月同宿，時陰氣盛，掩日光也。"占類日蝕。二年正月戊申，白虹貫日。二月癸卯，白虹貫日，青黄暈，五重。占曰："白虹貫日，近臣爲亂，不則諸侯有反者。暈五重，有國者受其祥，天下有兵，破亡其地。"明年，司馬越暴蔑人主。五年，劉聰破京都，帝蒙塵于寇庭。五年三月庚申，日散光，如血下流，所照皆赤。日中有若飛鷰者。

愍帝建興二年正月辛未辰時，日隕于地。[3]又有三日相承，出於西方而東行。五年正月庚子，三日并照，虹蜺彌天。日有重暈，左右兩珥。占曰："白虹，兵氣也。三四五六日俱出并争，天下兵作，王立亦如其數。[4]"又曰："三日并出，不過三旬，諸侯争爲帝。日重暈，天下有立王。暈而珥，天下有立侯。"故陳卓曰："常有大慶，天下其三分乎！"三月而江東改元爲建武，劉聰、李雄亦跨曹劉疆宇，於是兵連累葉。

元帝太興元年十一月乙卯，日夜出，高三丈，中有赤青珥。四年二月癸亥，日鬥。三月癸未，日中有黑子。四月辛亥，帝親録訊囚徒。⑤

永昌元年十月辛卯，日中有黑子。時帝寵幸劉隗，擅威福，虧傷君道，王敦因之舉兵，逼京都，禍及忠賢。

明帝太寧元年正月己卯朔，日暈無光。癸巳，黄霧四塞。占曰："君道失明，陰陽昏，臣有陰謀。"京房曰："下專刑，兹謂分威，蒙微而日不明。"先是，王敦害尚書令刁協、僕射周顗、驃騎將軍戴若思等，是專刑之應。敦既陵上，卒伏其辜。十一月丙子，白虹貫日。史官不見，桂陽太守華包以聞。

成帝咸和九年七月，白虹貫日。

咸康元年七月，白虹貫日。二年七月，白虹貫日。自後庾氏專政，由后族而貴，蓋亦婦人擅國之義，故頻年白虹貫日。八年正月壬申，日中有黑子，丙子乃滅。夏，帝崩。

穆帝永和八年，張重華在涼州，日暴赤如火，中有三足烏，形見分明，五日乃止。十年十月庚辰，日中有黑子，大如鷄卵。十一年三月戊申，日中有黑子，大如桃，二枚。時天子幼弱，久不親國政。

升平三年十月丙午，日中有黑子，大如鷄卵。少時而帝崩。

海西公太和三年九月戊辰夜，二虹見東方。四年四月戊辰，日暈，厚密，白虹貫日中。十月乙未，日中有黑子。五年二月辛酉，日中有黑子，大如李。六年三月辛未，白虹貫日，日暈，五重。十一月，桓温廢帝，即簡文咸安元年也。

簡文咸安二年十一月丁丑，日中有黑子。

孝武寧康元年十一月己酉，日中有黑子，大如李。二年三月庚寅，日中有黑子二枚，大如鴨卵。十一月己巳，日中有黑子，大如鷄卵。時帝已長，而康獻皇后以從嫂臨朝，實傷君道，故日有瑕也。

太元十三年二月庚子，日中有黑子二，大如李。十四年六月辛卯，日中又有黑子，大如李。二十年十一月辛卯，日中又有黑子。是時會稽王以母弟干政。

安帝隆安元年十二月壬辰，日暈，有背璚。是後不親萬機，會稽王世子元顯專行威罰。四年十一月辛亥，日中有黑子。

元興元年二月甲子，日暈，白虹貫日中。三月庚子，白虹貫日。未幾，桓玄克京都，王師敗績。明年，玄篡位。

義熙元年五月庚午，日有彩珥。六年五月丙子，日暈，有璚。時有盧循逼京都，内外戒嚴。七月，循走。七年七月，五虹見東方。占曰：“天子黜。”其後劉裕代晋。十年，日在東井，有白虹十餘丈在南干日。災在秦分，秦亡之象。

恭帝元熙二年正月壬辰，白氣貫日，東西有直珥各一丈，白氣貫之交帀。

【注】

①十煇之法的詳細占語，已見前載，此下自“吴孫權”至“白氣貫之交市”，均爲十煇之天象，即日面所出現的多種雲氣。故集中於此一并敘之。

②四月降：指太康元年吴孫皓降晋之事。

③日隕于地：文理不通，疑“日”爲“石”之誤。“辰時”，原文作“庚時”，從《帝紀》改。

④王立亦如其數：“王立”，原文作“丁巳”，不當，今據《宋志》改。

⑤原文無“四月”，今據《帝紀》補。

月變

魏文帝黄初四年十一月，月暈北斗。占曰：“有大喪，赦天下。”七年五月，帝崩，明帝即位，大赦天下。①

孝懷帝永嘉五年三月壬申丙夜，月蝕，既。丁夜又蝕，既。占曰：“月蝕盡，大人憂。”又曰：“其國貴人死。”

海西公太和四年閏月乙亥，月暈軫，復有白暈貫月北，暈斗柄三星。占曰：“王者惡之。”六年，桓温廢帝。

安帝隆安五年三月甲子，月生齒。占曰：“月生齒，天子有賊臣，群下自相殘。”桓玄篡逆之徵也。

義熙九年十二月辛卯朔，月猶見東方。是謂之仄匿，則侯王其肅。是時劉裕輔政，威刑自己，仄匿之應云。十一年十一月乙未，月入輿鬼而暈。占曰：“主憂，財寶出。”一曰：“月暈，有赦。”

月奄犯五緯[②]

凡月蝕五星，其國皆亡。五星入月，其野有逐相。

魏明帝太和五年十二月甲辰，月犯填星。占曰：“女主當之。”[③]

【注】

①《乙巳占》“月暈”曰：“月暈者，謂之逡巡也。人君乘土而王，其政失平，則月多暈而圓。月暈，受衝之國不安。月暈，臣下專權之象。”又曰：“月暈四重，天下易王。”“接北斗，國有大兵，大戰流血，其分亡地”。

②古代也以恒星星宿稱經星，與其相對，將五星稱爲五緯。《乙巳占》曰：“掩者，覆蔽而滅之。”“月與太白，一尺爲犯”。

③下文有“占同上”語，而其前無占文。今據《宋志》補“占曰：‘女主當之。’”

青龍二年十月乙丑，月又犯填星。[①]占同上。戊寅，月犯太白。占曰：“人君死，又爲兵。”景初元年七月，公孫文懿叛。二年正月，遣宣帝討之。三年正月，天子崩。四年三月己巳，太白與月俱加景晝見，月犯太白。占同上。

景初元年十月丁未，月犯熒惑。占曰：“貴人死。”二年四月，司徒韓暨薨。[②]

齊王嘉平元年正月甲午，太白襲月。宣帝奏永寧太后廢曹爽等。

惠帝太安二年十一月庚辰,[3]歲星入月中。占曰:“國有逐相。[4]”十二月壬寅,太白犯月。占曰:“天下有兵。”三年正月己卯,[5]月犯太白,占同青龍二年。[6]七月,左衛將軍陳眕等率衆奉帝伐成都王,六軍敗績,兵逼乘輿。後二年,帝崩。

元帝太興二年十一月辛巳,月犯熒惑。占曰:“有亂臣。”三年十二月己未,太白入月,在斗。郭璞曰:“月屬《坎》,陰府法象也。太白金行而來犯之,天意若曰,刑理失中,自毁其法。”四年十二月丁亥,月犯歲星,在房。占曰:“其國兵饑,人流亡。”永昌元年三月,王敦作亂,率江荆之衆來攻,敗京都,殺將相。又,鎮北將軍劉隗出奔,百姓并去南畝,困於兵革。四月,又殺湘州刺史、譙王司馬承,鎮南將軍甘卓。

成帝咸康元年二月乙未,太白入月。四月甲午,月犯太白。四年四月己巳,七月乙巳,月俱奄太白。占曰:“人君死。又爲兵,人主惡之。”明年,石季龍之衆大寇沔南,於是内外戒嚴。[7]五年四月辛未,月犯歲星,在胃。占曰:“國饑,人流。”乙未,月犯歲星,在昴。及冬,有沔南、邾城之敗,百姓流亡萬餘家。六年二月乙未,太白入月。占曰:“人主死。”四月甲午,月犯太白。占曰:“人主惡之。”

穆帝永和八年十二月,月在東井,犯歲星。占曰:“秦饑,人流亡。”是時兵革連起。十年十一月,月奄填星,在輿鬼。占曰:“秦有兵。”時桓温伐苻健,健堅壁長安，温退。十二年八月，桓温破姚襄。

【注】

①《開元占經》載《河圖帝覽嬉》曰："月犯填星，爲亡地，期不出十年，其國以饑亡；一曰天下且有大喪。"《荆州占》曰："月犯填星，其國貴人兵死，天下亂；一曰主死，先舉事者敗；若天下有大風。"

②《河圖帝覽嬉》曰："月犯熒惑，國内降貴人，兵死。"京氏《妖占》曰："月犯熒惑，天下有女主憂。"

③"二年"，多本原作"一年"，僅宋本作"二年"。《宋志》作"二年"。據朔閏表推二年干支合，故改正。

④《開元占經》引《河圖帝覽嬉》曰："歲星入月中，其國有逐相。"《春秋緯文曜鈎》曰："歲星入月中，以妃黨之譖去。"

⑤"三年"，多本作"二年"，宋本作"三年"而與下文所述諸事年數合，今從宋本改。

⑥"二年"，原文作"元年"，但據以上占文，應是"二年"，故改。

⑦郗萌占曰："月犯太白，將有兩心；戴太白，有卒兵。"《河圖帝覽嬉》曰："月犯太白，强侯作難國，戰不勝，人君死，亡國。"

升平元年十一月壬午，月奄歲星，在房。占曰："人饑。"一曰："豫州有災。"二年閏三月乙亥，月犯歲星，在房。占同上。三年，豫州刺史謝萬敗。三年三月乙酉，月犯太白，在昴。占曰："人君死。"一曰："趙地有兵，胡不安。"四年正月，慕容儁卒。五年正月乙丑辰時，月在危宿，奄太白。占曰："天下靡散。"三月丁未，月犯填星，在軫。占曰："爲大喪。"五月，穆帝崩。七月，慕容恪攻冀州刺史吕護於野王，拔之，護奔走。時桓温以大衆次宛，聞護敗，乃退。

哀帝興寧元年十月丙戌，月奄太白，在須女。占曰："天下靡散。"一曰："災在揚州。"三年，洛陽没。其後桓温傾揚州資實北討，敗績，死亡太半。及征袁真，淮南殘破。後慕容暐軍益州刺史周撫卒。十月，梁州刺史司馬勳入益州以叛，失序率衆助刺史周楚討平之。

海西太和元年二月丙子，月奄熒惑，在參。占曰："爲内亂，帝不終之徵。"一曰："參，魏地。"五年，慕容暐爲苻堅所滅。

孝武太元十二年二月戊寅，熒惑入月。占曰："有亂臣死，若有相戮者。"一曰："女親爲政，天下亂。"是時琅邪王輔政，王妃從兄王國寶以姻昵受寵。又陳郡人袁悦昧私苟進，交遘主相，扇揚朋黨。十三年，帝殺悦於市。於是主相有隙，亂階興矣。十三年十二月戊子，辰星入月，在危。占曰："賊臣欲殺主，不出三年，必有内惡。"是後慕容垂、翟遼、姚萇、苻登、慕容永并阻兵争强。[①]十四年十二月乙未，月犯歲星。占并同上。十五年，翟遼據司兖，衆軍累討弗克，慕容氏又跨略并冀。七月，旱。八月，諸郡大水，兖州又蝗。十八年正月乙酉，熒惑入月。占曰："憂在宫中，非賊乃盗也。"一曰："有亂臣，若有戮者。"二十一年九月，帝暴崩内殿，兆庶宣言，夫人張氏潛行大逆。又，王國寶邪狡，卒伏其辜。十九年四月巳巳，月奄歲星。在尾。占曰："爲饑，燕國亡。"二十年，慕容垂遣息寶伐魏，反爲所破，死者數萬人。二十一年，垂死，國遂衰亡。

【注】

①《開元占經》引《河圖帝覽嬉》曰："月犯辰星，兵大起，上卿死，一曰廷尉在憂，期不出三年。"巫咸占曰："辰星與月薄，所舍之宿，其主死，其國亡。"《河圖帝覽喜》曰："月食辰星，其國以女亂亡，若水饑，期不出三年。又曰：兵未起而饑，所當之國，起兵戰不勝。"郗萌占曰："辰星食月，大水。"

十三年：多本作"十二年"，宋本作"十三年"，與《宋志》合，今從宋本。

十二月戊子：多本作"十一月"，宋本作"十二月"，但十一月無戊子，今從宋本。

安帝隆安元年六月庚午，月奄太白，在太微端門外。占曰："國受兵。"乙酉，月奄歲星，在東壁。占曰："爲饑，衛地有兵。"二年六月，郗恢遣鄧啓方等以萬人伐慕容寶於滑臺，啓方敗。三年九月，桓玄等并舉兵，於是内外戒嚴。四年正月乙亥，月犯填星，在牽牛。占曰："吴越有兵喪，女主憂。"六月乙未，月又犯填星，在牽牛。十月乙未，月奄歲星，在北河。占曰："爲饑，胡有兵。"其四年五月，孫恩破會稽，殺内史謝琰。後又破高雅之於餘姚，死者十七八。七月，太皇太后李氏崩。元興元年，孫恩寇臨海，人衆餓死，散亡殆盡。

元興元年四月辛丑，月奄辰星。七月，大饑，人相食。二年十一月辛巳，月犯熒惑。占悉同上。二年十二月，桓玄篡位，放遷帝、后於尋陽，以永安何皇后爲零陵君。[①]三年二月，劉裕盡誅桓氏。三年二月甲辰，月奄歲星於左角。占曰："天下兵起。"是年二月丙辰，[②]劉裕起義兵，殺桓修等。明年正月，衆軍攻桓振，卒滅諸桓。

義熙元年四月己卯，月犯填星，在東壁。[③]占曰："其地亡國。"一曰："貴人死。"七月己未，月奄填星，在東壁。占曰："其國以伐亡。"一曰："人流。"十月丁巳，月奄填星，在營室。占同上。十一月，荆州刺史魏咏之卒。二年二月，司馬國璠等攻没弋陽。三年，司徒揚州刺史王謐薨。四年正月，太保、武陵王遵薨。三月，左僕射孔安國薨。二年十二月丙午，月奄太白，在危。占曰："齊亡國。"一曰："强國君死。"五年四月，劉裕大軍北討慕容超，卒滅之。七年六月庚子，月犯歲星，在畢。占曰："有邊兵，且饑。"八月乙未，月犯歲星，在參。占曰："益州兵饑。"七月，朱齡石克蜀，蜀人尋反，又討之。八年正月庚戌，月犯歲星，在畢。占同上。九年七月，朱齡石滅蜀。十二年五月甲申，月犯歲星，在左角。占曰："爲饑。"十四年四月壬申，月犯填星於張。占曰："天下有大喪。"其年，[④]帝崩。

恭帝元熙元年七月，月犯歲星。占悉同上。十二月丁巳，月犯太白于羽林。二年六月，帝遜位，禪宋。[⑤]

【注】

①零陵君：多本作"遷陵君"，殿本作"零陵君"，與《何皇后傳》合，今從之。

②二月丙辰："二"，多本作"三"，據《帝紀》改，改後干支合。

③在東壁："在"字據《宋志》補。

④其年：多本載"其明年"。因義熙僅十四年，故"明"字當爲衍文。

⑤以上史傳發生的地域記載得明確，而事驗也大多驚人相合，真是神極了。例如，以上史載升平元年月掩歲星在房，三年豫州刺史謝萬敗。據"州郡躔次"（《晋書·天文上》）載，房，在潁川、汝南、沛郡、梁國、楚國，此正是豫州之地。又如，史傳載安帝隆安四年正月月犯填星，在牽牛；六月月又犯填星，在牽牛。這年五月，孫恩破會稽，殺内史謝琰。又元興元年，孫恩再寇臨海，人衆餓死，散亡殆盡。而據"州郡躔次"，牽牛在會稽、臨淮、廣陵。又如史傳載義熙七年八月月犯歲星，在參。七月，朱齡石克蜀，蜀人反，滅蜀。據"州郡躔次"記載，參爲蜀、犍爲、牂柯、巴郡、漢中、益州。由此看來，史傳記載所發生的事件的地域，與天象發生的躔次幾乎完全對應。如果這些都是事實，那麽，這些星占的占語，就該與實驗室觀察所總結出來的結論可以相提并論。但事實證明，已有一些天文史家對古代這些星占天象記録作過驗算，這些記録有相當一部分都與事實有出入，是經星占家或他人改造過的。星占不是科學。這裏所載的"占曰"，是實際天象發生後，當時星占家依據政治形勢所下的判語，對衆多占語是有選擇的。

五星聚舍[①]

魏明帝太和四年七月壬戌，太白犯歲星。[②]占曰："太白犯五星，有大兵。"五年三月，諸葛亮以大衆寇天水。時宣帝爲大將軍，距退之。

青龍二年二月己未，太白犯熒惑。占曰："大兵起，有大戰。"是年四月，諸葛亮據渭南，吴亦起兵應之，魏東西奔命。

惠帝元康三年，填星、歲星、太白三星聚于畢昴。[③]占曰："爲兵喪。畢昴，趙地也。"後賈后陷殺太子，趙王廢后，又殺之，斬張華、裴頠，遂篡位，廢帝爲太上皇，天下從此遘亂連禍。

永寧二年十一月，熒惑、太白鬥于虚危。[④]占曰："大兵起，破軍殺將。虚危，又齊分也。"十二月，熒惑襲太白于營室。[⑤]占曰："天下兵起，亡君之戒。"一曰："易相。"初，齊王冏之京都，因留輔政，遂專傲無君。是月，成都、河間檄長沙王乂討之，冏、乂交戰，攻焚宫闕，冏兵敗，夷滅。又殺其兄上軍將軍寔以下二千餘人。太安二年，成都又攻長沙，於是公私饑困，百姓力屈。

太安三年正月，熒惑犯歲星。占曰："有戰。"七月，左衛將軍陳眕奉帝伐成都，六軍敗績。

光熙元年九月，填星犯歲星。占曰："填與歲合，爲内亂。"是時司馬越專權，終以無禮破滅，内亂之應也。十二月癸未，太白犯填星。占曰："爲内兵，有大戰。"是後河間王爲東海王越所殺。明年正月，東海王越殺諸葛玫等。五月，汲桑破馮嵩，殺東燕王。八月，苟晞大破汲桑。

懷帝永嘉六年七月，熒惑、歲星、太白聚牛、女之間，徘徊進退。案占曰"牛女，揚州分"，是後兩都傾覆，而元帝中興揚土。

建武元年五月癸未，太白、熒惑合於東井。[⑥]占曰："金火合曰爍，爲喪。"是時愍帝蒙塵于平陽，七月崩于寇庭。

元帝太興二年七月甲午，歲星、熒惑會于東井。[⑦]八月乙未，太白犯歲星，合在翼。占曰："爲兵饑。"三年六月丙辰，太白與歲星合于房。占同上。永昌元年王敦攻京師，六軍敗績。王敦尋死。

成帝咸康三年十一月乙丑，太白犯歲星于營室。占曰："爲兵饑。"四年二月，石季龍破幽州，遷萬餘家以南。五年，季龍衆五萬寇沔南，略七千餘家而去。又騎二萬圍陷邾城，殺略五千餘人。四年十二月癸丑，太白犯填星，在箕。占曰："王者亡地。"七年，慕容皝自稱燕王。七年三月，太白熒惑合于太微中，犯左執法。明年，顯宗崩。八年十二月己酉，太白犯熒惑于胃。占曰："大兵起。"其後庾翼大發兵，謀伐石季龍，專制上流。

【注】

①此處的"五星聚舍"即五星淩犯之義，并不一定要五星齊全。

②七月：多本作"十一月"，宋本作"七月"，十一月無壬戌，故從宋本。中國古代星占家對星體之間相對位置的觀察是十分精細的，對星體間不同的接近方式和程度，各給以不同的名稱，例如有聚、合、出、入、犯、淩、守、鬥、奄等。犯，月和五星同行至某個星宿之位，光曜自下侵犯之象。一般以相距七尺以内爲犯；月和太白較明亮，在一尺以内爲犯。在古人的觀念中，大約以一尺爲一度。

③聚：三顆星以上集於一處爲聚。聚爲集會之象。

④鬥：爲兩個星體互相競鬥之象。占曰："天子失據，四夷迭侵，兵賊俱起，擊賊將興之象。"

⑤襲即侵。侵，越禮而進，以大迫小，自上逼下，損害之象。

⑥合：兩星相逢，同處一宿之中。和順相合則吉，乘逆而合則凶。

⑦會，一逆一順運行，其速一遲一疾，相逢於同一舍中爲會。

康帝建元元年八月丁未，太白犯歲星，在軫。占曰：“有大兵。”是年石季龍將劉寧寇没狄道。

穆帝永和四年五月，熒惑入婁，[1]犯填星。占曰：“兵大起，有喪，災在趙。”其年石季龍死，來年冉閔殺石遵及諸胡十萬餘人，其後褚裒北伐，喪衆而薨。六年三月戊戌，熒惑犯歲星。占曰：“爲戰。”七年三月戊子，歲星、熒惑合于奎。其年劉顯殺石祗及諸胡帥，中土大亂。十二年七月丁卯，太白犯填星，在柳。占曰：“周地有大兵。”其年八月，桓温伐苻健，退，因破姚襄於伊水，定周地。

升平二年八月戊午，熒惑犯填星，在張。占曰：“兵大起。”三年八月庚午，太白犯填星，在太微中。占曰：“王者惡之。”五年十月丁卯，熒惑犯歲星，在營室。占曰：“大臣有匿謀。”一曰：“衛地有兵。”時桓温擅權，謀移晋室。

海西公太和元年八月戊午，太白犯歲星，在太微中。三年六月甲寅，太白奄熒惑，在太微端門中。六年，海西公廢。[2]

簡文咸安二年正月己酉，歲星犯填星，在須女。占曰：“爲内亂。”七月，帝崩，桓温擅權，謀殺侍中王坦之等，内亂之應。

孝武寧康二年十一月癸酉，太白奄熒惑，在營室。占曰：“金火合爲爍，[3]爲兵喪。”太元元年七月，苻堅伐涼州，破之，虜張天錫。

太元十一年十二月己丑，太白犯歲星。占曰：“爲兵饑。”是時河朔未平，兵連在外，冬大饑。十七年九月丁丑，歲星、熒惑、填星同在亢、氐。十二月癸酉，填星去，熒惑、歲星猶合。占曰：“三星合，是謂驚立絶行，内外有兵喪與饑，改立王公。”十九年十月，太白、填星、熒惑、辰星合于氐。十二月癸丑，太白犯歲星，在斗。占曰：“爲亂饑，爲内兵。斗，吴越分。”至隆安元年，王恭等舉兵，顯王國寶之罪，朝廷殺之。是後連歲水旱饑。

安帝隆安元年二月，歲星、熒惑皆入羽林。占曰：“中軍兵起。”四月，王恭等舉兵，内外戒嚴。

【注】

①《乙巳占》曰：“入者，不應來而來也，屬乎妖禍之兆；妖禍入，則亡亂之象；若其常行，初至其分，禍妖在其間，同體失色爲入；過其坐位，離其宿分爲出；福入刑出則吉；德出福入，此其常也。故論出入者，有此六途。”

②海西公：多本無“公”字，宋本有，今從宋本。

③爍同鑠，爲熔化之義。金與火合，象徵金屬遇火，要發生熔化。

元興元年八月庚子，太白犯歲星，在上將東南。占曰：“楚兵饑。”一曰：“災在上將。”二年，桓玄簒位。三年，劉裕盡誅桓氏。二年十月丁丑，太白犯填星，在婁。占同上。三年二月壬辰，太白、熒惑合于羽林。二年十二月，桓玄簒位，放遷帝、后。三年二月，劉裕起義兵，桓玄逼帝東下。

義熙二年十二月丁未，熒惑、太白皆入羽林，又合于壁。三年正月，慕容超寇淮北、徐州，至下邳。八月，遣劉敬宣伐蜀。三年二月癸亥，熒惑、填星、太白、辰星聚于奎、婁，從填星也，徐州分。是時，慕容超僭號于齊，兵連徐兖，連歲寇抄，至于淮泗，姚興、譙縱僭號秦蜀，盧循及魏南北交侵。其五年，劉裕北殄慕容超。其六月辛卯，熒惑犯辰星，在翼。占曰："天下兵起。"八月己卯，太白奄熒惑。占曰："有大兵。"其四年，姚略遣衆征赫連勃勃，大爲所破。五年四月甲戌，熒惑犯辰星，在東井。占曰："皆爲兵。"十二月辛丑，太白犯歲星，在奎。占曰："大兵起，魯有兵。"是年四月，劉裕討慕容超。六年二月，滅慕容超于魯地。七年七月丁卯，歲星犯填星，在參。占曰："歲填合，爲内亂。"一曰："益州戰，不勝，亡地。"是時朱齡石伐蜀，後竟滅之。明年，誅謝混、劉毅。八年七月甲申，[1]太白犯填星，在東井。占曰："秦有大兵。"九年二月丙午，熒惑、填星皆犯東井。占曰："秦有兵。"三月壬辰，歲星、熒惑、填星、太白聚于東井，從歲星也。東井，秦分。十三年，劉裕定關中，其後遂移晋祚。十四年十月癸巳，熒惑入太微，犯西蕃上將，仍順行至左掖門内，留二十日乃逆行。至恭帝元熙元年三月五日，出西蕃上將西三尺許，又順還入太微。時填星在太微，熒惑繞填星成鈎巳，其年四月丙戌，從端門出。占曰："熒惑與填星鈎巳天庭，天下更紀。[2]"十二月，安帝母弟琅邪王踐阼，是曰恭帝。來年，禪于宋。

【注】

①七月甲申：原作“十月甲申”，今據《宋志》改爲七月。

②鉤巳：《乙巳占》曰：“勾者，一往一返，如勾之狀。巳者，往而返，返而又往，再勾如巳狀。”巳爲蛇，如蛇行彎曲之狀。

《晉書》卷十三

志第三

天文下

月五星犯列舍　經星變附見　妖星客星　星流隕　雲氣

月五星犯列舍經星變附見

魏文帝黄初四年三月癸卯，月犯心大星。占曰："心爲天王位，王者惡之。"六月甲申，太白晝見。案劉向《五紀論》曰："太白少陰，弱，不得專行，故以己未爲界，不得經天而行。[①]經天則晝見，其占爲兵喪，爲不臣，爲更王；强國弱，小國强。"是時孫權受魏爵號，而稱兵距守。其十二月丙子，月犯心大星。占同上。五年十月乙卯，太白晝見。占同上。又歲星入太微逆行，積百四十九日乃出。占曰："五星入太微，從右入三十日以上，人主有大憂。"一曰："有赦至。"七年五月，帝崩，明帝即位，大赦天下。六年五月壬戌，熒惑入太微，至壬申，與歲星相及，俱犯右執法，至癸酉乃出。占曰："從右入三十日以上，人主有大憂。"又曰："月、五星犯左右執法，大臣有憂。"一曰："執法者誅，金、火尤甚。"十一月，皇子東武陽王鑒薨。七年正月，驃騎將軍曹洪免爲庶人。四月，征南大將軍夏侯尚薨。五月，帝崩。《蜀記》稱明帝問黄權曰："天下鼎立，何地爲正？"對曰："當驗天文。往者熒惑守心而文帝崩，吴、蜀無事，此其徵也。"案三國史并無熒惑守心之文，[②]疑是入太微。八月，吴遂圍江夏，寇襄陽，大將軍宣帝救襄陽，斬吴將張霸等，兵喪更王之應也。

明帝太和五年五月，熒惑犯房。占曰："房四星，股肱臣將相位也，月、五星犯守之，將相有憂。"其七月，車騎將軍張郃追諸葛亮，爲亮所害。十二月，太尉華歆薨。其十一月乙酉，月犯軒轅大星。占曰："女主憂。"六年三月乙亥，月又犯軒轅大星。十一月丙寅，太白晝見南斗，遂歷八十餘日，恒見。占曰："吴有兵。"明年，孫權遣張彌等將兵萬人，錫授公孫文懿爲燕王，文懿斬彌等，虜其衆。青龍三年正月，太后郭氏崩。

【注】

①不得經天而行：《乙巳占》曰："經天者，謂太白昏旦當午而見也。"這就是説，太白不能經天而行，如果有經天而行的現象，就將出現占語的情況。金星是内行星，在地球上當然不能在夜間見其於中天。

②守：留住之象，停留不動，作守候之狀。

青龍二年[①]三月辛卯，月犯輿鬼。輿鬼主斬殺。占曰："人多病，國有憂。"又曰："大臣憂。"是年夏及冬，大疫。四年五月，司徒董昭薨。其五月丁亥，太白晝見，積三十餘日。以晷度推之，非秦魏，則楚也。[②]是時，諸葛亮據渭南，宣帝與相持；孫權寇合肥，又遣陸議、孫韶等入淮沔，天子親東征。蜀本秦地，則爲秦魏及楚兵悉起矣。其七月己巳，月犯楗閉。占曰："有火災。"三年七月，崇華殿災。三年六月丁未，填星犯井鉞。戊戌，太白又犯之。占曰："凡月、五星犯井鉞，悉爲兵災。"一曰："斧鉞用，大臣誅。"七月己丑，填星犯東井距星。占曰："填星入井，大人憂。"行近距，爲行陰。其占曰："大水，五穀不成。"景初元年夏，大水，傷五穀。[③]其年十月壬申，太白晝見，在尾，歷二百餘日，恒晝見。占曰："尾爲燕，有兵。"十二月戊辰，月犯鉤鈐。占曰："王者憂。"四年閏正月己巳，填星犯井鉞。三月癸卯，填星犯東井。己巳，太白與月加景晝見。五月壬寅，太白犯畢左股第一星。占曰："畢爲邊兵，又主刑罰。"九月，凉州塞外胡阿畢師使侵犯諸國，西域校尉張就討之，斬首捕虜萬計。其年七月甲寅，太白犯軒轅大星。占曰："女主憂。"景初元年，皇后毛氏崩。

景初元年二月乙酉，月犯房第二星。占曰："將軍有憂。"其七月，司徒陳矯薨。二年四月，司徒韓暨薨。其七月辛卯，太白晝見，積二百八十餘日。時公孫文懿自立爲燕王，署置百官，發兵距守，宣帝討滅之。二年二月己丑，月犯心距星，又犯中央大星。五月乙亥，月又犯心距星及中央大星。案占曰："王者惡之。犯前星，太子有憂。"三年正月，帝崩。太子立，卒見廢。其年十月甲午，月犯箕。占曰："將軍死。"正始元年四月，車騎將軍黄權薨。其閏十一月癸丑，月犯心中央大星。

【注】

①二年：原文作"三年"，《宋志》作"二年"，因其下"是時，諸葛亮據渭南"，當爲二年，今據《宋志》改。

②據"州郡躔次"，輿鬼爲上黨。《淮南子·天文訓》以東井輿鬼爲秦地。故曰"以晷度推之，非秦魏，則楚也。"

③《開元占經》引石氏曰："東井主水。……井中六星主水衡。其星明大，水横流。"又曰："東井墮，天下涌水。井鉞去，則水滿。"故曰填星太白犯井鉞，"大水，五穀不成"。

少帝正始元年四月戊午，月犯昴東頭第一星。十月庚寅，月又犯昴北斗四星。占曰："月犯昴，胡不安。"二年六月，鮮卑阿妙兒等寇西方，敦煌太守王延破之，斬二萬餘級。三年，又斬鮮卑大帥及千餘級。[①]二年九月癸酉，月犯輿鬼西北星。三年二月丁未，又犯西南星。占曰："有錢令。"一曰："大臣憂。"三年三月，太尉滿寵薨。四年正月，帝加元服，賜群臣錢各有差。四年十月、十一月，月再犯井鉞。是月，宣帝討諸葛恪，恪棄城走。五年二月，曹爽征蜀。五年十一月癸巳，填星犯亢距星。占曰："諸侯有失國者。"七年七月丁丑，月犯左角。占曰："天下有兵，左將軍死。"七月乙亥，熒惑犯畢距星。占曰："有邊兵。"一曰："刑罰用。"九年正月辛亥，月犯亢南星。占曰："兵起。"一曰："將軍死。"七月癸丑，填星犯楗閉。占曰："王者不宜出宫下殿。"嘉平元年，天子謁陵，宣帝奏誅曹爽等。天子野宿，於是失勢。

嘉平元年六月壬戌，太白犯東井距星。占曰："國失政，大臣爲亂。"四月辛巳，太白犯輿鬼。占曰："大臣誅。"一曰："兵起。"二年三月己未，太白又犯井距星。三年七月，王凌與楚王彪有謀，皆伏誅，人主遂卑。

吴孫權赤烏十三年夏五月，日北至，熒惑逆行，入南斗。秋七月，犯魁第三星而東。《漢晋春秋》云"逆行"。案占："熒惑入南斗，三月吴王死。"一曰："熒惑逆行，其地有死君。"太元二年，權薨，是其應也，故《國志》書於吴。是時，王凌謀立楚王彪，謂"斗中有星，當有暴貴者"，以問知星人浩詳。詳疑有故，欲悦其意，不言吴有死喪，而言"淮南楚分，吴楚同占，當有王者興"，故凌計遂定。

【注】

①《史記·天官書》曰："昴曰髦頭，胡星也，爲白衣會。"故曰"月犯昴，胡不安"。

嘉平二年十二月丙申，月犯輿鬼。三年四月戊寅，月犯東井。五月甲寅，月犯亢距星。占曰："將軍死。"

一曰："爲兵。"是月，王淩、楚王彪等誅。七月，皇后甄氏崩。四年三月，吴將爲寇，鎮東將軍諸葛誕破走之。其年七月己巳，月犯輿鬼。九月乙巳，又犯之。十月癸未，熒惑犯亢南星。占曰："臣有亂。"四年十一月丁未，月又犯鬼積尸。五年六月戊午，太白犯角。占曰："群臣有謀，不成。"庚辰，月犯箕星。占曰："將軍死。"七月，月犯井鉞。丙午，月又犯鬼西北星。占曰："國有憂。"十一月癸酉，月犯東井距星。占曰："將軍死。"正元元年正月，鎮東將軍毌丘儉、揚州刺史文欽反，兵俱敗，誅死。二月，李豐及弟翼、后父張緝等謀亂，事泄，悉誅，皇后張氏廢。九月，帝廢爲齊王。蜀將姜維攻隴西，車騎將軍郭淮討破之。

高貴鄉公正元二年二月戊午，熒惑犯東井北轅西頭第一星。甘露元年七月乙卯，熒惑犯東井鉞星。壬戌，月又犯鉞星。八月辛亥，月犯箕。

吴廢孫亮太平元年九月壬辰，太白犯南斗，《吴志》所書也。占曰："太白犯斗，國有兵，大臣有反者。"其明年，諸葛誕反。又明年，孫綝廢亮。吴魏并有兵事也。[①]

甘露元年九月丁巳，月犯東井。二年六月己酉，月犯心中央大星。八月壬子，歲星犯井鉞。九月庚寅，歲星逆行，乘井鉞。[②]十月丙寅，太白犯亢距星。占曰："逆臣爲亂，人君憂。"景元元年五月，有成濟之變及諸葛誕誅，皆其應也。二年三月庚子，太白犯東井。占曰："國失政，大臣爲亂。"是夜，歲星又犯東井。占曰："兵起。"至景元元年，高貴鄉公敗。三年八月壬辰，歲星犯輿鬼鑕星。占曰："斧鑕用，大臣誅。"四年四月甲申，歲星又犯輿鬼東南星。占曰："鬼東南星主兵，木入鬼，大臣誅。"景元元年，殺尚書王經。

元帝景元元年二月，月犯建星。案占："月五星犯建星，大臣相譖。"是後鍾會、鄧艾破蜀，會譖艾。二年四月，熒惑入太微，犯右執法。占曰："人主有大憂。"一云："大臣憂。"四年十月，歲星守房。占曰："將相憂。"一云："有大赦。"明年，鄧艾、鍾會皆夷滅，赦蜀土。五年，帝遜位。

武帝咸寧四年九月，太白當見不見。占曰："是謂失舍，不有破軍，必有亡國。"是時羊祜表求伐吳，上許之。五年十一月，兵出，太白始夕見西方。太康元年三月，大破吳軍，孫皓面縛請罪，吳國遂亡。

【注】

①《開元占經》載石氏曰："太白入斗，大人禦守，有兵兵罷，將軍爲亂。"甘氏曰："太白入南斗，將軍戮死，國易政，期三年。"《海中占》曰："太白入南斗，將相有黜者；一曰有被殺者。"《漢書·天文志》也有類似記載。

②《乙巳占》曰："乘者，自上而下，臨迫之象。乘者，駕御壓伏之象也。"

太康八年三月，熒惑守心。占曰："王者惡之。"太熙元年四月己酉，帝崩。[①]

惠帝元康三年四月，熒惑守太微六十日。占曰：

“諸侯三公謀其上，必有斬臣。”一曰：“天子亡國。”是春太白守畢，至是百餘日。占曰：“有急令之憂。”一曰：“相死。”又爲邊境不安。後賈后陷殺太子。六年十月乙未，太白晝見。九年六月，熒惑守心。占曰：“王者惡之。”八月，熒惑入羽林。占曰：“禁兵大起。”其後，帝見廢爲太上皇，俄而三王起兵討趙王倫，倫悉遣中軍兵相距累月。

永康元年三月，中台星坼，[2]太白晝見。占曰：“台星失常，三公憂。太白晝見，爲不臣。”是月，賈后殺太子，趙王倫尋廢殺后，斬司空張華。其五月，熒惑入南斗。占曰：“宰相死，兵大起。斗，又吴分野。”是時，趙王倫爲相，明年，篡位，三王興師誅之。太安二年，石冰破揚州。其八月，熒惑入箕。占曰：“人主失位，兵起。”明年，趙王倫篡位，改元。二年二月，太白出西方，逆行入東井。占曰：“國失政，大臣爲亂。”是時，齊王冏起兵討趙王倫，倫滅，冏擁兵不朝，專權淫奢，明年，誅死。

永寧元年，自正月至于閏月，五星互經天，縱横無常。《星傳》曰：“日陽，君道也；星陰，臣道也。日出則星亡，臣不得專也。晝而星見午上者爲經天，其占‘爲不臣，爲更王’。”今五星悉經天，天變所未有也。石氏説曰：“辰星晝見，其國不亡則大亂。”是後，台鼎方伯，互執大權，二帝流亡，遂至六夷更王，迭據華夏，亦載籍所未有也。其四月，歲星晝見。五月，太白晝見。占同前。七月，歲星守虚危。占曰：“木守虚危，有兵憂。虚危，齊分。”一曰：“守虚，饑；守危，徭役煩多，下屈竭。”辰星入太微，占曰：“爲内亂。”一曰：“群臣相殺。”太白守右掖門，占曰：“爲兵，爲亂，爲賊。”八月戊午，填星犯左執法，又犯上相，占曰：“上相憂。”熒惑守昴，占曰：“趙魏有災。”辰星守輿鬼，占曰：“秦有災。”九月丁未，月犯左角。占曰：“人主憂。”一曰：“左衛將軍死，天下有兵。”二年四月癸酉，歲星晝見。占曰：“爲臣强。”初，齊王冏定京都，因留輔政，遂專慠無君。[③]是月，成都、河間檄長沙王乂討之。冏、乂交戰，攻焚宫闕，冏兵敗，夷滅。又殺其兄上軍將軍寔以下二十餘人。太安二年，成都攻長沙，於是公私饑困，百姓力屈。

【注】

①己酉帝崩：原文作“乙酉”，是月無乙酉，《武帝紀》《惠帝紀》并作己酉，今據改。

②《晋書·天文上》曰：“三台六星，兩兩而居，起文昌，列抵太微。……次二星曰中台，爲司中，主宗室。”坼，分裂，開裂。

③遂專慠無君：便專權横行，驕傲，目中無君。

太安二年二月，太白入昴。占曰：“天下擾，兵大起。”七月，熒惑入東井。占曰：“兵起，國亂。”是秋，太白守太微上將。占曰：“上將以兵亡。”是年冬，成都、河間攻洛陽。八月，長沙王奉帝出距二王。三年正月，東海王越執長沙王乂，張方又殺之。三年正月，熒惑入南斗，占同永康。七月，左衛將軍陳眕率衆奉帝伐成都，六軍敗績，兵偪乘輿。是時，天下盜賊群起，張昌尤盛。

永興元年七月庚申，太白犯角、亢，經房、心，歷尾、箕。九月，入南斗。占曰："犯角，天下大戰；犯亢，有大兵，人君憂；入房心，爲兵喪；犯尾箕，女主憂。"一曰："天下大亂。入南斗，有兵喪。"一曰："將軍爲亂。其所犯守，又兗、豫、幽、冀、揚州之分野。"是年七月，有蕩陰之役，九月，王浚殺幽州刺史和演，攻鄴，鄴潰，於是兗豫爲天下兵衝，陳敏又亂揚土，劉元海、石勒、李雄等并起微賤，跨有州郡，皇后羊氏數被幽廢，皆其應也。二年四月丙子，太白犯狼星。占曰："大兵起。"九月，歲星守東井。占曰："有兵，井又秦分野。"是年，苟晞破公師藩，張方破范陽王虓，關西諸將攻河間王顒，顒奔走，東海王迎殺之。

光熙元年四月，太白失行，自翼入尾、箕。占曰："太白失行而北，是謂反生。不有破軍，必有屠城。"五月，汲桑攻鄴，魏郡太守馮嵩出戰，大敗，桑遂害東燕王騰，殺萬餘人，焚燒魏時宮室皆盡。其九月丁未，熒惑守心。占曰："王者惡之。"己亥，填星守房、心。占曰："填守房，多禍喪；守心，國内亂，天下赦。"是時，司馬越專權，終以無禮破滅，内亂之應也。十一月，帝崩，懷帝即位，大赦天下。

懷帝永嘉元年十二月丁亥，星流震散。按劉向說，天官列宿，在位之象；其衆小星無名者，衆庶之類。此百官衆庶將流散之象也。是後天下大亂，百官萬姓，流移轉死矣。二年正月庚午，太白伏不見，二月庚子，始晨見東方，是謂當見不見，占同上條。其後破軍殺將，不可勝數，帝崩虜庭，中夏淪覆。三年正月庚子，熒惑犯紫微。占曰："當有野死之王，又爲火燒宫。"是時太史令高堂冲奏，乘輿宜遷幸，不然必無洛陽。五年六月，劉曜、王彌入京都，焚燒宫廟，執帝歸平陽。三年，填星久守南斗。占曰："填星所居久者，其國有福。"是時，安東將軍、琅邪王始有揚土。其年十一月，地動，陳卓以爲是地動應也。五年十月，熒惑守心。六年六月丁卯，太白犯太微。占曰："兵入天子庭，王者惡之。"七年，帝崩于寇庭，[①]天下行服大臨。

元帝太興元年七月，太白犯南斗。占曰："吴越有兵，大人憂。"二年二月甲申，熒惑犯東井。占曰："兵起，貴臣相戮。"八月己卯，太白犯軒轅大星。占曰："後宫憂。"三年五月戊子，太白入太微，又犯上將星。占曰："天子自將，上將誅。"九月，太白犯南斗。十月己亥，熒惑在東井，居五諸侯南，踟躕留積三十日。占曰："熒惑守井二十日以上，大人憂。守五諸侯，諸侯有誅者。"永昌元年三月，王敦率江荆之衆來攻京都，六軍距戰，敗績，人主謝過而已。於是殺護軍將軍周顗、尚書令刁協、驃騎將軍戴若思。又，鎮北將軍劉隗出奔。四月，又殺湘州刺史譙王司馬承、鎮南將軍甘卓。閏十二月，帝崩。

明帝太寧三年正月，熒惑逆行，入太微。占曰："爲兵喪，王者惡之。"閏八月，帝崩。後二年，蘇峻反，攻焚宫室，太后以憂偪崩，天子幽劫于石頭城，遠近兵亂，至四年乃息。

成帝咸和六年正月丙辰，月入南斗。占曰："有兵。"是月，石勒殺略婁、武進二縣人。明年，石勒衆又抄略南沙、海虞。其十一月，熒惑守胃昴。占曰："趙魏有兵。"八年七月，石勒死，石季龍自立。是時，雖二石僭號，而其强弱常占於昴，不關太微、紫宫也。八年三月己巳，月入南斗。與六年占同。其年七月，石勒死，彭彪以譙，石生以長安，郭權以秦州并歸順。於是遣督護喬球[2]率衆救彪，彪敗，球退。又，石季龍、石斌攻滅生、權。其七月，熒惑入昴。占曰："胡王死。"一曰："趙地有兵。"是月，石勒死，石季龍多所攻没。八月，月又犯昴。占曰："胡不安。"九年三月己亥，熒惑入輿鬼，犯積尸。占曰："兵在西北，有没軍死將。"六月、八月，月又犯昴。是時，石弘雖襲勒位，而石季龍擅威横暴，十一月廢弘自立，遂幽殺之。

【注】

①七年帝崩于寇庭：原文爲"七月"，當爲"七年"之誤。

②喬球：《宋志》作高球。

咸康元年二月己亥，太白犯昴。占曰："兵起，歲中旱。"四月，石季龍略騎至歷陽，加司徒王導大司馬，治兵列戍衝要。是時，石季龍又圍襄陽。六月，旱。其年三月丙戌，[1]月入昴。占曰："胡王死。"八月戊戌，熒惑入東井。占曰：“無兵，兵起；有兵，兵止。”十一月，月犯昴。二年正月辛卯，[2]月犯房南第二星。八月，月又犯昴。九月庚寅，太白犯南斗，因晝見。占曰：“斗爲宰相，又揚州分，金犯之，死喪之象。晝見，爲不臣，又爲兵喪。”其後，石季龍僭稱天王，發衆七萬，四年二月自隴西攻段遼于薊，又襲慕容皝於棘城，不克，皝擊破其將麻秋，并虜段遼殺之。三年七月己酉，月犯房上星。八月，熒惑入輿鬼，犯積尸。甲戌，月犯東井距星。九月戊子，月犯建星。四年四月己巳，太白晝見，在柳。占曰：“爲兵，爲不臣。”明年，石季龍大寇沔南，於是内外戒嚴。其五月戊戌，熒惑犯右執法。占曰：“大臣死，執政者憂。”九月，太白又犯右執法。案占：“五星災同，金火尤甚。[3]”十一月戊子，太白犯房上星。占曰：“上相憂。”五年四月乙未，月犯畢距星。占曰：“兵起。”七月己酉，月犯房上星。占曰：“將相憂。”是月庚申，丞相王導薨，庾冰代輔政。八月，太尉郗鑒薨。又有沔南邾城之敗，百姓流亡萬餘家。六年正月，征西大將軍庾亮薨。六年三月甲辰，熒惑犯太微上將星。占曰：“上將憂。”四月丁丑，熒惑犯右執法。占曰：“執政者憂。”六月乙亥，月犯牽牛中央星。占曰：“大將憂。”是時，尚書令何充爲執法，有譴，欲避其咎，明年求爲中書令。其四月丙午，太白犯畢距星。占曰：“兵革起。”一曰：“女主憂。”六月乙卯，太白犯軒轅大星。占曰：“女主憂。”七年三月，皇后杜氏崩。七年三月壬午，月犯房。四月己丑，太白入輿鬼。五月，太白晝見。八月辛丑，月犯輿鬼。八年六月，熒惑犯房上第二星。占曰："次相憂。"八月壬寅，月犯畢。占曰："下犯上，兵革起。"十月，月又掩畢大星。占同上。其建元二年，車騎將軍庾冰薨。庾翼大發兵，謀伐石季龍，專制上流，朝廷憚之。

【注】

①三月丙戌："三月"原作"二月"，但是二月無丙戌，據《宋志》改爲"三月"。

②二年正月辛卯："辛卯"原文作"辛亥"，是月無辛亥，據《宋志》改作"辛卯"。

③金火尤甚："火"本作"水"，今據《宋志》改。

康帝建元元年正月壬午，太白入昴。占曰："趙地有兵。"又曰："天下兵起。"四月乙酉，太白晝見。是年，石季龍殺其子邃，又遣將寇没狄道，及屯薊東，謀慕容皝。二年，歲星犯天關。安西將軍庾翼與兄冰書曰："歲星犯天關，占云'關梁當分'。比來江東無他故，江道亦不艱難，而石季龍頻年再閉關，不通信使，此復是天公憒憒，無皂白之徵也。"其閏月乙酉，太白犯斗。占曰："爲喪，天下受爵禄。"九月，帝崩，太子立，大赦，賜爵。

穆帝永和元年正月丁丑，月入畢。占曰："兵大起。"戊寅，月犯天關。占曰："有亂臣更天子之法。"五月辛巳，太白晝見，在東井。占曰："爲臣强，秦有兵。"六月辛丑，月入太微，犯屏西南星。占曰："輔臣有免罷者。”七月、八月，月皆犯畢。占同上。己未，月犯輿鬼。占曰：“大臣有誅。”九月庚戌，月又犯畢。是年初，庾翼在襄陽。七月，翼疾將終，輒以子爰之爲荆州刺史，代己任。爰之尋被廢。明年，桓温又輒率衆伐蜀，執李勢，送至京都。蜀本秦地也。二年二月壬子，月犯房上星。四月丙戌，月又犯房上星。八月壬申，太白犯左執法。三年正月壬午，月犯南斗第五星。占曰：“將軍死，近臣去。”五月壬申，月犯南斗第四星，因入魁。占曰：“有兵。”一曰：“有大赦。”六月，月犯東井距星。占曰：“將軍死，國有憂。”戊戌，月犯五諸侯。占曰：“諸侯有誅。”九月庚寅，太白犯南斗第五星。占曰：“爲喪，爲兵。”四年七月丙申，太白犯左執法。甲寅，月犯房。丁巳，月入南斗，犯第二星。乙丑，太白犯左執法。占悉同上。十月甲辰，月犯亢。占曰：“兵起，將軍死。”十一月戊戌，月犯上將星。三年六月，大赦。是月，陳逵征壽春，敗而還。七月，氐蜀餘寇反，亂益土。[1]九月，石季龍伐涼州。五年，征北大將軍褚裒卒。四年四月，太白入昴。是時，戎晋相侵，趙地連兵尤甚。七月，太白犯軒轅。占曰：“在趙，及爲兵喪。”甲寅，月犯房。十月甲戌，月犯亢。占曰：“兵起，將軍死。”八月，石季龍太子宣殺弟韜，宣亦死。其十一月戊戌，月犯上將星。五年正月，石季龍僭號稱皇帝，尋死。[2]五年四月丁未，太白犯東井。占曰：“秦有兵。”九月戊戌，太白犯左角。占曰：“爲兵。”十月，月犯昴。占曰：“胡有憂，將軍死。”是年八月，褚裒北征兵敗。十月，關中二十餘壁舉兵内附。石遵攻没南陽。十一月，冉閔殺石遵，又盡殺胡十餘萬人，於是趙魏大亂。十二月，褚裒薨。八年，劉顯、苻健、慕容儁并僭號。殷浩北伐，敗績，見廢。六年二月辛酉，月犯心大星。占曰："大人憂，又豫州分野也。[③]"丁丑，月犯房。占曰："將相憂。"六月己丑，月犯昴。占同上。乙未，月犯五諸侯。占同上。七月壬寅，月始出西方，犯左角。占曰："大將軍死。"一曰："天下有兵。"丁未，月犯箕。占曰："將軍死。"丙寅，熒惑犯鉞星。占曰："大臣有誅。"八月辛卯，月犯左角。太白晝見，在南斗。月犯右執法。占并同上。是歲，司徒蔡謨免爲庶人。七年二月，太白犯昴。占同上。三月乙卯，熒惑入輿鬼，犯積尸。占曰："貴人有憂。"五月乙未，熒惑犯軒轅大星。占曰："女主憂。"太白入畢口，犯左股。占曰："將相當之。"六月乙亥，月犯箕。占曰："國有兵。"丙子，月犯斗。丁丑，熒惑入太微，犯右執法。八月庚午，太白犯軒轅。戊子，太白犯右執法。占悉同上。七年，劉顯殺石祗及諸將帥，山東大亂，疾疫死亡。八年三月戊戌，月犯軒轅大星。癸丑，月入南斗，犯第二星。五月，月犯心星。六月癸酉，月犯房。七月壬子，歲星犯東井距星。占曰："内亂兵起。"八月戊戌，熒惑入輿鬼。占曰："忠臣戮死。"丙辰，太白入南斗，犯第四星。占曰："將爲亂。"一曰："丞相免。"九年二月乙巳，月入南斗，犯第三星。三月戊辰，月犯房。八月，歲星犯輿鬼東南星。占曰："兵起。”是時，帝幼冲，母后稱制，將相有隙，兵革連起，慕容儁僭號稱燕王，攻伐不休。十年正月乙卯，月蝕昴星。占曰：“趙魏有兵。”癸酉，填星奄鉞星。占曰：“斧鉞用。”二月甲申，月犯心大星。占曰：“王者惡之。”七月庚午，太白晝見。晷度推之，災在秦鄭。九月辛酉，太白犯左執法。是時，桓温擅命，朝臣多見迫脅。四月，温伐苻健，破其嶢柳軍。十二月，慕容恪攻齊。十一年三月辛亥，月奄軒轅。占同上。四月庚寅，月犯牛宿南星。占曰：“國有憂。”八月己未，太白犯天江。占曰：“河津不通。”十二年六月庚子，太白晝見，在東井。占如上。己未，月犯鉞星。八月癸酉，月奄建星。九月戊寅，熒惑入太微，犯西蕃上將星。十一月丁丑，熒惑犯太微東蕃上相星。十二年十一月，齊城陷，執段龕，殺三千餘人。永和三年，鮮卑侵略河、冀。升平元年，慕容儁遂據臨漳，盡有幽、并、青、冀之地。緣河諸將奔散，河津隔絶。時權在方伯，九服交兵。

【注】

①氐蜀餘寇反亂益土：蜀地氐族人的餘衆反抗，造成益州之地大亂。

②自“四年七月丙申，太白犯左執法”，至“石季龍僭號稱皇帝，尋死”，數行錯亂重複，幾不可讀，已作了删校。

③《開元占經》引石氏曰：“心三星，帝座；大星者，天子也。”《漢書·天文志》曰：“月犯心星：占曰：‘其國有憂，若有大喪’。”據《史記·天官書》曰：“房、心，豫州。”故此處説：“大人憂，又豫州分野也。”大人即指帝皇。

升平元年四月壬子，太白入輿鬼。丁亥，月奄井南轅西頭第二星。占曰："秦地有兵。"一曰："將死。"六月戊戌，太白晝見，在軫。占同上。軫是楚分野。壬子，月犯畢。占曰："爲邊兵。"七月辛巳，熒惑犯天江。占曰："河津不通。"十一月，歲星犯房。占曰："豫州有災。"其年五月，苻堅殺苻生而立。十二月，慕容儁入屯鄴。二年八月，豫州刺史謝奕薨。二年二月辛卯，[1]填星犯軒轅大星。占曰："人主惡之。"甲午，月犯東井。

六月辛酉，月犯房。十月己未，太白犯哭星。占曰："有大哭泣。"三年正月壬辰，熒惑犯楗閉星。案占曰："人主憂。"三月乙酉，熒惑逆行犯鈎鈐。案占："王者惡之。"六月，太白犯東井。七月乙酉，熒惑犯天江。丙戌，太白犯輿鬼。占悉同上。戊子，月犯牽牛中央大星。占曰："牽牛，天將也。犯中央大星，將軍死。"八月丁未，太白犯軒轅大星。

甲子，月犯畢大星。占曰："爲邊兵。"一曰："下犯上。"三年十月，諸葛攸舟軍入河，敗績。豫州刺史謝萬入潁，衆潰而歸，萬除名。十一月，司徒會稽王以郗曇、謝萬二鎮敗，求自貶三等。四年正月，慕容儁死，子暐代立。慕容恪殺其尚書令陽騖等。四年正月乙亥，月犯牽牛中央大星。六月辛亥，辰星犯軒轅。占曰："女主憂。"己未，太白入太微右掖門，從端門出。占曰："貴奪勢。"一曰："有兵。"又曰："出端門，臣不臣。"八月戊申，太白犯氐。占曰："國有憂。"丙辰，熒惑犯太微西蕃上將星。九月壬午，太白入南斗口，犯第四星。占曰：“爲喪，有赦，天下受爵禄。”十二月甲寅，熒惑犯房。丙寅，太白晝見。

庚寅，月犯楗閉。占曰：“人君惡之。”五年正月乙巳，填星逆行，犯太微。五月壬寅，月犯太微。庚戌，月犯建星。占曰：“大臣相謀。”是時，殷浩敗績，卒致遷徙。其月辛亥，月犯牽牛宿。占曰：“國有憂。”[②]五年正月，北中郎將郗曇薨。五月，帝崩，哀帝立，大赦，賜爵，褚后失勢。七月，慕容恪攻冀州刺史吕護於野王，護奔滎陽。是時，桓温以大衆次宛，聞護敗，乃退。五年六月癸酉，月奄氐東北星。占曰：“大將軍當之。”九月乙酉，月奄畢。占曰：“有邊兵。[③]”十月丁未，月犯畢大星。占曰：“下犯上。”又曰：“有邊兵。”八月，范汪廢。隆和元年，慕容暐遣將寇河陰。

【注】

①二月辛卯：“二”上原有“十”字，但其後又有六月，且十二月無辛卯，今據《宋志》改正。

②原文此下至“五年正月”前載“六月癸亥”至“大將當之”，因與下文重複，今删。

③此處升平元年六月月犯畢，三年八月月犯畢大星，五年九月月奄畢，其占語均曰“有邊兵”。《開元占經》曰：“月犯畢，兵革起，一曰有女喪，一曰女主當之。”又曰：“月變於畢，邊境有事。”《海中占》曰：“月犯畢，南陽國有憂，一曰賊臣誅，不然邊有兵。”《春秋佐助期》曰：“畢主邊兵。”《春秋緯》曰：“畢罕車，爲邊兵。”《西官候》曰：“畢大星，邊將軍也；星動，有芒角，邊將有急。”《列宿説》曰：“畢星動者，邊城有兵起。”確實可證星占理論均認爲有邊兵。

哀帝興寧三年七月庚戌，月犯南斗。占曰："女主憂。"歲星犯輿鬼。占曰："人君憂。"十月，太白晝見，在亢。占曰："亢爲朝廷，有兵喪，爲臣强。"明年五月，皇后庾氏崩。

海西太和二年正月，太白入昴。五年，慕容暐爲苻堅所滅，又據司、冀、幽、并四州。六年閏月，熒惑守太微端門。占曰："天子亡國。"又曰："諸侯三公謀其上。"一曰："有斬臣。"辛卯，月犯心大星。占曰："王者惡之。"十一月，桓温廢帝，并奏誅武陵王，簡文不許，温乃徙之新安，皆臣强之應也。

簡文咸安元年十二月辛卯，熒惑逆行入太微，二年三月猶不退。占曰："國不安，有憂。"是時，帝有桓温之逼。二年五月丁未，太白犯天關。占曰："兵起。"歲星形色如太白。占曰："進退如度，姦邪息；變色亂行，主無福。歲星於仲夏當細小而不明，此其失常也。又爲臣强。"六月，太白晝見，在七星。乙酉，太白犯輿鬼。占曰："國有憂。"七月，帝崩，桓温以兵威擅權，將誅王坦之等，内外迫脅。又，庾希入京城，盧悚入宫，并誅滅之。

孝武寧康元年正月戊申，月奄心大星。案占曰："災不在王者，則在豫州。"一曰："主命惡之。"三月丙午，月奄南斗第五星。占曰："大臣憂，有死亡。"一曰："將軍死。"七月，桓温薨。九月癸巳，熒惑入太微。是時，女主臨朝，政事多缺。二年閏月己未，月奄牽牛南星。占曰："左將軍死。"十二月甲申，太白晝見，在氐。氐，兗州分野。三年五月丙午，北中郎將王坦之薨。三年六月辛卯，太白犯東井。占曰："秦地有兵。"九月戊申，熒惑奄左執法。占曰："執法者死。"太元元年，苻堅破凉州。二年十月，尚書令王彪之卒。

太元元年四月丙戌，熒惑犯南斗第三星。丙申，又奄第四星。占曰："兵大起，中國饑。"一曰："有赦。"八月癸酉，太白晝見，在氐。氐，兗州分野。九月，熒惑犯哭泣星，遂入羽林。占曰："天子有哭泣事，中軍兵起。"十一月己未，月奄左角。[①]占曰："天下有兵。"一曰："國有憂。"二年二月，熒惑守羽林。占曰："禁兵大起。"九月壬午，太白晝見，在角。角，兗州分野。[②]升平元年五月，大赦。三年八月，秦人寇樊、鄧、襄陽、彭城。四年二月，襄陽陷，朱序没。四月，魏興陷，賊聚廣陵、三河，衆五六萬。於是諸軍外次衝要，丹楊尹屯衛京都。六月，兗州刺史謝玄討賊，大破之。是時，中外連兵，比年荒儉。四年十一月丁巳，太白犯哭星。占曰："天子有哭泣事。"五年七月丙子，辰星犯軒轅。占曰："女主當之。"[③]九月癸未，皇后王氏崩。六年九月丙子，太白晝見。七年十一月，太白又晝見，在斗。占曰："吴有兵喪。"八年四月甲子，太白又晝見，在參。占曰："魏有兵喪。"是月，桓冲征沔漢，楊亮伐蜀，并拔城略地。八月，苻堅自將，號百萬，九月，攻没壽陽。十月，劉牢之破苻堅將梁成，斬之，殺獲萬餘人。謝玄等又破苻堅於淝水，斬其弟融，堅大衆奔潰。九年六月，皇太后褚氏崩。八月，謝玄出屯彭城，經略中州矣。九年七月丙戌，太白晝見。十一月丁巳，又晝見。十年四月乙亥，又晝見于畢昴。占曰："魏國有兵喪。"是時苻堅大衆奔潰，趙魏連兵相攻，堅爲姚萇所殺。十一年三月戊申，太白晝見，在東井。占曰："秦有兵，臣强。"六月甲申，又晝見于輿鬼。占曰："秦有兵。"時魏、姚萇、苻登連兵，相征不息。甲午，歲星晝見，在胃。占曰："魯有兵，臣强。"十二年，慕容垂寇東阿，翟遼寇河上，姚萇假號安定，苻登自立隴上，吕光竊據涼土。十二年六月癸卯，太白晝見，在柳。十月庚午，太白晝見，在斗。[4]十三年正月丙戌，又晝見。十二月，熒惑在角亢，形色猛盛。占曰："熒惑失其常，吏且棄其法，諸侯亂其政。"自是後，慕容垂、翟遼、姚萇、苻登、慕容永并阻兵争强。十四年正月，彭城妖賊又稱號於皇丘，劉牢之破滅之。三月，張道破合鄉，[5]圍泰山，向欽之擊走之。是年，翟遼又攻没滎陽，侵略陳項。于時政事多弊，君道陵遲矣。十四年四月乙巳，太白晝見于柳。六月辛卯，又晝見于翼。九月丙寅，又晝見于軫。十二月，熒惑入羽林。占并同上。十五年，翟遼掠司兖，衆軍累討不克，慕容垂又跨略并、冀等州。七月，旱。八月，諸郡大水，兖州又蝗。十五年九月癸未，熒惑入太微。十月，太白入羽林。十六年四月癸卯朔，太白晝見。十一月癸巳，月奄心前星。占曰："太子憂。"是時，太子常有篤疾。十七年七月丁丑，太白晝見。十月丁酉，又晝見。十八年六月，又晝見。十九年五月，又晝見于柳。六月辛酉，又晝見于輿鬼。九月，又見于軫。二十年六月，熒惑入天囷。占曰："大饑。"七月丁亥，太白晝見在太微。占曰："楗閉司心腹喉舌，東西咸主陰謀。"二十一年二月壬申，太白晝見。三月癸卯，太白連晝見，在羽林。占曰："有强臣，有兵喪，中軍兵起。"三月，太白晝見于胃。占曰："中軍兵起。"四月壬午，太白入天囷。占曰："爲饑。"六月，歲星犯哭泣星。占曰："有哭泣事。"是年九月，帝崩。隆安元年，王恭等舉兵脅朝廷，於是内外戒嚴，殺王國寶以謝之。又連歲水旱，三方動，衆人饑。

安帝隆安元年正月癸亥，熒惑犯哭泣星。占曰："有哭泣事。"四月丁丑，太白晝見，在東井。占曰："秦有兵喪。"六月，姚興攻洛陽，郗恢遣兵救之。冬姚萇死，子略代立。魏王圭即位於中山。其八月，熒惑守井鉞。占曰："大臣有誅。"二年六月戊辰，攝提移度失常。歲星晝見，在胃，兖州分野。是年六月，郗恢遣鄧啓方等以萬人伐慕容德於滑臺，[⑥]敗而還。閏月，太白晝見，在羽林。丁丑，月犯東上相。三年五月辛酉，月又奄東上相。辛未，辰星犯軒轅大星。占悉同上。二年九月，庾楷等舉兵，表誅王愉等，於是内外戒嚴。三年十月，洛陽没于寇。[⑦]桓玄破荆、雍州，殺殷仲堪等。孫恩聚衆攻没會稽，殺内史。四年六月辛酉，月犯哭泣星。五年正月，太白晝見。自去年十二月在斗晝見，至于是月乙卯。案占："災在吴越。"七月癸亥，大角星散摇五色。占曰："王者流散。"丁卯，月犯天關。占曰："王者憂。”九月庚子，熒惑犯少微，又守之。占曰：“處士誅。”十月甲子，月犯東次相。⑧其年七月，太皇太后李氏崩。十月，妖賊大破高雅之於餘姚，死者十七八。五年，孫恩攻侵郡縣，殺内史，至京口，進軍蒲洲，於是内外戒嚴。恩遣别將攻廣陵，殺三千餘人，退據郁洲，是時劉裕又追破之。九月，桓玄表至，逆旨陵上。十月，司馬元顯大治水軍，將以伐玄。元興元年正月，盧循自稱征虜將軍，領孫恩餘衆，略有永嘉、晋安之地。二月，帝戎服遣西軍。三月，桓玄克京都，殺司馬元顯，放太傅會稽王道子。

元興元年三月戊子，太白犯五諸侯，因晝見。占曰：“諸侯有誅。”七月戊寅，熒惑在東井。熒惑犯輿鬼、積尸。占并同上。八月丙寅，太白奄右執法。九月癸未，太白犯進賢。占曰：“進賢者誅。”二年二月，歲星犯西上將。六月申辰，月奄斗第四星。占曰：“大臣誅，不出三年。”八月癸丑，太白犯房北第二星。九月己丑，歲星犯進賢，熒惑犯西上將。十月甲戌，太白犯泣星。十一月丁酉，熒惑犯東上相。十二月乙巳，月奄軒轅第二星。占悉同上。元年冬，⑨魏破姚興軍。二年十二月，桓玄簒位，放遷帝、后於尋陽，以永安何皇后爲零陵君。三年二月，劉裕盡誅桓氏。三年正月戊戌，熒惑逆行，犯太微西上相。占曰：“天子戰於野，上相死。”二月丙辰，熒惑逆行，在左執法西北。占曰：“執法者誅。”四月甲午，月奄軒轅第二星。五月壬申，月奄斗第二星，填星入羽林。占并同上。是年二月丙辰，劉裕殺桓修等。三月己未，破走桓玄，遣軍西討。辛巳，誅左僕射王愉，桓玄劫天子如江陵。五月，玄下至峥嶸洲，義軍破滅之。桓振又攻没江陵，幽劫天子。七月，永安何皇后崩。

【注】

①左角：原文作“氐角”，今從《宋志》改爲“左角”。

②據《史記·天官書》“角、亢、氐，兖州”，則角和氐均爲兖州分野。

③《史記·天官書》曰：“軒轅，黄龍體。前大星，女主象。”故辰星犯軒轅，占曰“女主當之”。

④此處，接連有太元二年九月“太白晝見”，六年九月“太白晝見”，七年十一月“太白又晝見”，九年七月“太白晝見”，十一月“又晝見”，十年四月“又晝見”，十一年三月“太白晝見”，六月又晝見，十二年六月“太白晝見”，十月“太白晝見”，可見對太白晝見的觀測特别重視。據《開元占經》引《荆州占》曰：“太白晝見，與日争光，是謂經天，大亂十年，人民流亡，去其鄉，女主昌，執政，近日國，必有喪。”司馬彪《天文志》曰：“太白晝見經天，爲兵喪，在大人。”又甘氏曰：“太白晝見，天子有喪，天下更王，大亂，是謂經天，有亡國者，百姓皆流亡。”這是國家大亂、人民流亡的大凶占語，説明當時天子弱，戰亂頻繁。關於戰亂發生的地點，占語據州郡躔次予以判斷，由於斗分野在江、湖，故占語説在吴。由於參、畢、昴屬魏之分野，故曰“魏國有兵喪”。東井、輿鬼爲秦之分野，故曰“秦有兵”。

⑤張道破合鄉：《劉牢之傳》載“張道”爲“張遇”，“合鄉”作“金鄉”。

⑥慕容德：“德”原爲“寶”，今從勞校改。

⑦十月洛陽没于寇：“十月”原文作“六月”，從《帝紀》《宋志》改。

⑧東上相、東次相均爲星官名。

⑨元年冬：多本“元年”之前有“升平”二字，今據《宋志》删。

義熙元年三月壬辰，月奄左執法。占同上。丁酉，月奄心前星。占曰：“豫州有災。”太白犯東井。占曰：“秦有兵。”七月庚辰，太白晝見，在翼、軫。占曰：“爲臣强，荆州有兵喪。”八月丁巳，月犯斗第一星。占曰：“天下有兵。”一曰：“大臣憂。”九月戊子，[①]熒惑犯少微。占曰：“處士誅。”庚寅，熒惑犯右執法。癸卯，熒惑犯左執法。占并同上。十一月丙戌，太白犯鈎鈐。占曰：“喉舌憂。”十二月己卯，歲星犯天江。占曰：“有兵亂，河津不通。”十一月，荆州刺史魏咏之薨。二年二月，司馬國璠等攻没弋陽。四月，姚興伐仇池公楊盛，擊走之。九月，益州刺史司馬榮期爲其參軍楊承祖所害。三年十二月，司徒揚州刺史王謐薨。四年正月，太保武陵王遵薨。三月，左僕射孔安國卒。自後政在劉裕，人主端拱而已。[②]二年二月，太白犯南斗。占曰：“兵起。”己丑，月犯心後星。占曰：“豫州有災。”四月癸丑，月犯太微西上將。己未，月犯房南第二星。乙丑，歲星犯天江。占曰：“有兵亂，河津不通。”五月癸未，月犯左角。占曰：“左將軍死，天下有兵。”壬寅，熒惑犯氐。占曰：“氐爲宿宫，人主憂。”六月庚午，熒惑犯房北第二星。八月癸亥，熒惑犯南斗第五星。丁巳，犯建星。占曰：“爲兵。”九月壬午，熒惑犯哭星，又犯泣星。是年二月甲戌，司馬國璠等攻没弋陽。又，慕容超侵略徐、兖，三年正月，又寇北徐州，至下邳。十二月，司徒王謐薨。四年正月，武陵王遵薨。五年，慕容超復寇淮北。四月，劉裕大軍討之，拔臨朐。又圍廣固，拔之。三年正月丙子，太白晝見，在奎。二月庚申，月奄心後星。占同上。五月癸未，月犯左角。己丑，太白晝見，在參。占曰："益州有兵喪，臣强。"八月己卯，太白犯左執法。辛卯，熒惑犯左執法。九月壬子，熒惑犯進賢星。是年八月，劉敬宣伐蜀，不克而旋。四年三月，左僕射孔安國卒。七月，司馬叔璠等攻没鄒山，魯郡太守徐邕破走之。姚略遣衆征赫運勃勃，大爲所破。五年，劉裕討慕容超，滅之。四年正月庚子，熒惑犯天關。五月丁未，月奄斗第二星。壬子，填星犯天廪。占曰："天下饑，倉粟少。"六月己丑，太白犯太微西上將。己卯，[3]又犯左執法。十月戊子，熒惑入羽林。占悉同上。五年，劉裕討慕容超，後南北軍旅運轉不息。五年二月甲子，月犯昴。占曰："胡不安，天子破匈奴。"五月戊戌，歲星入羽林。九月壬寅，月犯昴。十月，熒惑犯氐。閏月丁酉，月犯昴。辛亥，熒惑犯鈎鈐。己巳，月奄心大星。占曰："王者惡之。"是年四月，劉裕討慕容超。十月，魏王圭遇弑殂。六年五月，盧循逼郊甸，宫衛被甲。六年三月丁卯，月奄房南第二星。災在次相。[4]己巳，又奄斗第五星。占曰："斗主吴，吴地兵起。"太白犯五諸侯。占曰："諸侯有誅。"五月甲子，月奄斗第五星。己亥，月奄昴第三星。占曰："國有憂。"一曰："有白衣之會。"六月己丑，月犯房南第二星。甲午，太白晝見。七月己亥，月犯輿鬼。占曰："國有憂。"一曰："秦有兵。"八月壬午，太白犯軒轅大星。甲申，月犯心前星。災在豫州。[5]丙戌，月犯斗第五星。占同上。丁亥，月奄牛宿南星。占曰："天下有大誅。"乙未，太白犯少微。丙午，太白在少微而晝見。九月甲寅，太白犯左執法。丁丑，填星犯畢。占曰："有邊兵。"是年三月，始興太守徐道覆反。四月，盧循寇湘中，没巴陵，率衆逼京畿。是月，左僕射孟昶懼王威不振，仰藥自殺。七年十二月，劉蕃梟徐道覆首，杜慧度斬盧循，并傳首京都。八年六月，劉道規卒，時爲豫州刺史。八月，皇后王氏崩。九月，兗州史劉蕃、尚書左僕射謝混伏誅。劉裕西討劉毅，斬首徇之。十二月，遣益州刺史朱齡石伐蜀。七年四月辛丑，熒惑入輿鬼。占曰："秦有兵。"一曰："雍州有災。"六月，太白晝見，在翼。己亥，填星犯天關。占曰："臣謀主。"八月，太白犯房南第二星。十一月丙午，[6]太白犯哭星。其七月，朱齡石克蜀，蜀又反，討滅之。八年七月癸亥，月奄房北第二星。己未，月犯井鉞。八月戊申，月犯泣星。十月辛亥，月奄天關。占曰："有兵。"十一月丁丑，填星犯東井。占曰："大人憂。"十二月癸卯，填星犯井鉞。是年八月，皇后王氏崩。九月，[7]誅劉蕃、謝混，討滅劉毅。十二月，朱齡石滅蜀。九年二月，熒惑入輿鬼。占曰："有兵喪。"太白犯南河。占曰："兵起。"五月壬辰，太白犯右執法，晝見。七月庚午，月奄鈎鈐。占曰："喉舌臣憂。"九月庚午，歲星犯軒轅大星。己丑，月犯左角。時劉裕擅命，兵革不休。十月，裕討司馬休之，[⑧]王師不利，休之等奔長安。十年正月丁卯，月犯畢。占曰："將相有以家坐罪者。"二月己酉，月犯房北星。五月壬寅，月犯牽牛南星。乙丑，歲星犯軒轅大星。占悉同上。六月丙申，月奄氐。占曰："將死之，國有誅者。"七月庚辰，月犯天關。占曰："兵起。"熒惑犯井鉞。填星犯輿鬼，遂守之。占曰："大人憂，宗廟改。"八月丁酉，月奄牽牛南星。占同上。九月，填星犯輿鬼。占曰："人主憂。"丁巳，太白入羽林。十二月己酉，月犯西咸。占曰："有陰謀。"十一年，林邑寇交州，距敗之。十一年三月丁巳，月入畢。占曰："天下兵起。"一曰："有邊兵。"己卯，熒惑入輿鬼。閏月丙午，填星又入輿鬼。占曰："爲旱，大疫，爲亂臣。"五月癸卯，熒惑入太微。

甲辰，犯右執法。六月己未，太白犯東井。占曰："秦有兵。"戊寅，犯輿鬼。占曰："國有憂。"七月辛丑，月犯畢。占同上。八月壬子，月犯氐。占同上。庚申，太白順行，從右掖門入太微。丁卯，奄左執法。十一月癸亥，月入畢。占同上，乙未，月入輿鬼而暈。十二年五月甲申，歲星留房心之間，宋之分野。始封劉裕爲宋公。六月壬子，太白順行入太微右掖門。己巳，月犯畢。占同上。七月，月犯牛宿。十月丙戌，月入畢。十三年五月丙子，月犯軒轅。丁亥，犯牽牛。癸巳，熒惑犯右執法。八月己酉，月犯牽牛。丁卯，月犯太微。占曰："人君憂。"九月壬辰，熒惑犯軒轅。十月戊申，月犯畢。占悉同上。月犯箕。占曰："國有憂。"甲寅，月犯畢。占同上。乙卯，填星犯太微，留積七十餘日。占曰："亡君之戒。"壬戌，月犯太微。十四年三月癸丑，[⑨]太白犯五諸侯。五月庚子，月犯太微。七月甲辰，熒惑犯輿鬼。占曰："秦有兵，又爲旱，爲兵喪。"亦曰："大人憂，宗廟改，亦爲亂臣。"時劉裕擅命，軍旅數興，饑旱相屬，其後卒移晋室。丁巳，月犯東井。占曰："軍將死。"八月甲子，太白犯軒轅。癸酉，填星入太微，犯右執法，因留太微中，積二百餘日乃去。占曰："填星守太微，亡君之戒，有徙王。"九月乙未，太白入太微，犯左執法。丁巳，月入太微。占曰："大人憂。"十月甲申，月入太微。癸巳，熒惑入太微，犯西蕃上將，仍順和，至左掖門内，留二十日，乃逆行。義熙十二年七月，劉裕伐姚泓。十三年八月，擒姚泓，司、兖、秦、雍悉平。十四年，劉裕還彭城，受宋公。十一月，左僕射前將軍劉穆之卒。明年，西虜寇長安，雍州刺史失齡石諸軍陷没，官軍舍而東。十二月，帝崩。

恭帝元熙元年正月丙午，三月壬寅，五月丙申，月皆犯太微，占悉同上。乙卯，辰星犯軒轅。六月庚辰，太白犯太微。七月己卯，月犯太微，太白晝見。自義熙元年至是，太白經天者九，日蝕者四，皆從上始，革代更王，臣失君之象也。是夜，太白犯哭星。十二月丁巳，月、太白俱入羽林。二年二月庚午，[⑩]填星犯太微。[⑪]占悉同上。元年七月，劉裕受宋王。二年六月，[⑫]帝遜位于宋。

【注】

①戊子：原文爲“甲子”，是月無“甲子”，《宋志》作“戊子”，今從《宋志》。

②端拱：皇上端手拱坐，意爲無所作爲。

③己卯：原文作“乙卯”，但是本月無“乙卯”，今據《宋志》改。

④災在次相：《商榷》《拾補》皆謂“災”上脱“占曰”二字。

⑤災在豫州：“災”上疑脱“占曰”二字。

⑥十一月丙午：原爲“十一月丙子”，十一月無“丙子”，據《宋志》當爲“丙午”。

⑦九月：“月”字原爲“年”，今據《宋志》改。

⑧據史載，劉裕討休之在十一年三月，疑此處載十月討休之爲誤。

⑨三月癸丑：原爲“三月癸巳”，三月無“癸巳”，據《宋志》改爲“癸丑”。

⑩二月庚午：原作“三月庚午”，三月無“庚午”，今依《宋志》改。

⑪以上諸占，都有某星犯太微，占曰“大人憂”，“人君憂”。《黄帝占》曰：“太微，天子之宫。”《春秋元命苞》曰：“太微，權政所在。”所有這些，都應在天子和權政受到侵犯上。還有一些天象爲某星犯黄龍或曰軒轅。郗萌曰：“軒轅，女主之廷也，一名天柱。”《淮南鴻烈》曰：“軒轅，帝妃之舍也。”又石氏曰：“軒轅、屏星去，無君臣之義。”同樣，軒轅爲天子的後宫，後宫受到影響，當然也就没有天子了。故二者都有革代更王之義。最後導致劉裕滅晋，建立劉宋政權。

⑫二年：原文作“是年”，由於恭帝在位二年，顯然遜位當在二年。

妖星客星[①]

魏文帝黄初三年九月甲辰，客星見太微左掖門内。占曰：“客星出太微，國有兵喪。”十月，帝南征孫權。是後，累有征役。六年十月乙未，有星孛于少微，歷軒轅。占“爲兵喪，除舊布新之象[2]”。時帝軍廣陵，辛丑，親御甲胄觀兵。明年五月，帝崩。

明帝太和六年十一月丙寅，有星孛于翼，近太微上將星。占曰：“爲兵喪。”甘氏曰：“孛彗所當之國，是受其殃。翼又楚分野，孫權封略也。”[3]明年，權有遼東之敗。又明年，諸葛亮入秦川。孫權發兵，緣江淮屯要衝，權自圍新城以應亮，天子東征權。

青龍四年十月甲申，有星孛于大辰，長三尺。乙酉，又孛于東方。十一月己亥，彗星見，犯宦者天紀星。占曰：“大辰爲天王，天下有喪。”劉向《五紀論》曰：“《春秋》，星孛于東方，不言宿者，不加宿也。宦者在天市，爲中外有兵。天紀爲地震，孛彗主兵喪。”景初元年六月，地震。九月，吴將朱然圍江夏。皇后毛氏崩。二年正月，討公孫文懿。三年正月，明帝崩。

景初二年八月，彗星見張，長三尺，逆西行，四十一日滅。占同上。張，周分野。十月癸巳，客星見危，逆行，在離宫北、騰蛇南。甲辰，犯宗星。己酉，滅。占曰：“客星所出有兵喪。虚危爲宗廟，又爲墳墓。客星近離宫，則宫中將有大喪，就先君於宗廟之象也。”三年正月，帝崩。

少帝正始元年十月乙酉，彗星見西方，在尾，長三丈，拂牵牛，犯太白。十一月甲子，進犯羽林。占曰：“尾爲燕，又爲吴，牛亦吴越之分。太白爲上將，羽林中軍兵。爲吴越有喪，中軍兵動。”二年五月，吴遣三將寇邊。吴太子登卒。六月，宣帝討諸葛恪於皖。太尉滿寵薨。六年八月戊午，彗星見七星，長二尺，色白，進至張，積二十三日滅。七年十一月癸亥，又見軫，長一尺，積百五十六日滅。九年三月，又見昴，長六尺，色青白，芒西南指。七月，又見翼，長二尺，進至軫，積四十二日滅。案占曰："七星張爲周分野，翼軫爲楚，昴爲趙魏。彗所以除舊布新，主兵喪也。"嘉平元年，宣帝誅曹爽兄弟及其黨與，皆夷三族，京師嚴兵。三年，誅楚王彪，又襲王凌於淮南。淮南，東楚也。魏諸王幽於鄴。

【注】

①妖星客星：此二類星名，主要是指彗星，但也有新星、變星、星雲等。此二類星均爲异常出現之天象，所以古人感到奇怪，稱之爲妖星。既稱之爲妖，一般對應於社會都是有害的。客星，就字面含義，爲作客之星，是偶然出現的。彗星的位置是移動的，這是其主要特徵。彗星一般有彗頭如髮，大多數彗星有尾巴。新星和超新星，都是突然出現，數十天後慢慢暗淡而滅，位置不變。就本篇所載妖星、客星來看，絶大多數都是彗星，衹有少數是新星和變星。

②彗星出現，星占家傳統的觀念是"爲兵喪，除舊布新之象"。兵喪，即戰亂和死喪。除舊布新有革政更代之義。

③彗星，在古人的分類中，主要有彗星和孛星。彗星又稱長星、掃帚星，有尾巴。孛星，有彗髮，一般無尾，即使有尾也較短。它與一般星之區别是中間有星，周圍有髮。客星、妖星中雖然很多無髮，但衹要其位置移動，也該視爲彗星。

嘉平三年十一月癸亥，有星孛于營室，西行，積九十日滅。占曰："有兵喪。室爲後宫，後宫且有亂。"四年二月丁酉，彗星見西方，在胃，長五六丈，色白，芒南指，貫參，積二十日滅。五年十一月，彗星又見軫，長五丈，在太微左執法西，東南指，積百九十日滅。案占："胃，兖州之分野。參，主兵。太微，天子庭。執法，爲執政。孛彗爲兵喪，除舊布新之象。"正元元年二月，李豐、豐弟翼、后父張緝等謀亂，皆誅，皇后亦廢。九月，帝廢爲齊王。

高貴鄉公正元元年十一月，白氣出南斗側，廣數丈，長竟天。王肅曰："蚩尤之旗也，東南其有亂乎！"二年正月，有彗星見于吴楚分，西北竟天。鎮東大將軍毌丘儉等據淮南叛，景帝討平之。案占："蚩尤旗見，王者征伐四方。"自後又征淮南，西平巴蜀。是歲，吴主孫亮五鳳元年也。斗牛，吴越分。案占："吴有兵喪，除舊布新之象也。"太平三年，孫綝盛兵圍宫，廢亮爲會稽王，故《國志》又書於吴也。淮南江東同揚州地，故于時變見吴、楚。楚之分則魏之淮南，多與吴同災。是以毌丘儉以孛爲己應，遂起兵而敗。後三年，即魏甘露二年，諸葛誕又反淮南，吴遣將救之。及城陷，誕衆與吴兵死没各數萬人，猶前長星之應也。

甘露二年十一月，彗星見角，色白。占曰："彗星見兩角間色白者，軍起不戰，邦有大喪。"景元元年，高貴鄉公爲成濟所害。四年十月丁丑，客星見太微中，轉東南行，歷軫宿，積七日滅。占曰："客星出太微，有兵喪。"景元元年，高貴鄉公被害。

元帝景元三年十一月壬寅，彗星見亢，色白，長五寸，[①]轉北行，積四十五日滅。占曰：“爲兵喪。”一曰：“彗星見亢，天子失德。”四年，鍾會、鄧艾伐蜀，克之。二將反亂，皆誅。

【注】

①長五寸：“五寸”，《宋志》作“五丈”。

咸熙二年五月，彗星見王良，長丈餘，色白，東南指，積十二日滅。占曰：“王良，天子御駟。[①]彗星掃之，禪代之表，除舊布新之象也。白色爲喪。王良在東壁宿，又并州之分野。[②]”八月，文帝崩。十二月，武帝受魏禪。

武帝泰始四年正月丙戌，彗星見軫，青白色，西北行，又轉東行。占曰：“爲兵喪，軫又楚分野。”三月，皇太后王氏崩。十月，吴寇江夏、襄陽。五年九月，星孛于紫宫。占如上。紫宫，天子内宫。十年，武元楊皇后崩。十年十二月，有星孛于軫。占曰：“天下兵起，軫又楚分野。”

咸寧二年六月甲戌，星孛于氐。占曰：“天子失德易政。氐，又兖州分。”七月，星孛大角。大角爲帝坐。八月，星孛太微，至翼、北斗、三台。占曰：“太微，天子庭，大人惡之。”一曰：“有改王。翼，又楚分野。北斗主殺罰，三台爲三公。”三年正月，星孛于西方。三月，星孛于胃。胃，徐州分。四月，星孛女御。女御爲後宫。五月，又孛于東方。七月，星孛紫宫。占曰：

"天下易主。"四年四月，蚩尤旗見陳井。後二年，傾三方伐吴，是其應也。五年三月，星孛于柳。四月，又孛于女御。七月，孛于紫宫。占曰："外臣陵主。[③]柳，又三河分野。大角、太微、紫宫、女御并爲王者。"明年吴亡，是其應也。孛主兵喪。征吴之役，三河、徐、兖之兵悉出，交戰於吴楚之地，吴丞相都督以下梟戮十數，偏裨行陣之徒馘斬萬計，皆其徵也。

太康二年八月，有星孛于張。占曰："爲兵喪。"十一月，星孛于軒轅。占曰："後宫當之。"四年三月戊申，星孛于西南。是年，齊王攸、任城王陵、琅邪王伷、新都王該薨。八年九月，星孛于南斗，長數十丈，十餘日滅。占曰："斗主爵禄，國有大憂。"一曰："孛于斗，王者疾病，天下易政，大亂兵起。"

太熙元年四月，客星在紫宫。占曰："爲兵喪。"太康末，武帝耽宴游，多疾病。是月己酉，帝崩。永平元年，賈后誅楊駿及其黨與，[④]皆夷三族，楊太后亦見弒。又誅汝南王亮、太保衛瓘、楚王瑋，王室兵喪之應也。

【注】

①《開元占經》引《春秋元命苞》曰："天騎四星，在漢中。一名天駟，傍一名王良，主天馬。"《河圖》曰："王良爲天橋。"巫咸曰："王良，天子道橋之度水之官。"《河圖》又曰："王良策馬，此皆兵候。"

②州郡躔次之分野，是對二十八宿而言的，其它星宿，各按其入宿度，分屬有關二十八宿之内，并依次爲占。

③外臣陵主："陵"同"凌"，欺凌。

④黨與：與，參與之人。

惠帝元康五年四月，有星孛于奎，至軒轅、太微，經三台、太陵。占曰：“奎爲魯，又爲庫兵，軒轅爲後宫，太微天子庭，三台爲三司，太陵有積尸死喪之事。”其後武庫火，西羌反。後五年，司空張華遇禍，賈后廢死，魯公賈謐誅。又明年，趙王倫篡位。於是三王興兵討倫，兵士戰死十餘萬人。

永康元年三月，妖星見南方。占曰：“妖星出，天下大兵將起。”是月賈后殺太子，趙王倫尋廢殺后，斬司空張華，又廢帝自立。於是三王并起，迭總天權。其十二月，彗星出牽牛之西，指天市。占曰：“牛者七政始，彗出之，改元易號之象也。天市一名天府，一名天子旗，帝坐在其中。”明年，趙王倫篡位，改元，尋爲大兵所滅。二年四月，彗星見齊分。占曰：“齊有兵喪。”是時，齊王冏起兵討趙王倫。倫滅，冏擁兵不朝，專權淫奢。明年，誅死。

太安元年四月，彗星晝見。二年三月，彗星見東方，指三台。占曰：“兵喪之象。三台爲三公。”三年正月，東海王越執太尉、長沙王乂，張方又殺之。

永興元年五月，客星守畢。占曰：“天子絶嗣。”一曰：“大臣有誅。”時諸王擁兵，其後惠帝失統，終無繼嗣。二年八月，有星孛于昴畢。占曰：“爲兵喪。昴畢又趙魏分野。”十月丁丑，有星孛于北斗。占曰：“琁璣更授，天子出走。”又曰：“强國發兵，諸侯争權。”是後，諸王交兵，皆有應。明年，惠帝崩。

成帝咸和四年七月，有星孛于西北，犯斗，二十三日滅。占曰："爲兵亂。"十二月，郭默殺江州刺史劉胤，荆州刺史陶侃討默，斬之。時石勒又始僭號。

咸康二年正月辛巳，彗星夕見西方，在奎。占曰："爲兵喪。奎，又爲邊兵。"三年正月，石季龍僭天王位。四年，石季龍伐慕容皝，不克。既退，皝追擊之，又破麻秋。時皝稱蕃，邊兵之應也。六年二月庚辰，有星孛于太微。七年三月，杜皇后崩。

康帝建元元年十一月六日，彗星見亢，長七尺，白色。占曰："亢爲朝廷，主兵喪。"二年，康帝崩。

穆帝永和五年十一月乙卯，彗星見于亢。芒西向，色白，長一丈。六年正月丁丑，彗星又見于亢。占曰："爲兵喪、疾疫。"其五年八月，褚裒北征，兵敗。十一月，冉閔殺石遵，又盡殺胡十餘萬人，於是中土大亂。十二月，褚裒薨。是年，大疫。

升平二年五月丁亥，彗星出天船，在胃。占曰："爲兵喪，除舊布新。出天船，外夷侵。"一曰："爲大水。"四年五月，天下大水。五年，穆帝崩。

哀帝興寧元年八月，有星孛于角亢，入天市。案占曰："爲兵喪。"三年正月，皇后王氏崩。二月，帝崩。三月，慕容恪攻没洛陽，沈勁等戰死。

海西太和四年二月，客星見紫宫西垣，至七月乃滅。占曰："客星守紫宫，臣弑主。"六年，桓温廢帝爲海西公。

孝武寧康二年二月丁巳，[①]有星孛于女虚，經氐、亢、角、軫、翼、張。至三月丙戌，彗星見於氐。九月丁丑，有星孛于天市。占曰：“爲兵喪。”太元元年七月，苻堅破凉州，虜張天錫。

太元十一年三月，客星在南斗，至六月乃没。占曰：“有兵，有赦。”是後司、雍、兖、冀常有兵役。十二年正月大赦，八月又大赦。十五年七月壬申，有星孛于北河戍，②經太微、三台、文昌，入北斗，色白，長十餘丈。八月戊戌，入紫宫乃滅。占曰：“北河戍一名胡門，胡有兵喪。掃太微，入紫微，王者當之。三台爲三公，文昌爲將相，將相三公有災。入北斗，諸侯戮。”一曰：“掃北斗，强國發兵，諸侯争權，大人憂。”二十一年，帝崩。隆安元年，王恭、殷仲堪、桓玄等并發兵，表以誅王國寶爲名。朝廷順而殺之，并斬其從弟緒，司馬道子由是失勢，禍亂成矣。十八年二月，客星在尾中，至九月乃滅。占曰：“燕有兵喪。”二十年，慕容垂息寶伐魏，爲所破，死者數萬人。二十一年，垂死，國遂衰亡。二十年九月，有蓬星如粉絮，東南行，歷女虚，至哭星。占曰：“蓬星見，不出三年，必有亂臣戮死於市。”是時，王國寶交構朝廷。二十一年九月，帝崩。隆安元年，王恭等興兵，而朝廷殺王國寶、王緒。

【注】

①二月丁巳：原文爲“正月丁巳”，正月無“丁巳”，今從《孝武紀》改爲“二月”。

②北河戍：戍，營壘城堡。北河戍，爲北河星的城門。《黄帝占》曰：“南北河戍，一名天高，一名天亭，兩河戍間爲天道。”又曰：“北河戍名

曰北横、陰門、北宫、北高、北關，胡門。”

安帝隆安四年二月己丑，有星孛于奎，長三丈，上至閣道、紫宫西蕃，入北斗魁，至三台，三月，遂經于太微帝坐端門。占曰：“彗星掃天子庭閣道，易主之象。”經三台入北斗。占同上條。十二月戊寅，有星孛于貫索、天市、天津。占曰：“貴臣獄死，内外有兵喪。天津爲賊斷，王道天下不通。”案占：“災在吴越。”五年二月，有孫恩兵亂，攻侵郡國。於是内外戒嚴，營陣屯守，栅斷淮口。九月，桓玄表至，逆旨陵上。其後玄遂篡位，亂京都，大饑，人相食，百姓流亡，皆其應也。

元興元年十月，有客星色白如粉絮，在太微西，至十二月入太微。占曰：“兵入天子庭。”二年十二月，桓玄篡位，放遷帝、后於尋陽，以永安何皇后爲零陵君。三年二月，劉裕盡誅桓氏。

義熙十一年五月甲申，彗星二出天市，掃帝坐，在房心北。房心，宋之分野。案占：“得彗柄者興，除舊布新，宋興之象。”十四年五月庚子，有星孛于北斗魁中。七月癸亥，彗星出太微西，柄起上相星下，芒漸長至十餘丈，進掃北斗、紫微、中台。占曰：“彗出太微，社稷亡，天下易王；入北斗、紫微，帝宫空。”十四年，劉裕還彭城，受宋公。十二月，帝崩。

恭帝元年正月戊戌，有星孛于太微西蕃。占曰：“革命之徵。”其年，宋有天下。

星流隕[1]

蜀後主建興十三年，諸葛亮帥大衆伐魏，屯于渭南。有長星赤而芒角，自東北西南流，投亮營，三投再還，往大還小。占曰："兩軍相當，有大流星來走軍上及墜軍中者，皆破敗之徵也。"九月，亮卒于軍，焚營而退，群帥交怨，多相誅殘。

魏明帝景初二年，宣帝圍公孫文懿於襄平。八月丙寅夜，有大流星長數十丈，白色有芒鬣，從首山東北流，墜襄平城東南。占曰："圍城而有流星來走城上及墜城中者破。"又曰："星墜，當其下有戰場。"又曰："凡星所墜，國易姓。"九月，文懿突圍走，至星墜所被斬，屠城，坑其衆。

【注】

①星流隕：指流星和隕星、隕石。

元帝景元四年六月，有大流星二并如斗，見西方，分流南北，光照地，隆隆有聲。案占："流星爲貴使，星大者使大。"是年，鍾、鄧克蜀，二星蓋二帥之象。二帥相背，又分流南北之應。鍾會既叛，三軍憤怒，隆隆有聲，兵將怒之徵也。

武帝泰始四年七月，星隕如雨，皆西流。占曰："星隕爲百姓叛。西流，吴人歸晋之象也。"二年，吴夏口督孫秀率部曲二千餘人來降。

太康九年八月壬子，星隕如雨。《劉向傳》云：“下去其上之象。”後三年，帝崩而惠帝立，天下自此亂矣。

惠帝元康四年九月甲午，枉矢東北行，[1]竟天。六年六月丙午夜，有枉矢自斗魁東南行。案占曰：“以亂伐亂。北斗主執殺，出斗魁，居中執殺者，不直之象也。”是後，趙王殺張、裴，廢賈后，以理太子之冤，因自篡盗，以至屠滅，以亂伐亂之應也。一曰，氐帥齊萬年反之應也。

太安二年十一月辛巳，有星晝隕中天北下，光變白，有聲如雷。案占：“名曰營首。營首所在，下有大兵，流血。”明年，劉元海、石勒攻略并州，多所殘滅。王浚起燕代，引鮮卑攻掠鄴中，百姓塗地。有聲如雷，怒之象也。

永興元年七月乙丑，星隕有聲。二年十月，星又隕有聲。占同上。是後，遂亡中夏。

光熙元年五月，枉矢西南流。是時，司馬越西破河間兵，奉迎大駕，尋收繆胤、何綏等，肆無君之心，天下惡之。及死而石勒焚其尸柩，是其應也。

【注】

①枉矢：大流星。其轟鳴聲，爲隕星與大氣摩擦燃燒發出的響聲。

懷帝永嘉元年九月辛亥，[1]有大星如日，自西南流于東北，小者如斗，相隨，天盡赤，聲如雷。占曰：“流星爲貴使，星大者使大。”是年五月，汲桑殺東燕王騰，遂據河北。十一月，始遣和郁爲征北將軍，鎮鄴。[②]田甄等大破汲桑，斬于樂陵。於是以甄爲汲郡太守，弟蘭鉅鹿太守。小星相隨者，小將别帥之象也。司馬越忿魏郡以東平原以南皆黨於桑，以賞甄等，於是侵掠赤地。有聲如雷，忿怒之象也。四年十月庚子，大星西北墜，有聲。尋而帝蒙塵于平陽。

元帝太興三年四月壬辰，枉矢出虚、危，没翼、軫。占曰：“枉矢所觸，天下之所伐。翼、軫，荆州之分野。[③]”太寧二年，王敦殺譙王承及甘卓，而敦又梟夷，枉矢觸翼之應也。

永昌元年七月甲午，有流星大如甕，長百餘丈，青赤色，從西方來，尾分爲百餘岐，或散。時王敦之亂，百姓流亡之應也。

成帝咸康三年六月辛未，流星大如二斗魁，色青赤，光耀地，出奎中，没婁北。案占：“爲饑，五穀不藏。”是月，大旱，饑。六年二月庚午朔，有流星大如斗，光耀地，出天市，西行入太微。占曰：“大人當之。”八年六月，成帝崩。

穆帝永和八年六月辛巳，日未入，有流星大如三斗魁，從辰巳上，東南行。晷度推之，在箕、斗之間，蓋燕分也。案占：“爲營首。營首之下，流血滂沱。”是時，慕容儁僭稱大燕，攻伐無已。十年四月癸未，流星大如斗，色赤黄，出織女，没造父，有聲如雷。占曰：“燕齊有兵，百姓流亡。”其年十二月，慕容儁遂據臨漳，盡有幽、并、青、冀之地。緣河諸將奔散，河津隔絶。慕容恪攻齊。

升平二年十一月，枉矢自東南流于西北，其長半天。四年十月庚戌，天狗見西南。占曰："有大兵，流血。"

海西太和四年十月壬申，有大流星西下，有聲如雷。明年，遣使免袁真爲庶人。桓温征壽春，真病死，息瑾代立，求救於苻堅。温破苻堅軍。六年，壽春城陷。

【注】

①九月辛亥："辛亥"原文作"辛卯"，九月無"辛卯"，從《懷帝紀》作"辛亥"。

②鎮鄴：原文爲"鎮鄴西"，從《懷帝紀》删"西"字。

③枉矢所觸天下之所伐：枉矢墜地之處，爲天下人討伐之地。

孝武太元六年十月乙卯，有奔星東南經翼、軫，聲如雷。占曰："楚地有兵，軍破，百姓流亡。"十二月，苻堅荆州刺史梁成、襄陽太守閻震率衆伐竟陵，桓石虔擊大破之，生擒震，斬首七千，獲生口萬人。聲如雷，將帥怒之象也。十三年閏月戊辰，天狗東北下，有聲。[1]占曰："有大戰，流血。"自是後，慕容垂、翟遼、姚萇、苻登、慕容永并阻兵争强。十四年正月，彭城妖賊又稱僞號於皇丘，劉牢之破滅之。三月，張道破合鄉、太山，向欽之擊走之。

安帝隆安五年三月甲寅，流星赤色，衆多西行，經牽牛、虚、危、天津、閣道，貫太微、紫宫。占曰：

“星庶人類，衆多西行，衆將西流之象。經天子庭，主弱臣强，諸侯兵不制。”其年五月，孫恩侵吴郡，殺内史。六月，至京口。於是内外戒嚴，營陣屯守，劉裕追破之。元興元年七月，大饑，人相食。浙江以東流亡十六七，吴郡、吴興户口减半，又流奔而西者萬計。十月，桓玄遣將擊劉軌，破走之。軌奔青州。

【注】

①《史記·天官書》曰：“天狗，狀如大奔星，有聲，其下止地，類狗。”這是指隕石。

雲氣[①]

惠帝永興元年十二月壬寅夜，有赤氣亘天，砰隱有聲。二年十月丁丑，赤氣見北方，東西竟天。占曰：“并爲大兵。砰隱有聲，怒之象也。”是後，四海雲擾，九服交兵。

光熙元年十二月甲申，有白氣若虹，中天北下至地，夜見五日乃滅。占曰：“大兵起。”明年，王彌起青徐，汲桑亂河北，毒流天下。

懷帝永嘉三年十一月乙亥[②]，有白氣如帶，出南北方各二，起地至天，貫參伐中。占曰：“天下大兵起。”四年三月，司馬越收繆胤等。又，三方雲擾，攻戰不休。五年三月，司馬越死於甯平城，石勒攻破其衆，死者十餘萬人。六月，京都焚滅，帝如虜庭。

愍帝建興元年十月己巳夜，有赤氣曜於西北。荆州刺史陶侃討杜弢之黨於石城，戰敗。

【注】

①此均爲夜間所見之雲氣，實無雲，而是指夜間之赤氣、白氣，均是指所見北極光。

②十一月乙亥："十一月"，多本均作"十二月"，十二月無"乙亥"，今從殿本作"十一月"。

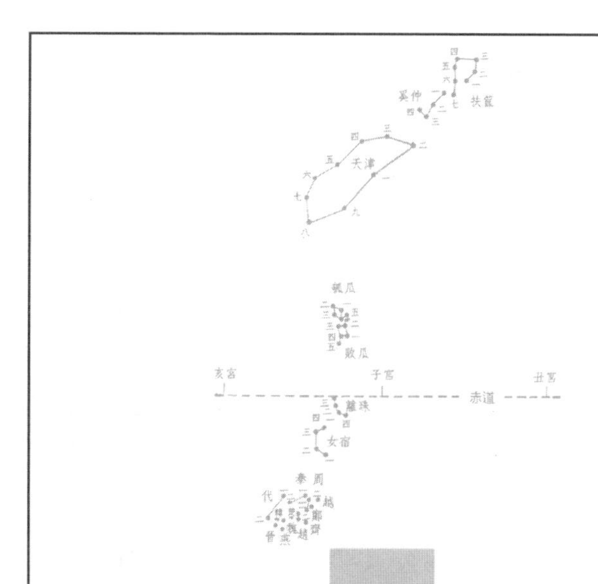

宋書·天文志

《宋書》之《天文志》四卷，初稿成於何承天（370—447）之手，後經徐爰（394—475）修改，最終由沈約（441—513）定稿，收入其《宋書》之中。《後漢書》以前的正史系統之《天文志》《天官書》，均不載天文學理論和儀象，直至《宋志》纔開創了新的內容。《晉書·天文志》雖也有記述，但《晉志》寫作在後，并且是在《宋志》基礎上改寫的，故開創之功當屬《宋志》。《宋志》與《晉志》的差别在於，《晉志》是將論天和儀象分開單獨寫的，而《宋志》混在一起按時代順序介紹。《晉志》衹寫魏、晉，《宋志》自魏晉一直寫到劉宋，以年代先後爲序，起自魏文帝黄初三年（222），迄於宋順帝昇明元年（477）。《宋志》主要記述劉宋之事，在介紹了劉宋以前儀象的發展歷史以後，便介紹徐爰對於東漢鄭玄將“璇璣玉衡”解釋爲渾儀的質疑，主張璇璣玉衡爲北斗七星。然後陳述沈約本人的觀點，認爲渾儀之作，始於西漢的洛下閎。最後介紹了劉宋元嘉十三年（436）和十七年（440）錢樂之先後製成的水轉渾象和鑄有甘、石、巫等家星官的小型渾象。對於古人論天，本志的記載是最爲完整的，它首載蔡邕對論天三家——宣夜、蓋天、渾天的評述，次述三國吴王蕃的《渾天象説》和宋何承天對於天體構造的論述；接着介紹了《周髀算經》蓋天説的主要觀點，又引西漢劉向《五紀論》所載《夏曆》一文主張的日月左旋説，和劉向對此説的責難。這是關於日月左旋還是右旋争論的最早歷史記述。

《宋書·天文志》四卷，用三卷半的篇幅記載了自三國至劉宋時期各種异常天象的出没。它的編寫思想，正好與《後漢書·天文志》的天象記録相接，所載天象豐富多彩，有五星逆行、五星互犯、五星犯恒星、月食、太白晝見、歲星晝見、月亮奄犯恒星或行星、彗星、新星、流星、流星雨、北極光等。還有三或四顆行星聚合的記載，并對前代“五星聚者有三”“四星聚者有九”的記述作了回顧。

《宋書·天文志》不載日食、隕石記事，而是將這二者歸入《五行志》。這是沿襲兩部《漢書》的慣例。

關於本志的校勘，可參考鄭慧生《中華書局校點本〈宋書·天文志〉正誤》、楊勝明《〈宋書·天文志〉考議》等。

《宋書》卷二十三

志第十三

天文一

言天者有三家：一曰宣夜，[①]二曰蓋天，[②]三曰渾天。[③]而天之正體，《經》無前説。馬《書》、班《志》，又闕其文。漢靈帝議郎蔡邕於朔方上書曰：[④]“論天體者三家，宣夜之學，絶無師法。《周髀》術數具存，考驗天狀，多所違失。惟渾天僅得其情，今史官所用候臺銅儀，則其法也。立八尺圓體，而具天地之形，以正黄道，占察發斂，以行日月，以步五緯，精微深妙，百世不易之道也。官有其器而無本書，[⑤]前志亦闕而不論，本欲寢伏儀下，思惟微意，按度成數，以著篇章。罪惡無狀，投畀有北，[⑥]灰滅雨絶，勢路無由。[⑦]宜問群臣，下及巖穴，[⑧]知渾天之意者，使述其義。”時閹官用事，[⑨]邕議不行。

【注】

①宣夜：宣，普遍之義；宣夜，義爲宇宙中普遍都是黑夜。宣夜説在

中國古代雖然没有得到推廣和發展，却是一種很有特色的宇宙學説。英國科學史家李約瑟在其《中國科學技術史》一書中稱贊説："這種宇宙觀的開明進步，同希臘的任何説法相比，的確都毫不遜色……中國這種在無限的空間中飄浮着稀疏的天體的看法，要比歐洲的水晶球概念先進得多。雖然漢學家們傾向於認爲宣夜説不曾起作用，然而它對中國天文學思想所起的作用實在比表面上看來要大一些。"

②蓋天：中國西漢以前論天學説中最爲古老、樸素而又流行的學説，其代表作爲《周髀算經》，也稱《周髀》。蓋天説有第一蓋天説、第二蓋天説和周髀家説等分支學説，相互間也都有差异。

③渾天：相當於希臘以地球爲中心的球面運動觀念。渾天説的代表著作爲《靈憲》和《渾天儀圖説》。

④蔡邕（133—192）：東漢陳留（今河南杞縣）人，字伯喈，經學家和天文學家。光和元年（178）因上書諫抑權臣，爲群小所攻擊，靈帝詔諭徙於朔方（内蒙古鄂爾多斯一帶）。他曾於朔方給皇帝上書《十意》，即文中所引朔方上書，事見《後漢書》。

⑤其器：多本無"其"字，中華書局校點本據《晋志》補。

⑥投畀有北：《詩經·小雅·巷伯》曰："取彼譖人，投畀豺虎；豺虎不食，投畀有北；有北不受，投畀有昊。"述説詩人控訴遭人讒毁，要把他投到北方不毛之地去。

⑦灰滅雨絶勢路無由：認爲自己永遠不可能再回到京師皇帝身邊。然而不到一年，他又意外地被赦免了。

⑧巖穴：指巖穴之士，民間有才能的隱士。

⑨閹官：指宦官。

漢末，吴人陸績善天文，始推渾天意。王蕃者，廬江人，吴時爲中常侍，善數術，傳劉洪《乾象曆》。依《乾象法》而制渾儀，立論考度曰：[①]

【注】

①即王蕃《渾天象説》一文。

前儒舊説，天地之體，狀如鳥卵，天包地外，猶殼之裹黄也。周旋無端，其形渾渾然，故曰渾天也。周天三百六十五度五百八十九分度之百四十五，半露地上，半在地下。其二端謂之南極、北極。北極出地三十六度，南極入地亦三十六度，兩極相去一百八十二度半强。①繞北極徑七十二度，常見不隱，謂之上規；繞南極七十二度，常隱不見，謂之下規。赤道帶天之紘，去兩極各九十一度少强。②

【注】

①多本并脱“二”字，中華書局校點本據局本補正。

②在唐代以前，使用十二時辰或十二方位記時，爲了使時間記載得詳細準確，往往還附有更細的分單位。這種分單位，是將一個基本單位分成四分，以“少”“半”“太”的名稱來表示：少爲1／4，半爲1／2，太爲3／4。有時嫌這種分法太粗略，再將1／4等分分成三部，以强弱的名稱進行區别。這樣，實際是將一個基本單位分成十二等分，其名稱及相互之間的關係見下表：

十二分單位相互之間的關係

强	弱少	少	少强	半弱	半	半强	太弱	太	太强	弱	一辰
1/12	2/12	3/12	4/12	5/12	6/12	7/12	8/12	9/12	10/12	11/12	12/12

黄道，日之所行也。半在赤道外，半在赤道内，與赤道東交於角五少弱，西交於奎十四少强。其出赤道外極遠者，去赤道二十四度，斗二十一度是也。其入赤道内極遠者，亦二十四度，井二十五度是也。

日南至在斗二十一度，去極百一十五度少强是也。日最南，去極最遠，故景最長。黄道斗二十一度，出辰入申，[1]故日亦出辰入申。日晝行地上百四十六度强，故日短；夜行地下二百一十九度少弱，故夜長。自南至之後，日去極稍近，故景稍短。日晝行地上度稍多，故日稍長；夜行地下度稍少，故夜稍短。日所在度稍北，故日稍北，以至於夏至，日在井二十五度，去極六十七度少强，是日最北，去極最近，景最短。黄道井二十五度，出寅入戌，故日亦出寅入戌。日晝行地上二百一十九度少弱，故日長；夜行地下百四十六度强，故夜短。自夏至之後，日去極稍遠，故景稍長。日晝行地上度稍少，故日稍短；夜行地下度稍多，故夜稍長。日所在度稍南，故日出入稍南，以至於南至而復初焉。斗二十一，井二十五，南北相覺四十八度。[2]

【注】

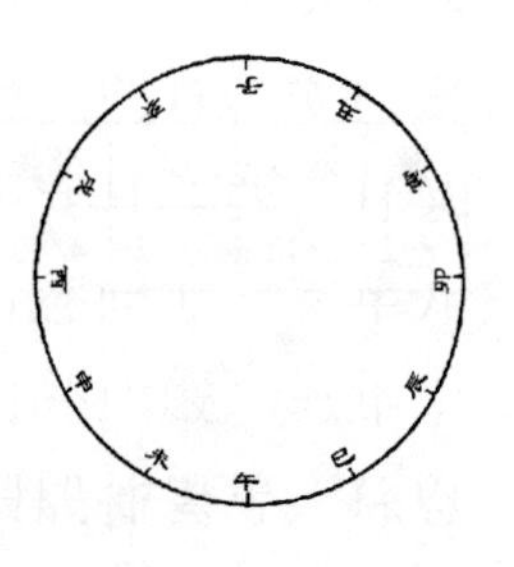

①中國古代將地上的方位劃分爲十二等分，以十二辰表示，如圖。圖中子、午、卯、酉分别爲正北、南、東、西。

②南北相覺：覺，直對的距離。南北相覺四十八度，指日行黄道内外，在冬夏至各距赤道二十四度，故曰南北相距四十八度。

春分，日在奎十四少强，秋分日在角五少弱，此黄、赤二道之交中也。去極俱九十一度少强，南北處斗二十一、井二十五之中，故景居二至長短之中。奎十四，角五，出卯入酉，故日亦出卯入酉。日晝行地上，夜行地下，俱百八十二度半强。[①]故日見之漏五十刻，不見之漏五十刻，謂之晝夜同。夫天之晝夜，以日出入爲分，人之晝夜，以昏明爲限。日未出二刻半而明，日已入二刻半而昏，故損夜五刻以益晝，是以春秋分之漏晝五十五刻。[②]

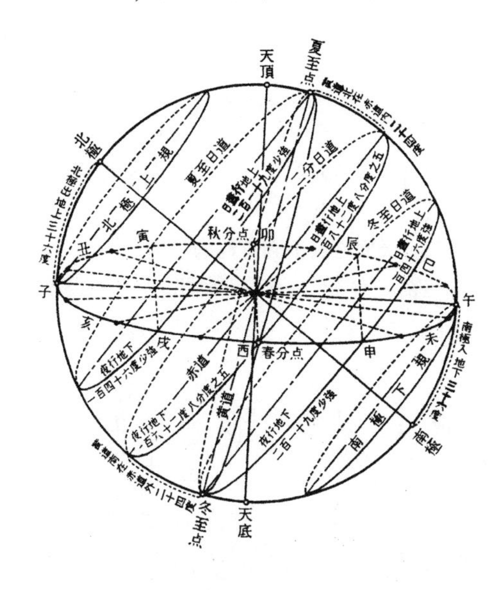

渾天運行圖

【注】

①俱百八十二度半强：多本皆無“二”字，中華書局校點本據局本補。

②春秋分時，晝夜相等，各爲五十刻，但若從昏明時刻計算，日落後二刻半爲昏，日出前二刻半爲明，故五十刻各相加二刻半，爲五十五刻。

三光之行不必有常，[①]術家以算求之，各有同异，故諸家曆法參差不齊。《洛書甄燿度》《春秋考异郵》皆云周天一百七萬一千里，一度爲二千九百三十二里七十一步二尺七寸四分四百八十七分分之三百六十二。陸績云：天東西南北徑三十五萬七千里，此言周三徑一也。考之徑一不啻周三，[②]率周百四十二而徑四十五，則天徑三十三萬[③]九千四百一里一百二十二步三尺二寸一分七十一分分之九。

【注】

①三光之行不必有常：三光的運行，并不嚴格地按照正常的行度。三光，日、月、星。星，主要指五大行星。

②徑一不啻周三：天周之長不到直徑的三倍。

③則天徑三十三萬："三十三萬"多本作"三十二萬"，今據錢大昕《廿二史考异》改正。

《周禮》："日至之景，尺有五寸，謂之地中。"鄭衆説："土圭之長，尺有五寸。以夏至之日，立八尺之表，其景與土圭等，[①]謂之地中，今潁川陽城地也。[②]"鄭玄云："凡日景於地千里而差一寸，景尺有五寸者，南戴日下[③]萬五千里也。"以此推之，日當去其下地八萬里矣。[④]日邪射陽城，則天徑之半也。天體圓如彈丸，地處天之半，而陽城爲中，則日春秋冬夏，昏明晝夜，去陽城皆等，無盈縮矣。故知從日邪射陽城爲天徑之半也。[⑤]

【注】

①其景與土圭等：是説夏至這一天，在陽城這個地方，在日中時，以

八尺之表測量日影，日影的長度與土圭的長度相等。土圭，是測量地中的標準器。這個土圭製成一尺五寸之長，正是出於這個實際情況的考慮。上引《周禮》出自《地官·大司徒》下開首。另一處《冬官·考工記》曰："土圭，尺有五寸，以致日，以土

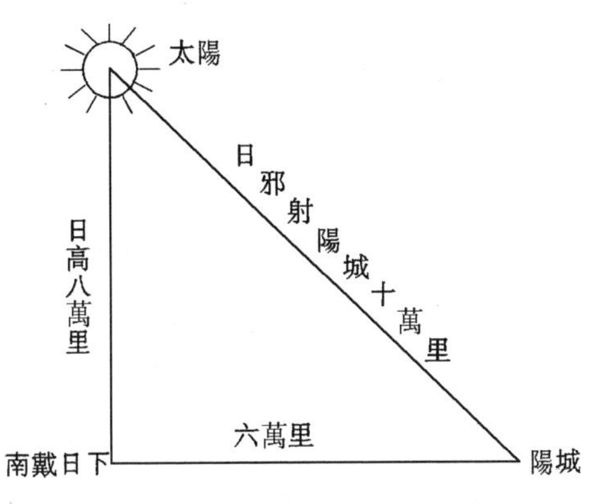

《周髀算經》中天徑之説示意圖

地。"義爲土圭是用以測量日影和土地的。土地，即度量地域。古人認爲，地中夏至正午日影長一尺五寸，地中之南日影短，之北影長，偏東之地已過午中，偏西之地未到午中。由此可以從影長、早晚測量某地相對於地中的方位。因此，影長的變化反映出地理緯度的變化，即周人設想用土圭測日影的辦法來間接測量土地的範圍，以便辨正方位，確定邦國的地域。不過，當時以影差一寸、地差千里的假設是錯誤的。隋劉焯等人便認識到這種假設的錯誤。

②謂之地中今潁川陽城地也：今登封市告成一帶爲古陽城，元郭守敬在此建有登封測景臺，保留至今，成爲天文學史上重要的文物古迹。

③南戴日下：戴日下，日戴在頭頂，即日正當天頂的地方。由於在黄河、長江一帶的人看來，太陽永遠在南面，故曰南戴日下。

④日當去其下地八萬里：言太陽距其正下方八萬里。《周髀算經》曰："以勾爲首，以髀爲股，從髀至日下六萬里，而髀無影；從此以上至日，則八萬里。若求邪至日者，以日下爲勾，日高爲股，勾股各自乘，并而開方除之，得邪至日，從髀所旁至日所十萬里。"邪至日即斜向至日，即從陽城至日的距離爲十萬里。而日與地的垂直距離爲八萬里。古人的觀念也是在發展的，如李淳風所撰的《晋書·天文志》則説："天中高於外衡冬至日之所在六萬里。北極下地高於外衡下地亦六萬里，外衡高於北極下地二萬里。天地隆高相從，日去地恒八萬里。"

⑤此處没有講明“日邪射陽城”之距離是多少，衹是説“地處天之半，而陽城爲中”，故“日邪射陽城爲天徑之半”。實際上，這仍然是一種假想，在科學上并未作出證明。

以句股法言之，傍萬五千里，句也；立八萬里，股也；從日邪射陽城，弦也。以句股求弦法入之，得八萬一千三百九十四里三十步五尺三寸六分，天徑之半，而地上去天之數也。倍之，得十六萬二千七百八十八里六十一步四尺七寸二分，天徑之數也。以周率乘之，徑率約之，得五十一萬三千六百八十七里六十八步一尺八寸二分，周天之數也。[1]減《甄燿度》《考异郵》五十五萬七千三百一十二里有奇。一度凡千四百六里百二十四步六寸四分十萬七千五百六十五分分之萬九千三十九，減舊度千五百二十五里二百五十六步三尺三寸二十一萬五千一百三十分分之十六萬七百三十分。

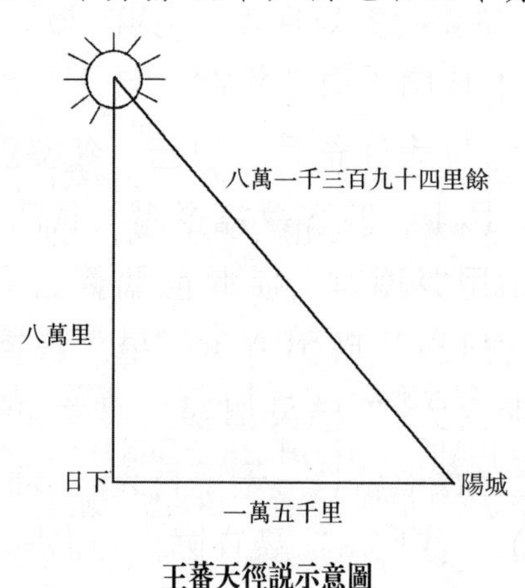

王蕃天徑説示意圖

【注】

①各家所言天徑之數不同,《周髀算經》所用“日邪射陽城”爲十萬里;李淳風《晋書·天文志》説日去地恒八萬里;此處載王蕃《渾天象説》八萬一千三百九十四里餘。此處天徑之半數八萬餘里,是通過勾一萬五千里之平方加股八萬里平方之和,再作開方所得直角三角形斜邊之數。這裏所得出幾個天徑之值都不合於科學的原因在於作了兩條錯誤的假設:一是南北相距千里,夏至日中影長差一寸;二是大地不是平直而是球形的。由周天之數除以天徑之數,可得王蕃所用圓周率爲3.155,比真值稍大一些。“三千”,多本作“二千”,據《晋志》改正。

黄赤二道,相與交錯,其間相去二十四度。以兩儀推之,二道俱三百六十五度有奇,是以知天體圓如彈丸。而陸績造渾象,其形如鳥卵,[①]然則黄道應長於赤道也。績云天東西南北徑三十五萬七千里,然則績亦以天形正圓也。而渾象爲鳥卵,則爲自相違背。

古舊渾象以二分爲一度,凡周七尺三寸半分。張衡更制,以四分爲一度,凡周一丈四尺六寸。蕃以古制局小,星辰稠穊;衡器傷大,難可轉移。更制渾象,以三分爲一度,凡周天一丈九寸五分四分分之三也。

【注】

①其形如鳥卵:鳥卵當爲長圓形,不同於正圓。

御史中丞何承天論渾象體曰:“詳尋前説,因觀渾儀，研求其意，有以悟天形正圓，①而水周其下。言四方者，東曰暘谷，②日之所出，西至濛汜，日之所入。《莊子》又云：‘北溟之魚，化而爲鳥，將徙於南溟。’斯亦古之遺記，四方皆水證也。四方皆水，謂之四海。③凡五行相生，水生於金，④是故百川發源，皆自山出，由高趣下，歸注於海。⑤日爲陽精，光耀炎熾，一夜入水，所經燋竭。百川歸注，足於補復。故旱不爲减，浸不爲益。徑天之數，蕃説近之。⑥”

【注】

①此處何承天説悟天形正圓，是針對王蕃天形狀如鳥卵而言。即何承天認爲天形成正圓纔對。

②東曰暘谷：多本脱“曰”字，據《隋志》補。

③此處所説之四方，是指四個方向，也即四周。四方皆水，即地的四周都是水，則地浮於水中。

④水生於金：多本脱“水生”二字，據《隋志》補。

⑤歸注於海：多本作“歸於注海”，今據《隋志》改正。

⑥正是漢至南北朝時人們對徑天的認識不同，故何承天纔説：“徑天之數，蕃説近之。”

太中大夫徐爰曰：

渾儀之制，未詳厥始。①王蕃言“《虞書》稱‘在琁璣玉衡，以齊七政’。②則今渾天儀日月五星是也。鄭玄説‘動運爲機，持正爲衡，皆以玉爲之。視其行度，觀受禪是非也。’③渾儀，羲和氏之舊器，歷代相傳，謂之機衡，其所由來，有原統矣。而斯器設在候臺，史官禁密，學者寡得聞見，穿鑿之徒，不解機衡之義，見有七政之言，因以爲北斗七星，構造虛文，托之讖緯，史遷、班固，猶尚惑之。鄭玄有贍雅高遠之才，沈静精妙之思，超然獨見，改正其説，聖人復出，不易斯言矣。”蕃之所云如此。[④]夫候審七曜，當以運行爲體，設器擬象，焉得定其盈縮，推斯而言，未爲通論。設使唐、虞之世，已有渾儀，涉歷三代，以爲定准，後世聿遵，孰敢非革。而三天之儀，[⑤]紛然莫辯，至揚雄方難蓋通渾。張衡爲太史令，乃鑄銅制範，衡傳云：“其作渾天儀，考步陰陽，最爲詳密。”故知自衡以前，未有斯儀矣。蕃又云：“渾天遭秦之亂，師徒喪絶，而失其文，惟渾天儀尚在候臺。”案既非舜之琁玉，又不載今儀所造，以緯書爲穿鑿，鄭玄爲博實，偏信無據，未可承用。夫琁玉，貴美之名，機衡，詳細之目，所以先儒以爲北斗七星，天綱運轉，聖人仰觀俯察，以審時變焉。

【注】

①厥始：起始。

②《虞書》爲《尚書》中的一篇，亦稱《舜典》。

③觀受禪是非：觀察受禪的吉凶。受禪，接受帝位禪讓。

④這段文字大意是，七政有兩解，一是日月五星，二是北斗七星。鄭玄主張前者，王蕃贊爲超然獨見，超越了穿鑿之徒的虛文假托。這裏所説穿鑿之徒，是指伏勝等人的觀點。

⑤三天之儀：觀察日月星辰三類天體的儀器。

史臣案：設器象，定其恒度，合之則吉，失之則凶，以之占察，[①]有何不可。渾文廢絶，故有宣、蓋之論，其術并疏，故後人莫述。揚雄《法言》云："或人問渾天於雄。雄曰：'落下閎營之，鮮于妄人度之，耿中丞象之，幾幾乎莫之違也。'"若問天形定體，渾儀疏密，則雄應以渾義答之，而舉此三人以對者，則知此三人制造渾儀，以圖晷緯。[②]問者蓋渾儀之疏密，非問渾儀之淺深也。以此而推，則西漢長安已有其器矣。將由喪亂亡失，故衡復鑄之乎？王蕃又記古渾儀尺度并張衡改制之文，則知斯器非衡始造明矣。衡所造渾儀，傳至魏、晋，中華覆敗，沈没戎虜。績、蕃舊器，亦不復存。晋安帝義熙十四年，高祖平長安，得衡舊器，儀狀雖舉，不綴經星七曜。[③]

【注】

①據沈約這句話看來，古人造渾儀的一個重要目的是判斷五星運行是否合度，借以定吉凶。中國古代的一種重要占法是觀察五星日月的反常運行。這點是與西方星占的主要區别之處。

②用圖和晷畫出渾象上的赤緯綫。

③此即《隋書·天文志》所批評的何承天、徐爰各著宋史，咸以爲即張衡所造的渾儀，衹是經星七曜不綴。但宋帝從長安獲得的這件銅儀，發現上面有"元初六年史官丞南陽孔挺造"字樣，是一架銅渾儀，與張衡造的水運渾儀失之遠矣。

文帝元嘉十三年，詔太史令錢樂之更鑄渾儀，徑六尺八分少，周一丈八尺二寸六分少，地在天内，立黄赤二道，南北二極規二十八宿，北斗極星，五分爲一度，置日月五星於黄道之上，置立漏刻，以水轉儀，昏明中星，與天相應。十七年，又作小渾天，徑二尺二寸，周六尺六寸，以分爲一度，安二十八宿中外宫，以白黑珠及黄三色爲三家星，日月五星，悉居黄道。[①]

【注】

①從以上介紹可以看出，在南北朝以前，人們對渾儀、渾象是不加區分的。以上所言渾儀，均是指演示用的渾象。《初學記》及《御覽》引作"以白真珠及青黄三色珠爲三家星"，與本志所載三種珠的顔色有异。

蓋天之術，云出周公旦訪之殷商，蓋假托之説也。其書號曰《周髀》。髀者表也，周天之數也。其術云："天如覆蓋，地如覆盆，地中高而四隤，日月隨天轉運，隱地之高，以爲晝夜也。天地相去凡八萬里，天地之中，高於外衡六萬里，地上之高，高於天之外衡二萬里也。"或問蓋天於揚雄。揚雄曰："蓋哉！蓋哉！"難其八事。鄭玄又難其二事。爲蓋天之學者，不能通也。[①]劉向《五紀》説，《夏曆》以爲列宿日月皆西移，列宿疾而日次之，月最遲。故日與列宿昏俱入西方；後九十一日，是宿在北方；又九十一日，是宿在東方；九十一日，在南方。此明日行遲於列宿也。月生三日，日入而月見西方；至十五日，日入而月見東方；將晦，日未出，乃見東方。以此明月行之遲於日，而皆西行也。向難之以《鴻範傳》[②]曰："晦而月見西方，謂之朓。朓，疾也。朔而月見東方，謂之側匿。側匿，遲不敢進也。

星辰西行，史官謂之逆行。”此三説，《夏曆》皆違之。迹其意，好异者之所作也。

【注】

①指揚雄提出的難蓋天八事和鄭玄提出的難蓋天二事，主張蓋天説的學者都不能有圓滿的回答。

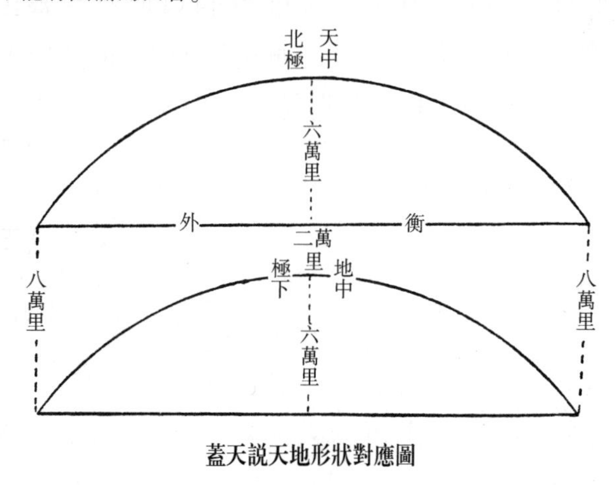

蓋天説天地形狀對應圖

②劉向《洪範傳》，全名爲《洪範五行傳》，是劉向用以闡釋《尚書·洪範》的著作。

晋成帝咸康中，會稽虞喜造《安天論》，以爲“天高窮於無窮，地深測於不測。地有居静之體，天有常安之形。論其大體，當相覆冒，方則俱方，圓則俱圓，無方圓不同之義也。”[1]喜族祖河間相[2]聳又立《穹天論》云：“天形穹隆，當如鷄子幕，其際周接四海之表，浮乎元氣之上。”而吴太常姚信造《昕天論》曰：“嘗覽《漢書》云：冬至日在牽牛，去極遠；夏至日在東井，去極近。

欲以推日之長短，信以太極處二十八宿之中央，雖有遠近，不能相倍。”今《昕天》之説，以爲“冬至極低，而天運近南，故日去人遠，而斗去人近，北天氣至，故冰寒也。夏至極起，而天運近北，而斗去人遠，日去人近，南天氣至，故炎熱也。極之立時，[3]日行地中淺，故夜短，天去地高，故晝長也。極之低時，日行地中深，故夜長，天去地下淺，故晝短也。然則天行寒依於渾，夏依於蓋也。”按此説應作“軒昂”之“軒”[4]，而作“昕”，所未詳也。凡三説皆好异之談，失之遠矣。

【注】

①李約瑟很看重虞喜《安天論》，認爲它屬於宣夜學派。見《中國科學技術史》中“天學”的宣夜説。“無方圓”三字，多本并脱，今據《晋志》等補。

②河間相：多本作“河間太守”，今據《晋志》《隋志》改。

③這段文中出現許多“極”字，大多爲“北極”之義。其中極立，即極高。“而斗去人遠”，多本并脱“而”字，據《晋志》《隋志》補。

④軒，高仰之義。按沈約的觀點，《昕天論》應作《軒天論》纔切合文義。因爲《昕天論》的核心，是天極之高升。

凡天文經星，常宿中外官，前史已詳。今惟記魏文帝黄初以來星變爲《天文志》，以續司馬彪云。[1]

【注】

①沈約《宋書·天文志》僅載論天、儀象、星變三種事，無天文經星、中宫、二十八舍及中外星，無天漢起没、十二度次及州郡躔次，也無日食、隕石記載，内容較爲單一。此處中外官，原文作“中外宫”。“宫”，

當爲“官”字之誤，今據《史記 · 天官書》改正。

魏文帝黄初三年九月甲辰，客星見太微左掖門内。[①] 占曰：“客星出太微，國有兵喪。”十月，孫權叛命，帝自南征，前驅臨江，破其將吕範等。是後累有征役。七年五月，文帝崩。

【注】

①客星見太微：《開元占經》引石氏曰：“客星入左右門，出東西門，國有大喪。”《荆州占》曰：“星正赤，入太微中，兵起。”《黄帝占》曰：“客星出入太微，人主有憂，大臣爲謀，有反者，兵起宫中。”故本志占曰“國有兵喪”，其應在三年帝南征孫權、七年文帝崩。

黄初四年三月癸卯，月犯心大星。[①] 十二月丙子，月又犯心大星。占曰：“心爲天王，王者惡之。”七年五月，文帝崩。

【注】

①月犯心大星：《漢書》卷二六《天文志》載月犯心，占曰：“其國有憂，若有大喪。”《海中占》曰：“月犯心中央星，人主惡之；犯其前星，太子惡之，及失位；犯其後星，庶子惡之，皆應以善事。”故占曰“王者惡之”，應在七年文帝崩。三月癸卯：“三月”多本并作“二月”，二月無癸卯，今據《晋志》等改正。

黄初四年六月甲申，太白晝見。[①] 五年十一月辛卯，太白又晝見。案劉向《五紀論》曰：“太白少陰，弱，不得專行，故以已未爲界，[②] 不得經天而行。經天則晝見，其占爲兵，爲喪，爲不臣，爲更王。强國弱，小國强。”是時孫權受魏爵號，而稱兵距守。七年五月，文帝崩。八月，吴遂圍江夏，寇襄陽，魏江夏太守文聘固守得全。大將軍司馬懿救襄陽，斬吴將張霸。

【注】

①太白晝見：石氏曰：“凡太白不經天。若經天，天下革政，民更主，是謂亂紀，人民流亡。”故占曰爲兵、爲喪、爲不臣、爲更王。應在魏文帝崩，孫權稱兵拒守，吴“圍江夏，寇襄陽”。

②以己未爲界：金星爲内行星，它距太陽最大的角距在四十五度與四十八度之間變化，若以日出、日落爲界，平均以春秋分日出、日落在正東卯、正西酉爲準，則金星早晨在正常情況下可在卯以南四十五度即巳位見，傍晚可在酉以南四十五度即未位見，越過這個界限，在科學上是不合理的，在古代便以此爲占，晝見即經天，金星是不可能在中天見到的。五年“十一月辛卯”的占事，《晋志》作“十月乙卯”。

黄初四年十一月，月暈北斗。[①]占曰：“有大喪，赦天下。”七年五月，文帝崩，明帝即位，大赦天下。

【注】

①月暈北斗：郗萌占曰：“月暈北斗，有大喪，赦天下。”應在黄初七年文帝崩、大赦天下上。

黄初五年十月，歲星入太微[①]，逆行積百三十九日乃出，占曰：“五星入太微，從右入三十日以上，人主有大憂。”一曰：“有赦至。”七年五月，文帝崩，明帝即位，大赦天下。

黄初六年五月十六日壬戌，熒惑入太微，至二十六日壬申，與歲星相及，俱犯右執法，至二十七日癸酉，乃出。占曰："從右入三十日以上，人主有大憂。"又"日月五星犯左、右執法，大臣有憂。"一曰："執法者誅。金火尤甚。"十一月，皇子東武陽王鑒薨。七年正月，驃騎將軍曹洪免爲庶人。四月，征南大將軍夏侯尚薨。五月，文帝崩。《蜀記》稱："明帝問黄權曰：'天下鼎立，何地爲正？'對曰：'當驗天文。往熒惑守心，而文皇帝崩，吴、蜀無事，此其徵也。'"案三國史并無熒惑守心之文，宜是入太微。

黄初六年十月乙未，有星孛于少微，歷軒轅。案占，孛、彗异狀，其殃一也。爲兵喪除舊布新之象，餘災不盡，爲旱凶饑暴疾。長大見久災深，短小見速災淺。是時帝軍廣陵，辛丑，親御甲胄，跨馬觀兵。明年五月，文帝崩。

【注】

①郗萌曰："太微之宫，天子之廷。"《春秋元命苞》曰："太微，權政所在。"天子和政權受到侵犯，天子和國家必然安定不了。

魏明帝太和四年七月壬戌，[1]太白犯歲星[2]。占曰："太白犯五星，有大兵。犯列宿，爲小兵。"五年三月，諸葛亮以大衆寇天水，遣大將軍司馬懿距退之。[3]

【注】

①七月壬戌：原本作"十一月壬戌"。考十一月無"壬戌"，今據

《晋志》改。

②太白：巫咸認爲太白主兵革誅伐、正刑法。太白發生凌犯，就必有兵災，故曰“太白犯五星，有大兵。犯列宿，爲小兵”，應在太和五年諸葛亮與司馬懿之戰上。

③距退之：多本無“之”字，據《永樂大典》補。

太和五年五月，熒惑犯房。占曰：“房四星，股肱臣將相位也。月五星犯守之，將相有憂。”七月，車騎將軍張郃追諸葛亮，爲其所害。十二月，太尉華歆薨。[①]

【注】

①五年五月：“月”字前，多本并脱“五”字，據《晋志》補。熒惑犯房：《荆州占》認爲熒惑守房，大臣凶。郗萌曰：“熒惑出房北，主也；出其南，諸臣也。”應在張郃被殺、太尉華歆薨。

太和五年十一月乙酉，月犯軒轅大星。占曰：“女主憂。”十二月甲辰，月犯鎮星。占曰：“女主當之。[①]”六年三月乙亥，月又犯軒轅大星。青龍二年十一月乙丑，月又犯鎮星。三年正月，太后郭氏崩。

【注】

①《海中占》曰：“月犯軒轅大星，女主當之。”應在郭太后崩上。

太和六年十一月丙寅，太白晝見南斗，[①]遂歷八十餘日恒見。占曰：“吴有兵。”明年，孫權遣張彌等將兵萬人，錫授公孫淵爲燕王。淵斬彌等，虜其衆。

【注】

①太白晝見南斗：太白主兵。甘氏曰："南斗主兵。"又石氏曰："南斗魁第一星主吴。"故占曰"吴有兵"。應在公孫淵斬吴將張彌。

太和六年十一月丙寅，有星孛于翼，近太微上將星。占曰："爲兵喪。"甘氏曰："孛彗所當之國，是受其殃。"翼又楚分，孫權封略也。明年，權有遼東之敗。[1]權又自向合肥新城，遣全琮征六安，皆不克而還。[2]又明年，諸葛亮入秦川，據渭南，司馬懿距之。孫權遣陸議、[3]諸葛瑾等屯江夏口，孫韶、張承等向廣陵、淮陽，權以大衆圍新城以應亮。於是帝自東征，權及諸將乃退。太和六年十二月，陳王植薨。青龍元年夏，北海王蕤薨。三年正月，太后郭氏崩。

【注】

①太和六年吴遣兵遼東，明年敗，在《三國志・吴書》中有詳細記載。

②皆不克而還："而還"，三朝本作"不吾"，北監本、毛本、殿本、局本作"下吴"，均誤。當作"而還"，今改正。

③陸議：陸遜，字伯言，本名陸議，曾任東吴大都督，統軍破劉備。後與諸葛亮聯合抗魏。

明帝青龍二年二月乙未，太白犯熒惑。占曰："大兵起，有大戰。"是年四月，諸葛亮據渭南，吴亦起兵應之，魏東西奔命。九月，亮卒，軍退，將帥分争，爲魏所破。案占，太白所犯在南，南國敗，在北，北國敗，此宜在熒惑南也。[①]

【注】

①《荆州占》曰："熒惑與太白相犯，大戰。太白在熒惑南，南國敗；在熒惑北，北國敗。"故占文曰："此宜在熒惑南也。"

青龍二年三月辛卯，月犯輿鬼。輿鬼主斬殺。占曰："民多病，國有憂，又有大臣憂。"是年夏，大疫，冬，又大病。至三年春乃止。正月，太后郭氏崩。四年五月，司徒董昭薨。[①]

【注】

①《河圖帝覽嬉》曰："月犯鬼，大臣有誅。""國有憂"。應在夏大疫、冬大病、郭太后崩、董昭薨上。

青龍二年五月丁亥，太白晝見，積三十餘日。以晷度推之，非秦、魏，則楚也。是時諸葛亮據渭南，司馬懿與相持。孫權寇合肥，又遣陸議、孫韶等入淮、沔，帝親東征。蜀本秦地，則爲秦、晋及楚兵悉起應占。

青龍二年七月己巳，月犯楗閉[①]。占曰："天子崩，又爲火災。"三年七月，崇華殿災。景初三年正月，明帝崩。

青龍二年十月戊寅，月犯太白。占曰："人君死，又爲兵。"景初元年七月，公孫淵叛。二年正月，遣司馬懿討之。三年正月，明帝崩。

【注】

①月犯楗閉：郗萌占曰："月乘鍵閉星，大人憂。"又曰："天子崩。"應在明帝。

蜀後主建興十二年，諸葛亮帥大衆伐魏，屯于渭南，有長星赤而芒角，自東北，西南流，投亮營，三投再還，往大還小。占曰："兩軍相當，有大流星來走軍上及墜軍中者，皆破敗之徵也。"九月，亮卒于軍，焚營而退。群帥交惡，多相誅殘。①

【注】

①此段記載和占語，在《開元占經》"流星占一"有記載。

魏明帝青龍三年六月丁未，鎮星犯井鉞。四年閏四月乙巳，復犯。戊戌，太白又犯。占曰："凡月五星犯井鉞，悉爲兵起。"一曰："斧鉞用，大臣誅。"景初元年，公孫淵叛，司馬懿討滅之。①

【注】

①郗萌曰："填星出東井，兵起東北。"石氏曰："填星入東井，大人憂。"又曰："填星守井鉞，大臣有誅，斧鉞用，若兵起。"應在遼東公孫淵叛滅。

青龍三年七月己丑，鎮星犯東井。四年三月癸卯，在參，又還犯之。占曰："填星入井，大人憂。

行近距爲行陰，其占大水，五穀不成。”景初元年夏，大水，傷五穀。九月，皇后毛氏崩。三年正月，明帝崩。

青龍三年十月壬申，太白晝見在尾，歷二百餘日恒見。占曰：“尾爲燕，燕臣强，有兵。”青龍四年三月己巳，太白與月俱加丙，晝見。月犯太白。景初元年七月辛卯，太白又晝見，積二百八十餘日。占悉同上。是時公孫淵自立爲燕王，署置百官，發兵距守，遣司馬懿討滅之。

青龍三年十二月戊辰，月犯鉤鈐。占曰：“王者憂。”景初三年正月，明帝崩。

青龍四年五月壬寅，太白犯畢左股第一星。[①]占曰：“畢爲邊兵，又主刑罰。”九月，涼州塞外胡阿畢師侵犯諸國，西域校尉張就討之，斬首捕虜萬許人。

【注】

①太白犯畢左股第一星：畢左股第一星，即畢宿五，近附耳星。《史記·天官書》曰：“畢曰罕車，爲邊兵，主弋獵。”又郗萌曰：“太白出入留舍畢不下，一國有憂，兵起北方。”又曰：“太白入畢口，不出，民人走，有狄奪國。”《黄帝占》曰：“太白犯守畢左股，邊夷兵起，左將軍戰死。”應在涼州塞外起兵。

青龍四年七月甲寅，太白犯軒轅大星。占曰：“女王憂。”景初元年，皇后毛氏崩。

青龍四年十月甲申，有星孛于大辰，長三尺。乙酉，又孛于東方。十一月己亥，彗星見，犯宦者天紀星。占曰："大辰爲天王，天下有喪。"劉向《五紀論》曰："《春秋》星孛于東方，不言宿者，不加宿也。"[①]宦者在天市爲中外有兵，天紀爲地震。孛彗主兵喪。景初元年六月，地震。九月，吴將朱然圍江夏，荆州刺史胡質擊走之。皇后毛氏崩。二年正月，討公孫淵。三年正月，明帝崩。[②]

【注】

①劉向五紀論……不加宿也：以上青龍四年十月甲申有星孛於大辰，又言孛於東方，劉向引《春秋》解釋説，觀測紀録不載孛於某宿，是由於没有測得它的入宿度，所以没有測量，其原因也是與星宿的相對距離較遠。從占語"大辰爲天王，天下有喪"可以看出這顆彗星在心宿範圍内。

②《春秋感精符》曰："孛星賊起，光入大辰者，將有陰謀，以邪犯正，與天子争勢。居位者大臣謀主，兩王并立，周分之异也。"大辰即心宿。應在吴將圍江夏，明帝崩。

魏明帝景初元年二月乙酉，月犯房第二星。占曰："將相有憂。"七月司徒陳矯薨。二年四月，司徒韓暨薨。

景初元年十月丁未，月犯熒惑。占曰："貴人死。"二年四月，司徒韓暨薨。八月，公孫淵滅。

景初二年二月癸丑，月犯心距星，[①]又犯中央大星。五月己亥，又犯心距星及中央大星。閏月癸丑，月又犯心中央大星。按占，"大星爲天王，前爲太子，後爲皇子。犯大星，王者惡之。犯前星，太子有憂。犯後星，庶子有憂。"三年正月，帝崩，太子立，卒見廢爲齊王。正始四年，秦王詢薨。

【注】

①月犯心距星：月亮犯心宿的距星。二十八宿中的每一宿都設定一顆距星，相鄰兩宿之間的赤道距離，以赤道距星來表示。潘鼐《中國恒星觀測史》說："古代觀象授時，星空背景都須以二十八宿爲基礎。因此，天文曆法中，凡敘昏旦中星，定月離日躔，述五星次舍，立四正位置，記經星方位等等，無不以二十八宿爲依據。""現在能據以考查的，除《開元占經》中的《石氏星經》外，最早的要算敦煌石窟發現的一個寫本（以下簡稱《敦煌寫本》）。它抄於唐高祖武德四年（621），爲吴晋間太史令陳卓訂定的甘、石、巫咸《三家星經》。然後是初唐李淳風所撰《隋書》及《晋書》中的《天文志》。這幾種古籍中除極個别的傳鈔之誤外，星數都相同。有幾宿還附有所謂輔官附座，亦均一致。二十八宿共有一百六十五星，連同輔官附座十七星，總計一百八十二星。至於二十八宿距星——即取作依據的代表星，是哪一顆，則僅見於《敦煌寫本》及《開元占經》。後者係瞿曇悉達輯於唐玄宗開元初年。兩份材料中所述距星，有心宿等六宿不同。又新舊《唐書》的《天文志》録有各宿星數，并對三個距星傳承之誤，作了校正。《宋史·天文志》這兩方面亦有詳述。現按《敦煌寫本》及《開元占經》，參酌唐、宋三志，核定二十八宿的距星，亦列於表。"

二十八宿的距星、今通用名及星數

四方	宿名	星數	距星	今通用名	合計星數
東方七宿	角	2	左角星	室女	2
	亢	4	西南第二星	室女	4
	氐	4	西南星	天秤	4
	房	4	南第二星	天蝎	6
	心	3	前第一星	天蝎	3
	尾	9	西第二星	天蝎	9
	箕	4	西北星	人馬	4

（续表）

四方	宿名	星數	距星	今通用名	合計星數
北方七宿	南斗	6	魁第四星	人馬	6
	牽牛	6	中央大星	摩羯	6
	須女	4	西南星	寶瓶	4
	虚	2	南星	寶瓶	2
	危	3	西南星	寶瓶	7
	營室	2	南星	飛馬	8
	東壁	2	南星	飛馬	2
西方七宿	奎	16	西南大星	仙女	16
	婁	3	中央星	白羊	3
	胃	3	西南星	白羊	3
	昴	7	西南第一星	金牛	7
	畢	8	左股第一星	金牛	9
	觜觿	3	西南星	獵户	3
	參	10	中央西星	獵户	10
南方七宿	東井	8	南轅西頭第一星	雙子	9
	輿鬼	5	西南星	巨蟹	5
	柳	8	西頭第三星	長蛇	8
	七星	7	中央大星	長蛇	7
	張	6	應前第一星	長蛇	6
	翼	22	中央西大星	巨爵	22
	軫	4	西北星	烏鴉	7
合計		165			182

“這二十八顆距星在天球上是哪些星？它們又相當於現今國際通用的八十八星座中什麽星？這是很重要的。因爲据以分析推算時，倘使弄錯了一顆星，坐標變了，結果就大不相同了。對這些距星，古籍上的描述雖略有出入，大都屬於抄刊中的筆誤，經過校正，用近代星圖對比，定出相應

的對照星，并不困難。但其中也有若干顆，自明末西方天文學開始傳入中國，傳教士參與天文工作後，由于他們的主觀和摻雜己見，却産生了歧變。”“流傳至今早期測定的二十八宿距度有兩種。一種爲見於《淮南子》及《漢書·律曆志》的赤道宿度，在《敦煌寫本》及《開元占經》中列爲戰國石申夫的石氏宿度。另一種則爲《開元占經》中徵引的劉向《書經洪範傳》所謂的古度。它又見於1977年安徽阜陽雙古堆西漢汝陰侯夏侯竈墓出土的二十八宿圓盤的天、地二盤上。”

景初二年八月彗星見張，長三尺，逆西行，①四十一日滅。占曰：“爲兵喪。張，周分野，洛邑惡之。②”其十月，斬公孫淵。明年正月，明帝崩。

景初二年十月甲午，月犯箕。占曰：“軍將死。”正始元年四月，車騎將軍黄權薨。

景初二年，司馬懿圍公孫淵於襄平。八月丙寅夜，有大流星長數十丈，色白有芒鬣，③從首山北流墜襄平城東南。占曰：“圍城而有流星來走城上及墜城中者破。”又曰：“星墜，當其下有戰場。”又曰：“凡星所墜，國易姓。”九月，淵突圍，走至星墜所被斬。屠城阬其衆。

【注】

①逆西行：幾乎所有行星，包括月亮在内，都自西向東在恒星背景上運動，爲順行。反之則爲逆行。故此處曰逆西行。

②張周分野洛邑惡之：按分野觀念，張宿對應於東周之地，東周都於洛邑，而洛邑亦爲西晋都城。洛邑惡之即相當於西晋惡之。

③芒鬣：芒角。

景初二年十月癸巳，客星見危，逆行在離宫北，騰蛇南。甲辰，犯宗星。己酉滅。占曰："客星所出有兵喪。虚危爲宗廟，又爲墳墓。客星近離宫，則宫中將有大喪，就先君於宗廟，皆王者崩殞之象也。"三年正月，明帝崩。正始二年五月，吴將朱然圍樊城，司馬懿率衆距卻之。

魏齊王正始元年四月戊午，月犯昴東頭第一星。[①]其年十月庚寅，月又犯昴北頭第四星。占曰："犯昴，胡不安。"二年六月，鮮卑阿妙兒等寇西方，燉煌太守王延斬之，并二千餘級。三年，又斬鮮卑大帥及千餘級。

【注】

①月犯昴：《史記·天官書》曰："昴曰髦頭，胡星也。"石氏曰，月入昴中，"胡王死"。郗萌曰："月犯昴，其國有憂，將軍死。"一曰"胡不安"。故有此占。應在魏齊王正始三年斬鮮卑大帥等。

正始元年十月乙酉，彗星見西方，在尾。[①]長三丈，拂牽牛，犯太白。十一月甲子，進犯羽林。占曰："尾爲燕，又爲吴，牛亦吴、越之分。[②]太白爲上將，羽林中軍兵。吴、越有兵喪，中軍兵動。"二年五月，吴將全琮寇芍陂，朱然圍樊城，諸葛瑾入沮中。吴太子登卒。六月，司馬懿討諸葛恪於皖，恪焚積聚，棄城走。三年，太尉滿寵薨。

正始二年九月癸酉，月犯輿鬼西北星。西北星主金。三年二月丁未，又犯西南星。西南星主布帛。占曰："有錢令。"一曰："大臣憂。"三年三月，太尉滿寵薨。四年正月，帝加元服,[3]賜群臣錢各有差。

【注】

①彗星見西方在尾：彗星在西方出現，在尾宿之中。

②尾爲燕……牛亦吴越之分：按分野理論，尾宿對應於燕地，牛宿對應於吴、越，故曰尾爲燕，又爲吴。

③帝加元服：元服，又稱頭衣，即冠，齊王芳十二歲舉行加冠禮。

正始四年十月、十一月，月再犯井鉞。是月，司馬懿討諸葛恪，恪棄城走。五年三月，曹爽征蜀。

正始五年十一月癸巳，鎮星犯亢距星。占曰："諸侯有失國者。"嘉平元年，曹爽兄弟誅。

正始六年八月戊午，彗星見七星，長二尺，色白，進至張，積二十三日滅。七年十一月癸亥，又見軫，長一尺，積百五十六日滅。九年三月，又見昴，長六尺，色青白，芒西南指。七月，又見翼，長二尺，進至軫，積四十二日滅。按占："七星、張，周分野，翼、軫爲楚，昴爲趙、魏，彗所以除舊布新，主兵喪也。"嘉平元年，司馬懿誅曹爽兄弟及其黨羽，皆夷族,[1]京師嚴兵，實始翦魏。三年，誅楚王彪，又襲王淩於淮南。淮南，東楚也。幽魏諸王于鄴。[2]

【注】

①夷族：滅其族。

②幽魏諸王：司馬懿借同謀立楚王彪之故，囚禁魏王室同姓諸王。嘉平元年，王淩等謀之楚王彪，廢齊王芳。事泄，彪、淩等自殺。司馬懿由

此便進一步控制了朝中政權。

正始七年七月丁丑，月犯左角。占曰："天下有兵，將軍死。"九年正月辛亥，月犯亢南星。占曰："兵起。"一曰："軍將死。"七月乙亥，熒惑犯畢距星。占曰："有邊兵。"一曰："刑罰用。"嘉平元年，曹爽等誅。三年，王淩等又誅。

正始九年七月癸丑，鎮星犯楗閉。占曰："王者不宜出宫下殿。"明年，車駕謁陵，司馬懿奏誅曹爽等，天子野宿，於是失勢。

魏齊王嘉平元年六月壬戌，太白犯東井距星。二年三月己未，又犯。占曰："國失政，大臣爲亂。"四月辛巳，太白犯輿鬼。占曰："大臣誅。"一曰："兵起。"三年五月，①王淩與楚王彪有謀，皆伏誅。人主遂卑。

【注】

①三年五月：三朝本作"一月"，北監本、毛本等作"七月"，今據《三國志》改。

吴主孫權赤烏十三年五月，日北至，熒惑逆行入南斗。七月，犯魁第二星而東。《漢晋春秋》云逆行。按占，熒惑入南斗，三月，吴王死。一曰："熒惑逆行，其地有死君。"太元二年權薨，是其應也。故國志書於吴而不書於魏也。是時王淩謀立楚王彪，謂斗中有星，當有暴貴者，以問知星人浩詳。詳疑有故，欲說其意，不言吴有死喪，而言淮南楚分，吴、楚同占，當有王者興，故淩計遂定。

魏齊王嘉平二年十月丙申，月犯輿鬼。占曰："國有憂。"一曰："大臣憂。"三年四月戊寅，月犯東井。占曰："軍將死。"一曰："國有憂。"五月，王淩、楚王彪等誅。七月，皇后甄氏崩。

嘉平三年五月甲寅，月犯亢距星。[1]占曰："將軍死。"一曰："爲兵。"是月，王淩誅。四年三月，吴將朱然、朱异爲寇，鎮東將軍諸葛誕破走之。

【注】

①月犯亢：《河圖帝覽嬉》曰："月犯亢，兵起，期不出三年。"《黄帝占》曰："月犯亢，將軍亡其鼓，其國將死。"應在王淩誅和吴軍入寇。月犯亢距星：多本并脱"亢"字，據《晋志》補。

嘉平三年七月己巳，月犯輿鬼。九月乙巳，又犯。四年十一月丁未，又犯鬼積尸。五年七月丙午，月又犯鬼西北星。占曰："國有憂。"正元元年，李豐等誅，皇后張氏廢。九月，帝廢爲齊王。

齊王嘉平三年十月癸未，熒惑犯亢南星。占曰："大臣有亂。"正元元年二月，李豐等謀亂誅。

嘉平三年十一月癸亥，[1]有星孛于營室，西行積九十日滅。占曰："有兵喪。室爲後宫，後宫且有亂。"四年二月丁酉，彗星見西方，在胃，長五六丈，色白，芒南指貫參，積二十日滅。五年十一月，彗星又見軫，長五丈，在太微左執法西，東南指，積百九十日滅。按占："胃，兖州之分，參白虎主兵，太微天子廷，執法爲執政，孛彗爲兵，除舊布新之象。”正元元年二月，李豐、豐弟兖州刺史翼、后父光禄大夫張緝等謀亂，皆誅，皇后亦廢。九月，帝廢爲齊王，高貴鄉公代立。[②]

【注】

①嘉平三年十一月“癸亥”，原本作“癸未”，與上文“嘉平三年十月癸未”矛盾，今據《晋書·天文志》改爲“癸亥”。

②據前引星占文獻，已知彗星見，爲兵，爲除舊布新之象。又《開元占經》引《聖洽符》曰：“彗星出營室，天下兵大起。”齊伯曰：“彗星出室壁間，兵大起，若有大喪，有亡國，死王，期不出三年。”《黄帝占》曰：“孛見營室中，後宫且有亂。”故有此占。應在正元元年李豐等謀反，皆誅，皇后廢，又帝廢爲齊王。

嘉平五年六月庚辰，月犯箕。占曰：“軍將死。”正元元年正月，鎮東將軍毌丘儉反，兵敗死。[①]

【注】

①郗萌曰：“月犯箕，其國有軍將死。”故有此占，應在正元元年毌丘儉敗死。

嘉平五年六月戊午，太白犯角。占曰：“群臣謀不成。”正元元年，李豐等謀泄，悉誅。[①]

【注】

①《黄帝占》曰：“太白犯左角，大戰不勝，將軍死。”又曰：“太白乘左角，群臣有謀不成，其以家坐罪。”應在李豐等謀泄而伏誅。

嘉平五年七月，月犯井鉞。正元元年二月，李豐等誅。蜀將姜維攻隴西，車騎將軍郭淮討破之。

嘉平五年十一月癸酉，月犯東井距星。占曰："軍將死。"至六年正月，鎮東將軍豫州刺史毌丘儉、前將軍揚州刺史文欽反，被誅。

魏高貴鄉公正元元年十一月，有白氣出斗側，廣數丈，長竟天。王肅曰："蚩尤之旗也。東南其有亂乎！"二年正月，毌丘儉等據淮南以叛，大將軍司馬師討平之。案占："蚩尤旗見，王者征伐四方。"自後又征淮南，西平巴蜀。是歲，吴主孫亮五鳳元年，斗牛，吴、越分。案占："有兵喪，除舊布新之象也。"太平三年，孫綝盛兵圍宫，廢亮爲會稽王，孫休代立，是其應也。[①]故國志又書於吴。由是淮南江東同揚州地，故于時變見吴、楚之分。則魏之淮南，多與吴同災，是以毌丘儉以孛爲己應，遂起兵而敗，又其應也。後三年，即魏甘露二年，諸葛誕又反淮南，吴遣朱异救之。及城陷，誕衆吴兵死没各數萬人，猶前長星之應也。[②]

【注】

①有白氣出斗側：這裏所説之白氣爲蚩尤旗，斗即斗宿，即文中所説：斗牛，吴、越分，屬吴、越之分野，在三國時爲吴國之地，在中國東南部，故曰"東南其有亂乎"。《史記·天官書》曰："蚩尤之旗，類彗而後曲，象旗。見則王者征伐四方。"由於彗星出現，有兵和除舊布新之象，故有此占，應在吴主孫亮廢立之事等。

②毌丘儉以孛爲己應：魏豫州刺史、征東將軍毌丘儉於嘉平六年聯合揚州刺史反。毌丘儉也迷信星占，自以爲見到蚩尤旗出現，其除舊布新之

兆爲自己反叛成功的徵兆。

高貴鄉公正元二年二月戊午，熒惑犯東井北軒西頭第一星。占曰："群臣有家坐罪者。"甘露元年，諸葛誕族滅。

吴孫亮太平元年九月壬辰，太白犯南斗，《吴志》所書也。占曰："太白犯斗，國有兵，大臣有反者。"其明年，諸葛誕反。又明年，孫琳廢亮，吴、魏并有兵事也。

魏高貴鄉公甘露元年七月乙卯，熒惑犯井鉞。壬戌，月又犯鉞星。二年八月壬子，歲星犯井鉞。九月庚寅，歲星又逆行乘鉞星。三年，諸葛誕夷滅。

甘露元年八月辛亥，月犯箕。占曰："軍將死。"九月丁巳，月犯東井。占曰："軍將死。"二年，諸葛誕誅。①

【注】

①月犯箕：郗萌曰："月犯箕，其國有軍將死。"故有是占。其應在甘露二年諸葛誕誅上。

甘露二年六月己酉，月犯心中央大星。景元元年五月，高貴鄉公敗。

甘露二年十月丙寅，太白犯亢距星。占曰："廷臣爲亂，人君憂。"景元元年，有成濟之變。"

甘露二年十一月，彗星見角，色白。占曰："彗見兩角間，色白者，軍起不戰，邦有大喪。"景元元年，高貴鄉公帥左右兵襲晋文王，未交戰，爲成濟所害。

甘露三年三月庚子，太白犯東井。占曰：“國失政，大臣爲亂。”是夜，歲星又犯東井。占曰：“兵起。”至景元元年，高貴鄉公敗。

甘露三年八月壬辰，歲星犯輿鬼質星。占曰：“斧質用，大臣誅。”甘露四年四月甲申，歲星又犯輿鬼東南星。占曰：“鬼東南星主兵。木入鬼，大臣誅。”[①]景元元年，高貴鄉公敗，殺尚書王經。

甘露四年十月丁丑，客星見太微中，轉東南行，[②]歷軫宿，積七日滅。占曰：“客星出太微，有兵喪。”景元元年，高貴鄉公被害。

【注】

①石氏曰：“中央色白，如粉絮者，所謂積尸氣也；一曰天尸，故主死喪，主祠事也；一曰鈇鑕，故主法，主誅斬。”《玉曆》曰：“輿鬼爲天尸，朱雀頸；中星如粉絮，鬼爲疫害。”

②轉東南行：“轉”，多本并作“輔”，據《晋志》改。

魏陳留王景元元年二月，月犯建星。[①]案占：“月五星犯建星，大相相譖。”是後鍾會、鄧艾破蜀，會譖艾，遂皆夷滅。

【注】

①月犯建星：建星，在星占學上很少用到的一個觀測目標。據考，有其歷史變化的原因。《海中占》曰：“斗建者，陰陽始終之門，大政升平之所起，律曆之本原也。”既然如此重要，爲什麽又很少用以爲占呢？《開元

占經》引焦延壽曰："建星，一星不具，若與斗合一月，辟亡。"通常是與斗宿合起來觀測的。這是由於在先秦時，建星曾被當作冬至日所在位置，曆元的起始點，後終於被斗宿所取代，不被人們重視。《乙巳占》曰："月犯建星，大臣相譖死。"其小注就引鍾、鄧相譖例。由此看來，用以爲占，在歷史上也就僅此數例。其應在"會譖艾"、皆夷滅，即導致鍾會、鄧艾都没有好下場。

景元二年四月，熒惑入太微，犯右執法。占曰："人主有大憂。"又曰："大臣憂。"後四年，鄧艾、鍾會皆夷滅。五年，帝遜位。

景元三年十一月壬寅，彗星見亢，色白，長五寸，轉北行，積四十五日滅。占爲兵喪。一曰："彗見亢，天子失德。"四年，鍾會、鄧艾伐蜀克之。會、艾反亂皆誅，魏遜天下。

景元四年六月，大流星二，并如斗，[①]見西方，分流南北，光照隆隆有聲。案占，流星爲貴使，大者使大。是年，鍾、鄧克蜀，二星蓋二帥之象。二帥相背，又分流南北之應，鍾會既叛，三軍憤怒，隆隆有聲，兵將怒之徵也。

景元四年十月，歲星守房。占曰："將相有憂。"一曰："有大赦。"明年正月，太尉鄧艾、司徒鍾會并誅滅，特赦益土。咸熙二年秋，又大赦。

【注】

①并如斗：都如斗大。斗爲量器，用以相比流星之大小。

陳留王咸熙二年五月，彗星見王良，長丈餘，色白，東南指，積十二日滅。占曰："王良，天子御駟，彗星掃之，禪代之表，除舊布新之象。白色爲喪。王良在東壁宿，又并州之分也。"八月，晋文王薨。十二月，帝遜位于晋。[①]

【注】

①彗星見王良：這一异常天象的出現，在星占家看來，竟有兩條應驗：其一，除舊布新之象應在魏帝遜位於晋；其二應在晋文王薨。這是因爲王良在東壁宿内，在并州之分，應在大人亡上。河内屬并州，故王良星度應在河内地。

晋武帝泰始四年正月丙戌，彗星見軫，青白色，西北行，又轉東行。占曰："爲兵喪。軫又楚分也。"三月，皇太后王氏崩。十月，吴將施績寇江夏，萬彧寇襄陽，後將軍田璋、荆州刺史胡烈等破卻之。

泰始四年七月，星隕如雨，皆西流。[①]占曰："星隕爲民叛，西流，吴民歸晋之象也。"二年，吴夏口督孫秀率部曲二千餘人來降。

【注】

①星隕如雨皆西流：《河圖》曰："諸流星……主謀事；流星，主兵事。"《雒書》曰："此星所往者，其分受福，有利。若有吉事，期不出年。"故有是占。流星西流，西方有利，利在晋，故有吴民來降。

泰始五年九月，有星孛于紫宫，占如上。紫宫，天子內宫。十年，武元楊皇后崩。

泰始十年十二月，有星孛于軫。占曰："天下兵起。軫又楚分也。"咸寧二年六月，星孛于氐。占曰："天子失德易政。氐又兖州分。"七月，星孛大角。大角爲帝坐。八月，星孛太微，至翼、北斗、三台。占曰："太微天子廷，大人惡之。"一曰："有徙王。翼又楚分也。""北斗主殺罰，三台爲三公。"三年，正月，[①]星孛于胃。胃，徐州分。四月，星孛女御。女御爲後宫。五月，又孛于東方。七月，星孛紫宫。占曰："天下易主。"五年三月，星孛于柳。占曰："外臣陵主。柳又三河分也。"大角、太微、紫宫、女御，并爲王者。明年吴亡，是其應也。孛主兵喪，征吴之役，三河、徐、兖之兵悉出，交戰於吴、楚之地。吴丞相都督以下，梟戮十數，偏裨行陣之徒，馘斬萬計，皆其徵也。《春秋》星孛北方，則齊、魯、晋、鄭、陳、宋、莒之君，并受殺亂之禍。星孛東方，則楚滅陳，三家、田氏分篡齊、晋。漢文帝末，星孛西方，後吴、楚七國誅滅。案泰始末至太康初，災异數見，而晋氏隆盛，吴實滅，天變在吴可知矣。昔漢三年，星孛大角，項籍以亡，漢氏無事，此項氏主命故也。吴、晋之時，天下横分，大角孛而吴亡，是與項氏同事。後學皆以咸寧災爲晋室，非也。[②]

【注】

①三年正月：《晋書·武帝紀》記於"正月"，《晋書·天文志》記於

“三月”。今據《晉書・武帝紀》。

②後學皆以咸寧災爲晉室非也：由於晉室爲中原皇權的象徵，則在晉統治期間出現的彗星，其所應除舊布新之兆，一般初學星占的人都機械地推爲晉災。但當時晉室隆盛，難以爲害，事同漢初項劉争霸，天變應在吴不在晉也。故應在吴亡。

晉武帝咸寧四年四月，蚩尤旗見。案《星傳》，蚩尤旗類彗，而後曲象旗。漢武帝時見，長竟天。獻帝時又見，長十餘丈，皆長星也。魏高貴時則爲白氣。案校衆記，是歲無長星，宜又是异氣。後二年，傾三方伐吴，[1]是其應。至武帝崩，天下兵又起，遂亡諸夏。

【注】

①傾三方伐吴：傾三方所有之兵力討伐吴國。

咸寧四年九月，太白當見不見。占曰："是謂失舍，不有破軍，必有死王之墓，又有亡國。"是時羊祜表求伐吴，上許之。五年十一月，兵出，太白始夕見西方。太康元年三月，大破吴軍，孫晧面縛請死，吴國遂亡。

晉武帝太康二年八月，有星孛于張。占曰："爲兵喪。"周分野，災在洛邑。十一月，星孛軒轅。占曰："後宫當之。"四年三月戊申，星孛于西南。四年三月癸丑，齊王攸薨。四月戊寅，任城王陵薨。五月己亥，琅邪王伷薨。十一月戊午，新都王該薨。[1]

【注】

①有星孛于張：彗星爲兵喪，爲除舊布新之兆。張，河内、河東之

地，故曰災在洛邑。軒轅，女主之象徵，故占曰“後宫當之”。應在攸、陵、佃、該四王薨上。

太康八年三月，熒惑守心。占曰：“王者惡之。”太熙元年四月己酉，[①]武帝崩。

太康八年九月，星孛于南斗，長數十丈，十餘日滅。占曰：“斗主爵禄，國有大憂。”一曰：“孛于斗，王者疾病，臣誅其父，[②]天下易政，大亂兵起。”太熙元年四月，客星在紫宫。占曰：“爲兵喪。”太康末，武帝耽宴游，多疾病。是月己酉，帝崩。永平元年，賈后誅楊駿及其黨與，皆夷三族。楊太后亦見殺。是年，又誅汝南王亮、太保衛瓘、楚王瑋，王室兵喪之應。

【注】

①己酉：多本并作“乙酉”，是月無“乙酉”。據《晋書·武帝紀》改。

②臣誅其父：其説不合星占理論。《開元占經》客星占引陳卓曰：“臣謀其君，子謀其父，弟謀其兄，是謂無理。”當如陳卓説。

《宋書》卷二十四

志第十四

天文二

晉惠帝元康二年二月，天西北大裂。[1]按劉向說："天裂，陽不足；地動，陰有餘。"是時人主拱默，[2]婦后專制。

【注】

①天西北大裂：天的西北部見到大的開裂。古人把天想象成一個圓的硬殼球，晚上在西北部見到大開裂的亮光在閃動，它其實是北极光。

②拱默：天子拱手，默不作聲。

元康三年四月，熒惑守太微六十日。占曰："諸侯三公謀其上，必有斬臣。"一曰："天子亡國。"是春，太白守畢，至是百餘日。占曰："有急令之憂。"一曰："相亡。又爲邊境不安。"是年，鎮、歲、太白三星聚于畢昴。占曰："爲兵喪。畢昴，趙地也。"後賈后陷殺太子，趙王廢后，又殺之，斬張華、裴頠，遂篡位，廢帝爲太上皇。天下從此遘亂連禍。①

【注】

①此是三種异常天象分别出現後，顯示出綜合性的政治動亂腐敗現象。熒惑守太微，前已有注和占文，是三公謀天子、天子將亡的徵候；太白守畢，前亦有注和占文，是邊兵的徵候；三星聚，孕育着更大的危機。《漢書》卷二六《天文志》曰："三星若合……外内有兵與喪，民人乏飢，改立王公。"《海中占》曰："三星合，其國外有兵喪，人民數改立侯王。"都占在改立侯王上。應在元康年間賈后陷殺太子，趙王廢殺后，斬大臣并篡位，導致天下大亂。

元康五年四月，有星孛于奎，至軒轅、太微，經三台、大陵。占曰："奎爲魯，又爲庫兵，軒轅爲後宫，太微天子廷，三台爲三司，大陵有積尸死喪之事。"明年，武庫火，西羌反。後五年，司空張華遇禍，賈后廢死，魯公賈謐誅。又明年，趙王倫篡位。於是三王興兵討倫，士民戰死十餘萬人。①

【注】

①據彗星占，犯軒轅，應在后妃有憂；犯太微，應驗在帝有憂、有兵；犯三台，應在三司有憂。綜合性的應驗，出現元康年間的西羌反，有邊兵；大臣張華遇禍；賈后廢死；趙王篡位等。

元康六年六月丙午夜，有枉矢自斗魁東南行。按占曰："以亂伐亂。北斗主執殺，出斗魁，居中執殺者不直象也。"十月，太白晝見。①後趙王殺張、裴，廢賈后，以理太子之冤，因自篡盗，以至屠滅。以亂代亂，兵喪臣强之應也。

【注】

①十月太白晝見：《荆州占》曰："太白晝見，名曰昭明，强國弱，弱國霸，兵大起，期不出年。"正合本志兵喪臣强之應。"十月"下，在《永樂大典》中有"乙未"二字。

元康九年二月，熒惑守心。占曰："王者惡之。[1]"八月，熒惑入羽林。占曰："禁兵大起。"後二年，惠帝見廢爲太上皇，俄而三王起兵討倫，倫悉遣中軍兵，相距累月。

【注】

①《黄帝占》曰："熒惑犯心，戰不勝國，大將斗死，一曰主亡。"《洛書雒罪級》曰："熒惑守心，必有逆臣起。"應在趙王倫篡位及三王討倫上。

晋惠帝永康元年三月，妖星見南方，中台星坼，[1]太白晝見。占曰："妖星出，天下大兵將起。[2]台星失常，三公憂。太白晝見爲不臣。"是月，賈后殺太子，趙王倫尋廢殺后及司空張華，又廢帝自立。於是三王并起，迭總大權。

【注】

①中台星坼：三台六顆，兩兩相比，中間爲中台。坼，相離。

②妖星出天下大兵將起：《黄帝占》曰："妖星者，五行之氣，五星之變。如見，其方以爲灾殃。各以其日五色，占知何國，吉凶决矣；以見無道國，失禮邦，爲兵、爲饑、水旱、死亡之徵也。""占曰"判爲大兵將

起，此爲其中之一個徵候也。

永康元年五月，熒惑入南斗。[1]占曰："宰相死，兵大起。"斗又吴分也。是時趙王倫爲相，明年篡位，三王興師誅之。太安二年，石冰破揚州。

【注】

①石氏曰："熒惑犯南斗，爲赦。又曰破軍殺將。"《海中占》曰："熒惑犯南斗，且有反臣。"與本志占文相合。

永康元年八月，熒惑入箕。占曰："人主失位，兵起。"十二月，彗出牽牛之西，指天市。占曰："牛者七政始，彗出之，改元易號之象也。"[1]天市一名天府，一名天子褀，帝座在其中。明年，趙王篡位，改元，尋爲大兵所滅。

【注】

①彗出牽牛之西……改元易號之象也：先秦時古曆以牽牛爲冬至日所在，作爲七曜曆元之始，由此推爲改元易號之象。

永康二年二月，太白出西方，逆行入東井。占曰："國失政，臣爲亂。"四月，彗星見齊分。占曰："齊有兵喪。"是時齊王冏起兵討趙王倫。倫滅，冏擁兵不朝，專權淫奓，明年誅死。

晋惠帝永寧元年，自正月至于閏月，五星互經天。[1]《星傳》曰："日陽，君道也；星陰，臣道也。日出則星亡，臣不得專也。晝而星見午上者爲經天，其占爲不臣，爲更王。今五星悉經天，天變所未有也。”石氏説曰：“辰星晝見，其國不亡則大亂。”是後台鼎方伯，互秉大權，二帝流亡，遂至六夷强，[2]迭據華夏，亦載籍所未有也。

【注】

①五星互經天：本文已引石氏辰星經天占語。又石氏曰，太白經天，天下革政，民更主。均爲更王之兆。其它三外行星單獨經天，都是正常的天象。

②六夷：指匈奴、羯、鮮卑、氐、羌、巴氐；另説無巴氐，有烏桓。

永寧元年五月，太白晝見。占同前條。七月，歲星守虛危。占曰：“木守虛危，有兵憂。”一曰：“守虛飢；守危徭役煩，下屈竭。”辰星入太微。占曰：“爲内亂。”一曰：“群臣相殺。”太白守右掖門。占曰：“爲兵，爲亂，爲賊。”八月戊午，鎮星犯左執法，又犯上相。占曰：“上相憂。”熒惑守昴。占曰：“趙、魏有災。”辰星守輿鬼。占曰：“秦有災。”九月丁未，月犯左角。占曰：“人主憂。”一曰：“左將軍死，天下有兵。”

二年四月癸酉，歲星晝見。占曰：“爲臣强。”十月，熒惑太白鬪于虛危。占曰：“大兵起，破軍殺將。”虛危，又齊分也。十二月，熒惑襲太白于營室。占曰：“天下兵起，亡君之戒。”一曰：“易相。”初，齊王冏定京都，因留輔政，遂專慠無君。是月，成都、河間檄長沙王乂討之。冏、乂交戰，攻焚宫闕。冏兵敗夷滅，又殺其兄上軍將軍寔以下二十餘人。太安二年，成都攻長沙，於是公私飢困，百姓力屈。

晋惠帝太安二年二月，太白入昴。占曰："天下擾，兵大起。"三月，彗星見東方，指三台。占曰："兵喪之象。"三台爲三公。七月，熒惑入東井。占曰："兵起國亂。"是秋，太白守太微上將。占曰："上將將以兵亡。"是年冬，成都、河間攻洛陽。三年正月，[①]東海王越執長沙王乂，張方又殺之。

【注】

①三年：《永樂大典》作"二年"。

太安二年八月，長沙王奉帝出距二王，庚午，舍于玄武館。是日天中裂爲二，有聲如雷。三占同元康，[①]臣下專僭之象也。是時長沙王擅權，後成都、河間、東海又迭專威命，是其應也。

【注】

①三占同元康：可以有不同的解釋。筆者以爲，太安二年的三占，與元康年間的三占，相同的爲天開裂：彗星見和熒惑、太白見於昴畢太微，同爲臣下專僭之象。

太安二年十一月辛巳，有星晝隕中天，北下有聲如雷。按占："名曰營首，營首所在，[①]下有大兵流血。"明年，劉淵、石勒攻略并州，多所殘滅。王浚起燕、代，引鮮卑攻掠鄴中，百姓塗地。有聲如雷，怒之象也。

【注】

①營首：《晉書·天文志》曰："營頭，有雲如壞山墮，所謂營頭之星。所墮，其下覆軍，流血千里。亦曰流星晝隕名營頭。"營首即營頭。"營首"多本并作"熒首"，據《晋志》改。

太安二年十一月庚辰，歲星入月中。占曰："國有逐相。"十二月壬寅，太白犯月。占曰："天下有兵。"太安三年正月己卯，月犯太白，占同青龍。熒惑入南斗，占同永康。是月，熒惑又犯歲星。占曰："有大戰。"七月，左衛將軍陳眕率衆奉帝伐成都，六軍敗績，兵逼乘輿。九月，王浚又攻成都于鄴，鄴潰，成都王由是喪亡。[①]帝還洛，張方脅如長安。是時天下盜賊群起，張昌尤盛。後二年，惠帝崩。

【注】

①王浚又攻成都于鄴：鄴，地名。此處之成都，及以上之"伐成都"，以後的成都王丧亡，均爲王名。"陳眕"，多本均作"陳矚"，據《晋書·惠帝紀》改。

晋惠帝永興元年五月，客星守畢。占曰："天子絶嗣。"[①]一曰："大臣有誅。"七月庚申，太白犯角、亢，經房、心，歷尾、箕。九月，入南斗。占曰："犯角，天下大戰；犯亢，有大兵，人君憂；入房、心，爲兵喪；犯尾，將軍與民人爲變；犯箕，女主憂。"一曰：

“天下亂。入南斗，有兵喪。”一曰：“將軍爲亂。”其所犯守，又兗、豫、幽、冀、揚州之分也。是年七月，有蕩陰之役。九月，王浚殺幽州刺史和演，攻鄴，鄴潰。於是兗、豫爲天下兵衝。陳敏又亂揚土，[2]劉淵、石勒、李雄等并起微賤，跨有州郡。皇后羊氏數被幽廢。光熙元年，惠帝崩，終無繼嗣。

【注】

①客星守畢……天子絶嗣：郗萌云：“客星入畢，多獄事。”巫咸曰：“客星出畢，邊兵爲亂，四裔兵起，疆宇靡寧，天下饑，必有亡國。”未見有“天子絶嗣”之占。

②陳敏又亂揚土：陳敏又侵擾揚州一帶。

永興元年七月乙丑，星隕有聲。二年十月，星又隕有聲。按劉向説，民去其土之象也。是後遂亡中夏。

永興元年十二月壬寅夜，赤氣亘天，砰隱有聲。二年十月丁丑，赤氣見在北方，東西竟天。占曰：“并爲大兵。砰隱有聲，怒之象也。”是後四海雲擾，九服交兵。

永興二年四月丙子，太白犯狼星。[1]占曰：“大兵起。”九月，歲星守東井。占曰：“有兵。井又秦分也。”是年，苟晞破公師藩，[2]張方破范陽王虓，關西諸將攻河間王顒，顒奔走，東海王迎殺之。

【注】

①太白犯狼星：《荆州占》曰：“太白守狼，敵兵起；太白犯守狼星，大將出行，其國有兵。一曰有兵將死。”故本志有“占曰：‘大兵起’”。

②藩：多本作“蕃”。據《晋書·惠帝紀》改。

永興二年八月，星孛于昴、畢。占曰：“爲兵喪。”昴、畢，又趙、魏分也。十月丁丑，有星孛于北斗。占曰：“璿璣更授，天子出走。”又曰：“强國發兵，諸侯争權。”是後皆有其應。明年，惠帝崩。

晋惠帝光熙元年四月，太白失行。自翼入尾、箕。占曰：“太白失行而北，是謂返生。不有破軍，必有屠城。”五月，汲桑攻鄴。魏郡太守馮嵩出戰大敗，桑遂害東燕王騰，殺萬餘人，焚燒魏時宫室皆盡。

光熙元年五月，枉矢西南流。占曰：“以亂伐亂之象也。”是時司馬越西破河間，奉迎大駕。尋收繆胤、何綏等，肆其無君之心，天下惡之。死而石勒焚其尸柩，是其應也。

光熙元年九月丁未，熒惑守心。占曰：“王者惡之。”己亥，填星守房、心，又犯歲星。占曰：“土守房，多禍喪。守心，國内亂，天下赦。”又曰：“填與歲合爲内亂。①”是時司馬越秉權，終以無禮破滅，内亂之應也。十一月，惠帝崩，懷帝即位，大赦天下。

【注】

①填與歲合爲内亂：《文曜鉤》曰：“填星與木星合，則變謀更事，主且失勢。”《史記·天官書》曰：“木星與土合，爲内亂。饑，主勿用戰，敗。”什麼叫合呢？《乙巳占》曰：“合者，兩星成逮，同處一宿之中。”故同處一宿爲合。

光熙元年十二月癸未，太白犯填星。占曰："爲内兵，有大戰。"是後河間王爲東海王越所殺。明年正月，東海王越殺諸葛玫等。五月，汲桑破馮嵩，殺東燕王。八月，苟晞大破汲桑。

光熙元年十二月甲申，有白氣若虹，中天北下至地，夜見五日乃滅。占曰："大兵起。"①明年，王彌起青、徐，汲桑亂河北，毒流天下。

【注】

①這是一起北極光大爆發，自北極地至中天，有白氣若虹，歷時五日，每夜乃見。

孝懷帝永嘉元年九月辛亥，有大星自西南流于東北，小者如升相隨，天盡赤，聲如雷。①占曰："流星爲貴使。"是年五月，汲桑殺東燕王騰，遂據河北。十一月，始遣和郁爲征北將軍鎮鄴，而田甄等大破汲桑，斬于樂陵。於是以甄爲汲郡太守，弟蘭鉅鹿太守。小星相隨，小將别帥之象也。司馬越忿魏郡以東，平原以南，皆黨於桑，悉以賞甄等，於是侵略赤地，有聲如雷，怒之象也。

【注】

①此處對大流星出現的狀態描述得很詳細，有大有小，小者如升；天盡赤，有聲如雷。還有流向的描述：自西南流於東北。按流星占的觀念，流星所向，有利。故應有田甄破汲桑，據有汲郡、鉅鹿等。

永嘉元年十二月丁亥，星流震散。案劉向説："天官列宿，在位之象，小星無名者，庶民之類。此百官庶民將流散之象也。"是後天下大亂，百官萬民，流移轉死矣。[①]

【注】

①百官庶民將流散之象：天官列宿，爲官位之象，小星則爲庶民。星流震散，是官民流散之象，故其後官民流移轉死。

永嘉二年正月庚午，太白伏不見。二月庚子，始晨見東方。是謂當見不見，占同上條。其後破軍殺將，不可勝數。帝崩虜廷，中夏淪覆。

永嘉三年正月庚子，熒惑犯紫微。占曰："當有野死之王。又爲火燒宫。"是時太史令高堂冲奏，乘輿宜遷幸，不然必無洛陽。五年六月，劉曜、王彌入京都，燒宫廟，帝崩于平陽。

永嘉三年，鎮星久守南斗。占曰："鎮星所居者，其國有福。"是時安東琅邪王始有揚土。其年十一月，地動，陳卓以爲是地動應也。

永嘉三年十二月乙亥，有白氣如帶出南北方各二，起地至天，貫參伐。占曰："天下大兵起。"四年三月，司馬越收繆胤、繆播等；又三方雲擾，攻戰不休。五年三月，司馬越死於甯平城，石勒攻破其衆，死者十餘萬人。六月，京都焚滅，帝劫虜庭。

永嘉五年十月，熒惑守心。後二年，帝崩于虜庭。

永嘉六年七月，熒惑、歲星、鎮星、太白聚牛女之間，[①]裴回進退。按占曰："牛，揚州分。"是後兩都傾覆，而元帝中興揚土，是其應也。

【注】

①熒惑歲星鎮星太白聚牛女之間：《含神霧》曰："五緯合，王更紀。"《荆州占》曰："四星若合於一舍，其國當王，有德者繁昌，保有宗廟，無德者喪。"可見在五星聚合的占語上，五星聚與四星聚性質相類，衹是五星聚性質更爲劇烈。這也就預示着西晉政權的末日到了。元帝中興，是其應也。元帝，指東晉政權的創建者司馬睿。

愍帝建武元年五月癸未，太白熒惑合於東井。占曰："金火合曰爍，爲喪。"是時帝雖劫于平陽，天下猶未敢居其虚位，災在帝也。六月丁卯，太白犯太微。占曰："兵入天子廷，王者惡之。"七月，愍帝崩于寇廷，天下行服大臨。

晋元帝太興元年七月，太白犯南斗。占曰："吴、越有兵，大人憂。"二年二月甲申，熒惑犯東井。占曰："兵起，貴臣相戮。"八月己卯，太白犯軒轅大星。占曰："後宫憂。"乙未，太白犯歲星，在翼。占曰："爲兵亂。"三年四月壬辰，枉矢出虚、危，没翼、軫。占曰："枉矢所觸，天下之所伐。"翼、軫，荆州之分也。五月戊子，太白入太微，又犯上將。占曰："天子自將，上將誅。"六月丙辰，太白與歲星合于房。占曰："爲兵饑。"九月，太白犯南斗，占同元年。十月己亥，熒惑在東井，居五諸侯南，踟躕留止，積三十日。占曰：

“熒惑守井二十日以上，大人憂；守五諸侯，諸侯有誅者。”十二月己未，太白入月，在斗。[①]郭景純曰：“月屬坎，陰府法象也。[②]太白金行而來犯之，天意若曰刑理失中，自毀其法也。”四年十二月丁亥，月犯歲星在房。占曰：“其國兵飢，民流亡。”永昌元年三月，王敦率江、荆之衆，來攻京都，六軍距戰，敗績。於是殺護軍將軍周顗、尚書令刁協，驃騎將軍劉隗出奔。四月，又殺湘州刺史譙王丞、鎮南將軍甘卓。閏十二月，元帝崩。間一年，敦亦梟夷，枉矢觸翼之應也。十月，石他入豫州，略城父、銍[③]二縣民以北，刺史祖約遣軍追之，爲其所没，遂退守壽春。

明帝太寧三年正月，熒惑逆行入太微。占曰：“爲兵喪，王者惡之。”閏八月，帝崩。咸和二年，蘇峻反，攻宫室，太后以憂逼崩，天子幽劫于石頭，遠近兵亂，至四年乃息。

【注】

①太白入月在斗：《荆州占》曰：“太白入月中，其國有分國，立王。”《漢書》卷二六《天文志》認爲，月食太白，“其國以戰亡”。郗萌占曰：“月蝕太白，其年臣殺主，勝臣亦死。”應驗在東晋大將王敦上，王敦本司馬炎女婿，曾助元帝建立東晋，後居功自傲，坐鎮武昌。武昌分野屬斗。王敦先後兩次反朝廷，殺大臣，尋死后也被梟夷。

②郭景純：郭璞，字景純，東晋聞喜人，擅陰陽曆算五行占卜之學，爲王敦所殺。《晋書》有傳。月屬坎陰府法象也：坎，代表水。《易·説卦》曰：“坎爲水……爲月。”“象”，多本作“家”。今據《晋書·天文志》改。

③銍：多本誤作“鉅”。今改正。

成帝咸和四年七月，有星孛于西北，二十三日滅。占曰："爲兵亂。"十二月，郭默殺江州刺史劉胤，荆州刺史陶侃討默，明年，斬之。是時石勒又始僭號。

咸和六年正月丙辰，月入南斗。占曰："有兵。"一曰："有大赦。"是月，胡賊殺略婁、武進二縣民，於是遣戍中洲。明年，胡賊又略南沙、海虞民。[①]是年正月，大赦，伐淮南，討襄陽，平之。

【注】

①武進爲常州市郊之縣名，南沙、海虞均爲常州市境。

咸和六年十一月，熒惑守胃、昴。占曰："趙、魏有兵。"八年七月，石勒死，石虎自立，多所殘滅。是時雖勒、虎僭號，而其强弱常占於昴，不關太微、紫宫也。[①]

【注】

①雖勒虎僭號……紫宫也：太微、紫宫，皇帝的象徵，星占也用之。但此地方認爲石勒、石虎僅僅是僭號，不承認真爲帝，故用占祇依昴宿。昴宿，"胡星也"，石勒爲"胡"，故用以爲占。

咸和八年三月己巳，月入南斗，與六年占同。其年七月，石勒死，彭彪以譙，石生以長安，郭權以秦州，并歸從。於是遣都護高球率衆救彪，彪敗球退。又石虎、石斌攻滅生、權。咸康元年正月，大赦。

咸和八年七月，熒惑入昴。占曰："胡王死。"石虎多所攻滅。八月，月犯昴。占曰："胡不安。"九年六月，月又犯昴。是時石弘雖襲勒位，而石虎擅威暴横。十月，廢弘自立，遂幽殺之。[①]

咸和九年三月己亥，熒惑入輿鬼，犯積尸。占曰："兵在西北，有没軍死將。"四月，鎮西將軍、雍州刺史郭權始以秦州歸從，尋爲石斌所滅，徙其衆於青、徐。

【注】

①如上注所言，石勒、石弘、石虎雖僭號，用占衹合昴星。這些都衹是主觀心理狀態。星占的解釋，機動性很强。

晋成帝咸康元年二月己亥，太白犯昴。占曰："兵起，歲大旱。"四月，石虎掠騎至歷陽。朝廷慮其衆也，加司徒王導大司馬，治兵動衆。又遣慈湖、牛渚、蕪湖三戍。五月乃罷。是時胡賊又圍襄陽，征西將軍庾亮遣寧距退之。六月，旱。

咸康元年八月戊戌，[①]熒惑入東井。占曰："無兵兵起，有兵兵止。"是年夏，發衆列戍。加王導大司馬，以備胡賊。

【注】

①戊戌：多本并作"戊辰"，該年八月無"戊辰"。今據《晋志》改。

咸康元年三月丙戌，月入昴。占曰："胡王死。"十一月，月犯昴。二年八月，月又犯昴。占同。咸和三年，石虎發衆七萬，四年二月，自襲段遼于薊，遼奔敗。又攻慕容皝於棘城，不剋引退。皝追之，殺數百人。虎留其將麻秋屯令支，皝破秋，并虜遼殺之。

咸康二年正月辛巳，彗星夕見西方，在奎。占曰："爲兵喪。奎又爲邊兵。"四年，石虎伐慕容皝不剋，皝追擊之，又破麻秋。時皝稱蕃，邊兵之應也。

咸康二年正月辛卯，月犯房南第二星。占曰："將相有憂。"五年七月，丞相王導薨。八月，太尉郗鑒薨。六年正月，征西大將軍庾亮薨。①

【注】

①月犯房南第二星：《黄帝占》曰："月犯上將，上將誅；犯次將，次將誅；犯次相，次相誅；犯上相，上相誅。"又本志第一卷曰："景初元年二月乙酉，月犯房第二星。占曰：'將相有憂。'七月，司徒陳矯薨。二年四月，司徒韓暨薨。"皆是其應驗。本處應驗於王導、郗鑒、庾亮。

咸康二年九月庚寅，太白犯南斗，因晝見。占曰："斗爲宰相，又揚州分，金犯之，死喪象。晝見爲不臣，又爲兵喪。"三年，石虎僭稱天王。四年，虎滅段遼而敗於慕容皝。皝，國蕃臣。五年，王導薨。

咸康三年六月辛未，有流星大如二斗魁，色青，赤光耀地，出奎中，没婁北。案占爲飢，五穀不藏。是月，大旱。

咸康三年八月，熒惑入輿鬼，犯積尸。占曰："貴人憂。"三年八月甲戌，月犯東井距星。占曰："國有憂，將死。"三年九月戊子，月犯建星。占曰："易相。"一曰："大將死。"五年，丞相王導薨，庾冰代輔政。太尉郗鑒、征西大將軍庾亮薨。

咸康三年十一月乙丑，太白犯歲星。占曰：“爲兵飢。”四年二月，石虎破幽州，遷其人萬餘家。李壽殺李期。五年，胡衆五萬寇沔南，略七千餘家而去。又騎二萬圍陷邾城，殺略五千餘人。[①]

【注】

①此是太白犯歲星的一條占文。巫咸曰：“太白犯木星，爲饑，期三年。”本占文正與巫咸占一致，且自咸康三年太白與歲相犯，至四年石虎破幽州，五年“胡衆”寇沔南等，爲期均不出三年。又《荆州占》曰：“太白犯歲星，爲旱，爲兵，若環繞與之并光，有兵戰，破軍殺將。”正合於武康年間兵荒馬亂、死傷無數的景象。

咸康四年四月己巳，太白晝見在柳。占曰：“爲兵，不爲臣。”七月乙巳，月掩太白。占曰：“王者亡地，大兵起。”明年，胡賊大寇沔南，陷邾城，豫州刺史毛寶、西陽太守樊峻[②]皆棄城投江死。於是内外戒嚴，左衛桓監、匡術等諸軍至武昌，乃退。七年，慕容皝自稱爲燕王。

【注】

①樊峻：多本并作“樊悛”，《晋書·成帝紀》又作“樊俊”，今據《晋書·庾亮傳》《水經注》改。

咸康四年五月戊午，熒惑犯右執法。占曰：“大臣死，執政者憂。”九月，太白犯右執法。案占，“五星災同，金火尤甚。”十一月戊子，太白犯房上星。占曰：“上相憂。”五年七月己酉，月犯房上星，亦同占。是月庚申，丞相王導薨。①

【注】

①熒惑犯右執法：執法，星名。《史記》卷二七《天官書》曰：“匡衛十二星，藩臣。”張守節《正義》曰：“南藩中二星間爲端門。次東第一星爲左執法，廷尉之象……端門西第一星爲右執法，御史大夫之象也。”《開元占經》引《帝覽嬉》曰：“熒惑行犯太微左右執法，爲大臣有憂。”甘氏曰，熒惑“犯左相，左相誅；犯右相，右相誅”。又《黄帝占》曰：“熒惑守太微垣門外之左，廷尉有事；守門外之右，丞相御史有事。”由於以上四年五月熒惑犯右執法，九月太白又犯右執法，十一月太白犯房上星，五年七月月犯房上星，諸象同占“大臣死”，故王導薨正應在占語上。

咸康五年四月辛未，月犯歲星，在胃。占曰：“國飢民流。”乙未，月犯畢距星。占曰：“兵起。”是夜，月又犯歲星，在昴。及冬，有沔南、邾城之敗，百姓流亡萬餘家。①

【注】

①《荆州占》曰：“月犯歲星，其國民饑死。”郗萌曰：“月犯畢，兵革起。”兩次月犯歲星均爲“國飢民流”之占，加上月犯畢爲“兵起”，那麽，“百姓流亡”是其應了。百姓流亡的原因，當然是兵災所致。咸康五年四月辛未爲二十七日，該月無“乙未”；況且，該月即使有乙未，也不可能在同一月中月亮兩次犯歲星，故“乙未”以下的占文必屬它月，應有漏字。

咸康六年二月庚午朔，流星大如斗，光耀地，出天市，西行入太微。占曰：“大人當之。”乙未，太白入月。占曰：“人主死。”四月甲午，[①]月犯太白。占曰：“人主惡之。”八年六月，成帝崩。

【注】

①四月甲午：“甲午”多本并作“甲子”，四月無“甲子”。今據《晋志》改。

咸康六年三月甲寅，熒惑從行犯太微上將星。占曰：“上將憂。”四月丁丑，熒惑犯右執法。占曰：“執法者憂。”六月乙亥，月犯牽牛中央星。占曰：“大將憂。”是時尚書令何充爲執法，有譴欲避其咎，明年，求爲中書令。建元二年，庾冰薨，皆大將執政之應也。是歲正月，征西將軍庾亮薨。三月，而熒惑犯上將。九月，石虎大將夔安死。庾冰後積年方薨。豈冰能修德，移禍於夔安乎？

咸康六年四月丙午，太白犯畢距星。占曰：“兵革起。”一曰：“女主憂。[①]”六月乙卯，太白犯軒轅大星。占曰：“女主憂。”七年三月，皇后杜氏崩。

【注】

①太白犯畢：《太公决事占》曰：“太白犯畢口，大兵起。”石氏曰：“太白入畢口，有女喪。”太白有犯爲兵災是一般的占語，此處還有女喪，與下文之太白犯軒轅的天象正好相對應，應在“女主憂”，結果杜皇后崩。

咸康七年三月壬午，月犯房。占曰：“將相憂。”八年六月，熒惑犯房上第二星。占曰：“次相憂。”建元二年，車騎將軍江州刺史庾冰薨。是時驃騎將軍何充居内，冰爲次相也。

咸康七年四月己丑，太白入輿鬼。占曰：“兵革起。”五月，太白晝見。以晷度推之，非秦、魏，則楚也。占曰：“爲臣强，爲有兵。”八月辛丑，月犯輿鬼。占曰：“人主憂。”八年六月，成帝崩。

咸康八年八月壬寅，月犯畢赤星。占曰：“下犯上，兵革起。”十月，月又掩畢赤星。占同。己酉，太白犯熒惑。占曰：“大兵起。”其後庾翼大發兵謀伐胡，專制上流，朝廷憚之。

康帝建元元年正月壬午，太白入昴。占曰：“趙地有兵。”又曰：“天下兵起。”四月乙酉，太白晝見。八月丁未，太白犯歲星。占曰：“有大兵。”是年，石虎殺其太子邃及其妻子徒屬二百餘人。又遣將劉寧寇没狄道，又使將張舉將萬餘人屯薊東，謀慕容皝。

建元元年十一月六日，彗星見亢，長七尺，尾白色。占曰：“亢爲朝廷，主兵喪。”二年九月，康帝崩。

建元元年，歲星犯天關。安西將軍庾翼與兄冰書曰：“歲星犯天關，占云：‘關梁當澁。’[①]比來江東無他故，江道亦不艱難；而石虎頻年再閉關不通信使，此復是天公憒憒無皂白之徵也。[②]”

建元二年閏月乙酉，太白犯斗。占曰：“爲喪，天下受爵禄。”九月，康帝崩，太子立，大赦賜爵也。

【注】

①天關：古人對天關星有不同的解釋。天關，爲日月五星必經之路，爲通關，故稱天關。角宿二星跨黄道而立，又是二十八宿之首，故古人將角宿二星間稱爲天關。石氏認爲歲星犯左角天下之道不通。故本志占曰“關梁當澁”。

②天公憒憒無皂白之徵也：憒憒，糊涂。皂，黑色。全句當爲天公糊涂黑白不分之徵兆。爲什麽這樣説呢？這句話很有趣味，這是由於天象關梁當澁，而其應驗也顯，即石虎頻年閉關不通信使。這一天象的出現，應爲陰星犯天關纔對，但目前顯現的天象是歲星犯天關，歲星不是陰星而是陽星，故沈約説天公弄糊涂了。《史記》卷二七《天官書》曰：“陽則日、歲星、熒惑、填星；……陰則月、太白、辰星。”“中國於四海内則在東南，爲陽……其西北則胡、貉、月氏諸衣旃裘引弓之民，爲陰。”現陰國關梁不通，應爲陰星犯天關纔是，却讓陽星犯天關，這是天公把陰陽弄顛倒了。沈約不説占語不合，而説天公糊涂弄錯了。

晉穆帝永和元年正月丁丑，月入畢，占曰：“兵大起。”戊寅，月犯天關。占曰：“有亂臣更天子之法。”五月辛巳，太白晝見，在東井。占曰：“爲臣强，秦有兵。”六月辛丑，入太微，犯屏西南。[①]占曰：“輔臣有免罷者。”七、八月，月皆犯畢。占同正月。己未，月犯輿鬼。占曰：“大臣有誅。”九月庚戌，月又犯畢。是年初，庾翼在襄陽，七月，翼疾將終，輒以子爰之爲荆州刺史，代己任，爰之尋被廢。明年，桓温又輒率衆伐蜀，執李勢，送至京都。蜀本秦地也。

【注】

①屏：屏星的方位，有不同的説法。參宿中有二附星曰屏，又《隋

書·天文志》曰："屏二星，在玉井南。"本志所指在太微中。占同太白犯太微。石氏曰："太白犯乘守屏星，君臣失禮，而輔臣有誅者，若免罷去。"甘氏曰："一曰大臣有戮死者。"應在爰之被廢。

永和二年二月壬子，月犯房上星。四月丙戌，月又犯房上星。占同前。八月壬申，太白犯左執法。是歲，司徒蔡謨被廢。

永和三年正月壬午，月犯南斗第五星。占曰："將軍死，近臣去。"五月壬申，月犯南斗第四星，因入魁。占曰："有兵。"一曰："有大赦。"六月，月犯東井距星。占曰："將死，國有憂。"戊戌，月犯五諸侯。占曰："諸侯有誅。"①九月庚寅，太白犯南斗第五星。占曰："爲喪兵。"四年七月丙申，太白犯左執法。甲寅，月犯房。丁巳，月入南斗犯第二星。乙丑，太白犯左執法。占悉同上。十月甲戌，月犯亢。占曰："兵起，軍將死。"十一月戊戌，犯上將星。三年六月，大赦。是月，陳逵征壽春，敗而還。七月，氐蜀餘寇反亂益土。九月，石虎伐涼州，不克。

永和四年四月，太白入昴。五月，熒惑入婁，犯鎮星。七月，太白犯軒轅。占在趙，及爲兵喪，女主憂。其年八月，石虎太子宣殺弟韜，宣亦死。五年正月，石虎僭稱皇帝，尋病死。是年，褚裒北伐喪衆，又尋薨，太后素服。六年正月，朝會廢樂。②

【注】

①石氏曰："月犯五諸侯，諸侯有誅。"本志占語當淵源於此。

②熒惑入婁犯鎮星：《荆州占》認爲熒惑入婁，“天下有聚衆”。石氏曰：“大兵起。”郗萌曰：“胡人凶。”又熒惑與填星相犯，巫咸曰，熒惑犯填星，“兵大起”。《荆州占》曰：“熒惑與填星合而犯，大將軍爲亂。”應在永和四年太子宣殺弟韜和五年褚裒北伐喪衆又薨上。

永和五年四月丁未，太白犯東井。占曰：“秦有兵。”九月戊戌，太白犯左角。占曰：“爲兵。”十月，月犯昴。占曰：“朝廷有憂，軍將死。”十一月乙卯，彗星見于亢，芒西向，色白，[1]長一丈。占曰：“爲兵喪。”是年八月，褚裒北征兵敗。十月，關中二十餘壁舉兵歸從，石遵攻没南陽。十一月，冉閔殺石遵，又盡殺胡十餘萬人，於是中土大亂。十二月，褚裒薨。八年，劉顯、苻健、慕容儁并僭號。殷浩北伐敗，見廢。

【注】

①芒西向色白：多本并脱“色”字，據《晋志》補。

永和六年二月辛酉，月犯心大星。占曰：“大人憂。”心，豫州分也。丁丑，月犯房。占曰：“將相憂。”三月戊戌，熒惑犯歲星。占曰：“爲戰。”六月己丑，月犯昴。占同上。乙未，月犯五諸侯。占同三年。七月壬寅，月始出西方，犯左角。占曰：“大將軍死。”一曰：“天下有兵。”丁未，月犯箕。占曰：“軍將死。”丙寅，熒惑犯鉞星。占曰：“大臣有誅。”八月辛卯，月犯左角，太白晝見在南斗，月犯右執法。占并同上。七年二月，太白犯昴。占同上。乙卯，熒惑入輿鬼，犯積尸。占曰："貴人憂。"五月乙未，熒惑犯軒轅大星。占曰："女主憂。"太白入畢口，犯左股。占曰："將相當之。"六月乙亥，月犯箕。丙子，月犯斗。丁丑，熒惑入太微，犯右執法。八月庚午，太白犯軒轅。戊子，太白犯右執法。占悉同上。七年，劉顯殺石祗及諸胡帥，中土大亂，戎、晋十萬數，各還舊土，互相侵略及疾疫死亡，能達者十二三。是年，桓温輒以大衆求浮江入淮北伐，朝廷震懼。八年，豫州刺史謝尚討張遇，爲苻雄所敗。殷浩北伐敗，被廢。十年，桓温伐苻健，不克而還。

永和八年三月戊戌，月犯軒轅大星。癸丑，月入南斗犯第二星。五月，月犯心星。四月癸酉，月犯房。六月辛巳，日未入，有流星如三斗魁，從辰巳上東南行。晷度推之，在箕、斗之間，蓋燕分也。[①]案占爲營首，營首之下，流血滂沲。七月壬子，歲星犯東井距星。占曰："内亂兵起。"八月戊戌，熒惑入輿鬼。占曰："忠臣戮死。"丙辰，太白入南斗，犯第四星。占曰："將爲亂。"一曰："丞相免。"九年二月乙巳，入南斗，犯第三星。三月戊辰，月犯房。八月，歲星犯輿鬼東南星。占："東南星主兵，兵起。"十二月，月在東井，犯歲星。占曰："秦飢民流。"是時帝主幼冲，母后稱制，將相有隙，兵革連起。慕容儁僭稱大燕，攻伐無已，故災異數見，殷浩見廢也。

【注】

①日未入……從辰巳上東南行：永和八年六月辛巳這一天，當太陽尚未下山，星星尚未顯現的時候，就有流星出現，如三個斗魁那麼大，從辰巳的方位，即從東南方向，向東南流去。由於不見星星，衹能用晷度進行推測，大約在箕宿和斗宿之間，爲燕地的分野。其應在殷浩見廢、慕容儁僭稱大燕上面。

永和十年正月乙卯，月食昴。占曰："趙、魏有兵。"癸酉，填星奄鉞星。占曰："斧鉞用。"二月甲申，月犯心大星。占曰："王者惡之。"四月癸未，流星大如斗，色赤黄，出織女，没造父，有聲如雷。占曰："燕、齊有兵，民流。"戊午，月犯心大星。七月庚午，太白晝見。晷度推之，災在秦、鄭。九月辛酉，太白犯左執法。十一月，月奄填星，在輿鬼。占曰："秦有兵。"十一年三月辛亥，月奄軒轅。占同上。四月庚寅，月犯牛宿南星。占曰："國有憂。"八月己未，太白犯天江。占曰："河津不通。"十二年六月庚子，太白晝見，在東井。占如上。己未，月犯鉞星。七月丁卯，太白犯填星，在柳。占曰；"周地有大兵。"八月癸酉，月奄建星。九月戊寅，熒惑入太微，犯西蕃上將星。十一月丁丑，熒惑犯太微東蕃上相。十年四月，桓温伐苻健，破其嶢柳衆軍。健壁長安，[①]温退。十二月，慕容恪攻齊。十二年八月，桓温破姚襄於伊水，[②]定周地。十一月，齊城陷，執段龕，殺三千餘人。永和末，鮮卑侵略河、冀，升平元年，慕容儁遂據臨漳，盡有幽、并、青、冀之地。緣河諸將漸奔散，河津隔絶矣。三年，會稽王以郗曇、謝萬敗績，求自貶三等。是時權在方伯，九服交兵，故譴象仍見。[③]

【注】

①健壁長安：苻健戰敗以後，在長安建立堅固的營壘以强化守禦。其前“嶢柳衆軍”，“嶢”亦作“堯”，在陝西藍田南。

②破姚襄於伊水：“姚襄”，各本并作“姚萇”，據《晋志》改。

③是時權在方伯九服交兵故譴象仍見：方伯，諸侯之長。九服，帝皇統治區内各個地區。譴象，譴責諸侯劣行的天象。

晋穆帝升平元年四月壬子，太白入輿鬼。丁亥，月奄東井南轅西頭第二星。占曰：“秦地有兵。”一曰：“將死。”六月戊戌，太白晝見，在軫。占同上。軫，楚分也。[①]壬子，月犯畢。占曰：“爲邊兵。”七月辛巳，熒惑犯天江。占曰：“河津不通。[②]”十一月，歲星犯房。壬午，月奄歲星，在房。占曰：“民飢。”一曰：“豫州有災。”二年二月辛卯，填星犯軒轅大星。甲午，月犯東井。閏月乙亥，月犯歲星，在房。占悉同上。五月丁亥，彗出天船，在胃度中。彗爲兵喪，除舊布新，出天船，外夷侵。[③]一曰：“爲大水。”六月辛酉，月犯房。八月戊午，熒惑犯填星，在張。占曰：“兵大起。張，三河分。”十月己未，太白犯哭星。[④]十二月，枉矢自東南流于西北，其長半天。三年正月壬辰，熒惑犯楗閉。案占：“人主憂。”三月乙酉，熒惑逆行犯鉤鈐。案占：“王者惡之。”月犯太白，在昴。占曰：“人君死。”

一曰："趙地有兵，朝廷不安。"六月，太白犯東井。七月乙酉，熒惑犯天江。丙戌，太白犯輿鬼。占悉同上。戊子，月犯牽牛中央大星。占曰："牽牛，天將也。犯中央星，大將軍死。⑤"八月丁未，太白犯軒轅大星。甲子，月犯畢大星。占曰："爲邊兵。"一曰："下犯上。"庚午，太白犯填星，在太微中。占曰："王者惡之。"二年五月，關中氐帥殺苻生立堅。十二月，慕容儁入屯鄴。八月，安西將軍、豫州刺史謝弈薨。三年十月，諸葛攸舟軍入河，敗績。豫州刺史謝萬入潁，衆潰而歸，除名爲民。十一月，司徒會稽王以二鎮敗，求自貶三等。四年正月，慕容儁死，子暐代立。慕容恪殺其尚書令陽騖等。五月，天下大水。五年五月，穆帝崩。

【注】

①太白入輿鬼：前已述及，爲有兵之象。鬼爲秦分，故本志占曰秦有兵。太白晝見，也是有兵之象，故曰"占同上"。在軫，軫爲楚分。

②熒惑犯天江：石氏認爲熒惑犯天江，"必有立王"。巫咸占説熒惑犯守天江，天下有水，若入之，大水齊城郭，人民饑亡，去其鄉。本志占爲"河津不通"，不通災在大水。下文三年七月熒惑又犯天江，應在天下大水。

③彗出天船：彗星見爲兵，前已有介紹。《春秋緯》曰："彗星出舟星，外夷侵。"又巫咸曰："彗星出天船，天下大水，舟船用事；若外夷來侵，水兵起，期一年。"

④太白犯哭星：下占文曰："人主憂。"包含天下有哭泣事。此占請參見東晋孝武帝太元四年注文。

⑤月犯牽牛中央大星：郗萌占曰："月犯牽牛，其國有憂。將軍亡旗鼓。一曰有軍將死。"星占家常以牽牛星與軍將相聯繫，故月犯牽牛，一

曰將憂亡，一曰牛死，或牛馬貴等。牽牛星又曰河鼓，故占曰“將軍亡旗鼓”。

升平四年正月乙亥，月犯牽牛中央大星。占曰：“大將死。”六月辛亥，辰星犯軒轅。占曰：“女主憂。”己未，太白入太微右掖門，從端門出。占曰：“貴奪勢。”一曰：“有兵。”又曰：“出端門，臣不臣。”[①]八月戊申，太白犯氐。占曰：“國有憂。”丙辰，熒惑犯太微西蕃上將。九月壬午，太白入南斗口，犯第四星。占曰：“爲喪，有赦，天下受爵禄。”十月庚戌，天狗見西南。占曰：“有大兵流血。”十二月甲寅，熒惑犯房。丙寅，太白晝見。庚寅，月犯楗閉。占曰：“人君惡之。”五年正月乙巳，填星逆行犯太微。乙丑辰時，月在危宿奄太白。占曰：“天下民靡散。”[②]三月丁未，月犯填星在軫。占曰：“爲大喪。”五月壬寅，月犯太微。庚戌，月犯建星。占曰：“大臣相譖。”辛亥，月犯牽牛宿。占曰：“國有憂。”五年正月，北中郎將郗曇薨。五月，穆帝崩，哀帝立，大赦賜爵，褚后失勢。七月，慕容恪攻冀州刺史吕護於野王，拔之，護奔滎陽。是時桓温以大衆次宛，聞護敗乃退。

【注】

①太白入太微右掖門從端門出：《河圖帝覽嬉》曰：“太白入太微，而出端門，臣不臣。”郗萌曰：“太白入太微西門，犯天庭，出端門，爲大臣伐主；入西門，而折出右掖門，爲大臣假主之威，而不從主命；太白入西華門，出端門東門，詐稱詔；太白入太微西門，若入端門，出東門，爲貴

者奪勢。太白入太微中，臣相殺，國有憂。”本志占曰：“貴奪勢”“臣不臣”等與此有關。

②月在危宿奄太白占曰天下民靡散：《荆州占》曰：“月蝕太白，民靡散。”可見本志占語來自《荆州占》。奄，遮蓋也。由於太白與月相比，永遠距地遠，故衹能月蝕太白，而不可能太白奄月。

升平五年六月癸酉，月奄氐東北星。占曰：“大將當之。”九月乙酉，奄畢。占曰：“有邊兵。”十月丁卯，熒惑犯歲星，在營室。占曰：“大臣有匿謀。”①一曰：“衛地有兵。”丁未，月犯畢赤星。占曰：“下犯上。”又曰：“有邊兵。”八月，范汪廢。②隆和元年，慕容暐遣傅末波寇河陰，陳祐危逼。

晋哀帝興寧元年八月，星孛大角亢，入天市。按占：“爲兵喪。”三年正月，皇后王氏崩。二月，哀帝崩。三月，慕容恪攻洛陽，沈勁等戰死。

【注】

①大臣有匿謀：《天官書》曰：“木與火合，大臣匿謀。”今本《史記·天官書》無此句。《荆州占》曰：“熒惑與歲星合，大臣匿謀。”

②八月范汪廢：據本紀記載，范汪廢在十月。

興寧元年十月丙戌，月奄太白，在須女。占曰：“天下民靡散。”一曰：“災在揚州。”①三年，洛陽没。其後桓温傾揚州資實討鮮卑，敗績，死亡太半，及征袁真，淮南殘破。後氐及東胡侵逼，兵役無已。

【注】

①災在揚州：須女分屬揚州，故本志占曰“災在揚州”。

興寧三年正月乙卯，月奄歲星，在參。參，益州分也。六月，鎮西將軍、益州刺史周撫薨。十月，梁州刺史司馬勛入益州以叛，朱序率衆助刺史周楚討平之。

興寧三年七月庚戌，月犯南斗。占曰："女主憂。"歲星犯輿鬼。占曰："人君憂。"十月，太白晝見，在亢。占曰："亢爲朝廷，有兵喪，爲臣强。"哀帝是年二月崩，其災皆在海西也。明年五月，皇后庾氏崩。

晋海西太和元年二月丙子，月奄熒惑，在參。占曰："爲内亂。"一曰："參，魏地。"二年正月，太白入昴。五年，慕容暐爲苻堅所滅，雍、冀、幽、并四州并屬氐。[①]

【注】

①雍、冀、幽、并四州并屬氐：雍州、冀州、幽州、并州四州，均屬氐宿分野。"雍"，原文作"司"，"司"於此不通。氐人原本就以雍州爲根基，四州中不可能缺少雍州。

太和二年八月戊午，太白犯歲星，在太微。三年六月甲寅，太白奄熒惑，在太微端門中。六年，海西公廢。

太和四年二月，客星見紫宫西垣，至七月乃滅。占曰："客星守紫宫，臣殺主。"閏月乙亥，月暈軫，復有白暈貫月，北暈斗柄三星。占曰："王者惡之。"六年，桓温廢帝。

太和四年十月壬申，有大流星西下，聲如雷。案占："流星爲貴使，星大者使大。"明年，遣使免袁真爲庶人。桓温征壽春，真病死，息瑾代立，[①]求救于苻堅。温破氐軍。六年，壽春城陷，聲如雷，將士怒之象也。

太和六年閏月，熒惑守太微端門。占曰："天子亡國。"又曰："諸侯三公謀其上。"一曰："有斬臣。"辛卯，月犯心大星。占曰："王者惡之。"十一月，桓温廢帝，并奏誅武陵王，簡文不許，温乃徙之新安。

【注】

①息瑾代立：袁真病死，兒子袁瑾立。息，兒子。

《宋書》卷二十五

志第十五

天文三①

晋簡文咸安元年十二月辛卯，熒惑逆行入太微，二年三月猶不退。占曰："國不安，有憂。"是時帝有桓温之逼，恒懷憂慘。七月，帝崩。

咸安二年正月乙酉，歲星犯填星，在須女。占曰："爲内亂。"五月，歲星形色如太白。占曰："進退如度，姦邪息。變色亂行，主無福。歲星囚於仲夏，當細小而明，此其失常也。又爲臣强。"②六月，太白晝見在七星。乙酉，太白犯輿鬼。占曰："國有憂。"七月，帝疾甚，詔桓温曰："少子可輔者輔之；如不可，君自取之。"賴侍中王坦之毁手詔，改使如王導輔政故事。③温聞之大怒，將誅坦之等，内亂之應也。是月，帝崩。

【注】

①《宋書 · 天文志》的分卷，是在寫成後按篇幅大小分判的，其實僅分三卷也完全可以。若按規律分，卷一爲論天和儀象，卷二爲魏、西晋星

變，卷三、四爲東晋和宋星變更爲合理些。

②五月……又爲臣强：是説在咸安二年五月，歲星運行的速度和顏色都如太白一樣，當爲失常的現象。應當細小而明亮。這是歲星仲夏被囚禁的表現，是指木星被太白囚禁，故其行度和顏色如太白。五月爲仲夏季節。

③如王導輔政故事：王導，晋元帝時據有江左，受詔輔明帝，又受詔輔成帝，歷仕三朝，出將入相而無篡逆之心。

咸安二年五月丁未，太白犯天關。占曰："兵起。"六月，庾希入京城，十一月，盧悚入宫，并誅滅。①

【注】

①成帝崩後，海西公繼位，不久被桓温廢，庾希起兵反對，盧悚也參與使海西公復位，并爲桓温消滅。太白犯天關：郗萌曰："太白守天關，大臣反。"《西官候》曰："太白守天關，兵大起。"與本志占文同。

晋孝武寧康元年正月戊申，月奄心大星。案占，災不在王者，則在豫州。①一曰："主命惡之。"三月丙午，月奄南斗第五星。占曰："大臣有憂，憂死亡。"一曰："將軍死。"七月，桓温薨。②

【注】

①月奄心大星：《海中占》曰："月犯心中央星，人主惡之。"又曰："月犯心，有亂臣。"本志占曰："災不在王者，則在豫州。"由于心爲宋之分野，故曰豫州。災不在王者：多本并脱"不"字，據《晋志》補。

②月奄南斗：《荆州占》曰："月變於南斗，易相，近臣死。"應驗在桓温。

寧康二年二月丁巳,[1]有星孛于女虚，經氐、亢、角、軫、翼、張。九月丁丑，有星孛于天市。十一月癸酉，太白奄熒惑，在營室。占曰："金火合爲爍，此災皆爲兵喪。"太元元年五月，氐賊苻堅伐凉州。七月，氐破凉州，虜張天錫。十一月，桓冲發三州軍軍淮、泗，桓豁亦遣軍備境上。

【注】

①寧康二年二月丁巳：多本作"正月丁巳"或"三月丁巳"。因正月、三月均無"丁巳"，今改爲"二月丁巳"。

寧康二年閏月己未，月奄牽牛南星。占曰："左將軍死。"三年五月，北中郎將王坦之薨。

寧康三年六月辛卯，太白犯東井。占曰："秦地有兵。"九月戊申，熒惑奄左執法。占曰："執法者死。"太元元年，苻堅破凉州。十月，尚書令王彪之卒。

晋孝武太元元年四月丙戌，熒惑犯南斗第三星。丙申，又奄第四星。[1]占曰："兵大起，中國飢。"一曰："有赦。"八月癸酉，太白晝見在氐。氐，兖州分野。九月，熒惑犯哭泣星，遂入羽林。占曰："天子有哭泣事，中軍兵起。"十一月己未，月奄左角。占曰："天子有兵。"一曰："國有憂。"三年六月，熒惑守羽林。[2]占曰："禁兵大起。"九月壬午，太白晝見在角，兖州分。元年五月，大赦。三年八月，氐賊韋鍾入漢中東下，苻融寇樊、鄧，慕容暐圍襄陽，氐兖州刺史彭超圍彭城。四年二月，襄陽城陷，賊獲朱序。彭超捨彭城，獲吉挹。彭超等聚廣陵三河衆五萬。於是征虜謝石次涂中，右衛毛安之、游擊河間王曇之等次堂邑，發丹陽民丁，使尹張涉屯衛京都。六月，兖州刺史謝玄討賊，大破之，餘燼皆走。是時中外連兵，比年荒儉。是年，又發揚州萬人戍夏口。

【注】

①熒惑犯南斗第三星：斗有南斗、北斗之别。北斗即北斗七星，南斗即二十八宿之一的斗宿，該二類均似杓，故曰斗。南斗第三星爲杓把最後一星，第四星爲杓底近把的星。熒惑的出現，往往象徵着兵灾，故本志占曰："兵大起，中國飢。"

②熒惑守羽林：羽林，星座名，但羽林又對應着皇帝的禁衛軍，爲皇帝的親身護衛士兵，故曰熒惑守羽林星就象徵着禁兵起事。本志記載了許多應驗的占事，但這條占語下，并没有記載應驗之事，可見在志書中雖記載了异常星象和占語，也不一定都有應驗。

太元四年十一月丁巳，太白犯哭星。占曰："天子有哭泣事。"五年七月丙子，辰星犯軒轅。占曰："女主當之。"九月癸未，皇后王氏崩。[①]

【注】

①《黄帝占》曰："辰星行軒轅，中犯女主，女主失勢，憂喪也。"故本志占曰："女主當之。"應在皇后王氏崩。

太元六年十月乙卯，有奔星東南經翼軫，聲如雷。《星説》曰："光迹相連曰流，絶迹而去曰奔。"案占："楚地有兵。"一曰："軍破民流。"十二月，氐荆州刺史梁成、襄陽太守閻震率衆伐竟陵，桓石虔擊大破之，生禽震，斬首七千，獲生萬人。聲如雷，將帥怒之象也。七年九月，朱綽擊襄陽，拔將六百餘家而還。[①]

【注】

①有奔星東南經翼軫聲如雷：翼軫，分野屬楚，故本志占曰："楚地有兵。"孟康曰："流星……主兵事。"《河圖帝覽嬉》曰："從所下，兵大起。"巫咸曰："所往之鄉，有戰流血。"《黄帝占》曰："見，則其國兵起，流血，有死將。"應在荆州刺史起兵兵敗、襄陽太守被擒上。奔星，流星的一種。《爾雅·釋天》曰："奔星，謂之彴約。"疏曰："奔星即流星。"

太元七年十一月，太白晝見，在斗。占曰："吴有兵喪。"

八年四月甲子，太白又晝見，在參。占曰："魏有兵喪。"是月，桓冲征沔漢，楊亮伐蜀，并拔城略地。八月，苻堅自將號百萬，九月，攻没壽陽。十日，劉牢之破堅將梁成斬之，殺獲萬餘人。謝玄等又破堅於淝水，斬其弟融，堅大衆奔潰。

九年六月，皇太后褚氏崩。八月，謝玄出屯彭城，經略中州。

十年八月，苻堅爲其將姚萇所殺。

太元十年十二月己丑，太白犯歲星。占曰："爲兵饑。"是時河朔未一，兵連在外。冬，大饑。

太元十一年三月戊申，[①]太白晝見，在東井。占曰："秦有兵，臣强。"六月甲午，歲星晝見，在胃。占曰：

“魯有兵，臣强。”十二年，慕容垂寇東阿，翟遼寇河上，姚萇假號安定，苻登自立隴上，吕光竊據凉土。

【注】

①太元十一年三月戊申：多本并作“二月”戊申。考二月無“戊申”，據《晋志》改。

太元十一年三月，客星在南斗，至六月乃没。占曰：“有兵。”一曰：“有赦。”是後司、雍、兖、冀常有兵役。十二年正月，大赦。八月，又赦。

太元十二年二月戊寅，熒惑入月。占曰：“有亂臣死，相若有戮者。”一曰：“女親爲敗，天下亂。”是時琅邪王輔政，王妃從兄國寶以姻昵受寵。又陳郡人袁悦昧私苟進，交遘主相，扇揚朋黨。十三年，帝殺悦。於是主相有隙，亂階興矣。

太元十二年十月庚午，太白晝見，在斗。十三年閏月戊辰，天狗東北下有聲。十二月戊子，辰星入月，在危。占曰：“賊臣欲殺主，不出三年，必有内惡。”是月，熒惑在角亢，形色猛盛。占曰：“熒惑失其常，吏且棄其法，諸侯亂其政。”自是後慕容垂、翟遼、姚萇、苻登、慕容永并阻兵争强。十四年正月，彭城妖賊又稱號於皇丘，劉牢之破滅之。三月，張道破合鄉，圍泰山，向欽之擊走之。是年，翟遼又攻没滎陽，侵略陳、項。于是政事多弊，治道陵遲矣。

太元十四年十二月，熒惑入羽林。乙未，月犯歲星。占并同上。十五年，翟遼陸掠司、兖，衆軍累討弗克。鮮卑又跨略并、冀。七月，旱。八月，諸郡大水，兖州又蝗。

太元十五年七月壬申，有星孛于北河戍，經太微、三台、文昌，入北斗，長十餘丈。八月戊戌，入紫微，乃滅。占曰："北河戍，一名胡門。[①]胡門有兵喪，掃太微，入紫微，王者當之。三台爲三公，文昌爲將相，將相三公有災。入北斗，强國發兵，諸侯争權，大夫憂。"十一月，太白入羽林。占曰："天子爲軍自守，有反臣。"二十一年九月，孝武帝崩。隆安元年，王恭、殷仲堪、桓玄等并發兵表誅王國寶，朝廷從而殺之，并斬其從弟緒。司馬道子由是失勢，禍亂成矣。

太元十六年十一月癸巳，月奄心前星。占曰："太子憂。"是時太子常有篤疾。[②]

【注】

①北河戍一名胡門：百衲本、中華書局校點本均作"北河戒"，誤。《晋書》卷十三《天文下》作"北河戍"，是。中國古星官名中衹有南北河戍，而無南北河戒。《説文》曰："戍，守邊也。"此處義爲守邊的官員。故北河戍爲守衛河北邊之星，南河戍爲守衛河南邊之星。王引之等人也主此説。故據此改正。又《漢書》卷二六《天文志》曰："星孛于河戍。占曰：'南戍爲越門，北戍爲胡門。'"故本志占曰："北河戍，一名胡門。""七月壬申"，《晋書·孝武帝紀》作"七月丁巳"。

②月奄心前星：心前星，即心宿三。《史記》卷二七《天官書》曰："心爲明堂，大星天王。前後星子屬。"《索隱》曰："前星，太子。"由於心前星爲太子，故本志占曰："太子憂。"應在太子常有篤疾。

太元十七年九月丁丑，歲星、熒惑、填星同在亢氐。占曰："三星合，是謂驚位絶行，内外有兵喪與飢，改立王公。[①]"

【注】

①此占語引自《史記·天官書》和《漢書》卷二六《天文志》。

太元十八年正月乙酉，熒惑入月。占曰："憂在宫中，非賊乃盗也。"一曰："有亂臣，若有戮者。"二十一年九月，帝暴崩内殿，兆庶宣言夫人張氏潛行大逆。[①]于時朝政闇緩，不加顯戮，但默責而已。又王國寶邪狡，卒伏其辜。

【注】

①兆庶宣言夫人張氏潛行大逆：庶，庶民；宣言，傳言；潛行大逆，暗中謀殺皇帝。

太元十八年二月，有客星在尾中，至九月乃滅。占曰："燕有兵喪。"十九年四月己巳，月奄歲星，在尾。占曰："爲飢，燕國亡。"二十年，慕容垂遣息寶伐什圭，爲圭所破，死者數萬人。二十一年，垂死，國遂衰亡。

太元十九年十月癸丑，太白犯歲星，在斗。占曰："爲飢，爲内兵。斗，吴、越分。"至隆安元年，王恭等舉兵顯王國寶之罪，朝廷赦之。是後連歲水旱民飢。

太元二十年六月，熒惑入天囷。[①]占曰："天下飢。"七月丁亥，太白入太微。占曰："太白入太微，國有憂。

晝見，爲兵喪。”九月，有蓬星如粉絮，東南行，歷女虚至哭星。占曰：“蓬星見，不出三年，必有亂臣戮死於市。”②十二月己巳，月犯楗閉及東西咸。”占曰：“楗閉司心腹喉舌，③東西咸主陰謀。”是時，王國寶交構朝政。二十一年九月，帝崩。隆安元年，王恭等舉兵，而朝廷戮王國寶、王緒。又連歲水旱，兼三方動衆，民飢。

【注】

①天囷：多本并作“天囤”。今據《晋志》改。

②《漢書》卷二六《天文志》引梁成恢曰：“蓬星出六十日，不出三年，下有亂臣戮死於市。”

③心腹喉舌：“腹”，多本并作“腸”。今據《晋志》改。

太元二十一年三月，太白連晝見，在羽林。占曰：“有强臣，有兵喪，中軍兵起。”四月壬午，太白入天囷。占曰：“爲飢。”①六月，歲星犯哭星。占曰：“有哭泣事。”是年九月，孝武帝崩。隆安元年，王恭舉兵脅朝廷，於是中外戒嚴，戮王國寶以謝之。

【注】

①太白入天囷占曰爲飢：石氏曰：“庫藏空虚，期二年。”故占曰“爲飢”。“天囷”，多本并作“天囤”。今據《晋志》改。

晋安帝隆安元年正月癸亥，熒惑犯哭星。占曰：“有哭泣事。”二月，歲星熒惑皆入羽林。占曰：“軍兵起。”

四月丁丑，太白晝見，在東井。秦有兵喪。是月，王恭舉兵，内外戒嚴。尋殺王國寶等。六月，羌賊攻洛陽，郗恢遣兵救之。姚萇死，子興代立。[①]什圭自號於中山。

【注】

①姚萇死子興代立："興"，各本作"略"。據《晋書》卷三《孝武帝紀》，姚萇死於太元十八年，由興嗣位。

隆安元年六月庚午，月奄太白，在太微端門外。占曰："國受兵。"乙酉，月奄歲星，在東壁。占曰："爲飢，衛地有兵。"八月，熒惑守井鉞。占曰："大臣有誅。"二年六月戊辰，攝提移度失常，歲星晝見在胃。[①]胃，兖州分。是年六月，郗恢遣鄧啓方等以萬人殘虜於滑臺。滑臺，衛地也。啓方等敗而還。九月，王恭、庾楷、殷仲堪、桓玄等并舉兵表誅王愉、司馬尚之兄弟。於是内外戒嚴，大發民衆。仲堪軍至尋陽，禽江州刺史王愉，楷將段方攻尚之於楊湖，爲所敗，方死。王恭司馬劉牢之反恭，恭敗。桓玄至白石，亦奔退。仲堪還江陵。三年冬，荆州刺史殷仲堪爲桓玄所殺。

【注】

①攝提移度失常歲星晝見在胃：大角之南有攝提星，但此處"攝提移度"之攝提，當指木星，與下文"歲星晝見在胃"相應。《開元占經》引石氏曰"歲星，他名曰攝提"，正是指此。恒星之攝提星是不能"移度"的。

隆安二年閏月，太白晝見，在羽林。丁丑，月犯東上相。三年五月辛酉，月又奄東上相。辛未，辰星犯軒轅星。占悉同上。①是年正月，楊佺期破郗恢，奪其任，殷仲堪又殺之。六月，鮮卑攻没青州。十月，羌賊攻没洛陽。桓玄破荆、雍，殺殷仲堪、楊佺期。孫恩聚衆攻没會稽，殺内史王凝之，劉牢之東討走之。四年七月，太皇太后李氏崩。

【注】

①月又奄東上相……占悉同上：即上文占曰："大臣有誅。"這是因爲月犯太微大臣憂，辰星犯軒轅，大人當之，故有以上占文。也應在皇后崩上。"東上相"後，多本并脱"三年五月辛酉，月又奄東上相"，此爲據《晋志》補。

隆安四年正月乙亥，月犯填星，在牽牛。占曰："吴、越有兵喪。女主憂。"二月己丑，有星孛于奎，長三丈，上至閣道紫宫西蕃，入斗魁，至三台、太微、帝座、端門。占曰："彗拂天子廷閣，易主之象。"經三台，入北斗，占同上條。六月乙未，月又犯填星，在牽牛。辛酉，又犯哭星。十月，奄歲星在北河。①占曰："爲飢。"十二月戊寅，有星孛于貫索、天市、天津。占曰："貴臣獄死，内外有兵喪。天津爲賊斷，王道天下不通。②"十二月，太白在斗晝見，至五年正月乙卯。案占："災在吴、越。"③三月甲寅，流星赤色衆多，西行經牽牛、虚、危、天津、閣道，貫太微、紫宫。占曰："星者庶民，類衆多西流之象。徑行天子庭，主弱臣强，諸侯兵不制。”七月癸亥，大角星散摇五色。占曰：“王者流散。”丁卯，月犯天關。占曰：“王者憂。”九月庚子，熒惑犯少微，又守之。占曰：“處士誅。”④十月戊子，月犯東蕃次相。四年五月，孫恩復破會稽，殺内史謝琰。遣高雅之等討之。七月，太皇太后李氏崩。十月，妖賊大破高雅之於餘姚，死者十七八。五年二月，孫恩攻句章，高祖拒之。五月，吴郡内史袁山松出戰，爲所殺，死者數千人。六月，孫恩至京口，高祖擊破之。恩軍蒲洲，於是内外戒嚴，營陣屯守，栅斷淮口。恩遣别將攻廣陵，殺三千餘人。恩遁據郁洲。是月，高祖又追破之。九月，桓玄表至，逆旨陵上。十月，司馬元顯大治水軍，將以伐玄。元興元年正月，桓玄東下。是月，孫恩在臨海，人衆餓死散亡，恩亦投水死。盧循自稱征虜將軍，領其餘衆，略有永嘉、晋安之地。二月，帝戎服遣西軍。丁卯，桓玄至姑孰，破歷陽，司馬尚之見殺，劉牢之降于玄。三月，玄剋京都，殺司馬元顯，⑤放太傅道子。七月，大飢，人相食。浙江東餓死流亡十六七，吴郡、吴興户口减半。又流奔而西者萬計。十月，桓玄遣將擊劉軌，破走奔青州。四年，玄遂篡位，遷帝尋陽。

【注】

①北河：爲北河戍的簡稱。閣道、紫宫、太微、帝座、端門，皆屬天子宫廷，彗星拂之，故曰“易主之象”。

②有星孛于貫索天市天津：《史記》卷二七《天官書》曰：“有句圜十五星，屬杓，曰賤人之牢。其牢中星實則囚多，虚則開出。”《索隱》

曰："句音鈎，圜音員。其形如連環，即貫索星也。"《史記》又曰："若有客星出，視其小大：大，有大赦；小，亦如之也。"意即貫索象徵牢獄，彗星犯之，故占曰"貴臣獄死"。天市，三垣之一。三垣是環繞北極和比較靠近頭頂天空的星象，分紫微、太微、天市三區，各區都有東西兩藩的星，圍繞成墻垣的樣子，因而叫做三垣。北極周圍廣泛的區域爲紫微垣，稱爲中宫。它的東北部爲太微垣，東南部爲天市垣。貫索在天市垣内，垣墻之外，七公之前。由於天市内大都爲地方諸侯、帝輔血脉之臣，故彗星犯之，應在貴臣獄死，内外有兵。石氏曰："彗星犯天津，賊斷王道。"天津，天上河津的通道口，彗星犯之，象徵關津不通，故本志占曰："天津爲賊斷，王道天下不通。"又《開元占經》引何法盛《中興書》曰："安帝隆安四年十一月，星孛於貫索及天市中天津。其時，元顯輔政，刑罰不中，故掃貫索。發徭無度，故掃天市。建士失節，故掃天津。天津關通萬川，利關梁也。天市貨財帛，周百姓也。貫索平察，刑獄無枉濫也。而元顯皆反之，天若曰掃除穢惡，令改革也。顯不悛，遂致覆滅。"

③太白在斗晝見：此處之"斗"爲南斗。南斗，分野在吴、越。

④熒惑犯少微：少微，太微垣中的一個星官。《乙巳占》曰："火犯少微，賢士有讓善者。""火犯少微，人君當求賢德，不則失威奪權勢。"故本志占曰："處士誅。"

⑤殺司馬元顯：多本"殺"字下有"大"字。由於其未爲大司馬，今删。

晋安帝元興元年三月戊子，太白犯五諸侯，[①]因晝見。四月辛丑，月奄辰星。七月戊寅，熒惑在東井，熒惑犯輿鬼、積尸。占并同上。八月庚子，太白犯歲星，在上將東南。占曰："楚兵飢。"一曰："災在上將。"丙寅，太白奄右執法。九月癸未，太白犯進賢。占曰："賢者誅。"[②]十月，客星色白如粉絮，在太微西，至十二月，入太微。占曰："兵入天子庭。"二年二月，歲星犯西上將。六月甲辰，奄斗第四星。占曰：“大臣誅，不出三年。”八月癸丑，太白犯房北第二星。九月己丑，歲星犯進賢，熒惑犯西上將。十月甲戌，太白犯泣星。十一月丁丑，熒惑犯填星。辛巳，月犯熒惑。十二月乙巳，月奄軒轅第二星。占悉同上。元年冬，索頭破羌軍。[3]二年十二月，桓玄篡位，放遷帝后於尋陽，以永安何皇后爲零陵君。三年二月，高祖盡誅桓氏。

【注】

①太白犯五諸侯：五諸侯，太微垣中的一個星官。巫咸曰：“太白犯五諸侯，有兵起，大將出，若大臣有誅，若有戮死。”又，多本并作“二月”，二月無“戊子”。今據《晋志》改爲“三月”。

②太白犯進賢：進賢，星名，在平道西。甘氏曰：“進賢卿相，舉逸命才。”進賢星爲薦舉賢才之星，太白犯之，導致賢者誅。

③索頭：編頭髮爲辮的民族，此爲南朝稱呼鮮卑人及北魏政權。

元興三年正月戊戌，熒惑逆行犯太微西上相。占曰：“天子戰於野，上相死。”二月甲辰，月奄歲星於左角。占曰：“天下兵起。”丙辰，熒惑逆行在左執法西北。占曰：“執法者憂。”四月甲午，月奄軒轅第二星，填星入羽林。十二月，熒惑太白皆犯羽林。占同上。是年二月丙辰，高祖殺桓脩等。三月己未，破走桓玄。遣軍西討。辛酉，誅左僕射王愉及子荆州刺史綏。桓玄劫帝如江陵。五月，玄下至峥嶸洲，義軍破滅之。桓振又攻没江陵，幽劫天子。明年正月，衆軍攻之，振走，乘輿乃旋。七月，永安何皇后崩。三月，桓振又襲江陵，荆州刺史司馬休之敗走。是月，劉懷肅擊振滅之。其年二月，巴西人譙縱殺益州刺史毛璩及璩弟西夷校尉瑾，跨有西土，自號蜀王。

晋安帝義熙元年三月壬辰，月奄左執法。占同上。丁酉，月奄心前星。占曰："豫州有災。"①太白犯東井。占曰："秦有兵。"四月己卯，月犯填星，在東壁。占曰："其地亡國。"一曰："貴人死。"七月庚辰，太白比晝見，在翼、軫。占曰："爲臣强。荆州有兵喪。"己未，月奄填星，在東壁。占曰："其國以伐亡。"一曰："民流。"八月丁巳，月犯斗第一星，占曰："天下有兵。"一曰："大臣憂。"案江左來，南斗有災，則吴越會稽、丹陽、豫章、廬江各隨其星應之。淮南失土，殆不占耳。史闕其説，故不列焉。九月戊子，熒惑犯少微。占曰："處士誅。"庚寅，熒惑犯右執法。癸卯，熒惑犯左執法。占并同上。十月丁巳，月奄填星、營室。占同七月。十一月丙戌，太白奄鉤鈐。占曰："喉舌臣憂。"②十二月己卯，歲星犯天江。占曰："有兵亂，河津不通。"是年六月，索頭寇沛土，使僞豫州刺史索度真戍相縣，太傅長沙景王討破走之。十一月，荆州刺史魏詠之薨。二年二月，司馬國璠等攻没弋陽。四月，羌伐仇池，仇池公楊盛擊走之。九月，益州刺史司馬榮期爲其參軍楊承祖所害，時文處茂討蜀屢有功，會榮期死，乃退。三年十二月，司徒揚州刺史王謐薨。四年正月，太保武陵王遵薨。三月，左僕射孔安國卒。五年，高祖討鮮卑，并定舊兖之地。

【注】

①月奄心前星：如前《海中占》曰："犯其前星，太子惡之。"今太子無事，而星占家總得有所交代，故曰"豫州有災"。心爲宋之分野，宋屬豫州。

②太白奄鉤鈐：鉤鈐星屬房宿附星。《海中占》曰："太白入鉤鈐，王室大亂。"《文曜鉤》曰："太白入鉤鈐，主德移。"石氏曰："太白犯房鉤鈐，王者憂。"這三條占詞，大意都爲太白犯鉤鈐王者憂，與本志占曰"喉舌臣憂"有异。

義熙二年二月己丑，月犯心後星。占曰："豫州有災。"四月癸丑，月犯太微西上將。己未，月犯房南第二星。乙丑，歲星犯天江。占悉同上。五月癸未，月犯左角。占曰："左將軍死，天下有兵。"壬寅，熒惑犯氐。占曰："氐爲宿宫，人主憂。"六月庚午，熒惑犯房北第二星。八月癸亥，熒惑犯斗第五星。丁巳，犯建星。九月壬午，熒惑犯哭星，又犯泣星。占悉同上。十二月丙午，月奄太白，在危。占曰："齊亡國。"一曰："强國君死。"丁未，熒惑、太白皆入羽林。是年二月甲戌，司馬國璠等攻没弋陽。三年正月，鮮卑寇北徐州，至下邳。八月，遣劉敬宣伐蜀。十二月，司徒王謐薨。四年正月，武陵王遵薨。五年，鮮卑復寇淮北。四月，高祖大軍討之。六月，大戰臨朐城，進圍廣固。十月，什圭爲其子僞清河公所殺。六年二月，拔廣固，禽慕容超，阬斬其衆三千餘人。

義熙三年正月丙子，太白晝見，在奎。二月庚寅，月奄心後星。占悉同上。癸亥，熒惑、填星、太白、辰星聚於奎、婁，從填星也。[①]其説見上九年。[②]五月己丑，太白晝見，在參。占曰："益州有兵喪，臣强。"六月辛卯，熒惑犯辰星，在翼。占曰："天下兵起。"八月己卯，太白奄熒惑，又犯執法。占曰："奄熒惑，有大兵。"辛卯，熒惑犯左執法。九月壬子，熒惑犯進賢。是年正月丁巳，鮮卑寇北徐，至下邳。八月，劉敬宣伐蜀，不克而旋。四年三月，左僕射孔安國卒。七月，司馬國璠等攻没鄒山，[③]魯郡太守徐邕破走之。姚略遣衆征佛佛，大爲所破。五年，高祖討鮮卑。六年三月，妖賊徐道覆殺鎮南將軍、江州刺史何無忌於豫章。四月，妖賊盧循寇湘中巴陵。五月丙子，循、道覆敗撫軍將軍、豫州刺史劉毅於桑落洲，毅僅以身免。丁丑，循等至蔡洲，遣别將焚京口。庚辰，賊攻焚查浦，查浦戍將距戰不利，高祖遣軍渡淮擊，大破之。司馬國璠寇碭山，竺夔討破之。七月，妖賊南走據尋陽，高祖遣劉鍾等追之。八月，孫季高乘海伐廣州。桓謙以蜀衆聚枝江，[④]盧循將荀林略華容，相去百里。臨川烈武王討謙之，又討林，林退走。鄱陽太守虞丘進破賊别帥於上饒[⑤]。九月，烈武王使劉遵擊荀林於巴陵，斬之。桓道兒率蔡猛向大薄，又遣劉基討之，斬猛。十月，高祖以舟師南征。是時徐道覆率二萬餘人攻荆州，烈武王距之。戰於江津，大破之，梟殄其十八九。道覆棄戰船走。十一月，劉鍾破賊軍於南陵。癸丑，益州刺史鮑陋卒于白帝，譙道福攻没其衆。庚戌，孫季高襲廣州，剋之。十二月，高祖在大雷，與賊交戰，大破之。賊走左里，進擊，又破，死者十八九。賊還廣州，劉藩等追之。七年二月，藩拔始興城，斬徐道覆。盧循還番禺，攻圍孫季高不能剋。走交州，交州刺史杜慧度斬之。四月，到彦之攻譙道福於白帝，拔之。

【注】

①義熙三年二月癸亥，熒惑、填星、太白、辰星聚於奎、婁。四星聚於二宿，已是少有的天象。《荆州占》曰："四星若合於一舍，其國當王，有德者繁昌，保有宗廟，無德者喪。"應在劉宋不久將代晋上。

②其説見上九年：疑"上九年"爲"下九年"之誤。

③司馬國璠等攻没鄒山："國璠"，多本均作"叔璠"，因前有"國璠"，今據前後文改。

④桓謙以蜀衆：多本并奪"桓"字，"謙"下又衍"之"字。今據《晋書·桓玄傳》改。

⑤虞丘進破賊："虞丘進"，多本并作"虞丘延"。今據《武帝紀》和《虞丘進傳》改。

義熙四年正月庚子，熒惑犯天江。占同上。五月丁未，月奄斗第二星。占同上。壬子，填星犯天廪。[①]占曰："天下饑，倉粟少。"六月己丑，太白犯太微西上將。己卯，又犯左執法。十月戊子，熒惑入羽林。占悉同上。五年，高祖討鮮卑。六年，左僕射孟昶仰藥卒。是後南北軍旅，運轉不息。

【注】

①填星犯天廪：石氏曰："填星守天廪，天下大亂。"又占曰："填星

入守天廩，天下有兵，歲大饑，倉粟散，不出其年。”故有本志“天下饑，倉粟少”之占文。天廩星，其義爲天上的米倉星。故有填星守天廩，歲大饑之占。

義熙五年二月甲子，月犯昴。占曰：“胡不安。天子破匈奴。”[①]四月甲戌，熒惑犯辰星，在東井。占同三年。五月戊戌，歲星入羽林。占同上。九月壬寅，月犯昴，占同二月。十月，熒惑犯氐，占同二年。閏月丁酉，月犯昴。占同二月。辛亥，熒惑犯鉤鈐。占同元年。十二月辛丑，太白犯歲星，在奎。占曰：“大兵起。魯有兵。”[②]己酉，月奄心大星。占曰：“王者惡之。”是年四月，高祖討鮮卑。什圭爲其子所殺。十一月，西虜攻安定，姚略自以大衆救之。六年二月，鮮卑滅。皆胡不安之應也。是時鮮卑跨魯地，又魯有兵之應也。五月，盧循逼郊甸，宫衛被甲。

【注】

①月犯昴：石氏曰：“月入昴中，胡王死。”《河圖帝覽嬉》曰：“月犯昴星，天子破匈奴。”昴，“胡人”之星。故本志占曰：“胡不安。天子破匈奴。”

②太白犯歲星在奎：《荆州占》曰：“太白犯歲星，爲旱，爲兵。”巫咸曰：“太白犯木星，爲饑。”又奎爲魯之分野，屬徐州。故本志占曰：“大兵起。魯有兵。”

義熙六年三月丁卯，月奄房南第二星。占曰：“災在次相。”己巳，又奄斗第五星。占曰：“斗主兵，兵起。”一曰：“將軍死。”[①]太白犯五諸侯。占曰：“諸侯有誅。”五月甲子，月奄斗第五星。占同三月。己亥，月奄昴。占曰：“國有憂。”一曰：“有白衣之會。”六月己丑，月犯房南第二星。甲午，太白晝見。占并同上。七月己亥，月犯輿鬼。占曰：“國有憂。”一曰：“秦有兵。”八月壬午，太白犯軒轅大星。甲申，月犯心前星。災在豫州。丙戌，月犯斗第五星。占悉同上五月。丁亥，月奄牛宿南星。占曰：“天下有大誅。”乙未，太白犯少微。丙午，太白在少微而晝見。九月甲寅，太白犯左執法。丁丑，填星犯畢。占曰：“有邊兵。”是年三月，始興太守徐道覆反，江州刺史何無忌討之，大敗於豫章，無忌死之。四月，盧循寇湘中，没巴陵。五月，循等大破豫州刺史劉毅，毅僅以身免。循率衆逼京畿。是月，左僕射孟昶懼王威不振，仰藥自殺。七年二月，劉藩梟徐道覆首，杜慧度斬盧循，并傳首京都。八年六月，臨川烈武王道規薨，時爲豫州。八月，皇后王氏崩。九月，兖州刺史劉藩、尚書僕射謝混伏誅，高祖西討劉毅，斬之。十二月，遣益州刺史朱齡石代蜀。九年，諸葛長民伏誅。林邑王范胡達將萬餘人寇九真，九真太守杜慧期距破之。七月，朱齡石滅蜀。

【注】

①月奄房南第二星：陳卓曰：“月犯房，有兵。”又曰：“天下有殃，主憂。”郗萌占曰：“正月十九日，候月出房南，有兵，女主喪。”《荆州占》曰：“月出四表以南，人君有憂。”故本志占曰“災在次相”，“兵起”。

義熙七年四月辛丑，熒惑入輿鬼。占曰：“秦有兵。”一曰：“雍州有災。”[①]六月，太白晝見，在翼。占同元年。己亥，填星犯天關。占曰：“臣謀主。”[②]庚子，月犯歲星，在畢。占曰：“有邊兵，且飢。”[③]七月丁卯，歲星犯填星，在参。占曰：“歲、填合爲内亂。”一曰：“益州戰不勝，亡地。”五虹見東方。占曰：“天子黜，聖人出。”[④]八月乙未，月犯歲星，在参。占曰：“益州兵飢。”太白犯房南第二星。十一月丙午，太白犯哭泣星。占悉同上。七月，朱齡石剋蜀，蜀民尋又反，又討滅之。八年，誅劉藩、謝混，滅劉毅。皇后王氏崩。九年，誅諸葛長民。十一年，討荆州刺史司馬休之、雍州刺史魯宗之破之地。

【注】

①熒惑入輿鬼：甘氏認爲熒惑入輿鬼，犯積尸，天下兵大起，戰流血，有没軍死將。《黄帝占》認爲熒惑入輿鬼，“有兵喪”。又井、鬼的分野在秦、雍州。故本志占曰“秦有兵”，一曰“雍州有災”。

②填星犯天關：石氏曰，填星行天關中，“中國隔絶，道路不通”。巫咸認爲，填星守天關，“王者壅蔽，信使不達，若關梁不通”。郗萌曰：“不出期年，有兵。”與本志“臣謀主”占語有异。

③月犯歲星在畢：《黄帝占》曰，歲星入月中，“天下亡徙爲亂，若有野兵”。《史記·天官書》曰：“月蝕歲星，其宿地，饑若亡。”本志占曰“有邊兵，且飢”正合。畢爲中原，爲東晋邊境之地。

④五虹見東方：《春秋潜潭巴》曰：“五霓俱出，天子詘。”與本志占合。五虹爲五彩之虹。

義熙八年正月庚戌，月犯歲星，在畢。占同上。七月癸亥，月奄房北第二星。占同上。甲申，太白犯填星，在東井。占曰：“秦有大兵。”己未，月犯井鉞。八月戊申，月犯泣星。十月辛亥，月奄天關。占曰：“有兵。”十月丁丑，填星犯東井。占曰：“大人憂。”十二月癸卯，填星犯井鉞。是年八月，皇后王氏崩。九月，誅劉藩、謝混，滅劉毅。九年三月，誅諸葛長民。西虜攻羌安定戍，剋之。十二月，朱齡石伐蜀。九年七月，朱齡石滅蜀。

義熙九年二月丙午，熒惑、填星皆犯東井。占曰：“秦有兵。”三月壬辰，[①]歲星、熒惑、填星、太白聚于東井，從歲星也。熒惑入輿鬼。太白犯南河。初，義熙三年，四星聚奎，奎、婁，徐州分。是時慕容超僭號於齊，侵略徐、兖，連歲寇抄，至于淮、泗。姚興、譙縱僭僞秦、蜀。盧循、木末，南北交侵。五年，高祖北殄鮮卑，是四星聚奎之應也。九年，又聚東井。東井，秦分。十三年，高祖定關中，又其應也。而縱、循群凶之徒，皆已剪滅，於是天人歸望，建國舊徐，元熙二年，受終納禪，皆其徵也。《星傳》曰：“四星若合，是謂太陽，其國兵喪并起，君子憂，小人流。五星若合，是謂易行。有德受慶，改立王者，奄有四方；無德受罰，離其國家，滅其宗廟。”今案遺文所存，五星聚者有三：周、漢以王，齊以霸。周將伐殷，五星聚房。齊桓將霸，五星聚箕。漢高入秦，五星聚東井。齊則永終侯伯，卒無更紀之事。是則五星聚有不易行者矣。四星聚者有九：漢光武、晋元帝并中興，而魏、宋并更紀。是則四星聚有以易行者矣。昔漢平帝元始四年，四星聚柳、張，各五日。柳、張，三河分。後有王莽、赤眉之亂，而光武興復於洛。晉懷帝永嘉六年，四星聚牛、女，後有劉聰、石勒之亂，而元皇興復揚土。漢獻帝初平元年，四星聚心，又聚箕、尾。心，豫州分。後有董卓、李傕暴亂，黄巾、黑山熾擾，而魏武迎帝都許，遂以兖、豫定，是其應也。一曰："心爲天王，大兵升殿，天下大亂之兆也。"韓馥以爲尾箕燕興之祥，故奉幽州牧劉虞，虞既距之，又尋滅亡，固已非矣。尾爲燕，又爲吴，此非公孫度，則孫權也。度偏據僻陋，然亦郊祀備物，皆爲改漢矣。建安二十二年，四星又聚。二十五年而魏文受禪，此爲四星三聚而易行矣。蜀臣亦引後聚爲劉備之應。案太元十九年、義熙三年九月，四星各一聚，而宋有天下，與魏同也。魚豢云："五星聚冀方，而魏有天下。"②熒惑入輿鬼。占曰："兵喪。"太白犯南河，占曰："兵起。"後皆有應。

【注】

①三月壬辰：多本脱"三月"二字。二月無"壬辰"，故不可能在二月。今據《晉志》補。

②以上多次列舉四星相聚之事：太元十九年十月金木聚於斗，義熙三年四星聚奎，義熙九年三月四星聚東井。《含神霧》："五緯合，王更紀。"《荆州占》曰："四星若合於一舍，其國當王，有德者繁昌。"此時有幾次四星相聚，應在劉宋當代晉之兆。

五月壬辰，太白犯右執法，晝見。占同上。七月庚午，月奄鉤鈐。占曰："喉舌臣憂。"九月庚午，歲星犯軒轅大星。己丑，月犯左角。十年正月丁卯，月犯畢。占曰："將相有以家坐罪者。"二月己酉，月犯房北星。五月壬寅，月犯牽牛南星。乙丑，歲星犯軒轅大星。占悉同上。六月丙申，月奄氐。占曰："將死之，國有誅者。"七月庚辰，月犯天關。占曰："兵起。"熒惑犯井鉞，填星犯輿鬼，遂守之。占曰："大人憂，宗廟改。"八月丁酉，月奄牽牛南星。占同上。九月，填星犯輿鬼。占曰："人主憂。"丁巳，太白入羽林。十二月己酉，月犯西咸。占曰："有陰謀。"十一年三月丁巳，[1]月入畢。占曰："天下兵起。"一曰："有邊兵。"己卯，填星入輿鬼。閏月丙午，填星又入輿鬼。占曰："爲旱，爲疫，爲亂臣。"五月甲申，彗星出天市，掃帝座，在房、心。房、心，宋之分野。案占，得彗柄者興，除舊布新，宋興之象。[2]癸卯，熒惑從行入太微。甲辰，犯右執法。六月己未，太白犯東井。占曰："秦有兵。"戊寅，犯輿鬼。占曰："國有憂。"七月辛丑，月犯畢。占同上。八月壬子，月犯氐。占同上。庚申，太白從行從右掖門入太微。丁卯，奄左執法。十一月癸亥，月入畢。占同上。乙未，月入輿鬼而暈。占曰："主憂，財寶出。"一曰："暈，有赦。"十二年五月甲申，月犯歲星，在左角。占曰："爲飢。留房、心之間，宋之分野，與武王伐紂同，得歲者王。"于時晋始封高祖爲宋公。六月壬子，太白從行入太微右掖門。己巳，月犯畢。占同上。七月，月犯牛宿。占曰："天下有大誅。"十月丙戌，月入畢。占同上。十三年五月丙子，月犯軒轅。丁亥，犯牽牛。癸巳，熒惑犯右執法。八月己酉，月犯牽牛。丁卯，月犯太微。占曰："人君憂。"九月壬辰，熒惑犯軒轅。十月戊申，月犯畢。占悉同上。月犯箕。占曰："國有憂。"甲寅，月犯畢。占同上。乙卯，填星犯太微，留積七十餘日。占曰："亡君之戒。"壬戌，月犯太微。占同上。十一月，月入太微，奄填星。占曰："王者惡之。"十四年三月癸丑，太白犯五諸侯。占同上。四月壬申，月犯填星，於張。占曰："天下有大喪。"五月庚子，月犯太微。占同上。壬子，有星孛于北斗魁中。占曰："有聖人受命。"七月甲辰，熒惑犯輿鬼。占曰："秦有兵。"丁巳，月犯東井。占曰："軍將死。"癸亥，彗星出太微西，柄起上相星下，芒漸長至十餘丈，進掃北斗、紫微中台。占曰："彗出太微，社稷亡，天下易王。入北斗紫微，帝宮空。"一曰："天下得聖主。"八月甲子，太白犯軒轅。癸酉，填星入太微，犯右執法，因留太微中，積二百餘日乃去。占曰："填星守太微，亡君之戒，有徙王。"九月乙未，太白入太微，犯左執法。丁巳，月入太微。占曰："大人憂。"十月癸巳，熒惑入太微，犯西蕃上將，仍從行至左掖門內，留二十日乃逆行。至恭帝元熙元年三月五日，出西蕃上將西三尺許，又從還入太微。時填星在太微，熒惑繞填星成鈎巳。其年四月二十七日丙戌，從端門出。占曰："熒惑與填星鈎巳，天下更紀。"③甲申，月入太微。占同上。十一年正月，高祖討司馬休之、魯宗之等，潰奔長安。五月，林邑寇交州，交州刺史杜慧度距戰于九真，大爲所敗。十二年七月，[4]高祖伐羌。十月，前驅定陝、洛。十三年三月，索頭大衆緣河爲寇，高祖討之奔退，其别帥托跋嵩交戰，又大破之，嵩衆殲焉。進復攻關。八月，擒姚泓，[5]司、兖、秦、雍悉平，索頭凶懼。十四年，高祖還彭城，受宋公。十一月，左僕射前將軍劉穆之卒。明年，西虜寇長安，雍州刺史朱齡石諸軍陷没，官軍舍而東。[6]十二月，安帝崩，母弟琅邪王踐阼，是曰恭帝。

【注】

①十一年三月丁巳："三月"，多本作"二月"。"二月"無"丁巳"。今據《晋志》改。

②得彗柄者興：按通常有關彗星出現時的星占理論，一般解釋爲除舊布新之兆。本志此處之占語，"得彗柄者興"，爲其對星占理論的發展。其含義是，彗頭對應的地域當興，彗尾掃過的地域當滅。如下文所言，晋帝初封劉裕爲宋公，十一年五月彗星出天市，掃帝座，在房、心，爲宋之分野。本志解釋爲宋興之象。

③十月癸巳……天下更紀：填星是在恒星間緩慢移動的行星，一歲纔移動一宿，故填星又曰鎮星。而熒惑則移動得較快，并有往返逆行，在星空中形成似鉤巳的圖形。《荆州占》曰，熒惑"逆行，環繞，成句巳，至三舍，名山崩，大川竭；若守之三日不下，其分國亡，有大喪；逆行至五舍，大臣謀反，諸侯亡地。熒惑逆行，必有破軍死將，若處死君。又曰夷將爲王，敢誅有昌，不敢誅者亡。當此之時，輒立九侯，置三王，取與必當，無逆天殃"。故本志占曰"熒惑與填星鉤巳，天下更紀"。更紀者，更改紀元，即改朝换代也。巳，有的版本作"己"或作"已"，均誤。鉤巳，爲環繞屈曲之狀，巳爲蛇行之象。至恭帝元熙元年三月五日：多本脱"至恭帝元熙"五字。今據《晋志》補。

④十二年七月："十二年"，多本作"十三年"。今據《晋志》改。周

家禄《晋書校勘記》認爲此處“七月”當作“八月”。

⑤八月擒姚泓：周家禄認爲“八月”當作“七月”。

⑥周家禄《晋書校勘記》云：“按：穆之卒以十三年十一月，當與十四年劉裕文互易前後。“明年”當作“是年”，承十四年文。”

晋恭帝元熙元年正月丙午，三月壬寅，月犯太微。占悉同上。乙卯，辰星犯軒轅。六月庚辰，太白犯太微。七月，月犯歲星。己卯，月犯太微，太白晝見。占悉同上。自義熙元年至是，太白經天者九，日蝕者四，皆從上始。革代更王，臣民失君之象也。是夜，太白犯哭星。十二月丁巳，月、太白俱入羽林。二年二月庚午，填星犯太微。占悉同上。元年七月，高祖受宋王。[①]二年六月，晋帝遜位，高祖入宫。

【注】

①元年七月高祖受宋王：“七月”，多本作“十月”。今據《晋志》等改。

《宋書》卷二十六

志第十六

天文四[①]

宋武帝永初元年十月辛丑，熒惑犯進賢。占曰："進賢官誅。"十一月乙卯，熒惑犯填星於角。占曰："爲喪，大人惡之。"一曰："兵起。"[②]十二月庚子，月犯熒惑於亢。占曰："爲内亂。"一曰："貴人憂。角爲天門，亢爲朝廷。"[③]三年五月，宫車晏駕。七月，太傅長沙景王道憐薨。索頭攻略青、司、兖三州。[④]於是禁兵大出。是後司徒徐羡之、尚書令傅亮、領軍謝晦等廢少帝，内亂之應。

【注】

①本志專載劉宋星變。

②熒惑犯填星於角：巫咸認爲熒惑犯填星，兵大起。石氏曰："填星與火合，大人惡之。"與本志"爲喪，大人惡之""兵起"均相吻合。

③月犯熒惑於亢：劉向《洪範五行傳》曰："月蝕熒惑在角、亢，憂在中宫，非賊而盜也；有内亂；一曰有死相，若戮者貴人，兵死，讒臣在旁。"與本志占合，應在三年宫車晏駕。

④青司兗三州：青，青州。司，司州，治所多有變化，劉宋時的司州治所在今河南滎陽、信陽一帶。兗，兗州。

永初元年十二月甲辰，月犯南斗[①]。占曰："大臣憂。"三年七月，長沙王薨。索虜寇青、司二州，大軍出救。

【注】

①月犯南斗：《河圖帝覽嬉》曰："月犯南斗，大臣及將去。"與本志占曰"大臣憂"相合。應在長沙王薨。長沙王封於兗州。角、亢、氐爲兗州之分，故應在長沙王。

永初二年六月甲申，太白晝見。占："爲兵喪，爲臣强。"三年五月，宫車晏駕。尋遣兵出救青、司。其後徐羡之等秉權，臣强之應也。

永初二年六月乙酉，熒惑犯氐。乙巳，犯房。占曰："氐爲宿營，房爲明堂，人主有憂。房又爲將相，將相有憂。氐房又兗、豫分。"三年五月，宫車晏駕。七月，長沙王薨，王領兗州也。景平元年，廬陵王義真廢，王領豫州也。

永初二年十月，太白犯填星於亢。亢，兗州分，又爲鄭。占曰："大星有大兵，金土合爲内兵。"三年，索頭攻略青、冀、兗三州，禁兵大出，兗州失守，虎牢没。

永初三年正月丁卯，月犯南斗。占同元年。一曰："女主當之。"二月辛卯，[①]有星孛于虚危，向河津，掃河鼓。占曰："爲兵喪。"五月，宫車晏駕。明年，遣軍救青、司。二月，太后蕭氏崩。

【注】

①二月辛卯：《南史·宋本紀》作"二月丙戌"。未知孰是。

永初三年二月壬辰，填星犯亢。占曰："諸侯有失國者，民多流亡。"一曰："廷臣爲亂。亢，兖州分，又爲鄭。"其年，索頭攻圍司、兖，兖州刺史徐琰委守奔敗，司州刺史毛德祖距守陷没，緣河吏民，多被侵略。

永初三年三月壬戌，月犯南斗。占同正月。五月丙午，犯軒轅。占曰："女主當之。"六月辛巳，月犯房。占曰："將相有憂，豫州有災。"癸巳，犯歲星於昴。占曰："趙、魏兵饑。"其年，虜攻略青、兖、司三州。廬陵王義真廢，王領豫州也。二月，太后蕭氏崩。元嘉三年，司徒徐羡之等伏誅。

永初三年九月癸卯，熒惑經太微犯左執法。己未，犯右執法。占悉同上。十月癸酉，太白犯南斗。占曰："國有兵事，大臣有反者。"辛巳，熒惑犯進賢。占曰："進賢官誅。"明年，師出救青、司。景平二年，徐羡之等廢帝徙王。元嘉三年，羡之及傅亮、謝晦悉誅。

永初三年十一月戊午，有星孛于室壁。占曰："爲兵喪。"明年，兵救青、司。二月，太后蕭氏崩。營室，内宫象也。[①]

【注】

①營室内宫象也：《荆州占》曰："離宫者，天子之别宫也，主隱藏止息之所也。"與本志占語相當。由於孛星犯了内宫，應在蕭太后崩。

永初三年十一月癸亥，月犯亢、氐。占曰："國有憂。"十二月戊戌，[1]熒惑犯房。房爲明堂，王者惡之。一曰："將相憂。"景平二年，羨之等廢帝，因害之。元嘉三年，羨之等伏誅。

【注】

①十二月戊戌：多本并作"十一月戊戌"。考是年十一月無"戊戌"，此當是"十二月戊戌"。

少帝景平元年正月乙卯，有星孛于東壁南，白色，長二丈餘，拂天苑，二十日滅。二月，太后蕭氏崩。十月戊午，有星孛于氐北，尾長四丈，西北指，貫攝提，向大角，[1]東行，日長六七尺，十餘日滅。明年五月，羨之等廢帝。

【注】

①有星孛于東壁南……向大角：拂天苑，彗尾掃拂天苑星。石氏曰："天苑十六星，在昴畢南。"又曰："天苑，天囷也，主馬牛羊。非其故，若星不具，有斬死吏。"攝提，大角兩旁的星座名。攝提和大角均在北斗斗柄延長綫上。郗萌曰："彗星出攝提，主迷惑，天下兵起。"《黄帝占》曰："彗星犯守大角，大兵起，國不安，天子失御，有亡國更政。"應在少帝被廢上。

文帝元嘉元年十月，熒惑犯心。元嘉三年正月甲寅夜，天東南有黑氣，廣一丈，長十餘丈。元嘉六年五月，太白晝見經天。元嘉七年三月，太白犯歲星於奎。六月，熒惑犯東井、輿鬼，入軒轅。月犯歲星。十一月癸未，西南有氣，上下赤，中央黑，廣三尺，長三十餘丈，狀如旌旗。十二月丙戌，有流星頭如甕，尾長二十餘丈，大如數十斛船，赤色有光照人面，從西行經奎北大星南過，至東壁止。其年，索虜寇青、司，殺刺史，掠居民。遣征南大將軍檀道濟討伐，經歲乃歸。

元嘉八年四月辛未，太白晝見，在胃。五月，犯天關、東井。六月庚午，熒惑入東井。七月壬戌夜，白虹見東方。丁丑，太白犯上將。八月癸未，太白入太微右掖門内，犯左執法。乙未，熒惑犯積尸。九月丙寅，流星大如斗，赤色，發太微西蕃，北行，未至北斗没，餘光長三丈許。十月丙辰，金土相犯，在須女。月奄天關、東井。十二月，月犯房、鉤鈐。十年，仇池氐寇漢中，梁州失戍。

元嘉九年正月庚午，熒惑入輿鬼。三月，月犯軒轅。四月，犯左角。歲星入羽林。月犯房、鉤鈐。己丑，太白入積尸。五月，犯軒轅。月掩南斗第六星。辛酉，熒惑入太微右掖門，犯右執法。七月丙午，月蝕左角。八月癸未，太白犯心前星。乙酉，犯心明堂星。[1]

【注】

①犯心明堂星：明堂，古代天子宣明政教的地方。凡朝會及祭祀、慶

賞、選士、養老、教學等大典，均於其中舉行。此處明堂爲星名。在傳統星圖上，在太微垣西南外有明堂星三顆。另外，《史記 · 天官書》有“心爲明堂”之説，而《晋書 · 天文志》又説“房四星爲明堂”，説法不一。本志所述“犯心明堂”，當指心宿。

元嘉十年十月，有流星大如甕，尾長二十餘丈。

元嘉十一年二月庚子，月犯畢，入畢口而出，因暈昴、畢，西及五車，東及參。三月丙辰，太白晝見，在參。閏月戊寅，太白犯五諸侯。己丑，月入東井，犯太白。于時司徒彭城王義康專權。

元嘉十二年五月壬戌，月犯右執法。七月壬戌，熒惑犯積尸，奄上將。十月丙午，月犯右執法。十二月甲申，太白犯羽林。十七年，上將執法皆被誅。

元嘉十三年正月庚午，月犯熒惑。二月，月犯太微東蕃第一星。十一月辛亥，歲星犯積尸。十二月戊子，熒惑入羽林。後年，廢大將軍彭城王義康及其黨與。①凡所收掩，皆羽林兵出。

元嘉十四年正月，有星哺前晝見東北維，②在井左右，黄赤色，大如橘。月犯東井。四月丁未，太白犯輿鬼。五月丙子，太白晝見，在太微。七月辛卯，歲星入軒轅。八月庚申，熒惑犯上將。九月丙戌，熒惑犯左執法。其後皇后袁氏崩。丹陽尹劉湛誅。尚書僕射殷景仁薨。

【注】

①黨與：隨從之人，追隨者。

②晡前：古時下午三時至五時稱爲晡時，晡前即下午三時之前。

元嘉十五年四月己卯，月犯氐。十月壬戌，流星大如鴨子，出文昌，入紫宮，聲如雷。十一月癸未，熒惑入羽林。丁未，月犯東井鉞星。其後誅丹陽尹劉湛等。

元嘉十六年二月，歲星逆行犯左執法。五月丁卯，太白晝見胃、昴間。月入羽林。太白犯畢。歲星犯左執法。七月，月會填星。八月，太白犯軒轅。明年，皇后袁氏崩。熒惑犯太微西上將。太白晝見，在翼。九月，熒惑同入太微相犯，太白犯左執法。熒惑犯右執法。十月，歲星熒惑相犯，在亢。十一月，熒惑犯房北第一星。明年，大將軍義康出徙豫章，誅其黨與。尚書僕射、揚州刺史殷景仁薨。

元嘉十九年九月，客星見北斗，漸爲彗星，至天苑末滅。[①]

【注】

①客星見……天苑末滅：古人對彗星的出現過程觀察和記録得很詳細：首先見到的是一顆不大明亮的慢慢移動的客星，以後纔逐漸成爲有尾巴的彗星，自斗移動至天苑末纔滅。

元嘉二十年二月二十四日乙未，有流星大如桃，出天津，入紫宮，須臾有細流星或五或三相續，又有一大流星從紫宮出，入北斗魁，須臾又一大流星出，貫索中，經天市垣，諸流星并向北行，至曉不可稱數。流星占并云：“天子之使。”又曰：“庶民惟星。星流，民散之象。”[①] 至二十七年，索虜殘破青、冀、徐、兗、南兗、豫六州。民死太半。

【注】

①這是元嘉二十年二月二十四觀測到的一次流星雨現象。

元嘉二十二年二月，金、火、木合東井。四月，月犯心。太白入軒轅。七月，太白晝見。其冬，太子詹事范曄謀反伏誅。

元嘉二十三年正月，金、火相爍。其月，索虜寇青州，驅略民户。

元嘉二十四年正月，月犯心大星。天星并西流，多細，大不過如鷄子，尾有長短，當有數百，至旦日光定乃止，有入北斗紫宫者。[①] 占：“流星群趨所之者，兵聚其下，有大急。”又占：“衆星并流，將軍并舉兵。隨星所之，以應天氣。”又占：“流星入紫宫，有喪，水旱不調。”又占：“流星入北斗，大臣有繫者。”又占：“流星爲民，大星大臣流，小星小民流。”四月，太白晝見。八月，征北大將軍衡陽王義季薨。豫章民胡誕世率其宗族破郡縣，殺太守及縣令。

【注】

①天星并西流……有入北斗紫宫者：這又是一次流星雨觀測記録，天星西流即流星向西方流動。

元嘉二十五年正月，火、水入羽林，月犯歲星。太白晝見經天。

元嘉二十六年十月，彗星入太微。十一月，白氣貫北斗。

二十七年夏，太白晝見經天。九月，太白犯歲星。十月，熒惑入太微。

元嘉二十八年五月，彗星見卷舌，入太微，逼帝座，犯上相，拂屏，出端門，滅翼、軫。翼、軫，荆州分。太白晝見犯哭星。

三十年，太子巫蠱呪詛事覺，遂殺害朝臣。孝建元年，荆、江二州反，皆夷滅。卷舌，呪詛之象，彗之所起，是其應也。①

【注】

①彗星見卷舌……是其應也：這也是一個典型的星占事例，宋文帝元嘉二十八年五月，彗星見卷舌，便顯示出人主用讒言誅忠臣之象，入太微、逼帝座、犯上相、拂屏、出端門，均顯示出天子宫庭、帝位受到侵犯，執法官、守衛臣有憂。這件事應在元嘉三十年太子劉劭與皇子劉濬信巫蠱，琢玉爲皇上形象，埋於含章殿前，欲令二人之過，不爲皇上所聞。事泄，太子信巫蠱行呪詛事發，於是朝臣被殺害。《河圖帝覽嬉》曰記載，彗孛出卷舌，人主用讒言，誅忠臣，貴人戮死者。一曰民多訟，不出年。又《玉曆》認爲彗星出屏星，守衛臣有謀。若有罪，執法者當之。

元嘉二十九年正月，太白晝見，經天。明年，東宫弑逆。

孝武孝建元年二月，有流星大如月西行。其年，豫州刺史魯爽反誅。

孝建元年九月壬寅，熒惑犯左執法。尚書左僕射建平王宏表解職，不許。

孝建元年十月乙丑，熒惑犯進賢星。吏部尚書謝莊表解職，不許。

孝建二年五月乙未，熒惑入南斗。十月甲辰，又入南斗。大明元年夏，京師疾疫。

孝建三年四月戊戌，太白犯輿鬼。占曰："民多疾。"明年夏，京邑疫疾。[①]

【注】

①孝建二年五月……京邑疫疾：意爲孝建二年五月的熒惑入南斗和孝建三年四月的太白犯輿鬼，都應驗在大明元年夏的京師疾疫上。

孝建三年八月甲午，太白入心。占曰："後九年，大飢至。"大明八年，東土大飢，民死十二三。

大明元年三月癸亥，太白在奎南，犯歲星。占曰："有滅諸侯。"三年，司空竟陵王誕反誅。

大明元年六月丙申，月在東壁，掩熒惑。占曰："將軍有憂，期不出三年。"至三年，司空竟陵王誕反。

大明二年三月辛未，熒惑入東井。四月己亥，熒惑在東井北犯軒轅第二星。井，雍州分。其年四月，海陵王休茂爲雍州刺史，五年，休茂反誅。

大明二年七月己巳，月掩軒轅第二星。十月辛卯，月掩軒轅。十一月丙戌，月又掩軒轅。軒轅，女主。時民間喧言人主帷薄不修。

大明二年十一月庚戌，熒惑犯房及鈎鈐。壬子，熒惑又犯鉤鈐。占曰："有兵。"其年，索虜寇歷下，遣羽林軍討破之。

大明三年春正月夜，通天薄雲，四方生赤氣，長三四尺，乍没乍見，尋皆消滅。占名隧（墜）星，一曰刀星，天下有兵，戰鬭流血。月入太微，犯次將。占曰："有反臣死，將誅。"三月，月在房，犯鉤鈐，因蝕。占曰："人主惡之，將軍死。"三月，土守牽牛。占曰："大人憂疾，兵起，大赦，姦臣賊子謀欲殺主。①"四月，犯五諸侯。占曰："諸侯誅。"金、水合西方，占曰："兵起。"五月，歲星犯東井鉞。占曰："斧鉞用，大臣誅。"六月，月入南斗。占曰："大臣大將軍誅。"南兗州刺史竟陵王誕尋據廣陵反，遣車騎大將軍沈慶之領羽林勁兵及豫州刺史宗慤、徐州刺史劉道隆衆軍攻戰。及屠城，城内男女道俗，梟斬靡遺。將軍宗越偏用虐刑，先刳腸決眼，或笞面鞭腹，苦酒灌創，然後方加以刀鋸。大兵之應也。八月，月犯太白。太白犯房。占曰："人君有憂，天子惡之。"熒惑守畢。占曰："萬民饑，有大兵。"九月，太白犯南斗。占曰："大臣有反者。"九月，月在胃而蝕，既，又於昴犯熒惑。②占曰："兵起，女主當之，人主惡之。"一曰："女主憂，國王死，民饑。"十月，太白犯哭星。占曰："人主有哭泣之聲。"自後六宫多喪，公主薨亡，天子舉哀相係。歲大旱，民饑。

【注】

①土守牽牛：郗萌曰："填星守牽牛，貴人憂。"又曰："奸臣賊子謀

弑其主。”甘氏曰：“填星犯牛，留守之，爲破軍殺將。”本志占語與此相合。

②月在胃而蝕既又於昴犯熒惑：這是一條月全蝕記録，食後，又發生月犯熒惑的天象。前注已引有月蝕熒惑的占語，均與本志占語相合。

大明四年正月，月奄氐。占曰：“大將死。”又犯房北第二星。占曰：“有亂臣謀其主。”二月，有赤氣長一尺餘，在太白帝坐北。① 占曰：“兵起，臣欲謀其君。”五月，月入太微。占曰：“有反臣，大臣死。”六月，太白犯井鉞。占曰：“兵起，斧鉞用，大臣誅。”月犯心前星。占曰：“有亂臣，太子惡之。”月入南斗魁中。占曰：“大人憂，女主惡之。”七月，歲星犯積尸。占曰：“大臣誅。”十二月，月犯心中央大星。占曰：“大人憂。”十二月，通天有雲，西及東北并生，合八所，② 并長四尺，乍没乍見，尋消盡。占曰：“天下有兵。”十二月，月犯箕東北星。女主惡之。明年，雍州刺史海陵王休茂反。太白犯東井。雍州兵亂之應也。

【注】

①有赤氣長一尺餘在太白帝坐北：此爲觀測到的復合天象，首先是太白犯帝坐，其次是在其旁有赤氣長一尺餘。石氏曰：“太白守犯帝座，有逆亂事。”與本志占語合。

②合八所：文義不詳，疑指雲合八處。

大明五年正月，歲星犯輿鬼、積尸。占曰：“大臣誅，主有憂，財寶散。”月入南斗魁中。占曰：“大人憂，天下有兵。”火、土同在須女。占曰：“女主惡之。”三月，月掩軒轅。占曰：“女主惡之。”有流星數千萬，或長或短，或大或小，并西行，至曉而止。占曰：“人君惡之，民流亡。”四月，太白犯東井北轅。占曰：“大臣爲亂，斧鉞用。”太白犯輿鬼。占曰：“大臣誅，斧鉞用，人主憂。”六月，有流星白色，大如甌，出王良，西南行，没天市中，尾長數十丈，没後餘光良久。占曰：“天下亂。”八月，熒惑入東井。占曰：“大臣當之。”十月，歲星犯太微上將星。太白入亢，犯南第二星。占曰：“上將有憂，輔臣有誅者，人君惡之。”十月，太白入氐中。熒惑入井中。占曰：“王者亡地，大赦，兵起，爲飢。”月入太微，掩西蕃上將，犯歲星。占曰：“有反臣死。”大星大如斗，出柳北行，尾十餘丈，入紫宫没，尾後餘光良久乃滅。占曰：“天下凶，有兵喪，天子惡之。”十一月，月掩心前星，又犯大星。占曰：“大人憂，兵起，大旱。”十二月，太白犯西建中央星。占曰：“大臣相譖。”月犯左角。①占曰：“天子惡之。”後三年，孝武帝、文穆皇后相係崩，嗣主即位一年，誅滅宰輔將相，虐戮朝臣，禍及宗室，因自受害。

【注】

①太白犯西建中央星：西建，即建星。古代設建鼓在阼階之西，故稱建星爲西建。《儀禮·大射儀》曰：“建鼓在阼階西。”故有西建之稱。

大明六年正月，月在張，犯歲星。占曰：“民飢流亡。”月犯心後星。占曰：“庶子惡之。”二月，月掩左角。占曰：“天子惡之。”三月，熒惑入輿鬼。占曰：

“有兵，大臣誅，天下多疾疫。”五月，月在張，又入太微，犯熒惑。占曰：“國主不安，女主憂。”火犯木，在翼。占曰：“爲飢，爲旱，近臣大臣謀主。”有星前赤後白，大如甌，尾長十餘丈，出東壁北，西行没天市，啾啾有聲。占曰：“其下有兵，天下亂。”月掩昴七星。占曰：“貴臣誅，天子破匈奴，胡主死。”歲星犯上將。占曰：“輔臣誅，上將憂。”六月，月入太微，犯右執法。占曰：“人主不安，天下大驚，主不吉，執法誅。”月犯心後星。占曰：“庶子惡之。”七月，月犯箕。占曰：“女主惡之。”①八月，月入南斗魁中。占曰：“大臣誅，斧鉞用，吴、越有憂。”明年，揚、南徐州大旱，田穀不收，民流死亡。自後三年，帝后仍崩，宰輔及尚書令僕誅戮，索虜主死，新安王兄弟受害，司徒豫章王子尚薨，羽林兵入三吴討叛逆。

【注】

①月犯箕占曰女主惡之：《海中占》曰：“月犯箕，女主有憂。”本志占語與其相合。在星占學上，往往有同一種异常天象的出現，有幾種應驗的占語供星占家選擇。

大明七年正月夜，通天薄雲，四方合有八氣，蒼白色，長二三丈，乍見乍没，名刀星。占曰：“天下有兵。”三月，月犯心後星。占曰：“庶子惡之。”四月，火犯金，在婁。占曰：“有喪，有兵，大戰。”六月，月犯箕。占曰：“女主惡之。”太白入東井。占曰：“大臣當之。”太白犯東井。占曰：“大臣爲亂，斧鉞用。”七月，熒惑入東井。占曰："兵起，大將當之。"月入南斗魁，犯第二星。[①]占曰："大人憂，吴郡當之。"太白犯輿鬼。占曰："兵起，大將誅，人主憂，財帛出。"八月，月入哭星中間。太白犯軒轅少微星。[②]占曰："人主憂，哭泣之聲，民飢流亡。"太白入太微。占曰："近臣起兵，國不安。"熒惑犯鬼。太白犯右執法。占曰："大臣誅。"十月，金、水相犯。占曰："天下飢。"熒惑守軒轅第二星。占曰："宫中憂，有哀。"十一月，歲星入氐。占曰："諸侯人君有入宫者。"十二月，月犯五車。占曰："天庫兵動。"[③]後二年，帝后崩，大臣將相誅滅，皇子被害，皇太后崩，四方兵起，分遣諸軍推鋒外討。

【注】

①月入南斗魁犯第二星：《宋史·天文志》曰："南二星魁，天梁也。中央二星，天相也。北二星，天府廷也。"

②太白犯軒轅少微星：軒轅星座在七星北，少微星在太微垣中。

③月犯五車：五車，星座名，在畢宿東北。《黄帝占》曰："月入五車、天庫，兵起，道不通。"與本志占文"天庫兵動"相合。

大明八年正月，月掩輿鬼。占曰："大臣誅。"月入南斗魁中，掩第二星。占曰："大人憂，女主惡之。"二月，月犯南斗第四星，入魁中。占曰："大人有憂，女主當之。豫章受災。"四月，月入南斗魁中，犯第三星。[①]占曰："大人有憂，女主惡之。丹陽當之。"太白入東井，入太微，犯執法。占曰："執法誅，近臣起兵，國不安。"六月，歲星犯氐。占曰："歲大飢。"有流星大如五斗甌，赤色有光，照見人面，尾長一丈餘，從参北東行，直下經東井，過南河，没。占曰："民飢，吴、越有兵。"七月，歲星入氐。十月，太白守房。占曰："有兵，大喪。"月掩食房。占曰："有喪，大飢。"此後國仍有大喪，丹陽尹顏師伯、豫章王子尚死。明年，昭太后崩。四方賊起，王師水陸征伐，義興晋陵縣大戰，殺傷千計。

【注】

①石氏曰："南斗魁第一星主吴，第二星主會稽，第三星主丹陽，第四星主豫章，第五星主廬江，第六星主九江。"本志所占地域，與石氏占相對應。

前廢帝永光元年正月丁酉，太白掩牽牛。牽牛，越分。其月庚申，月在虚宿，犯太白。虚，齊地。二月甲申，月入南斗。南斗，揚州分野。又爲貴臣。[①]三月庚子，月入輿鬼，犯積尸。輿鬼主斬戮。六月庚午，熒惑入東井。東井，雍州分。其月壬午，有大流星，前赤後白，入紫宫。景和元年九月丁酉，熒惑入軒轅，在女主大星北。[②]十月，熒惑入太微，犯西上將。十一月丁未，太白犯哭星。其月乙卯，月犯心。心爲天王。其年，太宰江夏王義恭、尚書令柳元景、尚書僕射顏師伯等并誅。太尉沈慶之薨。廬陵王敬先、南平王敬猷、南安侯敬淵并賜死。廢帝殞。明年，會稽太守尋陽王子房、廣州刺史袁曇遠、雍州刺史袁顗、青州刺史沈文秀并反。昭太后崩。

【注】

①月入南斗……又爲貴臣”:《開元占經》引韓揚曰:“南斗第一星上將,第二星相,第三星妃,第四星太子,第五星、第六星天子。”故本志説“又爲貴臣”。

②在女主大星北:女主大星,《史記》卷二七《天官書》曰:“軒轅,黄龍體。前大星(即軒轅十四),女主象。”

明帝泰始元年十二月己巳,太白入羽林。占曰:“羽林兵動。”乙亥,白氣入紫宫。占曰:“有喪事。”[①]明年,羽林兵出討。昭太后崩。

【注】

①白氣入紫宫占曰有喪事:《開元占經》曰:“蒼白氣入(大角),國有大喪。”《荆州占》曰:“棟星亡,王者死。”棟星即大角。與本志占語相合。

泰始二年正月甲午,熒惑逆行在屏西南。占曰:“有兵在中。”其月丙申,月暈五車,通畢、昴。占曰:“女主惡之。”其月庚子,月犯輿鬼。占曰:“將軍死。”其月甲寅,流星從五車出,至紫宫西蕃没。占曰:“有兵。”其月丙辰,黑氣貫宿。占曰:“王侯有歸骨者。”[①]三月乙未,有流星大小西行,不可稱數,至曉乃息。占曰:“民流之象。”四月壬午,熒惑入太微,犯右執法。月在丙子,歲星晝見南斗度中。占曰:“其國有軍容,大敗。”其月己卯,竟夜有流星百餘西南行,一大如甌,尾長丈餘,黑色,從河鼓出。又曰:“有兵。”其月壬午，太白在月南并出東方，爲犯。占曰：“有破軍死將，王者亡地。”七月甲午，月犯心。心爲宋地。其月丙午，月犯南斗。占曰：“大臣誅。”其月乙卯，熒惑犯氐。氐，兖州分野。十月辛巳，太白入氐。占曰：“春穀貴。”十一月癸巳，太白犯房。占曰：“牛多死。”其年，四方反叛，内兵大出，六師親戎。昭太后崩。大將殷孝祖爲南賊所殺。尚書右僕射蔡興宗以熒惑犯右執法，自解，不許。九月，諸方反者皆平，多有歸降者。後失淮北四州地，彭城、兖州并爲虜所没，民流之驗也。彭城，宋分也。是春，穀貴民飢。明年，牛多疾死，詔太官停宰牛。

【注】

①黑氣貫宿：此處當有誤字。《殿本考證》説“宿字上當有脱字”。《開元占經·雲氣占》尾宿云：“黑氣入尾，故臣有來歸骸骨者。”與本志占文“王侯有歸骨者”合。由於《雲氣占》中黑氣入宿，致使有來歸骸骨者無第二處。有此説法，可以認爲此處宿字前當漏“尾”字。

泰始三年六月甲辰，月犯東井。占曰：“軍將死。”熒惑犯輿鬼。占曰：“金錢散。”又曰：“不出六十日，必大赦。”八月癸卯，天子以皇后六宫衣服金釵雜物賜北征將士。明年二月，護軍王玄謨薨。

泰始四年六月壬寅，太白犯輿鬼。占曰：“民大疾，死不收。”其年普天大疫。①

【注】

①太白犯輿鬼：郗萌説，太白出入留舍輿鬼，五十日不下，民大疾，

死而不收。本志占文與此相應。又本志孝武孝建三年四月戊戌太白犯輿鬼，占曰“民多疾”，亦與此相應。

泰始五年二月丙戌，月犯左角。占曰：“三年天子惡之。”三月庚申，月犯建星。占曰：“易相。”十月壬午，月犯畢。占曰：“天子用法，誅罰急，貴人有死者。”其月丙申，太白犯亢。占曰：“收斂國兵以備北方。”其年冬，建安王休仁解揚州，桂陽王休範爲揚州。揚州牧前後常宰相居之，易相之驗也。[1]七年，晋平王休祐、建安王休仁并見殺。時失淮北，立戍以備防北虜。後三年，宮車晏駕。

【注】

①月犯建星：郗萌曰：“月變於南斗，亂臣有更天子之法令者。一曰易將相，正臣多死。”又説：“月乘南斗，色惡蒼蒼，丞相死。”《荆州占》也説：“月變於南斗，易相，近臣死。”説明古星占家對建星和南斗同樣看待，占語相同，源於二者均曾作爲古之冬至日所在，五星日月起始的曆元。本志占語與其相應。

泰始六年正月辛巳，月犯左角。同前占。八月壬辰，熒惑犯南斗。南斗，吴分。十一月乙亥，月犯東北轅。[1]占曰：“大人當之。”又曰：“大臣有誅者。”二年，殺揚州刺史王景文。宮車晏駕。

【注】

①月犯東北轅：月亮犯軒轅東北星，具體對象不明，可能是指軒轅十三。

後廢帝元徽三年七月丙申，太白入角，犯歲星。占曰："角爲天門，國將有兵事。"占，於角太白與木星會，殺軍在外，破軍殺將。其月丁巳，太白入氐。氐爲天子宿宫，太白兵凶之星。八月己巳，太白犯房北頭第二星。占曰："王失德。"九月癸卯，太白犯南斗第三星。占曰："大人當之，國易政。"十月丙戌，歲星入氐。占曰："諸侯人君有來入宫者。"十一月庚戌，月入太微，奄屏西南星。占曰："貴者失勢。"四年七月，建平王景素據京口反。時廢主凶慝無度，五年七月殞，安成王入纂皇阼。三年，齊受禪。

元徽四年三月乙巳，[1]月犯房北頭第一星，進犯鍵閉星。占曰："有謀伏甲兵在宗廟中，天子不可出宫下堂，多暴事。"九月甲辰，填星犯太微西蕃，占曰："立王。"一曰："徙王。"又曰："大人憂。"時廢帝出入無度，卒以此殞，安成王立。[2]

元徽五年正月戊申，月犯南斗第五星。與前同占。四月丁巳，熒惑犯輿鬼西北星。占曰："大人憂，近期六十日，遠期六百日。"又曰："人君惡之。"其月丙子，太白犯輿鬼西北星。占曰："大赦。"五月戊申，太白晝見午上，光明异常。占曰："更姓。"六月壬戌，月犯鈎鈐星。占曰："有大令。"其月乙丑，月犯南斗第四星。與前同占。七月，廢帝殞，大赦天下。後二年，齊受禪。

順帝昇明元年八月庚申，月入南斗，犯第三星。與前同占。九月丁亥，太白在翼，晝見經天。占曰："更姓。”閏十二月癸卯夜，月奄南斗第四星。與前同占。

【注】

①元徽四年三月乙巳：多本均作“乙巳朔”。考是年爲三月庚寅朔，十六日乙巳，“朔”字爲衍文，今删。

②填星犯太微西蕃：石氏認爲填星守太微，必有破國、易世、改王。與本志占文“立王”“徙王”合。

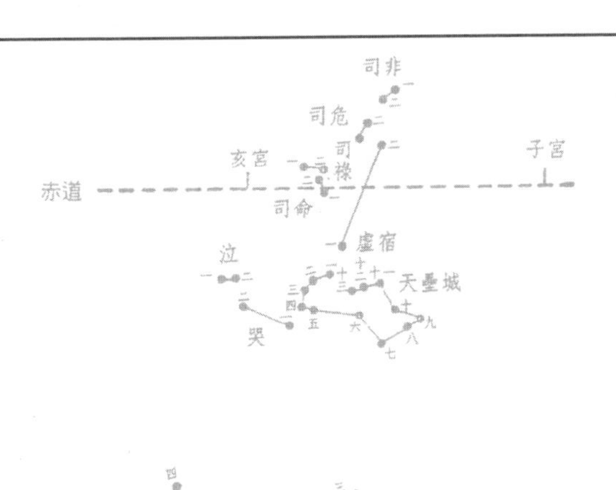

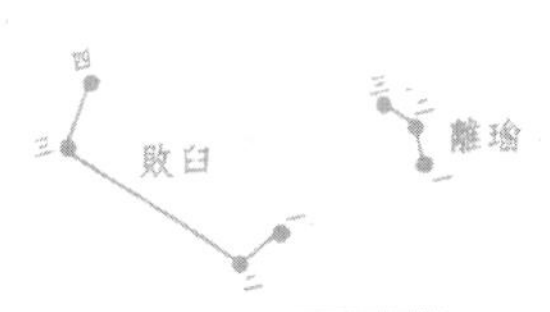

南齊書·天文志

《南齊書》作者蕭子顯（約489—537），字景陽，南蘭陵郡南蘭陵縣（今江蘇常州）人，是南齊開國皇帝的孫子，在南朝梁時官至吏部尚書，好學擅文。據《梁書·江淹傳》記載，江淹著有《齊史》十志，行於世。蕭子顯的《南齊書》，多取江淹等人的《齊史》十志。後江淹的《齊史》散失，無從查對。本志當與江淹的《齊史·天文志》有密切的關係。至於蕭子顯對江淹的《天文志》做了多少引用和修改，後人已無法做出判斷。江淹（444—505）歷仕宋、齊、梁三代，年輕時即以詩文著稱，據説晚年已不如前，故有“江郎才盡”的説法。至於《南齊書》爲什麽没有《律曆志》，已無從查考。

本志對前志有如下改進：

一、以往史書將日食另載於《五行志》，《南齊書》將天象記録全部集中載於《天文志》中；

二、以往《天文志》對天象記録實行混合編排的方式，本志開創了分類編排的方式；

三、以往《天文志》將天象記録與占語并載，本志除了開篇介紹异常天象與星占的關係，下文衹注重記載天象本身，很少再涉及占驗之論，也開了後世《天文志》之先河；

四、在記述各門類有關天象之後，在末尾通常都要對這一門類天象做些述評。這些改進，使《天文志》的天象記録條理井然，更具天文學的意義。

本志共分八類記録天象，它們依次是：日食、月食、日光色、月暈犯、五星犯、流星災、老人星、白虹雲氣。這些記載，具體詳盡，當取自南齊太史觀測實録，是十分珍貴的天文學史料。

關於本志的校勘，可參考彭益林《〈南齊書·天文志〉補校》等。

《南齊書》卷十二

志第四

天文上

易曰："聖人仰觀象於天，俯觀法於地。"天文之事，其來已久。太祖革命受終，[1]膺集期運。宋昇明三年，[2]太史令將作匠陳文建陳天文，[3]奏曰：

【注】

①此太祖指齊高帝蕭道成。

②昇明（477—479）是南朝宋順帝最後一個年號，亡國的景象已日益顯著。

③陳文建：多本并作"文孝建"。此下引述了劉宋最後一個太史令陳文建於昇明三年向宋順帝奏議中，據天象占卜到的劉宋政權行將敗亡的預言。

"自孝建元年至昇明三年，[1]日蝕有十，虧上有七。占曰'有亡國失君之象'。一曰'國命絶，主危亡'。[2]孝建元年至昇明三年，太白經天五。占曰'天下革，民更王，异姓興'。[3]孝建元年至昇明三年，月犯房心四，太白犯房心五。占曰‘其國有喪，宋當之’。[④]孝建元年至永光元年，奔星出入紫宫有四。占曰‘國去其君，有空國徙王’。[⑤]大明二年至元徽四年，天再裂。占曰‘陽不足，白虹貫日，人君惡之’。[⑥]孝建二年至大明五年，月入太微。泰豫元年至昇明三年，月又入太微。孝建元年至元徽二年，太白入太微各八，熒惑入太微六。占曰‘七耀行不軌道，危亡之象。貴人失權勢，主亦衰，當有王入爲主’。[⑦]孝建二年至昇明二年，太白熒惑經羽林各三。占曰‘國殘更世’。孝建二年四月十三日，熒惑守南斗，成句巳。占曰‘天下易正更元’。孝建三年十二月一日，填星熒惑辰星合于南斗。占曰‘改立王公’。大明二年十二月二十六日，太白犯填星于斗。[⑧]六年十一月十五日，太白填星合于危。占曰‘天子失土’。景和元年十月八日，熒惑守太微，成句巳。[⑨]占曰‘王者惡之，主命無期，有徙主，若主王，天下更紀’。泰始三年正月十七日，白氣見西南，東西半天，名曰長庚。六年九月二十七日，白氣又見東南長二丈，并形狀長大，猛過彗星。占曰‘除舊布新易主之象，[⑩]遠期一紀’。至昇明三年，一紀訖。[⑪]泰始四年四月二十四日，太白犯填星于胃。占曰‘主命惡之’。泰始七年六月十七日，太白歲星填星合于東井。占曰‘改立王公’。元徽四年至昇明二年三月，日有頻食。占曰‘社稷將亡，王者惡之’。元徽四年十月十日，填星守太微宫，逆從行，歷四年。[⑫]占曰‘有亡君之戒，易世立王’。元徽五年七月一日，熒惑太白辰星合于翼。占曰‘改立王公’。[⑬]昇明二年六月二十日，歲星守斗建。陰陽終始之門，大赦昇平之所起，律曆七政之本源，德星守之，天下更年，五禮更興，多暴貴者。⑭昇明二年十月一日，熒惑守輿鬼。三年正月七日，熒惑守兩戒間，成句巳。占曰‘尊者失朝，必有亡國去王’。昇明三年正月十八日，辰星孟效西方。⑮占曰‘天下更王’。昇明三年四月，歲星在虛危，徘徊玄枵之野，則齊國有福厚，爲受慶之符。”⑯

【注】

①孝建、大明、永光、景和、泰始、泰豫、元徽、昇明，都是劉宋中後期年號，下文漸次説明，從天象上看，日顯衰亡之兆。

②日爲君象，發生日食，是君主受到侵害的象徵。自孝建元年至昇明三年二十多年間，共發生十次日食，故曰亡國失君之象。

③《開元占經》引石氏曰："凡太白不經天。若經天，天下革政，民更主。"《荆州占》曰："太白晝見於午，名曰經天……改政易王。""太白夕見，過午亦曰經天。"故陳文建占曰"天下革，民更王，异姓興"。

④石氏曰："心三星，帝座。"《爾雅》曰："大火……主天下之急，故天下變動，則心星見不祥。"今月和太白犯之，故曰"其國有喪"。又房、心的分野爲宋，故曰"宋當之"。

⑤《聖洽符》曰："流星……見則其國有兵，有失地君。"《黄帝占》曰："大流星出行……王者徙都邑，去其宫殿。"故此占曰："國去其君，有空國徙王。"

⑥《開元占經》引《天鏡》曰："天裂見人，兵起國亡。"《星經》曰："或則天裂，或則地動，皆氣有餘陽不足也。地動陰有餘，天裂陽不足，皆下盛强將害君之變也。"故此占曰："陽不足，白虹貫日，人君惡之。"

⑦郗萌曰："太微之宫……天子之廷，上帝之治，五帝之座也。"《黄帝占》曰："太微，天子之宫。"《春秋元命苞》曰："太微，權政所在。"

今月亮、太白、熒惑犯太微，爲天子、權政受到侵犯的徵候，故占曰“危亡之象”。“泰豫”爲宋明帝年號，原爲“太豫”，今改。

⑧《聖洽符》曰：“南斗者，天子之廟，主紀天子壽命之期。”甘氏曰：“南斗，天子壽命之期也。故曰：將有天下之事，占於南斗也。”又曆元起於斗宿，故此處載行星守南斗，占曰“天下易正更元”，“改立王公”。

⑨熒惑守太微成句己：與前面的“熒惑守南斗成句巳”和下文的“熒惑守兩戒間成句己”，各本均寫爲“句己”，中華書局標點本亦爲“句己”。“句己”一名無解，當爲“句巳”或“鈎巳”之誤。“句”，古文亦寫爲“勾”或“鉤”“鈎”，爲彎曲之義。據《康熙字典》，“巳爲蛇象形”，故“句巳”爲彎曲如蛇行之狀，這是表述行星在行止前後由順行至逆行或由逆行至順行的曲折運動狀態。

⑩此處白氣，當作彗星用占。因彗星有除舊布新之占，故有此占語。

⑪一紀爲十二年。初見白氣爲泰始三年（467），至昇明三年（479）正爲一紀十二年，故有此説。

⑫“逆從行”當爲逆順行，因避“順”字諱而改用“從”字。今以中華書局校點本《校勘記》改。

⑬行星與星相遇，距離七寸之内謂犯。兩行星相遇於一宿也稱之爲犯。三顆以上行星相遇於一舍稱爲聚。凡五星相聚，常占曰“改立王公”或曰“有德者昌、無德者亡”。五顆行星相聚於一舍，是數百年難見一次的天象，在南齊建立數十年内，却有數次三星相聚。

⑭歲星守斗建：由於斗宿爲曆元冬至日所在，歲星守之，故曰陰陽終始之門。按星占術，歲星所在之國有福，故歲星又名德星。

⑮辰星孟效西方：西漢以前有關辰星的説法，認爲惟四仲月當見，故劉向説辰星見於四孟爲异常。馬王堆發現的資料《五星占》曰：“春分效（婁），夏至（效井，秋分）效亢，冬至效牽牛。”可見此處的“効”與“效”同義。中華書局校點本《校勘記》將“効”釋爲“耀”，非也。

⑯歲星在虚危……齊國有福：按分野理論，虚宿和危宿對應於齊地，故曰歲星在虚危，齊國有福。也許正是出於這一占語，當蕭道成受禪繼宋帝位時，纔改號爲齊。

今所記三辰七曜之變,[①]起建元訖于隆昌，以續宋史。建武世太史奏事，明帝不欲使天變外傳，并祕而不出，自此闕焉。[②]

【注】

①三辰七曜之變：三辰，中國古代日、月、星合稱。七曜，日、月、五星合稱。其中星爲除了日月以外的所有天空發光體。中國古代觀測天象的一個重要目的是服務星占，通常是占變不占常，故此曰“記三辰七曜之變”。

②南齊自479年建立，至502年亡。相應來説，《南齊書》亦當記這段時間之史事，但《天文志》在此解釋説，所記的三辰七曜之變“起建元訖于隆昌”（479—494），跟劉宋史是連續的。齊明帝在位的建武（494—497）年代，因明帝不欲天變之占語外傳，故缺載那些天象記録。

日蝕

建元二年九月甲午朔，日蝕。

三年七月己未朔，日蝕。

永明元年十二月乙巳朔，日蝕。

十年十二月癸未朔，加時在午之半度，到未初見日始蝕，虧起西北角，蝕十分之四，申時光色復還。

隆昌元年五月甲戌合朔，巳時日蝕三分之一，午時光復還。[①]

【注】

①蕭齊政權在二十三年間共觀測到五次日食。就其記載的觀測内容來看，已與之前有了很大進步。但真正有時刻記録的衹有一次半。永明十年的記録是完整的，隆昌元年的記録衹有食甚時刻和食分，并記載了復圓時

刻。文中“加時”當是預報的時間，其餘爲觀測到的始食、食甚、後圓時刻。同時記載了最大食分和入食方位角。觀測到的日食發生時間，比預報的時間晚了近一個時辰。

月蝕

建元四年七月戊辰，月在危宿蝕。

永明二年四月丁巳，月在南斗宿蝕。

三年十一月戊寅，月入東井曠中，[①]因蝕三分之一。

五年三月庚子，月在氐宿蝕。

九月戊戌，月在胃宿蝕。

六年九月癸巳，月蝕在婁宿九度，加時在寅之少弱，[②]虧起東北角，蝕十五分之十一。

十五日子時，蝕從東北始，至子時末都既，[③]到丑時光色還復。

七年八月丁亥，月在奎宿蝕。

十月庚辰，月奄蝕熒惑。[④]

八年六月庚寅，月奄蝕畢左股第一星。

十年十二月丁酉，月蝕在柳度，加時在酉之少弱，到亥時月蝕起東角七分之二，至子時光色還復。

永泰元年四月癸亥，月蝕，色赤如血。三日而大司馬王敬則舉兵，衆以爲敬則祲烈所感。

永元元年八月己未，月蝕盡，色皆赤。是夜，始安王遥光伏誅。[⑤]

【注】

①月入東井曠中：因黄道從井宿北部通過，發生月食時，月亮在井宿

北部的無星地帶，故曰曠中。

②中國古代一晝夜分爲十二個時辰，每個時辰又分爲少、半、太三段，每段又分强、中、弱三部，因此，在南北朝時觀測日月食判斷時間先後有如下關係（每個分單位相當於現在的10分鐘）：

一辰中十二分單位的相互關係表

强	少弱	少	少强	半弱	半	半强	太微	太	太强	弱	一辰
$\frac{1}{12}$	$\frac{2}{12}$	$\frac{3}{12}$	$\frac{4}{12}$	$\frac{5}{12}$	$\frac{6}{12}$	$\frac{7}{12}$	$\frac{8}{12}$	$\frac{9}{12}$	$\frac{10}{12}$	$\frac{11}{12}$	$\frac{12}{12}$

③永明六年九月癸巳月食，是當時觀測記載得最詳細具體的一次：首先預報月食發生在婁宿九度，稍後將發生在寅之少弱，虧起東北角，食十五分之十一。觀測結果：十五日的子時觀測到月亮從東北角虧起，子時末在都城看到了食既，即發生了月全食，到丑時復圓。

④月奄蝕熒惑：月亮遮掩了火星。《南齊書·天文志》是將月掩星與月食一起記載的。

⑤永泰元年四月癸亥月食，當月初三大司馬王敬則舉兵，衆人認爲這是强臣欺主的示警。永元元年八月己未月食，當晚始安王遥光被殺。占卜人也認爲與月食有關。因爲據星占，日爲君，月爲臣，發生月食，臣當之，故有是占。

史臣曰：①日月代照，實重天行。上交下蝕，同度相掩。案舊説曰“日有五蝕”，謂起上下左右中央是也。②交會舊術，日蝕不從東始，以月從其西，東行及日。於交中，交從外入内者，③先會後交，虧西南角；先交後會，虧西北角；交從内出者，④先會後交，虧西北角；先交後會，虧西南角。日正在交中者，⑤則虧於西。故不嘗蝕東也。⑥若日中有虧，名爲黑子，⑦不名爲蝕也。漢尚書令黄香曰：“日蝕皆從西，月蝕皆從東，無上下中央者。”《春秋》魯桓三年日蝕，貫中下上竟黑。疑者以爲日月正等，月何得小而見日中。⑧鄭玄云：“月正掩日，日光從四邊出，故言從中起也。”王逸以爲“月若掩日，當蝕日西，月行既疾，須臾應過西崖既，復次食東崖，今察日蝕西崖缺，而光已復過東崖而獨不掩”。逸之此意，實爲巨疑。⑨

【注】

①史臣曰：此處的史臣，就是作者自己。這是作者叙事過程中的直接插話和評論，形式同《史記·天官書》中的“太史公曰”。

②舊説曰“日有五蝕”，“上下左右中央是也”。這種説法不正確，故有下文的正確説法。

③交從外入内：月亮在黄道的南部掩蓋太陽。

④交從内出者：月亮在黄道的北部掩蓋太陽。以上兩種狀態，即月亮一在黄道南、一在黄道北發生日食，都衹能是偏食。

⑤日正在交中者：太陽、月亮都在黄道上正面發生日食，這時發生的都是全食或環食，從正面入食。

⑥故不嘗蝕東也：所以，（以上三種情况）并没有從東方開始入食的。這是批評以上“日有五蝕”舊説的話。

⑦黑子：多本作“西子”。因日中衹有黑子而無西子之説，今從局本改。

⑧月何得小而見日中：古代懷疑的人認爲太陽和月亮的視面積大小相等，月亮如何能够比太陽小而在日中見到呢？由於太陽和月亮的軌道都呈橢圓狀，地與月和日距離并不固定，故日月的視面積也時有不同，有時日視面大，所見爲環食，有時月視面大，爲全食。古人不明白這個道理，故有此懷疑。

⑨實爲巨疑：王逸的觀點有很多疑點。這其實是對王逸錯誤説法的批駁。

先儒難“月以望蝕，去日極遠，誰蝕月乎?”説者稱“日有暗氣，[1]天有虚道，常與日衡相對，月行在虚道中，[2]則爲氣所弇，故月爲蝕也。雖時加夜半，日月當子午，正隔於地，猶爲暗氣所蝕，以天體大而地形小故也。暗虚之氣，如以鏡在日下，其光耀魄，乃見於陰中，常與日衡相對，故當星星亡，當月月蝕”。[3]

【注】

①這裏以“日有暗氣”來解釋月食的成因。什麽叫暗?説得似是而非，可以理解爲是對月食成因的一種新的觀念。但下文又有“暗虚之氣”，又可將暗氣理解爲暗虚中的氣。張衡《靈憲》説：“月光生於日之所照……當日之衝，光常不合者，蔽於地也，是謂暗虚。在星星微，月過則食。”張衡《靈憲》講得很明白，發生月食的原因是“蔽於地”，是月光進入了地影之暗虚中。此處衹用日有暗氣來解釋月食成因而不涉及地的遮蔽，是一種似是而非的説法。

②月行在虚道：月在虚空道中運行。這種觀念，比《晋書·天文上》引述説“水浮天而載地”，天“出入水中”的觀念要先進一些。

③當星星亡當月月蝕：這種説法似乎也出自《靈憲》，但仍不如《靈憲》準確。《靈憲》説“在星星微”，衹是説如果星進入暗虚之中，就光綫暗弱，并未如該志説的“當星星亡”。星亡，是看不見了，與“星微”不是一個概念。

今問之曰：“星月同體，俱兆日耀，當月之蝕，星不必亡。若更有所當，星未嘗蝕，同稟异虧，其故何也?”答曰：“月爲陰主，以當陽位，體敵勢交，自招盈損。星雖同類，而精景陋狹，小毁皆亡，[1]無有受蝕之地，纖光可滿，亦不與弦望同形。”又難曰：“日之夜蝕，驗於夜星之亡，晝蝕既盡，晝星何故反不見？”[②]答之曰：“夫言光有所衝，則有不衝之光矣；言有所當，亦有所不當矣。夜食度遠，與所當而同没；晝食度近，由非衝而得明。”又問：“太白經天，實緣遠日。今度近更明，於何取喻？”[③]答曰：“向論二蝕之體，周衝不同，經與不經，自由星遲疾，難蝕引經，恐未得也。”

【注】

①（星）小毁皆亡：問的人説爲什麽未見到發生食星的現象？回答的人説星景陋狹，遇到食時就都亡毁了。這是依月星生於陰精觀念的推理，并無實測依據。

②晝蝕既盡晝星何故反不見：問的人説日全食時爲何看不到星？其實是能看到星的。

③問的人説爲何太白近日時更明亮？古人不懂得太白上合和下合的科學道理，回答的人也衹能是答非所問。

日光色

建元四年十一月午時，日色赤黄無光，至暮，在箕宿。

二年閏正月乙酉，日黄赤無光，至暮。

永明五年十一月丁亥，日出高三竿，朱色赤黄，日暈，[①]虹抱珥直背。[②]

建元元年十二月未時，日暈，帀，[③]黄白色，至申乃消散。

永明二年正月丁酉，日交暈再重。

三年二月丁卯，日有半暈，暈上生一〔珥〕。[④]

四年五月丙午，日暈再重，仍白虹貫日，[5]在東井度。

六年三月甲申，日於蘭雲中薄半暈，須臾過帀，日東南暈外有一直，并黄色。壬辰，日暈，須臾，日西北生虹貫日中。

八年十一月己亥，日半暈，南面不帀，日東西帶暈，各生珥，長三尺，白色，珥各長十丈許，正衝日，久久消散，背因成重暈，并青絳色。

九年正月甲午，日半暈，南面不帀，北帶暈生一抱，東西各生一珥，抱北又有半暈，抱珥并黄色，北又生白虹貫日，久久消散。

建元元年六月甲申，日南北兩珥，西有抱，黄白色。

永明二年十一月辛巳，日東北有一背。

三年十一月庚寅，日西北有一背。

四年正月辛巳，日南北各生一珥，又生一背。

十二月辛未，日西北生一直，黄白色。戊寅，日北生一背，青絳色。

五年八月己卯，日東南生一珥，并青絳色。

六年二月丁巳，日東北生黄色，北有一珥，黄赤色，久久并散。庚申，日西有一背，赤青色，東西生一直，南北各生一珥，并黄白色。

七年十月癸未，日東北生一背，青赤色，須臾消。

八年六月戊寅，日於蒼白雲中南北各生一珥，青黄絳雜色，澤潤，并長三尺許，[6]至巳午消。

隆昌元年正月壬戌，日於蘭雲中暈，南北帶暈各生一直，同長一丈，[⑦]須臾消。

永元元年十二月乙酉，日中有三黑子。[⑧]

【注】

①正因爲日爲君象，星占家纔十分注重與太陽有關的觀測，除了觀測日食，太陽黑子、日珥等日面現象都是他們密切關注的對象。此處的日暈、虹、日黄赤無光、朱色赤黄以及後面的白虹貫日等，都是日光周圍的地球大氣現象。

②這裏的珥以及下文的一珥、兩珥等，都是指日珥。日珥是在日面邊緣看到的現象，是從太陽色球層升騰而起的火焰，是太陽大氣爆發時噴發出的氣體。噴射出的氣體要下落，形成環狀，正面看去似耳朵狀，故有此名。下文所載一直、一背、一抱等名詞，也當是日珥的不同形狀。在太陽上下邊緣看到的側面的日珥形狀似直立的棍，故名日直，彎向太陽表面的稱日抱，背向日面的稱日背。

③帀：匝的异體字，義爲周、爲環。下文的帀爲環帶不全。

④一珥："珥"字據殿本、局本等補。

⑤仍白虹貫日：毛本、局本"仍"下有"珥"字，今據中華書局校點本删。

⑥生一珥……長三尺許：通常一尺爲一度，日月圓面直徑約半度，日珥是日冕範圍内的事，日冕的範圍通常不超過日面直徑的三倍。此處載日珥長三尺，誇張了一些。

⑦各生一直同長一丈：一丈約十度，相當於太陽直徑的二十倍，没有這麽大的日珥。當然，這個"一直"也可能是地球上的雲彩。

⑧日中有三黑子：歷史上的黑子記録很多，南齊成立二十餘年，黑子記録僅此一處。黑子的可見部與日珥不同，爲太陽光球上出現的黑色斑點。黑子大多周期性成群出現，故此處載日中有三黑子。

月暈犯[①]

建元四年十月庚寅，月暈五車及參頭。[②]

月暈列星

永明元年正月壬辰，是日至十五日，月三暈太微及熒惑。③

三月庚申至十三日，月三暈太微及熒惑。

五年二月乙未，自九日至是日，月三暈太微。

六年二月壬戌甲夜、十三日甲夜、十五日甲夜，月并暈太微。

永明元年十一月己未，月南北各生一珥，又有一抱。④

【注】

①小標題“月暈犯”，包括“月暈列星”和“月犯列星”兩個支標題。後面一部分支標題有“月犯列星”，則前面也當有“月暈列星”，否則不對等。今補上。月暈是地球大氣在月光周圍形成的散射光。

②月暈五車及參頭：在五車星和參宿的頭部形成月暈。參宿的頭部當是指觜宿附近。古代將參觜看作白虎，在參宿七星中，上面兩星稱左右肩，下面兩星爲左右股，故參頭在左右肩的上部觜宿處。

③月三暈太微：自正月壬辰至十五日，共有三次在太微星處發生月暈。以下“三暈”及“并暈”同此解。

④月南北各生一珥又有一抱：言在月亮的南部和北部各生出一珥和一抱。日珥和日抱是太陽表面爆發的大氣現象，而月球上是沉寂世界，不可能産生月珥和月抱，當爲誤解。

月犯列星①

建元元年七月丁未，月犯心大星北一寸。丁卯，月入軒轅中犯第二星。

十月丙申，月在心大星西北七寸。

十一月壬戌，月在氐東南星五寸。

十二月乙酉，月犯太微西蕃南頭第一星。[②]庚寅，月行房道中，無所犯。癸巳，月入南斗魁中，無所犯。

二年三月癸卯，月犯心大星，又犯後星。[③]

五月庚戌，月入南斗。

七月己巳，月入南斗。

三年二月癸巳，月犯太微上將。

四年二月乙亥，月犯輿鬼西北星。丙子，月犯南斗魁第二星。辛未，月犯心大星，又犯後星。

四月壬辰，月犯軒轅少民星。[④]庚子，月犯箕東北星。

五月丙寅，月犯心後星。戊寅，月掩昴西北星。

六月乙未，月犯箕東北星。

七月癸亥，月行南斗魁中，無所犯。庚辰，月犯軒轅女主。

八月庚子，月犯昴西南星。壬寅，月犯五車東南星。壬申，月犯軒轅少民星。

九月丁巳，月犯箕東北星。壬辰，月在營室度，入羽林中。二十日，月入輿鬼，犯積尸。

十一月甲戌，月犯五車南星。

十二月丁酉，月犯軒轅女主星，又掩女御。[⑤]

永元元年正月己亥，月犯心後星。

三月乙未，月犯軒轅女主星。

六月癸酉，月犯輿鬼西南星。

八月乙丑，月犯南斗第四星，又犯輿鬼星。

九月庚辰，月犯太微左蕃度。[⑥]癸巳，月犯東井北轅西頭第一星。

十二月丁卯，月犯心前星，又犯大星。己巳，月犯南斗第五星。

①月犯列星：這是下文的標題，屬於支標題，是月亮侵犯各恒星、行星的觀測記録。月與星相距一尺之内稱爲犯。列星，指各個星座，也包括行星。名義雖爲各個星座，但月亮在白道上運行，白道與黄道相交成五度餘夾角，也就是説，凡位於黄道南北六度以外的星座，就永遠没有機會被月犯了。

二十八宿是月亮運行一周住宿的二十八個星座，按説月亮對每宿都將發生接觸，但事實在中國天文學的二十八宿中，有好幾宿都位於黄道南北六度之外，這些星宿是不會被月犯的。例如，在《南齊書·天文志》中，就没有奎宿、胃宿、柳宿、翼宿等的凌犯記録，有些不屬於二十八宿却位於黄道附近的星座，在實際凌犯之内，如羽林、軒轅、太微、五車等，也有它們被凌犯的記録。經統計，整個黄道帶被凌犯的星座約二十座。五星犯列星也大致在這個範圍之内。不過，由於客星和彗星、流星出没無常，其所犯星座不在此列。

②月犯太微西蕃南頭第一星：中國古星圖的畫法是上北下南左東右西。黄道從上相、左執法、右執法、上將星下面通過（見前文附圖），故這些星是星占家觀測的直接對象。由於太微垣是天帝權政所在，關係到政權的安定存亡，是凌犯星占家最重要的觀測對象之一，故留下的記録也最多。垣牆分東西兩處，又稱東蕃、西蕃。所謂“西蕃南頭第一星”，就是指右執法星。下文的月犯太微上將，也在太微西垣。

③月犯心大星又犯後星：心，指心宿三星。心大星，又稱大火星。石氏曰：“心三星，帝座。大星者，天子也。”“前後小星子屬”。又《開元占經》引太史公曰：“心二星，上星太子星。”“下星庶子星”。由於心宿被視爲政權的首腦，故觀測者也特別重視。

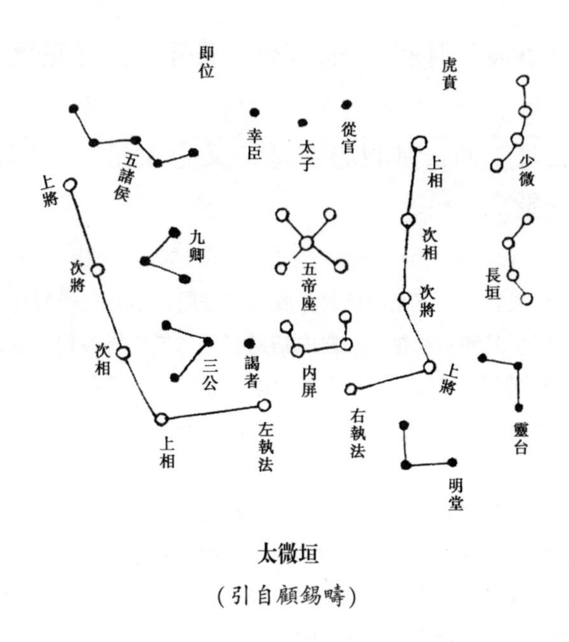

太微垣

（引自顧錫疇）

④月犯軒轅少民星：借助於《中國大百科全書》星圖四來説明這一問題。軒轅星是一個具有十六顆星的大星座，其星分布在赤道北 15°～42°，赤經 9^h～11^h 之間。恒星序號自北向南排列。黄道帶自左下角向右上斜向升起，經過太微垣的右執法、西上將、軒轅十四大星和鬼宿。軒轅星又稱黄龍，這條龍頭南尾北，軒轅十四爲黄龍的頭，十五、十六號星爲黄龍的兩隻角。軒轅十四又稱女主，在其正下方爲御女星，這些星爲月亮經常通過的地方，故爲月亮凌犯軒轅的主要對象。女主是皇權中的重要一員，正是這個原因，它與太微垣在凌犯星占學上成爲最顯著的兩個星座，有關這兩個星座的凌犯記録也最多。此處原載月犯“左民星”，考中國古代有關軒轅星的資料，衹有大民星和少民星的星名，《黄帝占》也寫作大明星和少明星，没有左民星的星名。不過，由於大民星在右，少民星在左，可以看出這裏的左民星就是少民星，據此改爲“少民星”。下文建元三年八月所載少民星與此爲同一顆星。

⑤月犯軒轅女主星又掩女御：女主星即軒轅十四大星。女御即御女星，在女主星正下方，是軒轅座的附座。女主星和御女星是後宫的象徵。

由於兩星相近，故月既能犯女主星，又能掩御女星。

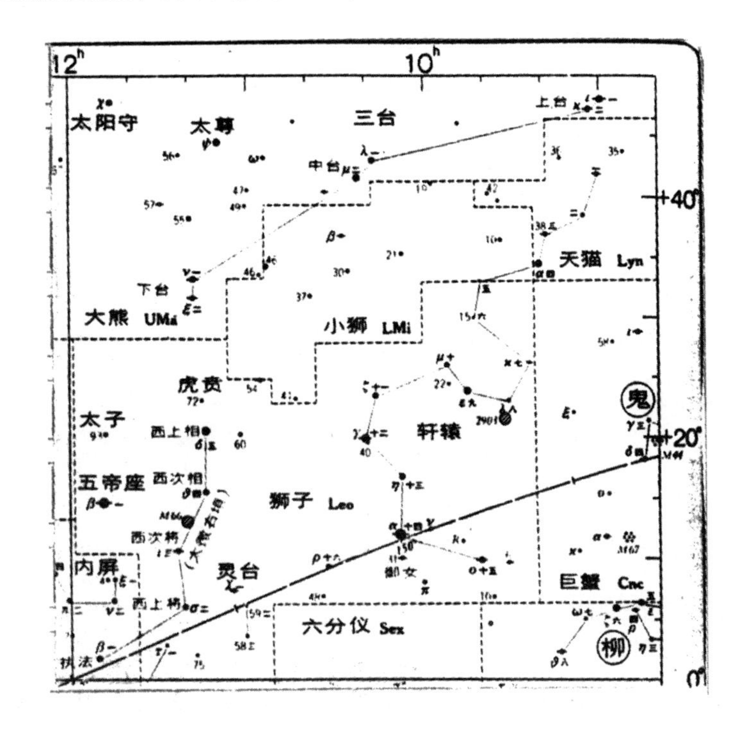

⑥月犯太微左蕃度：諸版本包括中華書局校點本在内，均作“月犯太白左蕃”，文理也通，但左蕃屬太微垣的一部分，不能單獨被引用，故知“太白”必爲“太微”之誤，當改正。

二年二月甲子，月犯南斗第四星，又犯第三星。

三月丁丑，〔月〕犯東井北轅西頭第一星。①

四月戊申，月犯軒轅右角。②

六月丙寅，月犯東井轅頭第一星。③

八月丙午，月掩心大星。戊申，月犯南斗第三星。戊子，月犯東井北轅西頭第一星。④

十一月庚辰，月犯昴星。丙戌，月犯軒轅左角。[5]

十二月壬戌，月犯心前星，又犯大星。

三年二月己未，月犯南斗第五星。

三月壬申，月在東井，無所犯。

六月丙午，月掩心前星。

八月丙辰，月犯東井北轅頭第二星。[6]

九月癸未，月犯東井南轅西頭第一星。[7]

四年正月癸酉，月入東井，無所犯。乙亥，月犯輿鬼。

閏月辛亥，月犯房。

二月丁卯，月犯東井鉞。[8]

三月乙未，月入東井，無所犯。

七月辛亥，月犯東井。

八月戊寅，月犯東井。

九月辛卯，月與太白於尾合宿。丙午，月入東井。

十一月辛丑，月入東井曠中。辛亥，月犯房北頭第二星。[9]

十二月己巳，月犯東井北轅東頭第二星。[10]辛巳，月犯南斗第六星。

五年正月丙午，月犯房鉤鈐。

二月癸亥，月犯東井南轅西頭第一星。[11]

三月癸卯，月犯南斗第二星。

六月乙丑，月犯南斗第六星，在南斗七寸。丙寅，月犯西建星北一尺。

史臣曰：《月令》昏明中星，皆二十八宿。箕斗之間，微爲疏闊。故仲春之與孟秋，建星再用，與宿度并列，亟經陵犯，災之所主，未有舊占。《石氏星經》云："斗主爵禄，褒賢進士，故置建星以爲輔。若犯建之异，不與斗同。"則據文求義，亦宰相之占也。⑫

【注】

①月犯東井北轅西頭第一星：諸本均缺"月"字，據殿本、局本補。又諸本包括中華書局校點本在内，均沿用"東井北轅北頭第一星"不改，但月在白道上衹能犯軒轅南頭諸星，故"北頭"必誤。軒轅南頭僅有軒轅十四、十五、十六三顆星，軒轅十四爲女主大星，軒轅十五爲西頭第一星，軒轅十六爲東頭第二星，故可知無轅北頭第一星之説。以下東頭、西頭、第一、第二諸説混亂，均當按此改正。

②月犯軒轅右角：即月犯西頭第一星。

③月犯東井轅頭第一星：與以上月犯轅西頭第一星、月犯右角爲同一顆星。

④月犯東井北轅西頭第一星：此文無誤，當與上文二年三月犯轅西頭第一星爲同一星。

⑤月犯軒轅左角：月犯轅頭東第二星，亦即犯軒轅十六星。

⑥轅頭第二星：諸本均缺"頭"字，今補。如無頭字，就當按軒轅星序號自北向南排序。月亮是犯不到軒轅二星的，故知必缺"頭"字。所謂轅頭一、二，或西頭第一星、東頭第二星，都是這一代星占家自己獨創的編號。

⑦月犯東井南轅西頭第一星：月犯東井和犯軒轅，是兩種不同的天象記録并列。前文都載月犯東井北、月犯東井，今纔載月犯東井南，説明當時既觀測到月犯東井南，也觀測到月犯東井北的天象。當月犯東井北時，月當從轅西頭第一星之北入犯；當月犯東井南時，月當從轅西頭第一星之南入犯。

⑧月犯東井鉞：在東井宿的西北角有一附座名爲鉞星，今月入犯北星。

⑨月犯房北頭第二星：月亮犯房宿自北向南數第二星。

⑩月犯東井北轅東頭第二星：即月犯軒轅十六。

⑪月犯東井南轅西頭第一星："第一星"，各本均作"第二星"。今據星圖改正。

⑫這一小段文字，是作者對月犯建星星占的理解和注釋。由於作者并不是專職天文學家或星占家，這段注文并不十分準確。例如，作者說"箕斗之間，微爲疏闊"，故增設建星爲占，又說建星"亦宰相之占"，都不準確。實際上，古代星占家一直有以建星爲占的傳統。其一是上古時曆法曾以建星爲曆元，其二是其星靠近黄道。正因爲如此，《海中占》纔說："斗建者，陰陽始終之門，大政升平之所起，律曆之本原也。"作者説箕斗間疏闊，故增設建星爲占，也不正確。事實是斗宿和牛宿間疏闊，故其間纔有建星存在。

七月丁未，月行入東井曠中，無所犯。

八月壬申，月在畢，犯左股第二星西北三寸。[1]

九月戊子，月在填星北二尺八寸，爲合宿。

十月戊寅，月入氐犯東南星西北一尺餘。

十一月戊寅，月入氐。

十二月戊午，月在東壁度，在熒惑北，相去二尺七寸，爲合宿。甲子，月在東壁度東南九寸，爲犯。癸酉，月在歲星南七寸，爲犯。

六年正月戊戌，月在角星南，相去三寸。

二月丁卯，月在氐西南六寸。

三月乙未，月入氐中，在歲星南一尺一寸，爲合宿。[2]

四月癸丑，月犯東井南轅西頭第一星。[3]壬戌，月在氐西南星東南五寸，爲犯。漸入氐中，與歲星同在氐度，爲合宿。癸亥，月行在房北頭第一星西南一尺，爲犯。

六月乙卯，月在角星東一寸，爲犯。[④]丁巳，月行入氐，無所犯。在歲星東三寸，爲合宿。

七月乙酉，月入房北頭第二次相星西北八寸，爲犯。庚寅，月在牽牛中星南二寸，爲犯。庚子，月行在畢左股第一星七寸，爲犯[⑤]。又進入畢。

八月壬子，月行在歲星東二尺五寸，同在氐中，爲合宿。

【注】

①月在畢犯左股第二星：此爲《南齊書·天文志》特殊的記載星座中恒星順序的方法，因畢宿似爪義，分兩股，故計星時分左（西）股右（東）股，自齒尖頭計序數。

②在歲星南一尺一寸爲合宿：月與星相遇，一尺之内爲犯，此爲一尺一寸，故曰合宿，不爲犯。當方向和角度不構成犯時亦爲合宿。

③轅西頭第一星：原文爲“第二星”，當爲“第一星”之誤，故改正。

④月在角星東一寸：相距一尺之内爲犯，一寸爲最小的距離，更近就是掩合了。

⑤月行在畢：“月”，多本均爲“日”字。今據殿本改正。

九月庚辰，月在房北頭第一上相星東北一尺，[①]爲犯。又掩犯楗閉星。[②]丁酉，月行入東井。甲辰，月在左角星西北九寸，爲犯。又在熒惑西南一尺六寸，爲合宿。

十月癸酉，月入氐中，在西南星東北三寸，爲犯。

閏月壬辰，月行入東井。

十一月丙戌，月行入羽林中，無所犯。乙未，月行在東井南轅西頭第一星南一尺，[3]爲犯。丙寅，月在左角北八寸，爲犯。辛未，月行在太白東北一尺五寸，同在箕度，爲合宿。

十二月甲申，月行在畢左股第二星北七寸，爲犯。乙未，月行入氐西南星東北一尺，爲犯。丙申，月在房北頭上相星北一尺，爲犯。

七年正月甲寅，月入東井曠中，無所犯。戊辰，月掩犯牽牛中星。

二月辛巳，月掩犯東井北轅東頭第二星。[4]

三月庚申，月在歲星西北三尺，同在箕度，爲合宿。

四月乙酉，月入氐中，無所犯。丙戌，月犯房星北頭第一上相星北一尺，在楗閉西北四寸，爲犯。[5]

六月乙酉，月犯牽牛中星。[6]乙未，月入畢，在左股第二星東八寸，爲犯。

七月丁未，月入氐中，無所犯。戊申，在楗閉星東北一尺，爲犯。

【注】

①月在房北頭第一上相星：房宿四星，南北排列，房北第一星即房宿四。按此説，北星又名上相。《開元占經》"月犯房"引《海中占》曰："房上第一星上相，次星次相，下第一星上將，次星次將。"故該説源自《海中占》。

②又掩犯楗閉星：楗閉又作鍵閉，星在房宿東北，鉤鈐星旁。諸本"楗"前有"關"，據殿本考證，"楗"前"關"字爲衍字。今删。

③轅西頭第一星："第一星"，諸本作"第二星"。今按星圖改正。

④軒東頭第二星："第二星"，諸本作"第一星"。今按星圖改正。

⑤月犯房星北頭第一上相星北一尺在楗閉西北四寸爲犯：《南齊書·天文志》記載天象紀録雖然年代祇有二十餘年，記載凌犯狀態却是最具體的。此處載月同時犯房相星一尺、犯楗閉星四寸，同時爲犯。又見前載月在歲星南一尺一寸爲合宿，可見犯與不犯拋除方向角度因素大概以一尺爲界。

⑥月犯牽牛中星：河鼓又名牽牛，此處之牽牛中星，爲牛宿的中間一星。

八月甲戌，月入氐，在西南星東北一尺，爲犯。庚寅，月在畢右股第一星東北一尺，爲犯。

九月丁巳，月掩犯畢右股第一星。庚申，月在東井北轅東頭第二星西北八寸，[①]爲犯。

十月甲申，月行掩畢左股第三星。丁酉，月行在楗閉星西北八寸，爲犯。

十二月壬午，月在東井北轅東頭第二星北八寸，[②]爲犯。

八年正月丁巳，月在亢南頭第二星南七寸，爲犯。

二月己巳，月行在畢右股第一星東北六寸，爲犯。

六月甲戌，月在亢南頭第二星西南七寸，爲犯。

八月乙亥，月在牽牛中星南九寸，爲犯。辛卯，月在軒轅女御南八寸，爲犯。

九月辛酉，月在太微左執法星南四寸，爲犯。

十月壬午，月入東井曠中，無所犯。戊子，月在太微右執法星東南六寸，爲犯。

十一月戊戌，月行在填星北二尺二寸，爲合宿。乙卯，月行在太微右執法星南二寸，爲犯。

十二月庚辰，月行在軒轅右角星南二寸，爲犯。癸未，月掩犯太微右執法。[③]

九年正月辛丑，月在畢躔西星北六寸，爲犯。庚申，月在歲星西北二尺五寸，同在須女度，爲合宿。

二月辛未，月入東井曠中，無所犯。壬申，月行東井北轅東頭第二星北九寸，[④]爲犯。

三月丙申，月入畢，在左股第二星東北六寸，又掩大星。[⑤]

四月庚午，月在軒轅女御星南八寸，爲犯。癸酉，月在太微東南頭上相星南八寸，爲犯。癸未，月在歲星北，爲犯，在危度。

五月庚子，月行掩犯太微，在執法。丁未，月掩犯東建西星。[⑥]

七月癸巳，月在太白東五寸，爲犯。乙未，月在太微東蕃南頭上相星西南五寸，爲犯。壬寅，月掩犯東建星。癸卯，月在牽牛南星北五寸，爲犯。乙巳，月在歲星北六寸，爲犯。

【注】

①轅東頭第二星："第二星"，各本均作"第一星"。今據星圖改正。

②轅東頭第二星："第二星"，各本均作"第一星"。今據星圖改正。

③月掩犯太微右執法：月先犯後掩右執法星。右執法星、左執法星等，均爲太微垣中的星。下文掩犯東建西星、掩犯東建星等同此解。

④轅東頭第二星："第二星"，各本均作"第一星"。今據星圖改正。

⑤月入畢在左股第二星東北六寸又掩大星：此大星通稱畢大星，爲畢宿五，前犯左股第二星爲畢宿四，二星同在畢左股。畢宿四在畢大星西南，故月自西向東行，先在畢宿四東北六寸犯之，東行之後正好與畢大星相掩。月掩畢大星與下文的月掩心中星同是著名天象。

⑥月掩犯東建西星：建星共有六顆，成東西排列。觀測者將東面三顆稱爲東建星，西面三顆稱爲西建星。東建星又分東、中、西三星，西建星也分東、中、西三星。故此處曰掩犯東建西星。下文十一年二月月掩犯西建中星、五月月掩犯西建中星、七月月行在西建星東南、十月月行在東建中星等，均同此解。

閏七月辛酉，月在軒轅女御星西南三寸，爲犯。

八月，月在軒轅少民星東八寸，[①]爲犯。

九月乙丑，月掩牽牛南星。癸未，月入太微，在右執法東北四寸，爲犯。甲申，月掩太微東蕃南頭上相星。

十月甲午，月行在填星西北八寸，爲犯，在虛度。戊申，月在軒轅女主星南四寸，掩女御，并爲犯。辛亥，月入太微左執法東北七寸，爲犯。

十一月壬戌，月行掩犯歲星。己巳，月在畢右股大星東一寸，爲犯。辛未，月在東井南轅西頭第二星南八寸，爲犯。又入東井曠中。丙子，月入在軒轅少民星東北七寸，爲犯。丁丑，月行在太微西蕃上將星南五寸，爲犯。

十二月庚寅，〔月行〕在歲星東南八寸，爲犯。[②]丙午，月掩犯太微東蕃南頭上相星。

十年正月庚午，月在軒轅右角大民星南八寸，爲犯。

二月己亥，月行太微，在右掖門。[③]甲辰，月行入氐中，掩犯東北星。壬子，月行入羽林。

三月己卯，月行入羽林，在填星東北七寸，爲犯。在危四度。

四月甲午，月行入太微，在右掖門内。丙午，月行在危度，入羽林。

五月己巳，月掩南斗第三星。甲戌，月行在危度，入羽林。

六月戊子，月在張度，在熒惑星東三寸，爲犯。己丑，月行入太微，在右掖門。丁酉，月掩西建星西。丁未，月行入畢，犯右股大赤星。[④]

七月甲戌，月行在畢躔星西北六寸，爲犯。[⑤]丁丑，月在東井北轅東頭第二星西南九寸，爲犯。

八月辛卯，月行西建星東一尺，又在東星西四寸，爲犯。壬寅，月行在畢右股大赤星東北四寸，爲犯。甲辰，月行入東井曠中，無所犯。戊申，月行在軒轅女主星西九寸，爲犯。辛亥，月入太微，在左執法星北二尺七寸，爲犯。

【注】

①軒轅少民星："少民星"原爲"左民星"，據前注分析，左民星就是少民星。前文既有少民星，此處之"左民"和下文十一月之"左民"，當均以"少民"爲宜。今據星圖改正。

②原文"在歲星"前，缺"月行"二字，據南監本、毛本等補。

③月行太微在右掖門：《黄帝占》曰："兩執法之間，太微天廷端門

也；右執法西間，爲右掖門，左執法之東，爲左掖門。”

④月行入畢犯右股大赤星：由於畢宿僅一顆大星，此處的大赤星，及前十一月畢右股大星，下文八月畢右股大赤星，疑均爲畢大星。而畢大星在左股。

⑤月行在畢躔星西北：殿本疑不可解或有脱字。月行躔畢星西北可通。

九月癸亥，月行掩犯填星一寸，在危度。

十月辛卯，月在危度，入羽林，無所犯。癸亥，月入東井曠中，無所犯。

十一月甲子，月入畢，進右股大赤星西北五寸，爲犯。壬申，月入太微，在右執法星東北一尺三寸，無所犯。丁丑，月入氐，無所犯。

十二月甲午，月入東井曠中，又進轅東頭第二星四寸，[①]爲犯。庚子，月入太微，在右執法星東北三尺，無所犯。

十一年正月辛酉，月入東井曠中，無所犯。乙丑，月在軒轅女主星北八寸，爲犯。壬申，月行在氐星東北九寸，爲犯。

二月甲午，月行入太微，在上將星東北一尺五寸，無所犯。壬寅，月行掩犯南斗第六星。癸卯，月掩犯西建中星，又掩東星。

四月乙丑，月入太微，在右執法西北一尺四寸，無所犯。壬寅，月行在危度，入羽林，無所犯。

五月丁巳，月行入太微左執法星北三尺，無所犯。甲子，月行在南斗第二星西七寸，爲犯。乙丑，月掩犯西建中星。又犯東星六寸。

六月辛丑，月行掩犯畢左股第三星。壬寅，月入畢。

七月壬子，月入太微，在左執法東三尺，無所犯。丙辰，月行入氐，在東北星西南六寸，爲犯。己未，月行南斗第六星南四寸，爲犯。庚申，月行在西建星東南一寸，爲犯。

九月庚寅，月行在哭星西南六寸，爲犯。壬辰，月行在營室度，[②]入羽林，無所犯。丁酉，月入畢，在右股大赤星西北六寸，爲犯。己亥，月入東井曠中，無所犯。乙巳，月行太微，當右掖門内，在屏星西南六寸，爲犯。

十月壬午，月行在東建中星九寸，爲犯。

十一月壬子，月在哭星南五寸，爲犯。辛酉，月行在東井鉞星南八寸，又在東井南轅西頭第一星南五寸，并爲犯。進入井中。丁卯，月入太微。壬申，月行入氐，無所犯。

十二月辛巳，月入羽林，又入東井曠中，又入東井北轅西頭第一星南六寸，[③]爲犯。乙未，月入太微，在右執法星東北二尺，無所犯。乙亥，月入氐，無所犯。

隆昌元年正月辛亥，月入畢，在左股第一星東南一尺，爲犯。

三月辛亥，月在東井北轅西頭第一星東七寸，[④]爲犯。甲申，月入太微，在屏星南九寸，爲犯。

六月乙丑，月入畢，在右股第一星東北五寸，爲犯。又在歲星東南一尺，爲犯。丁卯，月入東井南轅西頭第一星東北七寸，爲犯。

永元元年七月，⑤月掩心中星。

【注】

①進轅東頭第二星：諸本“轅東頭”有“北”字，“北”字爲衍文當删除。

②月行在營室度：諸本“月”原爲“日”。今據南監本、殿本等改正。

③轅西頭第一星：“第一星”，各本原爲“第二星”。今據星圖改正。

④轅西頭第一星：“第一星”，各本原爲“第二星”。今據星圖改正。

⑤永元元年：“永元”，各本均作“泰元”，齊世無“泰元”年號，當爲“永元”之誤。今改正。

《南齊書》卷十三

志第五

天文下

史臣曰：[①]天文設象，宜備内外兩宫，[②]但災之所躔，不必遍行景緯，五星精晷與二曜而爲七，妖祥是主，[③]曆數攸司，蓋有殊於列宿也。若北辰不移，據在杠軸，衆星動流，實繫天體，五星從伏，[④]非關二義，[⑤]故徐顯思以五星爲非星，虞喜論之詳矣。[⑥]

【注】

①史臣曰：以下是作者引載南朝齊時代五星犯列宿雜災記録前的一段議論。

②天文設象宜備内外兩宫：要從事天象觀測，就要先設定星象，備好兩宫的分布。對於中國古代的主要星象，統稱三垣二十八宿。三垣中的紫微垣，以北極爲中心，遠離黄道，與日月五星的凌犯不相關。在三垣中衹有太微垣、天市垣與五星的凌犯有關，太微垣稱爲上垣，天市垣又稱下垣，兩垣又稱上下兩宫或内外兩宫。

③五星精晷與二曜而爲七妖祥是主：日月五星行度的觀測，是判斷妖祥的主要方面。

④五星從伏：五星順伏。“順”字改用“從”字，爲避梁武帝父名順之諱。

⑤非關二義：言五星的運動與北辰的旋轉和衆星的流動無關。

⑥虞喜論之詳矣：參見《晋書·天文志》。

五星相犯列宿雜災

建元元年八月辛亥，太白犯軒轅大星。

九月癸丑，太白從行於軫，犯填星。

二年六月丙子，太白晝見。

四年二月丙戌，太白晝見，在午上。[①]

六月辛卯，[②]太白晝見午上。庚子，太白入東井，無所犯。

七月己未，太白有光影。

八月戊子，太白從軒轅犯女主星。甲辰，太白從行犯軒轅少民星。

九月己卯，太白從行犯太微西蕃上將。辛酉，太白從行入太微，[③]在右執法星西北一尺。[④]戊辰，太白從行犯太微左執法。

十二月壬子，太白從行犯填星，在氐度。丙辰，太白從行犯房北頭第一星。丁卯，太白犯楗閉星。

永明元年六月己酉，太白行犯太微上將星。辛酉，太白行犯太微左執法。

八月甲申，太白犯南斗第四星。

九月乙酉，太白犯南斗第三星。壬辰，太白熒惑合同在南斗度。

十月丁卯，太白犯哭星。

二年正月戊戌，太白晝見當午上。

三月甲戌，太白從行入羽林。

四月丙申，太白從行犯東井鉞星。

六月戊辰，太白熒惑合，同在輿鬼度。己巳，太白從行輿鬼度，犯歲星。

三年四月丁未，太白晝見。癸亥，太白晝見當午上。

五月戊子，太白犯少民星。

八月丁巳，太白晝見當午上。

十一月壬申，太白從行入氐。

十二月己酉，太白填星合，在箕度。

四年九月壬辰，太白晝見當午。丙午，太白犯南斗。

十一月庚子，太白入羽林，又犯天關。

五年五月丁酉，太白晝見當午上。庚子，太白三犯畢左股第一星西南一尺。

六月甲戌，太白犯東井北轅第三星，在西一尺。

八月甲寅，太白從行入軒轅，在女主星東北一尺二寸，不爲犯。戊辰，太白從在太微西蕃上將星西南五寸。辛巳，太白從在太微左執法星西北四寸。

六年四月辛酉，太白從在熒惑北三寸，爲犯，并在東井度。

五月癸卯，太白晝見當午上。⑤

六月己巳，太白從在太微西蕃右執法星東南四寸，爲犯。

七月癸巳，太白在氐角星東北一尺，爲犯。

八月乙亥，太白從行在房南第二左服次將星西南一尺，爲犯。[⑥]

閏八月甲午，太白晝見當午。

十一月戊午，太白從在歲星西北四尺，同在尾度。又在熒惑東北六尺五寸，在心度，合宿。

十二月壬寅，太白從行在填星西南二尺五寸，斗度。

【注】

①早晨日出以後，由於金星是最明亮的行星，還是可以看到它的。由於金星與太陽最大的交角不超過五十度，而所謂午度、午上，均在子午綫兩側各十五度的範圍之内，這是少見的天象。

②六月辛卯：各版原文“六月”作“六年”，没有年後跟日干支的體例，又建元也無六年，故知“六年”必爲“六月”之誤。

③太白從行入太微：此“從行”及前後諸多太白“從行”，均爲順行之義，爲避諱借用“從”字。

④在右執法星西北一尺：《永樂大典》七千八百五十六將“右執法”引作“左執法”。無法判斷是非。

⑤太白晝見當午上：《永樂大典》在此下還載有“己丑太白晝見當午”八字。

⑥房南第二左服次將星：原文爲“第二左股”，《開元占經》“月犯房”載《黄帝占》“月犯上將，上將誅，犯次將，次將誅”。又載郗萌占有月犯房左驂、左服之文。今據殿本考證，“左股”爲“左服”之誤，當改正。

七年二月辛巳，太白從行入羽林。[①]

十月癸酉，太白在歲星南，相去一尺六寸，從在箕度爲合。

十一月丁卯，太白從行入羽林。

八年正月丁未，太白晝見當午上。

六月戊子，[②]太白從行入東井。己丑，太白晝見當午。

八月庚辰，太白從在軒轅女主星南七尺，爲犯。

九月丙申，太白從行在太微西蕃上將星西南一尺，爲犯。丁未，太白從行入太微。辛酉，太白從行在進賢西五寸，爲犯。

十月乙亥，太白從行在亢南第二星西南一尺，爲犯。甲申，太白從行入氐。

十一月戊戌，太白從行在房北頭第二星東北一寸，又在楗閉星西南七寸，并爲犯。又在熒惑西北二尺，爲合宿。癸卯，太白從行在熒惑東北一尺，爲犯。

九年四月癸未，太白從歷，夕見西方，從疾參宿一度，比來多陰，至己丑開除，[③]已見在日北，當西北維上，薄昏不見宿星，則爲先歷而見。

六月丙子，太白晝見當午上。

七月辛卯，太白從行入太微，在西蕃上將星北四寸，爲犯。

九月乙亥，太白從行在南斗第四星北二寸，爲犯。丁卯，太白在南斗第三星西一寸，爲犯。

十年二月甲辰，太白從行入羽林。

五月辛巳，太白從行入東井，在軒轅西第一星東六寸，爲犯。

七月乙丑，太白從行在軒轅大星東八寸，爲犯。④

十一年正月戊辰，太白從行在歲星西北六寸，爲犯，在奎度。

二月丁丑，太白從行東井北轅西頭第一星東北一尺，爲犯。

四月戊子，太白在五諸侯東第二星西北六寸，爲犯。辛丑，太白從行入輿鬼，在東北星西南四寸，爲犯。

五月戊午，太白晝見當午，名爲經天。癸亥，太白從行入軒轅大星北一尺二寸，無所犯。

九月己酉，太白晝見當午上。

十月丙戌，太白行在進賢星西南四寸，爲犯。

十一月戊戌，太白從行入氐。丁卯，太白從行在楗閉星西北六寸，爲犯。

十二月壬辰，太白從行在南斗第六星東南一尺，爲犯。辛丑，太白從行在西建東星西南一尺，爲犯。

建元元年五月己未，熒惑犯太微西蕃上將，又犯東蕃上將。

二年十月辛酉，熒惑守太微。

四年六月戊子，熒惑從行入東井，無所犯。戊戌，熒惑在東井度，形色小而黄黑不明。丁丑，熒惑太白同在東井度。

七月甲戌，熒惑從行入輿鬼，犯積尸。

十月癸未，熒惑從行犯太微西蕃上將星。丙戌，熒惑從入太微。

十一月丙辰，熒惑從行在太微，[⑤]犯右執法。

永明元年正月己亥，熒惑逆犯上相。[⑥]辛亥，熒惑守角。庚子，熒惑逆入太微。

【注】

①太白從行入羽林：金星順行進入羽林天軍星座。黄道在虚宿和危宿以南七八度處通過，故月、五星一般不犯虚危，而是犯其南部的羽林星。羽林四十五星，分布範圍很廣。在虚、危、營室的黄道附近，有壘壁陣星，但南北朝以前，星占家并不關注月五星犯壘壁陣，這是由於中國上古將壘壁陣當作羽林星的附座，故這些犯羽林的記録，實際也包括犯壘壁陣在内。

②六月戊子：同上注，諸本爲“六年戊子”，也當是“六月戊子”之誤，當改正。

③至己丑開除：開、除爲中國選擇吉凶日的十二直之一。這十二直爲建、除、滿、平、定、執、破、危、成、收、開、閉。

④《永樂大典》引在“爲犯”下有“九月己酉太白晝見當午上”十一字。

⑤熒惑從行在太微：“從”，諸本作“後”，從毛本、殿本等改。

⑥熒惑逆犯上相：此“上相”，當爲太微左垣之上相。

三月丁卯，熒惑守太白。

六月戊申，熒惑從犯亢。己巳，熒惑從行犯氐東南星。

七月戊寅，熒惑填星同在氐度。丁亥，熒惑行犯房北頭第二星。

八月乙丑，熒惑從行犯天江。甲戌，熒惑犯南斗第五星。

十一月丙申，熒惑入羽林。

二年八月庚午，熒惑犯太微西蕃上將。癸未，熒惑犯太微右執法。丁酉，熒惑犯太微左執法。[①]

十月庚申，熒惑犯進賢。[②]

十一月壬辰，熒惑犯亢南第二星。丙申，熒惑犯亢南星。

十二月乙卯，熒惑入氐。

三年二月乙卯，熒惑在房北頭第一星西北一尺，徘徊守房。

四月戊戌，熒惑犯。[③]

六月乙亥，熒惑犯房。癸亥，熒惑犯天江南頭第二星。[④]

八月丁巳，熒惑犯南斗第五星。

十一月丙戌，熒惑從行入羽林。

四年八月戊辰，熒惑入太微。癸酉，熒惑犯太微右執法。戊子，熒惑在太微。

九月戊申，熒惑犯歲星。己酉，熒惑犯歲星，芒角相接。

十月丁丑，熒惑犯亢南頭第一星。

十一月庚寅，熒惑犯氐西南星。

十二月己未，熒惑犯房北頭第一星。庚申，熒惑入房北犯鉤鈐星。[⑤]

五年二月乙亥，熒惑填星同在南斗度，爲合宿。

九月乙未，熒惑從行在哭星東，[⑥]相去半寸。

六年四月癸丑，熒惑伏在參度，去太白二尺五寸，辰星去太白五尺，三星爲合宿。甲戌，熒惑在辰星東南二尺五寸，俱從行，入東井曠中，無所犯。

閏四月丁丑，熒惑從行在氐西南星北七寸，爲犯。己卯，熒惑從行入氐，無所犯。乙巳，熒惑從行在房北頭第一上將右驂星南六寸，⑦爲犯。又在鈎鈐星西北五寸。

十一月丙寅，熒惑從行在歲星西，相去四尺，同在尾度，爲合宿。

七年二月丙子，熒惑從行在填星西，相去二尺，同在牽牛度，爲合宿。

三月戊午，熒惑從在泣星西北七寸。⑧戊辰，熒惑從行入羽林。

八月戊戌，熒惑逆入羽林。

【注】

①左執法：諸本并作“右執法”。此永明二年八月熒惑的順行凌犯，自庚午犯西上將，至癸未十四日，又犯右執法，繼續順行十五日，丁酉，不可能再犯右執法，可知丁酉日犯的是左執法，當改正。

②熒惑犯進賢：進賢爲太微垣東南角近黄道的一顆星。

③四月戊戌熒惑犯：犯什麼没有下文，故當有缺文。

④天江南頭第二星：天市垣正南方，黄道附近，尾宿之北，有天江四星，自東北向西南排列。

⑤房北犯鈎鈐星：鈎鈐二星，在房北第一星東南，楗閉星的下方。

⑥熒惑從行在哭星：哭星二顆，在虚宿，它與附近的泣星、墳墓相配，表明死人悲傷之狀。

⑦房北頭第一上將右驂星：前注述及房南星爲左驂、左服，今房北爲

上將右驂，房宿四星的星名已經清楚。

⑧熒惑從在泣星西北：泣二星，在哭星和墳墓星之間，危宿以南。

九月乙丑，熒惑入羽林，成句巳。[①]

八年四月丙申，熒惑從行入輿鬼，在西北星東南二寸，爲犯。

十月乙亥，熒惑入氐。

十一月乙未，熒惑從入北落門，在第一星東南，去鈎鈐三寸，爲犯。[②]

九年三月甲午，熒惑從在填星東七寸，在歲星南六寸，同在虚度，爲犯，爲合宿。

四月癸亥，熒惑從行入羽林。

閏七月辛酉，熒惑從行在畢左股星西北一寸，爲犯。

八月十四日，熒惑應伏在昴三度，前先曆在畢度，二十一日始逆行北轉，垂及玄冬，熒惑囚死之時，而形色漸大於常。

十年二月庚子，熒惑從入東井北轅西頭第一星西二寸，爲犯。

三月癸未，熒惑從行在輿鬼西北七寸，爲犯。乙酉，熒惑從行入輿鬼。

六月壬寅，熒惑從行入太微。

十一年二月庚戌，熒惑從在填星西北六寸，[③]爲犯，同在營室。

五月戊午，熒惑從行在歲星西南六寸，爲犯，同在婁度。

八月辛巳，熒惑從行入東井，在南轅西第一星東北一尺四寸。

十一月丁巳，熒惑逆行在五諸侯東星北四寸，爲犯。

隆昌元年三月乙丑，熒惑從行入輿鬼西北星東一寸，爲犯。癸酉，熒惑從行在輿鬼積尸星東北七寸，爲犯。

閏三月甲寅，熒惑從入軒轅。

五月丁酉，熒惑從入太微，在右執法北二寸，爲犯。

建元四年正月己卯，歲星太白俱從行，同在婁度爲合宿。④

六月丁酉，歲星晝見。

永明元年五月甲午，歲星入東井。

七月壬午，歲星晝見。

三年五月丙子，歲星與太白合。

六月辛丑，歲星與辰星合。

十月己巳，歲星從入太微。

十一月甲子，歲星從入太微，犯右執法。

四年閏二月丙辰，歲星犯太微上將。

三月庚申，歲星犯太微上將。

【注】

①成句巳：諸本“句巳”作“句己”，前已分析，當爲“句巳”之誤。

今改正。

②熒惑從入北落門……去鈎鈐三寸：此處的北落門，非羽林星附近的北落師門星，當在房宿鈎鈐附近。石氏曰：“东咸西咸八星者，房户之扇，常爲帝之前屏，以表障後宫。”故此北落門當爲東西咸中的門。在房宿之北落。熒惑在北門，纔能去鈎鈐三寸。

③填星西北六寸：原本“填星”均作“鎮星”，毛本、局本改爲“填”，其實土星又名填星，也名鎮星，故不必改。

④同在婁度爲合宿：諸本原無“宿”字，據南監本、毛本補。

四月己未，歲星犯右執法。

八月乙巳，歲星犯進賢，又與熒惑於軫度合宿。

五年二月癸卯，歲星犯進賢。

六月甲子，歲星晝見在軫度。

十月己未，歲星從在氐西南星北七寸，又辰星從入氐，在歲星西四尺五寸，又太白從在辰星東，相去一尺，同在氐度，三星爲合宿。[1]

十二月甲戌，歲星晝見。

六年三月甲申，歲星逆行入氐宿。

六月丙寅，歲星晝見在氐度。

八年三月庚申，歲星守牽牛。

九年二月壬午，歲星從在填星西七寸，同在虚度爲合〔宿〕。[2]

閏七月辛酉，歲星在泣星北五寸，爲犯，又守填星。

九月辛卯，在泣星西一尺五寸，爲合〔宿〕。[3]

永明元年六月，辰星從行入太微，在太白西北一尺。

二年八月甲寅，辰星於翼犯太白。

九年六月丙子，辰星隨太白於西方，在七星度，相去一尺四寸，爲合宿。

十一年九月丙辰，辰星依曆應夕見西方亢宿一度，至九月八日不見。④

隆昌元年正月丙戌，辰星見危度，在太白北一尺，爲犯。

建元三年十月癸丑，填星逆行守氐。

四年七月戊辰，填星從行入氐。

永明元年正月庚寅，填星守房心。

三月甲子，填星逆行犯西咸星。

二年二月戊辰，填星犯東咸星。

四年十二月辛巳，填星犯建星。

七年十二月戊辰，填星在須女度，又辰星從〔行〕在填星西南一尺一寸，⑤爲合宿。

八年三月庚申，填星守哭星。⑥

九年七月庚戌，填星逆在泣西星東北七寸，爲犯。

十月甲午，填星從行在泣星西北五寸，爲犯。

【注】

①永明五年十月己未是南齊世見到的唯一一次歲星、太白、辰星三星聚宿記録。

②同在虚度爲合〔宿〕：諸本缺“宿”字，據南監本、毛本等補。

③在泣星西一尺五寸爲合〔宿〕：“宿”字據南監本、毛本等補。

④辰星依曆：按曆法推算，辰星當於永明十一年九月丙辰夕見西方。

⑤辰星從〔行〕在填星西南：據南監本、局本等補入“行”字。

⑥填星守哭星：“哭星”，諸本作“哭尾”，當爲“哭星”之誤，據南監本、毛本等改正。

流星災

建元元年十月癸酉，有流星大如三升㽉，①色白，尾長五丈，從南河東北二尺出，北行歷輿鬼西過，未至軒轅後星而没，②没後餘中央，曲如車輪，俄頃化爲白雲，久乃滅。流星自下而升，名曰飛星。③

三年十月丙午，有流星大如月，赤白色，尾長七丈，西北行入紫宫中，光照牆垣。

四年正月辛未，有流星大如三升㽉，赤色，從北極第二星北一尺出，北行一丈而没。

九月壬子，流星如鵝卵，從柳北出，入軒轅。又一枚如瓜大，出西行没空中。

永明元年六月己酉，有流星如二升椀，④從紫宫出，南行没氐。

二年三月庚辰，有流星如二升碗，從天市中出，南行在心後。

四年二月乙丑，有流星大如一升器。⑤戊辰，有流星大如五升器。

四月丁卯，有流星大如一升器，從南斗東北出，西行經斗入氐。

六月丙戌，有流星大如鴨卵，從匏瓜南出，至虚而入。

八月辛未，有流星大如三升㼂，從觜星南出，西南行入天濛没。[⑥]

十一月戊寅，有流星大如二升㼂，白色，從亢東北出，行入天市。

十二月丁巳，有流星大如三升碗，白色，從天市帝座出，東北行一丈而没。

五年六月辛未，有流星大如三升器，没後有痕。

九月丙申，有流星大如四升器，白色，有光照地。

十二月甲子，西北有流星大如鴨卵，黄白色，尾長六尺，西南行一丈餘没。

六年三月癸酉，有流星大如鴨卵，赤色，無尾。

四月丙辰，北面有流星大如二升器，白色，北行六尺而没。

七月癸巳，有流星大如鵝卵，白色，從匏瓜南出，西南行一丈没空中。須臾，又有流星大如五升器，白色，從北河南出，東北行一丈三尺没空中。

十月戊寅，南面有流星，大如雞卵，赤色，在東南行没，没後如連珠。

十二月壬寅，有流星大如鵝卵，黄白色，尾長三丈，有光，没後有痕從梗河出，西行一丈許，没空中。

七年正月甲寅，有流星如五升器，白色，尾長四尺，從坐旗星出，西行入五車而過，没空中。

六月丁丑，流星大如二升器，黄赤色，有光尾長六尺許，從亢南出，西行入翼中而没，没後如連珠。

【注】

①流星大如三升塸：流星大如三升沙。

②《開元占經》引孟康曰："流星……名曰使星、飛星，主謀事。流星主兵事，使星主行事，以所出入宿占之。"流星之名，自上而下曰流，自下而上曰飛。石氏曰："流星……所之國受福。"按這種解釋，流星是星空的使者。依據建元元年十月癸酉記載的這顆飛星，按占語當有信使到後宮，或後宮有福。

③名曰飛星：按自下而上爲飛星的解釋，該流星出南河星爲下，向上經鬼宿入軒轅爲上，故曰飛星。

④流星如二升椀：椀即碗。説流星如兩升碗那麽大。

⑤流星大如一升器：以下還有二升器、三升器、四升器等，是説流星的大小像一升容量大小的器具。

⑥流星……西南行入天濛没：天濛爲接近地平處模糊不清的地界。

十月乙丑，有流星如三升器，赤黄色，尾長六尺，出紫宫内北極星，東南行三丈没空中。壬辰，流星如三升器，白色，有光從五車北出，行入紫宫，抵北極第一第二星而過，落空中，尾如連珠，仍有音響似雷。太史奏名曰"天狗"。

八年四月癸巳，有流星如二升器，黄白色，有光，從心星南一尺許出，南行二丈没，没後如連珠。丁巳，流星如鵝卵，[1]白色，長五丈許，從角星東北二尺出，西北行没太微西蕃上將星間。

六月癸未，有流星如鴨卵，赤色，從紫宫中出，西南行未至大角五尺許没。

七月戊申，有流星如五升器，赤白色，長七尺，東南行二丈，没空中。

十月乙亥，有流星如鵝卵，白色，從紫宫中出，西北行三丈許，没空中。

十一月乙未，有流星如鵝卵，赤白色，有光無尾，從氐北一丈出，南行入氐中没。辛丑，流星如鵝卵，白色，從參伐出，南行一丈没空中。又有一流星大如三升器，白色，從軫中出，東南行入婁中没。

九年五月庚子，有流星如雞子，白色，無尾，從紫宫裏黄帝座星西二尺出，[②]南行一丈没空中。丁未，流星如李子，白色，無尾，從奎東北大星東二尺出，[③]東北行至天將軍而没。戊申，流星如鵝卵，黄白色，尾長二丈，從箕星東一尺出，南行四丈没。

七月乙卯，西南有流星大如二升器，白色，無尾，西南行一丈餘没。戊午，有流星如二升器，黄白色，有光，從天江星西出，東北經天過入參中而没，[④]没後如連珠。

閏七月戊辰，流星如鵝卵，赤色，尾長二尺，從文昌西行入紫宫没。己巳，西南有流星如二升器，白色，西南行一丈没。

九月戊子，有流星大如雞卵，白色，從少微星北頭出，東行入太微抵帝座星而過，未至東蕃次相一尺没，如散珠。

十年正月甲戌，有流星如五升器，白色，從氐中出，東南行經房道過，從心星南二尺没。

三月癸未，有流星如雞卵，青白色，尾長四尺，從牽牛南八寸出，南行一丈没空中。

十一年二月壬寅，東北有流星如一升器，白色，無尾，北行三丈而没。

四月丙申，有流星如三升器，白色，有光，尾長一丈許，從箕星東北一尺出，行二丈許，入斗度，没空中，臨没如連珠。

五月壬申，有流星大如雞子，黄白色，從太微端門出，無所犯，西南行一丈許没，没後有痕。

七月辛酉，有流星如雞子，赤色，無尾，從氐中出，西行一丈五尺没空中。戊寅，有流星如雞卵，黄白色，從紫宫東蕃内出，東北行一丈五尺，至北極第五星西北四尺没。

九月乙酉，有流星如鴨卵，黄白色，從婁南一尺出，東行二丈没。

十二月己丑，西南有流星如三升器，黄赤色，無尾，西南行三丈許没，散如遺火。

【注】

①流星如鵝卵：諸本無“卵”字，據南監本、毛本補。

②從紫宫裏黄帝座星西二尺出：紫宫中無黄帝座星，疑爲五帝内座之誤。

③奎東北大星：奎宿十六星均較暗淡，僅有一顆東北大星，即奎宿九。

④流星……有光從天江星西出東北經天過入參中而没：毛本、殿本、局本無“過”字，疑“過”字爲衍字，從天江到參宿達一百八十度，這個流星劃過的天空太過了，有些誇張。

永元三年夜，天開黄色明照，須臾有物絳色如小甕，漸漸大如倉廩，聲隆隆如雷，墜太湖中，野雉皆雊，世人呼爲“木殃”。①

史臣案：②《春秋緯》“天狗如大奔星，有聲，望之如火，見則四方相射”。漢史云：“西北有三大星，如日狀，名曰天狗。天狗出則人相食。”③《天官》云：“天狗狀如大奔星。”④又云：“如大流星，色黄，有聲。其止地類狗。所墜，望之如火光，炎炎衝天。其上鋭，其下圓，如數頃田。見則流血千里，破軍殺將。”⑤漢史又云：“照明下爲天狗，所下兵起血流。”昭明，星也。《洛書》云：“昭明見而霸者出。”⑥《運斗樞》云：“昭明有芒角，兵徵也。”《河圖》云：“太白散爲天狗。”漢史又云：“有星出，其狀赤白有光，即爲天狗，其下小無足，所下國易政。”⑦衆説不同，未詳孰是。推亂亡之運，此其必天狗乎。

【注】

①這是南齊建立二十餘年中記載的唯一一條隕星記録，記載較詳細，從初見到漸大，到聽到響聲如雷，直至落入太湖之中，引起雉雞叫，世人將這次天象稱爲“木殃”。

②史臣案：作者對隕星天象發表了自己的認識和議論。

③《開元占經》“天狗”引郗萌曰：“西北有三大星，出如日狀，名曰天狗。天狗出入相食。一曰昭明下，則爲天狗。天狗所下，兵大起，流血。”“星出，其狀赤白有光，下即爲天狗。其下小小有足，所下之地，必流血，國易政。”可見此兩處作者所引的“漢史曰”，指的可能就是郗萌，衹是又作了部分改寫。

④狀如大奔星：“大奔星”，諸本作“大鏡星”，據《史記·天官書》

改正。

⑤《史記·天官書》的原文爲："天狗，狀如大奔星，有聲，其下止地，類狗。所墜及，望之如火光炎炎衝天。其下圜如數頃田處；上兑者，則有黄色，千里破軍殺將。"可見作者對引文作了改寫。

⑥《開元占經·昭明》引《洛書兵鈐勢》曰："昭明見，霸者生。"可見作者此處引《洛書》就是指《洛書兵鈐勢》。

老人星[①]

建元元年十一月戊辰，老人星見南方丙上。[②]八月癸卯，祠老人星。[③]

永明三年八月丁酉，老人星見南方丙上。

六年八月壬戌，老人星見南方丙上。

七年七月壬戌，老人星見南方丙上。

九年閏七月戊寅，老人星見南方丙上。

十年八月乙酉，老人星見。

十一年九月丙寅，老人星見南方丙上。[④]

【注】

①老人星：老人一星，也稱南極老人星，又稱老壽星、南極仙翁。由於其緯度很高，達南緯五十度餘，在黄河以北地區較難看到，故概稱南極老人星。老人星是全天較亮星，近於負一等星。即使在南京北緯三十二度時，在春季昏中、秋季旦中，老人星升到南中最高時，纔位於南方地平七度高的位置，在北京地區是永遠看不到它的。《史記·天官書》曰："狼比地有大星，曰南極老人。老人見，治安；不見，兵起。常以秋分時候之于南郊。"古人重視觀測祭祀老人星，體現出對老人的關心和愛護。

②建元元年十一月戊辰老人星見南方丙上：《晋書·天文志》曰："老人一星……常以秋分之旦見于丙，春分之夕而没于丁。"這裏有關老人星見的記録，統一都在丙上或丁上。這是爲什麽？按二十四方位表示法，丙

的中點在午偏東十五度，丁的中點在午偏西十五度，均爲緊鄰午的方向。見於丙者，是説老人星在秋分黎明時剛從丙位升起，隨後即隱没於朝霞之中。没於丁者，是説老人星在春分後落日餘輝剛消失之時，便見到其出現在丁處地平綫上，隨後很快又落入地平綫下不見。這是在説老人星難得一見。

③八月癸卯祠老人星：按中華書局校點本校勘考證，該年八月無“癸卯”。此處必有誤。

④以上有關記録都載見於丙上，可見都是秋分前後黎明時觀測并祭祀老人星，這是中國上古流傳下來的習俗。

白虹雲氣[1]

建元四年二月辛卯，白虹貫日。[2]

永明十年七月癸酉，西方有白虹，[3]須臾滅。

十一年九月甲午，西方有白虹，南頭指申，北頭指戌上，久久消滅。

建元四年二月辛卯，黑氣大小二枚，東至卯，西至酉，廣五丈，久久消滅。

永明二年四月丁未，北斗第六第七星間有一白氣。[4]

四年正月辛未，黄白氣長丈五尺許，入太微。

永明四年正月癸未，南面有陣雲一丈許。

五年四月己巳，有雲色黑，廣五尺，東頭指丑，西頭指酉，并至地。

十一月乙巳，東南有陣雲高一丈，北至卯，東南至巳，久久散漫。

六年二月癸亥，東西有一梗雲半天，[5]曲向西，蒼白色。

三月庚辰，南面有梗雲，黑色，廣六寸。

七年十月辛未，有梗雲，蒼黑色，東頭至寅，西頭指西，廣三尺，貫紫宫，久久消没。

八年十一月乙未，有梗雲，黑色，六尺許，東頭至卯，西頭至酉，久久散漫。

十二月庚辰，南面有陣雲，黑色，高一丈許，東頭至巳，西頭至未，久久散漫。

十一年七月丙辰，東面有梗雲，蒼白色，廣二尺三寸，南頭指巳至地，北頭指子至地，久久漸散漫。

【注】

①《史記·天官書》《漢書·天文志》和《晋書·天文志》均有霓虹占、氣占和雲占的理論和觀測記録，但均不够成熟和完整。《南齊書·天文志》繼承了這一傳統。

②白虹貫日：《荆州占》曰："白虹貫日，臣殺主。"甘氏曰："白虹貫日，近臣爲亂，諸侯有欲反者。"總之，白虹貫日對君主本人及其政權是不利的。

③有白虹：出現白虹。《晋書·天文志》曰："白虹者，百殃之本，衆亂所基。"《抱朴子》曰："白虹見城上，其下必大戰，流血。"凡有白虹出現，就將出現流血、殃亂之事。

④有一白氣：這條記録前有黑氣，以下還有黄白氣。《史記·天官書》對雲氣出現之不同狀態、高低、地形、顔色，都有不同的占語。《晋書·天文志》則説："喜氣上黄下赤，怒氣上下赤，憂氣上下黑。土功氣黄白，徙氣白。"又説五色氣"青饑、赤兵、白喪、黑憂、黄熟"。

⑤有一梗雲：有一塊梗直的雲。在此前後尚有陣雲、黑雲等記録。陣雲爲排列之雲，黑雲爲黑色之雲。

贊曰：[1]陽精火鏡，陰靈水存。[2]有稟有射，代爲明昏。[3]垂光滿蓋，列景周渾。[4]具位臣輔，備象街門。[5]災生賈薄，祟起飛奔。[6]弗忘人懼，瑜瑕辯論。[7]若任天道，竈亦多言。[8]

【注】

①贊曰：這是作者在寫完《天文志》時最後的總結和評論。

②陽精火鏡陰靈水存：中國古代流行陰陽學説，此處説陽精爲火，陰精爲水。

③有稟有射代爲明昏：太陽自身輻射出光芒，月亮則反射日光，交替着昏明晝夜的變化。

④垂光滿蓋列景周渾：日光的照射有蓋天進行解説，各種日影的探討有《周髀》和渾天加以判别。

⑤具位臣輔備象街門：帝后臣輔之象都已齊備，很多象徵體現於街坊等。

⑥災生賈薄祟起飛奔：災生日月薄食在，禍起隕星流星。賈即隕。

⑦弗忘人懼瑜瑕辯論：人要有懼怕之心，好惡自然就能分辨清楚。

⑧若任天道竈亦多言：若論述天道的災變，裨竈也有很多言論。裨竈是春秋時鄭國的大夫，善天文禨祥之論。

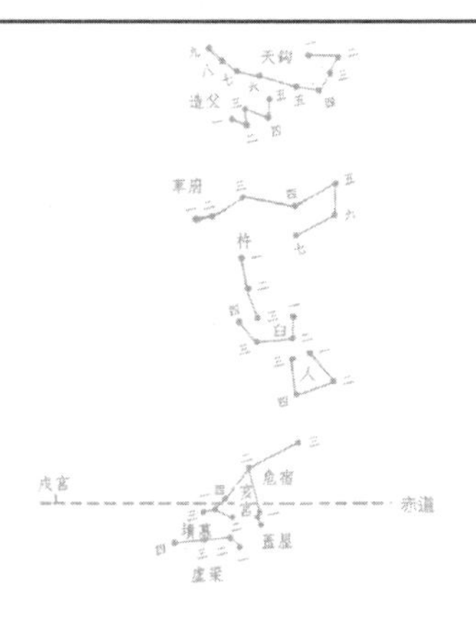

魏書·天象志

《魏書》由北齊人魏收編撰。魏收（約507—572），字伯起，鉅鹿（今河北平鄉）人，是北齊著名的史學家和文學家。早在北魏末年，他就曾參加編寫國史和魏帝起居注，積累了大量資料和經驗，後又在東魏和北齊做官，終於在北齊天保年間完成了《魏書》的編撰工作。

《魏書·天象志》一卷四篇，一、二篇爲魏收著，據傳説他撰的三、四篇後來散失，纔由唐一行和尚補寫三、四兩篇。這個説法有可疑之處。原來在唐代時張太素曾撰《後魏書》一百卷，其中天文卷由一行撰寫。後來張太素的《後魏書》在流傳中散失了，一行撰寫的《天文志》却被收編在魏收《魏書·天象志》的三、四篇中。

考察《魏書·天象志》編撰體例，其天象記録分爲日變、月變、星變三類。在每一類中又按年代作先後排列。其中第一篇寫日變、第二篇寫月變，確實是圍繞日變和月變寫的，條例分明。第三、四兩篇的風格却不一致，它包含了月變和星變，其中載有相當數量的月變天象，如月掩犯恒星和行星，并且大多與第二篇重複，祇有少數補充了第二篇的月變。可見第三、四兩篇與一、二兩篇的體例是不一致的，其中三、四兩篇可能原本就是當作《後魏書》之《天文志》來寫的，而其中的日變，則歸在《五行志》中。第三、四篇除了月變，還包括彗星、新星、流星、流星雨、五星掩犯恒星、五星聚合等豐富的内容。可以看出，《魏書·天象志》的缺點是没有將三、四篇中的月變統一彙編到第二篇中，或者將第二篇月變的内容融合到第三、四篇中。

關於本志的校勘，可參考彭益林《〈魏書·天象志〉校讀記》等。

《魏書》卷一百五之一

天象志一之一第一

夫在天成象，聖人是觀，日月五星，象之著者，變常舛度，徵咎隨焉。[①]然則明晦暈蝕，疾餘犯守，飛流欻起，彗孛不恒，或皇靈降臨，示譴以戒下，[②]或王化有虧，感達於天路。《易》稱“天垂象，見吉凶”，“觀乎天文，以察時變”；《書》曰“曆象日月星辰，敬授民時”。是故有國有家者之所祇畏也。[③]百王興廢之驗，萬國禍福之來，兆勤雖微，罔不必至，著於前載，不可得而備舉也。班史以日暈五星之屬列《天文志》，薄蝕彗孛之比入《五行說》。七曜一也，而分爲二《志》，故陸機云學者所疑也。[④]今以在天諸异咸入天象，其應徵符合，隨而條載，無所顯驗則闕之云。[⑤]

【注】

①變常舛度徵咎隨焉：异常天象出現和七曜行度反常出格，其徵候和災异也就隨之而來。

②或皇靈降臨示譴以戒下：對皇帝的指示就降臨了，用以顯示上天的

譴責和訓戒。

③是故有國有家者之所祗畏也：此正是有國有家的人就要畏懼的。

④這正是陸機批評的前史將日食彗星入《五行志》、將日暈五星入《天文志》不合理之處。所以本志將它們集中載在《天象志》。

⑤無所顯驗則闕之：没有顯驗的异常天象就不記載。以上這段文字，是《天象志》的總論和概述收編天象記録的目的所在。

太祖天興五年八月，天鳴。

六年九月，天鳴。[①]

【注】

①以上兩條，是北魏期間觀測到的兩條天鳴記録。天鳴是隕星等造成的地球大氣現象，與太陽無關。祗是古人將天變與日變同等看待，認爲均與天子有關，故歸在日變類中。《天鏡》曰："天鳴主死，百姓哭。"這便是對天鳴的通常占語。

皇始二年十月壬辰，日暈，有佩璚。[①]占曰："兵起。"天興元年九月，烏丸張超收合亡命，聚黨三千餘家，據渤海之南皮，自號征東大將軍、烏丸王，鈔掠諸郡。詔將軍庾岳討之。

天興三年六月庚辰朔，日有蝕之。占曰："外國侵，土地分。"五年五月，姚興遣其弟義陽公平率衆四萬來侵平陽，乾壁爲平所陷。

六年四月癸巳朔，日有蝕之。占曰："兵稍出。"十月，太祖詔將軍伊謂率騎二萬北襲高車，大破之。

天賜五年七月戊戌朔，日有蝕之。占曰："后死。"六年七月，夫人劉氏薨，後謚爲宣穆皇后。

太宗神瑞二年八月庚辰晦，日有蝕之。

世祖始光四年六月癸卯朔，日有蝕之。占曰："諸侯非其人。"神䴥元年二月，司空奚斤、監軍侍御史安頡討赫連昌，擒之於安定。其餘衆立昌弟定爲主，走還平涼，斤追之，爲定所擒。將軍丘堆棄甲與守將高涼王禮東走蒲坂，世祖怒，斬堆。

神䴥元年十一月乙未朔，日有蝕之。

太延元年正月己未朔，日有蝕之。

四年十一月丁卯朔，日有蝕之。

太平真君元年四月戊午朔，日有蝕之。

三年八月甲戌晦，日有蝕之。

六年六月戊子朔，日有蝕之。占曰："有九族夷滅。"七年正月戊辰，世祖車駕次東雍州。庚午，圍薛永宗營壘。永宗出戰，大敗，六軍乘之，永宗衆潰，斬永宗，男女無少長皆赴汾水而死。

七年六月癸未朔，日有蝕之。占曰："不臣欲殺。"八年三月，河西王沮渠牧犍謀反，伏誅。

十年夏四月丙申朔，日有蝕之。

六月庚寅朔，日有蝕之。占曰："將相誅。"十一年六月己亥，誅司徒崔浩。

十一年十二月辛未，日南北有珥。

高宗興安元年十一月己卯，日出赤如血。

二年三月，日暈。

興光元年七月丙申朔，日有蝕之。

和平元年九月庚申朔，日有蝕之。

三年二月壬子朔，日有蝕之。占曰：“有白衣之會。”六年五月癸卯，高宗崩。

顯祖皇興元年十月己卯朔，日有蝕之。

【注】

①佩璚：佩戴的璚。璚，同瓊，美玉。另説同玦，爲環形有缺口的玉。《孝經内事圖》曰：“日暈有璚，裂地立王。”石氏曰：“日暈，中有璚氣，璚爲不順，與背同。人臣不忠而外其心，君臣乖離，其國兵起，若有逃臣。”因此，日有璚爲有叛臣、國家分裂的徵候。日暈，參見《南齊書·天文志》注。

二年四月丙子朔，日有蝕之。占曰：“將誅。”[①]四年十月，誅濟南王慕容白曜。

十月癸酉朔，日有蝕之。占曰：“尊后有憂。”[②]三年，夫人李氏薨，後謚思皇后。

三年十月丁酉朔，日有蝕之。

高祖延興元年十二月癸卯，日有蝕之。[③]占曰：“有兵。”二年正月乙卯，統萬鎮胡民相率北叛，遣寧南將軍、交阯公韓拔等滅之。

三年十二月癸卯朔，日有蝕之。

四年正月癸酉朔，日有蝕之。[④]占曰：“有崩主，天下改服。[⑤]有大臣死。”五年十二月己丑，征北大將軍城陽王壽薨。六年六月辛未，顯祖崩。

七月丙寅，日有背珥。[⑥]

五年正月丁酉，白虹貫日，直珥一。[⑦]

承明元年三月辛卯，日暈五重，有二珥。

太和元年冬十月辛亥朔，日有蝕之。

二年正月辛亥，日暈，東西有珥。

二月乙酉晦，日有蝕之。[8]占曰：“有欲反者，近三月，遠三年。”四年正月癸卯，洮陽羌叛，枹罕鎮將討平之。

九月乙巳朔，日有蝕之。占曰：“東邦發兵。”四年十月丁未，蘭陵民桓富殺其縣令，與昌慮桓和北連太山群盜張和顏等，[9]聚黨保五固，推司馬朗之爲主，詔淮陽王尉元等討之。

三年春正月癸丑，日暈，東西有珥，有佩戟一重，北有偃戟四重，後有白氣貫日珥，狀如車輪。京師不見，雍州以聞。

三月癸卯朔，日有蝕之。占曰：“大臣誅。”四月，雍州刺史宜都王目辰有罪，賜死。

四年正月辛酉，日東西有珥，北有佩，[10]日暈貫兩珥。

五年正月庚辰，日暈，東西有珥；南北并白氣，長一丈，廣二尺許；北有連環暈。又貫珥內，復有直氣，長三丈許，內黃，中青，外白。暈乍成，散，乃滅。

七月庚申朔，日有蝕之。

七年十二月乙巳朔，日有蝕之。

八年正月戊寅，有白氣貫日。占曰：“近臣亂。”十年三月丁亥，中散梁衆保等謀反，伏誅。

十一年十一月丁亥，日失色。

十二年三月戊戌，白虹貫日。

十三年二月乙亥朔，日十五分蝕八。占曰："有白衣之會。"[11]十一月己未，安豐王猛薨。

【注】

①將誅：有將軍被殺。

②尊后有憂：尊貴的皇后有憂傷事。

③延興元年十二月癸卯日有蝕之：據中華書局校點本考證，是年十二月乙酉朔，癸卯是十九日，不當有日食，記録有誤。

④三年十二月癸卯朔……日有蝕之：中華書局校點本《校勘記》曰："無連續兩月日蝕之理，必有誤。"此論斷錯誤。有連續兩月發生日食的狀况，不過不一定發生在同一地點。陳遵嬀《中國天文學史》之中國日食表中引載了這兩次日食記録，據奥泊爾子（V. Oppolzes，1841—1886）《日月食典》（維也納，1887）推算，這兩個日期確有日食發生。

⑤有崩主天下改服：有王死，天下改换服色。

⑥日有背珥：太陽周圍見有背向的日珥。

⑦白虹貫日直珥一：有白虹從日面穿過，并觀測到一個直立的日珥。

⑧二月乙酉晦日有蝕之：根據中華書局校點本《校勘記》，太和二年二月己卯朔，乙酉乃七日，晦日爲丁未，故必有誤。

⑨太山：即泰山。

⑩北有佩：北面有佩玉狀的日珥。

⑪有白衣之會：有辦喪事的聚會，意爲有人死去。

十四年二月己巳朔未時，雲氣班駁，日十五分蝕一。占曰："有白衣之會。"九月癸丑，文明太皇太后馮氏崩。

十五年正月癸亥晦，日有蝕之。占曰："王者將兵，天下擾動。"[1]十七年六月丙戌，高祖南伐。

十七年六月庚辰朔，日有蝕之。

十八年五月甲戌朔，日有蝕之。

二十年九月庚寅晦，日有蝕之。

二十三年六月己卯，日中有黑氣。占曰：“内有逆謀。”[②]八月癸亥，南徐州刺史沈陵南叛。

十二月甲申，日中有黑氣，大如桃。

世宗景明元年正月辛丑朔，日有蝕之。

七月己亥朔，日有蝕之。

二年四月癸酉，日自午及未再暈，内黄外白。

七月癸巳朔，日有蝕之。

八月戊辰，日赤無光，中有黑子一。

三年正月乙巳，日中有黑氣如鵝子，申、酉復見；又有二黑氣横貫日。

二月辛卯，日中有黑氣，大如鵝子。

七月丁巳朔，日有蝕之。

正始元年十二月丙戌，黑氣貫日。壬子，日有冠珥，[③]内黄外青。占曰：“天下喜。”三年正月丁卯，皇子生，大赦天下。

三年二月甲辰，日左右有珥，内赤外黄。辛亥，日暈，外白内黄。

十月乙巳，日赤無光。

十二月乙卯，日暈，内黄外青，東西有珥，北有背。巳時，白虹貫日。

永平元年三月己酉，日南北有珥，外青内黄，暈不匝；[④]西北有直氣，長尺餘；北有白虹貫日。

八月壬子朔，日有蝕之。

二年八月丙午朔，日有蝕之。丁卯旦，日旁有黑氣，形如月，從東南來衝日。如此者一辰，乃滅。

三年二月甲子，日中有黑氣二。

十二月乙未，日交暈，中赤外黄，東西有珥，南北白暈貫日，皆匝。

四年十一月癸卯，日中有黑氣二，大如桃。占曰："天子崩。"延昌四年正月丁巳，世宗昇遐。[⑤]

十二月壬戌朔，日有蝕之，在牛四度。占曰："其國叛兵發。"延昌二年二月庚辰，[⑥]蕭衍郁洲民徐玄明等斬送衍鎮北將軍、青冀二州刺史張稷首，以州内附。[⑦]

延昌元年二月甲戌至于辛巳，日初出及將没，赤白無光明。

五月己未晦，日十五分蝕九。占曰："大旱，民流千里。"二年春，京師民饑，死者數萬口。

二年閏月辛亥，日中有黑氣。占曰："内有逆謀。"三年十一月丁巳，幽州沙門劉僧紹聚衆反，[⑧]自號净居國明法王，州郡捕斬之。

五月甲寅朔，日有蝕之，京師不見，恒州以聞。

三年三月庚申，日交暈，其色内赤黄，外青白；南北有佩，可長二丈許，内赤黄，外青白；西有白暈貫日。又日東有一抱，長二丈許，内赤黄，外青。

肅宗熙平元年三月戊辰朔，日有蝕之。丁丑，日出無光，至于酉時。占曰："兵起。"神龜元年正月，秦州羌反；二月己酉，東益州氐反；七月，河州民卻鐵忽聚衆反，自稱水池王。

四月甲辰卯時，日暈帀；[9]西有一背，内赤外黄；南北有珥，内赤外黄；漸滅。

十二月己酉，日暈，北有一抱，内赤外白，兩傍有珥，北有白虹貫日。

【注】

①王者將兵天下擾動：這是對這次日食作出的占辭：王者親自領兵，由此引起天下擾動。

②日中有黑氣占曰内有逆謀：觀測到太陽上有黑子，占語爲政權内部有造反的陰謀。以下還有多處黑氣的觀測記録，均是指黑子。當然，觀測者也許看到黑氣是黑子邊緣的界綫不很分明，故别之以黑氣。

③日有冠珥：太陽旁有日冠和日珥。石氏曰："有氣青赤，立在日上，名爲冠。"如淳曰："日氣在日上，爲冠。"而石氏曰："日兩傍有氣短小，中赤外青，名爲珥。"又《釋名》曰："日珥者，在日兩傍之名也。珥言似耳，在兩傍也。"這裏觀測到的日珥、日冠以及後面的日直、日抱、日背等，都是日珥的不同形態，爲太陽表面噴射出的氣體，如太陽表面升起的火焰。

④暈不匝：日暈的圓環不全。匝義爲周、環。日暈以及下文的虹、白虹貫日等，都是地球大氣在日光周圍形成的折射現象。

⑤世宗昇遐：世宗去世。古代委婉地稱帝王死去爲昇遐。

⑥延昌二年二月庚辰：諸本"二月"均作"正月"，據中華書局校點本考證《世宗紀》，事在是年二月庚辰，而正月丙戊朔，無"庚辰"，二月丙辰朔，庚辰爲二十五日。故此處必爲"二月"。今改。

⑦蕭衍郁洲民徐玄明……以州内附：南齊郁州地區人徐玄明……以州土地人民投降魏。因此書是魏國正史，故稱降魏爲内附。

⑧幽州沙門劉僧紹聚衆反：幽州地區的和尚劉僧紹聚集衆人造反。

⑨日暈帀：在太陽周圍有整圈日暈。

神龜元年三月丁丑，白虹貫日。占曰："天下有來臣之衆，不三年。"十一月乙酉，蠕蠕莫緣梁賀侯豆率男女七百口來降。

二年正月辛巳朔，日有蝕之。

正光元年正月乙亥朔，日有蝕之。占曰："有大臣亡。"七月丙子，殺太傅、領太尉、清河王懌。

二年五月丁酉，日有蝕之，夏州以聞。

三年正月甲寅，日交暈，内赤外青，有白虹貫暈；外有直氣，長二丈許，内赤外青。

五月壬辰朔，日有蝕之。占曰："秦邦不臣。"五年六月，秦州城人莫折大提據城反，自稱秦王。

十月己巳，太史奏自八月已來，黄埃掩日，[①]日出三丈，色赤如赭，無光曜。

十一月己丑朔，日有蝕之。占曰："有小兵，在西北。"四年二月己卯，蠕蠕主阿那瓌率衆犯塞。

四年十一月癸未朔，日有蝕之。

五年閏月乙酉，日暈，内赤外青；南有珥，上有一抱兩背，内赤外青。

三月丁卯，日暈三重，外青内赤。占曰："有謀其主。"孝昌元年正月庚申，徐州刺史元法僧據城反，自稱宋王。

十二月丙申，日暈，南北有珥，上有兩抱一背。

孝昌元年十二月丙戌，白虹刺日不過，[②]虹中有一背。占曰："有臣背其主。"一曰："有反城。"三年九月己卯，[③]東豫州刺史元慶和據城南叛。

三年十一月戊寅辰時，日暈，東面不合，其色内赤外黄；東西有珥，内赤外黄；西北去暈一尺餘，有一背，長二丈餘，廣三尺許，内赤外黄。

莊帝永安二年三月甲戌未時，日暈三重，内黄赤，外青白，暈東西兩處不合，其狀如抱。

五月辛酉，日暈，東西兩處不合。辛未申時，日南有珥；去一尺餘有一背，長三丈許，廣五尺餘，内赤外青。

七月丙寅，直東去日三尺許有一背，長二丈餘，内赤外青。半食頃，從北頭漸滅至半，須臾還如初見，内赤外青，其色分炳。④

十月己酉朔，日從地下蝕出，十五分蝕七，虧從西南角起。占曰："西夷欲殺，後有大兵，必西行。"三年四月丁卯，雍州刺史尒朱天光討擒万俟醜奴、蕭寶夤於安定，送京師斬之。

三年五月戊戌辰時，日暈帀，内赤外白，暈内有兩珥；西有白虹貫日；東北有一背，内赤外青；南有一背，内赤外青；東有一抱，内青外赤。京師不見，青州表聞。

【注】

①黄埃掩日：黄沙和塵埃掩蓋了日光。

②白虹刺日不過：以往記録都是白虹貫日即白色的虹穿過了日面，此處爲白虹刺進了日面而没有穿透。

③三年九月己卯：諸本"三年"作"二年"，按《肅宗紀》，事在孝昌三年九月辛卯，《梁書·武帝紀》在大通元年十月，記月不同，當是各

據奏報，至元慶和降梁，必在孝昌三年無疑。今改。而九月無“辛卯”且有“己卯”，故《肅宗紀》干支有誤。

④内赤外青其色分炳：日背内部爲赤色，外部爲青色，光色分爲内外兩層。

六月辛丑，日暈，白虹貫日。

前廢帝普泰元年三月丁亥，日月并赤赭色，天地溷濁。①

六月己亥朔，日蝕從西南角起，雲陰不見，定相二州表聞。占曰：“主弱，小人持政。”時尒朱世隆兄弟專擅威福。

後廢帝中興二年二月辛丑辰時，日暈，東西不合，其色内赤外青；南北有珥；西北去暈一尺餘有一背，長二丈許，可廣三尺，内赤外青。

十一月，日暈再重；上有背，長三丈餘，内青外赤。

出帝太昌元年五月，日暈再重；上有兩背，一尺許。癸丑午時，日南有珥；去日一尺餘有一背，長三丈許，廣五尺，内赤外青。

十月辛酉朔，日從地下蝕出，虧從西南角起。占曰：“有兵大行。”永熙二年正月甲午，齊獻武王自晋陽出討尒朱兆。丁酉，大破之於赤洪嶺，兆遁走自殺。

永熙二年四月己未朔，日有蝕之，在丙，虧從正南起。占曰：“君陰謀。”三年五月辛卯，出帝爲斛斯椿等諸佞鬬構，猜於齊獻武王，托討蕭衍，盛暑徵發河南諸州之兵，天下怪惡之。語在《斛斯椿傳》。

三年四月癸丑，日有蝕之。占曰："有亂殺天子者。"七月丁未，出帝爲斛斯椿等迫脅，遂出於長安。

孝静元象元年春正月辛丑朔，日有蝕之。占曰："大臣死。"八月辛卯，司徒公高敖曹戰殁於河陰。六月己丑，日暈一重，有兩珥；上有背，長二丈餘。十一月己巳辰時，日暈，南面不合，東西有珥、背；有白虹，至珥不徹。[2]

二年二月己丑巳時，日暈帀，白虹貫日不徹。

興和二年閏月丁丑朔，日有蝕之。占曰："有小兵。"七月癸巳，元寶炬廣豫二州行臺趙繼宗、南青州刺史崔康寇陽翟，鎮將擊走之。

武定三年冬十一月壬申，日暈兩重，東南角不合；西南、東北有珥；西北有兩重背；東北、西北有白氣，并有兩珥；中間有一白氣，東西横至珥。[3]

十二月乙酉，竟天微有白雲，日暈，東南角不合；西南、東北有珥；西北有一背，去日一尺。

五年正月己亥朔，日有蝕之，從西南角起。占曰："不有崩喪，必有臣亡，天下改服。"丙午，齊獻武王薨。

三月辛丑，日暈帀，西北交暈貫日，并有一珥一抱。

六年七月庚寅朔，日有蝕之，虧從西北角起。

【注】

①日月并赤赭色天地溷濁：日月蒙塵無光，有暗紅色，全天灰蒙蒙呈

混沌狀，這是嚴重沙塵暴的徵候。

②至珥不徹：并下文的“白虹貫日不徹”意相似，“不徹”爲不貫通之義。

③中間有一白氣東西横至珥：中間有一股白氣，沿東西方向横貫至耳。諸本作“横”，中華書局校點本改作“撗”却未説明理由，疑爲誤排，當改正。